普通高等教育“十一五”国家级规划教材

经济管理数学基础

李辉来　王春朋　张旭利　主编

微积分（上册）

（第3版）

清華大學出版社
北　京

内 容 简 介

本书分上、下册. 上册内容包括函数、极限与连续、导数与微分、微分中值定理与导数应用、不定积分和定积分及其应用. 下册内容包括向量与空间解析几何、多元函数微分学、重积分、无穷级数、常微分方程和差分方程.

与本书（上、下册）配套的有习题课教程、电子教案、教师用书. 该套教材汲取了现行教学改革中一些成功的举措，总结了作者在教学科研方面的研究成果，注重数学在经济管理领域中的应用，选用大量有关的例题与习题；具有结构严谨、逻辑清楚、循序渐进、结合实际等特点. 可作为高等学校经济、管理、金融及相关专业的教材或教学参考书.

图书在版编目（CIP）数据

微积分. 上册/李辉来，王春朋，张旭利主编.—3 版.—北京：清华大学出版社，2024.3
（经济管理数学基础）
ISBN 978-7-302-64984-7

Ⅰ. ①微…　Ⅱ. ①李…　②王…　③张…　Ⅲ. ①微积分－高等学校－教材　Ⅳ. ①O172

中国国家版本馆 CIP 数据核字(2023)第 242735 号

责任编辑：佟丽霞
封面设计：傅瑞学
责任校对：王淑云
责任印制：曹婉颖

出版发行：清华大学出版社
　　网　址：https://www.tup.com.cn，https://www.wqxuetang.com
　　地　址：北京清华大学学研大厦 A 座　　**邮　编**：100084
　　社 总 机：010-83470000　　**邮　购**：010-62786544
　　投稿与读者服务：010-62776969，c-service@tup.tsinghua.edu.cn
　　质量反馈：010-62772015，zhiliang@tup.tsinghua.edu.cn
印 装 者：三河市东方印刷有限公司
经　销：全国新华书店
开　本：170mm×230mm　　**印　张**：19.75　　**字　数**：408 千字
版　次：2005 年 9 月第1版　2024 年 3 月第 3 版　　**印　次**：2024 年 3 月第 1 次印刷
定　价：59.90 元

产品编号：081432-01

第 3 版前言

经济管理数学基础《微积分（上册）》教材第 2 版已出版 10 年了，感谢兄弟院校的关注和广大同学们的使用. 在国家推进新文科建设的背景下，根据当前教学形势的发展及需求，并结合我们近几年的教学研究与教学实践，作者认为有必要对本教材进行再版修订.

本次修订的指导思想：对纸介质教材与数字资源进行一体化设计，使之相互配合、相互支撑，进一步提高教材的适用性和对课程教学的支撑性，形成新形态教材.

本书为经济管理数学基础系列教材之一. 本套教材修订的重点内容是：配套了数字资源. 数字资源包括：主教材开篇介绍本书的重点学习内容，每章后进行系统小结；为方便学生自学配备了 3 套模拟试题及答案；对重点和不易理解的知识点进行细致讲解；对部分例题和习题中容易出现的错误及问题进行分析；在每章后针对学习要点增加了综合自测题. 配备了电子版的教师用书（习题详解）和电子教案. 出版发行了与本套教材匹配的微积分、线性代数、概率论与数理统计的试题库，可供各高校使用. 数字资源以二维码形式给出. 同时修正了第 2 版中存在的不当之处和部分习题中的错误，更换了部分例题和习题.

参加本书第 3 版修订工作的有李辉来（第 1 ~ 2 章），王春朋（第 3 ~ 4 章），张旭利（第 5 ~ 6 章）. 朱本喜、金今姬参与了本书的视频的制作和录制，电子教案由朱本喜修订，每章习题详解修订、录入工作由朱本喜、孙鹏完成. 全书由李辉来统稿.

在本书的修订过程中，得到了吉林大学教务处、吉林大学数学学院和清华大学出版社的大力支持和帮助，任长宇承担了修订教材的排版工作，吴晓俐承担教材修订的编务工作，在此一并表示衷心的感谢.

作　者

2023 年 12 月

总序

第 2 版前言

第 1 版前言

目 录

第 1 章　预备知识

函数是对现实世界中各种变量之间的相互依存关系的一种抽象，它是微积分学研究的基本对象. 在中学时我们对函数的概念和性质已经有了初步的了解, 在本章中, 我们将进一步阐明函数的一般定义，介绍函数的简单性态以及反函数、复合函数、基本初等函数和初等函数等概念，这些都是学习这门课程的基础.

0-1 微积分介绍

1.1　集　合

集合是现代数学中的基本概念之一，也是函数概念的基础.

1.1.1　集合的概念

在数学上，将具有某种确定性质的对象的全体称为 **集合**， 组成集合的每一个对象称为该集合的 **元素**.

习惯上, 用大写拉丁字母 $A, B, C, X, Y, \cdots$ 表示集合, 用小写拉丁字母 $a, b, c, x, y, \cdots$ 表示集合的元素. 对于给定的集合来说，它的元素是确定的. 如果 a 是集合 A 中的元素，则用 $a \in A$ 来表示；如果 a 不是 A 中的元素，则用 $a \notin A$(或 $a \bar{\in} A$) 来表示.

含有有限个元素的集合称为 **有限集**；含有无限多个元素的集合称为 **无限集**；不含任何元素的集合称为 **空集**, 用 $\varnothing$ 表示.

表示集合的方法主要有两种, 一种是列举法, 就是把集合的所有元素一一列举出来, 写在大括号内. 例如, 把方程 $x^2-4=0$ 的解构成的集合表示为 $A=\{-2, 2\}$. 另一种方法是描述法，就是指出集合的元素所具有的性质. 一般地，将具有某种性质的对象 x 所构成的集合表示为

$$A=\{x \mid x\text{具有某种性质}\}.$$

例如，方程 $x^2-4=0$ 的解集也可以表示为 $A=\{x \mid x^2-4=0\}$.

设 A, B 是两个集合. 若 A 的每个元素都是 B 的元素，则称 A 是 B 的 **子集**, 记作 $A \subset B$(或 $B \supset A$); 若 $A \subset B$ 且 $B \subset A$, 则称 A 与 B**相等**, 记作 $A=B$.

如果集合的元素都是数，则称之为 **数集**. 在本课程中涉及的集合都是数集. 常用的数集有:

(1) **自然数集**, 用 $\mathbb{N}$ 表示，即

$$\mathbb{N}=\{0,1,2,\cdots\}.$$

(2) **整数集**, 用 $\mathbb{Z}$ 表示，即

$$\mathbb{Z}=\{\cdots,-2,-1,0,1,2,\cdots\}.$$

(3) **有理数集**, 用 $\mathbb{Q}$ 表示.

(4) **实数集**, 用 $\mathbb{R}$ 表示.

(5) **复数集**, 用 $\mathbb{C}$ 表示.

有时我们在表示数集的字母的右上角添加“ + ”或者“ − ”，来表示该数集中所有正数或者负数构成的特定子集. 例如， $\mathbb{Z}^+$ 表示全体正整数构成的集合，$\mathbb{R}^-$ 表示全体负实数构成的集合等.

1.1.2 集合的运算

集合的基本运算有三种，即并集、交集与差集.

设有集合 A 与 B, 它们的 **并集** 记作 $A\bigcup B$, 定义为

$$A\bigcup B=\{x\mid x\in A\text{或}\ x\in B\}.$$

集合 A 与 B 的 **交集** 记作 $A\bigcap B$(或 AB), 定义为

$$A\bigcap B=\{x\mid x\in A\text{且}\ x\in B\}.$$

集合 A 与 B 的 **差集** 记作 $A\setminus B$, 定义为

$$A\setminus B=\{x\mid x\in A\text{但}\ x\overline{\in}B\}.$$

从上述定义可以看出， $A\bigcup B$ 就是把 A 与 B 的所有元素放在一起所构成的集合； $A\bigcap B$ 就是把 A 与 B 的公共元素放在一起所构成的集合； $A\setminus B$ 就是在 A 中去掉属于 B 中的元素后，余下的元素所构成的集合. 显然

$$A\setminus B\subset A\subset A\bigcup B,\quad AB\subset A.$$

集合 $\bigcup\limits_{i=1}^{\infty}A_i=A_1\bigcup A_2\bigcup\cdots\bigcup A_i\bigcup\cdots$ 表示集合 $A_1,A_2,\cdots,A_i,\cdots$ 的所有元素放在一起所构成的集合. 而 $\bigcap\limits_{i=1}^{\infty}A_i=A_1\bigcap A_2\bigcap\cdots\bigcap A_i\bigcap\cdots$ 表示集合 A_1, $A_2,\cdots,A_i,\cdots$ 的公共元素所构成的集合.

通常将研究某一问题时所考虑的对象的全体称为 **全集**, 用 Ω 来表示. 将 $\Omega\setminus A$ 称为集合 A 的 **补集** 或 **余集**, 用 $\overline{A}$ 表示.

集合的运算满足如下规律：

(1) $A\bigcup B=B\bigcup A$, $A\bigcap B=B\bigcap A$;

(2) $(A\bigcup B)\bigcup C=A\bigcup(B\bigcup C)$, $(A\bigcap B)\bigcap C=A\bigcap(B\bigcap C)$;

(3) $A\bigcap(B\bigcup C)=(A\bigcap B)\bigcup(A\bigcap C)$, $A\bigcup(B\bigcap C)=(A\bigcup B)\bigcap(A\bigcup C)$;

(4) $A\bigcup A=A$, $A\bigcap A=A$, $A\bigcup\varnothing=A$, $A\bigcap\varnothing=\varnothing$;

(5) 若$A_i\subset B(i=1,2,\cdots)$,则 $\bigcup\limits_{i=1}^{\infty}A_i\subset B$;

(6) 若$A_i\supset B(i=1,2,\cdots)$,则 $\bigcap\limits_{i=1}^{\infty}A_i\supset B$;

(7) $\overline{\bigcup\limits_{i=1}^{\infty}A_i}=\bigcap\limits_{i=1}^{\infty}\overline{A_i}$, $\overline{\bigcap\limits_{i=1}^{\infty}A_i}=\bigcup\limits_{i=1}^{\infty}\overline{A_i}$.

以上结论都可根据集合的概念和运算加以证明，请读者自己试一试.

1.1.3 区间与邻域

区间是微积分中常用的一类数集，它们的记号和定义如下 (其中 $a,b\in\mathbb{R}$)：

闭区间 $[a,b]=\{x\mid a\leqslant x\leqslant b\}$;

开区间 $(a,b)=\{x\mid a<x<b\}$;

半开区间 $[a,b)=\{x\mid a\leqslant x<b\}$,

$(a,b]=\{x\mid a<x\leqslant b\}$;

无限区间 $[a,+\infty)=\{x\mid x\geqslant a\}$,

$(a,+\infty)=\{x\mid x>a\}$,

$(-\infty,b]=\{x\mid x\leqslant b\}$,

$(-\infty,b)=\{x\mid x<b\}$,

$(-\infty,+\infty)=\mathbb{R}$.

前四个区间也称为 **有限区间**, a, b 分别称为区间的 **左端点** 和 **右端点**, $b-a$ 称为 **区间长度**. $+\infty$ 和 $-\infty$ 分别读作 “正无穷大” 和 “负无穷大”，它们不表示数值，仅仅是记号. 在不一定要指明区间是开的或闭的，以及是有限的或无限的场合，我们就简单地称之为 **区间**, 并且常用字母 I 或 X 表示.

区间可以在数轴上表示出来 (图 1.1).

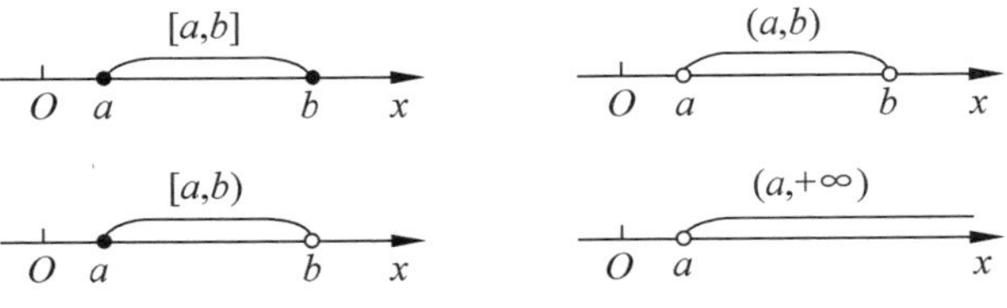

图 1.1

邻域也是微积分中经常用到的数集. 设 $a,\delta\in\mathbb{R}$, 其中 $\delta>0$, 数集

$$\{x\mid |x-a|<\delta\}$$

称为点 a 的 δ**邻域**, 记为 $U(a,\delta)$, 点 a 称为 **邻域的中心**, δ 称为 **邻域的半径**. 由于

$$U(a,\delta)=\{x\mid -\delta<x-a<\delta\}=\{x\mid a-\delta<x<a+\delta\},$$

所以 $U(a,\delta)$ 就是开区间 $(a-\delta,a+\delta)$, 如图 1.2 所示.

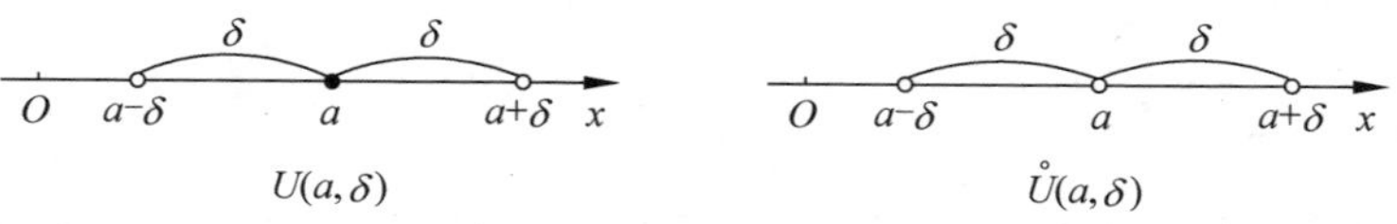

图 1.2

在 $U(a,\delta)$ 中去掉中心 a 后得到的数集

$$\{x\mid 0<|x-a|<\delta\},$$

称为点 a 的 **去心** δ **邻域**, 记作 $\mathring{U}(a,\delta)$. 显然

$$\mathring{U}(a,\delta)=(a-\delta,a)\bigcup(a,a+\delta),$$

是两个开区间的并集, 如图 1.2 所示.

为了方便, 有时把开区间 $(a-\delta,a)$ 称为点 a 的 **左** δ **邻域**, 把开区间 $(a,a+\delta)$ 称为点 a 的 **右** δ **邻域**.

习 题 1.1

1. 用描述法表示下列集合:

(1) 大于 6 的所有实数;

(2) 圆 $x^2+y^2=16$ 内部 (不包含圆周) 一切点的集合;

(3) 抛物线 $y=x^2$ 与直线 $x-y=0$ 交点的集合.

2. 用列举法表示下列集合:

(1) 方程 $x^2-8x+12=0$ 的根的集合;

(2) 抛物线 $y=x^2$ 与直线 $x-y=0$ 交点的集合;

(3) 集合 $\{x|\,|x-1|\leqslant 5, x\in\mathbb{Z}\}$.

3. 设 $A=\{1,2,3\}$, $B=\{1,3,5\}$, $C=\{2,4,6\}$, 求:

(1) $A\bigcup B$; (2) $A\bigcap B$; (3) $A\bigcup B\bigcup C$; (4) $A\bigcap B\bigcap C$; (5) $A\backslash B$.

4. 若 $A=\{x|3<x<5\}$, $B=\{x|x>4\}$, 求:

(1) $A\bigcup B$; (2) $A\bigcap B$; (3) $A\backslash B$.

5. 某专业共有 100 名学生，其中 70 名数学考试成绩优秀，用集合 A 表示这些学生； 40 名外语考试成绩优秀，用集合 B 表示这些学生；数学考试成绩优秀而外语考试成绩不是优秀的学生有 55 人. 试用集合关系表示下列各类学生，并计算出各类学生的数目：

(1) 两门考试成绩都是优秀的学生；

(2) 数学考试成绩不是优秀而外语考试成绩是优秀的学生；

(3) 两门考试中至少有一门成绩达到优秀的学生；

(4) 两门考试成绩均不是优秀的学生.

6. 用区间表示满足下列不等式的所有 x 的集合：

(1) $|x| \leqslant 5$; (2) $|x-2| \leqslant 1$; (3) $|x-a| < \varepsilon$ (a为常数, $\varepsilon > 0$);

(4) $|x| \geqslant 3$; (5) $|x+1| > 2$.

7. 用区间表示下列点集，并在数轴上表示出来：

(1) $A = \{x| \, |x+3| < 2\}$;

(2) $B = \{x|1 < |x-2| < 3\}$.

8. 用不等式或绝对值不等式表示下列各区间：

(1) $(-2,3)$; (2) $[-2,2]$; (3) $(-5,+\infty)$.

1.2 函 数

1.2.1 映射

定义 1.2.1 设 X,Y 是两个非空集合， f 是一个对应法则. 如果对于任何一个 $x\in X$, 按照对应法则 f, 都有唯一确定的 $y \in Y$ 和它对应，则称 f 为 X 到 Y 的**映射**, 记为

$$f: X \to Y.$$

称元素 y 为在映射 f 之下的 x 的**像**, 记为 $f(x)$, 即 $y=f(x)$; 称元素 x 为在映射 f 之下 y 的**原像**; 集合 X 称为映射 f 的**定义域**, 记作 D_f, 即 $D_f = X$; 而 X 的所有元素的像 $f(x)$ 的集合

$$\{y \mid y\in Y, y=f(x), x\in X\}$$

称为映射 f 的**值域**, 记作 R_f.

例 1.2.1 设集合 X 为某班全体学生， Y 为实数 (单位： cm) 集合，我们将每个学生与其身高建立对应关系，则每个学生均有唯一身高，即对于集合 X 的每一个元素，在集合 Y 中都有唯一确定的元素与之对应，故这样的对应关系构成了从 X 到 Y 的映射.

对于定义 1.2.1, 要注意下面几点:

(1) 应区别 f 和 $f(x)$. 前者是从 X 到 Y 的一种对应关系, 后者是在 f 之下 x 的像, 是 Y 的一个元素.

(2) 对任何一个 $x \in X$, 都有且只有一个像 $y = f(x) \in Y$, 即像是唯一的.

(3) 对于某个 $y \in Y$, 如果在映射 f 之下在 X 中有原像, 则其原像可能不止一个, 即原像不一定是唯一的.

如果原像是唯一的, 即对于 X 中的任意两个不同元素 $x_1 \neq x_2$, 它们的像 y_1 和 y_2 也满足 $y_1 \neq y_2$, 则称映射 f 为 **单射**. 若映射 $f: X \to Y$ 满足 $R_f = Y$, 则称映射 f 为 **满射**. 如果映射 f 既是单射, 又是满射, 则称 f 为 **一一映射** (**一对一映射**).

例 1.2.2 设 $X = \{1, 2, \cdots, n, \cdots\}, Y = \{1, 3, \cdots, 2n-1, \cdots\}$, 对于任何一个 $n \in X$, 按照对应法则 f 得到 $2n-1 \in Y$, 则映射 $f: X \to Y$ 是一一映射. 值得注意的是: Y 是 X 的子集, Y 中的元素似乎比 X 中的元素个数 "少", 这是无限集合的一个特性.

如果 $f: X \to Y$ 是一一映射, 则对于每一个 $y \in Y$, 在 X 中存在唯一的 x 与 y 对应, 满足 $y = f(x)$, 或记作 $x \xrightarrow{f} y$, 这样就有了一个从 Y 到 X 的映射, 记作 $f^{-1}: Y \to X$, 称为映射 f 的 **逆映射**.

设有映射

$$g: X \to Y, \quad f: Y \to Z,$$

则对于每一个 $x \in X$, 有

$$x \xrightarrow{g} y \xrightarrow{f} z \quad (y \in Y, z \in Z).$$

这说明, 对于每一个 $x \in X$, 通过 y, 都存在唯一的 $z \in Z$ 与 x 对应, 因此产生了一个从 X 到 Z 的新映射, 记为 $f \circ g: X \to Z$, 称为 g 与 f 的 **复合映射**.

1.2.2 函数的概念

有了映射的概念, 就可以在映射的基础上定义函数了.

定义 1.2.2 设非空数集 $X \subset \mathbb{R}, Y = \mathbb{R}$, 称从 X 到 Y 的映射

$$f: X \to Y$$

为定义在 X 上的 **函数**, 称集合 X 为函数 f 的 **定义域**, 也用 D_f 表示, 称集合 $R_f = \{f(x) \mid x \in D_f\}$ 为函数 f 的 **值域**.

函数通常记为

$$y = f(x), \quad x \in D_f,$$

称 x 为 **自变量**, 称 y 为 **因变量**.

当自变量 x 取数值 $x_0 \in D_f$ 时，与 x_0 对应的因变量 y 的数值称为定义在 D_f 上的函数 $y=f(x)$ 在点 x_0 处的 **函数值**, 记为 $f(x_0)$ 或 $y|_{x=x_0}$, 这时，我们也说函数 $f(x)$ 在 x_0 处有定义.

由于经常通过函数值来研究函数，为了方便，在以后的叙述中，将“定义在 X 上的函数 f ”就说成函数 $y=f(x), x \in X$. 如前所述，我们应该注意到 f 与 $f(x)$ 是有区别的.

从函数的定义上来看，确定一个函数的两个基本条件是定义域和对应法则. 如果两个函数的定义域相同，对应法则也相同，则不论使用什么样的函数记号，它们都是同一个函数.

在实际问题中，要根据问题的条件或实际意义确定函数的定义域. 对于用公式形式给出的函数，如果没有其他附加条件，则认为函数的定义域是使得公式有意义的一切 x 值. 例如，由公式

$$f(x)=\sqrt{1-x^2}$$

给出的函数 $f(x)$ 的定义域是闭区间 $[-1,1]$. 但是，如果 x 是斜边长为 1 的直角三角形的一条直角边的边长，$f(x)$ 是另一条直角边的边长，则函数 $f(x)=\sqrt{1-x^2}$ 的定义域应为 $(0,1)$.

例 1.2.3 *求函数 $y=\sqrt{16-x^2}+\lg\sin x$ 的定义域.*

解 要使表示函数 y 的公式有意义，必须有

$$\begin{cases}16-x^2 \geqslant 0,\\ \sin x>0,\end{cases}$$

即

$$\begin{cases}-4 \leqslant x \leqslant 4,\\ 2n\pi<x<(2n+1)\pi \quad (n=0,\pm1,\cdots).\end{cases}$$

这两个不等式的公共解为

$$-4 \leqslant x<-\pi \quad 或 \quad 0<x<\pi,$$

故函数的定义域为 $[-4,-\pi)\bigcup(0,\pi)$.

表示函数通常的办法是给出解析表示式 (公式) 的形式，例如，$y=\cos x, y=\ln\left(1+x^2\right)$ 等. 函数也可以用其他方式给出，如表格法、图形法等.

在平面直角坐标系 xOy 中，点的集合

$$\{(x,y)\mid y=f(x), x\in D_f\}$$

称为函数 $y=f(x)$ 的 **图形**(或**图像**). 一个函数的图形通常是一条曲线 (图 1.3), 称之为 **曲线** $y=f(x)$. 函数的图形具有直观性和明显性, 使我们有可能利用几何方法研究函数的有关特性. 相反, 一些几何问题也可借助函数来做理论研究.

在函数的定义中, 对于每一实数 $x\in X$, 对应唯一的实数 y, 这样的函数也称为 **单值函数**. 有时也会遇到这样的情况: 对于实数集 X 中的某些实数 x, 每一个数 x 可能对应几个甚至无穷多个 y 值. 例如: $y=\pm\sqrt{1-x^2}, y=\arcsin x$ 等. 这种情况不符合上述函数的定义, 但为了方便, 有时也把它们称为 **多值函数**. 今后, 如无特别声明, 本书所讨论的函数都是指单值函数.

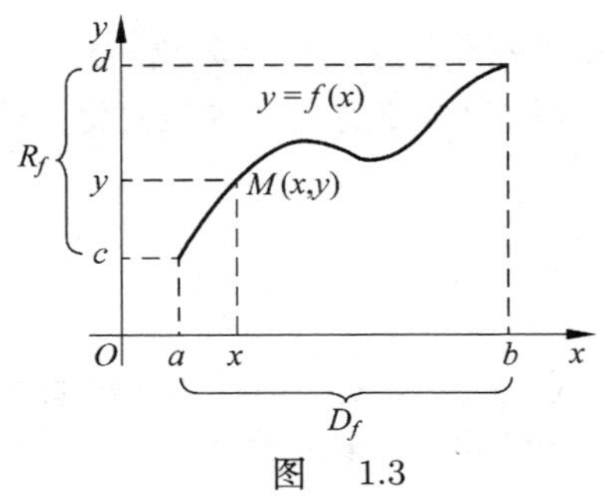

图 1.3

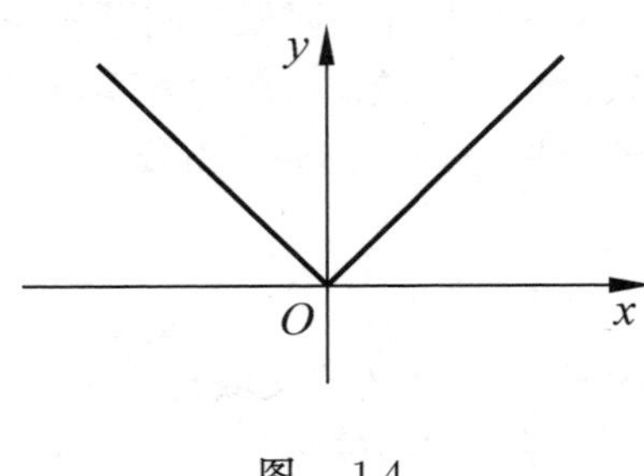

图 1.4

下面给出一些以后经常用到的函数.

例 1.2.4 绝对值函数

$$y=|x|=\begin{cases}-x, & x<0,\\ x, & x\geqslant 0,\end{cases}$$

它的定义域为 $(-\infty,+\infty)$, 值域为 $[0,+\infty)$, 如图 1.4 所示.

例 1.2.5 符号函数

$$y=\operatorname{sgn}x=\begin{cases}-1, & x<0,\\ 0, & x=0,\\ 1, & x>0,\end{cases}$$

它的定义域为 $(-\infty,+\infty)$, 值域为 $\{-1,0,1\}$, 如图 1.5 所示. 显然, 对于任意 $x\in(-\infty,+\infty)$, 有

$$|x|=x\operatorname{sgn}x.$$

例 1.2.6 对于任意实数 x, 用 $[x]$ 表示不超过 x 的最大整数. 例如,

$$[2]=2,\quad \left[-\frac{1}{2}\right]=-1,\quad \left[\frac{1}{\sqrt{2}}\right]=0,\quad [-\pi]=-4.$$

这个函数可以分段表示如下 (图 1.6)：

$$y=[x]=n,\quad n\leqslant x<n+1\quad(n=0,\pm1,\pm2,\cdots).$$

它的定义域为 $(-\infty,+\infty)$, 值域为 $\mathbb{Z}=\{$整数$\}$.

图 1.5　　图 1.6

例 1.2.7 公共电话收费对应的函数关系. 在公共电话亭打市内电话, 每 3 分钟收费 0.4 元, 不足 3 分钟按 3 分钟收费, 这样便规定了打电话用时 t 与费用 S 的关系：

$$S=\begin{cases}0.4\left(\left[\dfrac{t}{3}\right]+1\right), & t>0,\quad t\neq 3k,\\ 0.4k, & t=3k,\quad k=1,2,3,\cdots.\end{cases}$$

例 1.2.8 Dirichlet (狄利克雷) 函数

$$y=D(x)=\begin{cases}1, & x\text{为有理数},\\ 0, & x\text{为无理数},\end{cases}$$

它的定义域为 $(-\infty,+\infty)$, 值域为 $\{0,1\}$.

从例 1.2.4 到例 1.2.8 这几个函数在定义域的不同部分用不同的解析式表示, 这样的函数称为 **分段初等函数**(简称为 **分段函数**). 它也是自然科学、工程技术和经济学中常用的函数形式.

1.2.3 函数的几种特性

1-1 函数的特性

1. 有界性

设函数 $y=f(x)$ 的定义域为 D_f, 实数集 $X\subset D_f$, 如果存在正数 M, 使得对于任意的 $x\in X$, 都有不等式

$$|f(x)|\leqslant M$$

成立, 则称 $f(x)$ 在 X 上 **有界**; 如果这样的正数 M 不存在, 就说函数 $f(x)$ 在 X 上 **无界**.

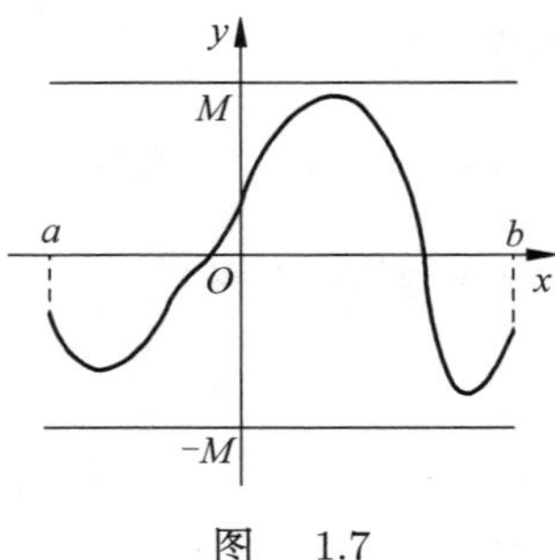

图 1.7

从几何直观上来看, 如果函数 $y=f(x)$ 在区间 $[a,b]$ 上有界, 则函数 $y=f(x)$ 的图形位于两条平行直线 $y=M, y=-M$ 之间, 如图 1.7 所示.

例如, $f(x)=\cos x$, 因为对于任意的 $x\in(-\infty,+\infty)$, 都有

$$|\cos x|\leqslant 1,$$

如果取 $M=1$(当然也可以取任何大于 1 的数作为 M), 则函数 $f(x)=\cos x$ 满足不等式

$$|f(x)|\leqslant M,$$

所以函数 $f(x)=\cos x$ 在 $(-\infty,+\infty)$ 内有界.

应该注意的是, 讨论函数的有界性, 不仅仅要考虑函数的表达式, 还要考虑自变量 x 的取值范围 X. 同一个函数在自变量的不同范围上的有界性可能是不同的.

例 1.2.9 证明函数 $f(x)=\dfrac{1}{x}$ 在区间 $(1,2)$ 内是有界的, 在 $(0,1)$ 内是无界的.

证明 若取 $M=1$, 则对于任意 $x\in(1,2)$, 都有

$$|f(x)|=\left|\frac{1}{x}\right|\leqslant 1,$$

所以函数 $f(x)$ 在区间 $(1,2)$ 内是有界的.

对于任何正数 M(不妨设 $M>1$), 取 $x_0=\dfrac{1}{2M}\in(0,1)$, 则有

$$|f(x_0)|=\left|\frac{1}{x_0}\right|=2M>M,$$

所以函数 $f(x)$ 在区间 $(0,1)$ 内是无界的. □

2. 单调性

设函数 $y=f(x)$ 的定义域为 D_f, 区间 $X\subset D_f$, 在 X 上任取两点 x_1,x_2. 如果当 $x_1<x_2$ 时, 有

$$f(x_1)<f(x_2)(\text{或}f(x_1)>f(x_2)),$$

则称 $y=f(x)$ 在 X 上是 **单调增加函数**(或 **单调减少函数**), 也称 $y=f(x)$ 在 X 上单调增加 (或单调减少); 如果当 $x_1<x_2$ 时，有

$$f(x_1)\leqslant f(x_2)(\text{或}f(x_1)\geqslant f(x_2)),$$

则称 $y=f(x)$ 在 X 上是 **单调不减函数**(或 **单调不增函数**). 函数的这些性质统称为 **单调性**, 满足单调性的函数统称为单调函数.

如果 $y=f(x)$ 在区间 I 上是单调函数，则称区间 I 为函数 $y=f(x)$ 的 **单调区间**.

单调增加函数的图形是沿 x 轴正向上升的 (图 1.8); 单调减少函数的图形是沿 x 轴正向下降的 (图 1.9).

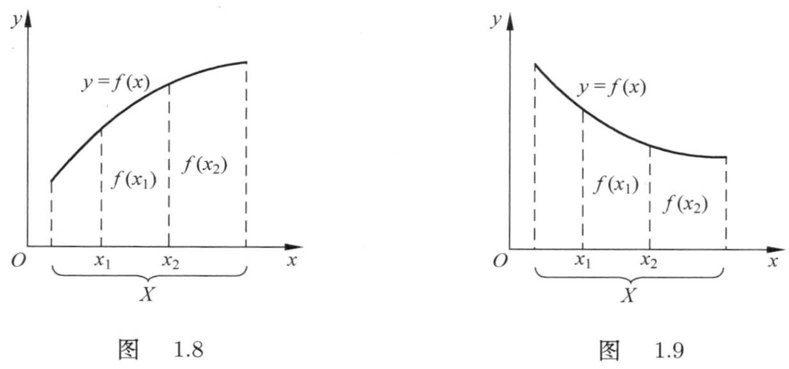

图 1.8 图 1.9

函数 $f(x)$ 在区间 X 上单调增加 (或单调减少) 的充分必要条件是 $-f(x)$ 在 X 上单调减少 (或单调增加).

例 1.2.10 确定函数 $f(x)=3\left(x^2-1\right)$ 的单调区间.

解 对于任意的 x_1,x_2, 有

$$f(x_1)-f(x_2)=3\left(x_1^2-1\right)-3\left(x_2^2-1\right)=3\left(x_1^2-x_2^2\right).$$

当 $x_1,x_2\in(-\infty,0]$ 且 $x_1<x_2$ 时，有 $x_1^2>x_2^2$, 于是 $3\left(x_1^2-x_2^2\right)>0$, 即 $f(x_1)-f(x_2)>0$, 从而

$$f(x_1)>f(x_2),$$

因此 $f(x)$ 在 $(-\infty,0]$ 上单调减少.

当 $x_1,x_2\in[0,+\infty)$ 且 $x_1<x_2$ 时，有 $x_1^2<x_2^2$, 于是 $3\left(x_1^2-x_2^2\right)<0$, 即 $f(x_1)-f(x_2)<0$, 从而

$$f(x_1)<f(x_2),$$

因此 $f(x)$ 在 $[0,+\infty)$ 上单调增加.

由上述讨论可知函数 $f(x)$ 在 $(-\infty,+\infty)$ 上不是单调函数，它的单调区间为 $(-\infty,0]$ 及 $[0,+\infty)$.

3. 奇偶性

设函数 $y=f(x)$ 的定义域 D_f 关于坐标原点对称，如果对任何 $x\in D_f$, 有

$$f(-x)=-f(x),$$

则称 $y=f(x)$ 为 **奇函数**; 如果对任何 $x\in D_f$, 有

$$f(-x)=f(x),$$

则称 $y=f(x)$ 为 **偶函数**.

奇函数的图形关于坐标原点对称. 偶函数的图形关于 y 轴对称.

例如，函数 $f(x)=x^3$ 是奇函数 (图 1.10), $f(x)=x^2$ 是偶函数 (图 1.11), 而 $f(x)=x^3+x^2$ 既不是奇函数也不是偶函数.

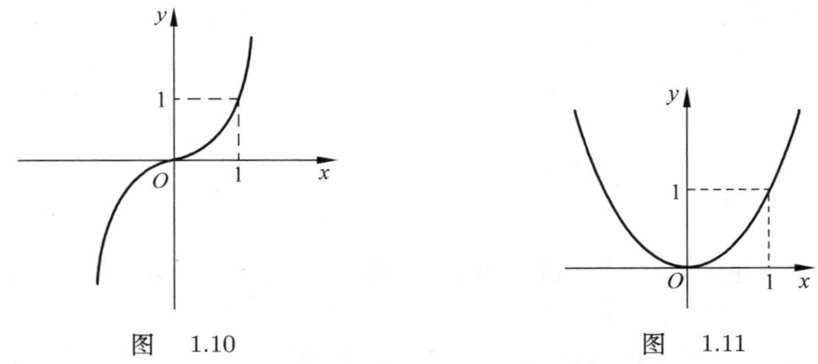

图 1.10 图 1.11

例 1.2.11 判断函数 $f(x)=\log_2\left(x+\sqrt{1+x^2}\right)$ 的奇偶性.

解 函数 $f(x)$ 的定义域为 $(-\infty,+\infty)$. 对任意实数 x, 由于

$$\begin{aligned}f(-x)&=\log_2\left(-x+\sqrt{1+(-x)^2}\right)=\log_2\left(\sqrt{1+x^2}-x\right)\\&=\log_2\frac{1}{\sqrt{1+x^2}+x}=-\log_2\left(x+\sqrt{1+x^2}\right)\\&=-f(x),\end{aligned}$$

所以 $f(x)=\log_2\left(x+\sqrt{1+x^2}\right)$ 是奇函数.

根据函数奇偶性的定义，可以得到下面的几个结论：设 I 是关于坐标原点对称的区间，则在区间 I 上的两个奇函数的和或差仍是奇函数；两个奇函数的乘积是偶函数；两个偶函数的和或积是偶函数；奇函数与偶函数的乘积是奇函数；

奇函数的倒数 (如果存在的话) 是奇函数; 偶函数的倒数 (如果存在的话) 是偶函数.

4. 周期性

设函数 $y=f(x)$ 的定义域为 D_f, 如果存在正数 T, 对任何 $x\in D_f$, 有 $x+T\in D_f$, 且

$$f(x+T)=f(x),$$

则称 $y=f(x)$ 为 **周期函数**, T 称为 $y=f(x)$ 的一个 **周期**.

显然, 如果 T 是 $f(x)$ 的一个周期, 则 $2T,3T,\cdots,nT,\cdots(n$ 为正整数) 都是 $f(x)$ 的周期. 通常称使 $f(x+T)=f(x)$ 成立的最小正数 T 为函数 $f(x)$ 的 **周期**. 例如, $f(x)=\sin x$ 是以 2π 为周期的周期函数.

若 $y=f(x)$, $x\in D_f$ 是以 T 为周期的周期函数, 则在 D_f 内的每个长度为 T, 左端点相距为 $kT(k\in\mathbb{Z}^+)$ 的区间上, 函数图形有相同的形状 (图 1.12).

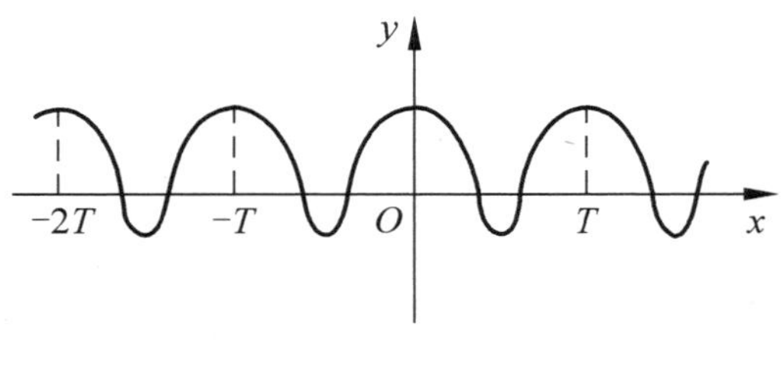

图 1.12

例 1.2.12 设 $y=f(x)$ 是以 ω 为周期的周期函数, 证明函数 $y=f(ax)$ $(a>0)$ 是以 $\dfrac{\omega}{a}$ 为周期的周期函数.

证明 因为 $f(x)$ 以 ω 为周期, 从而有

$$f(ax)=f(ax+\omega),$$

即

$$f(ax)=f\left[a\left(x+\frac{\omega}{a}\right)\right],$$

所以 $f(ax)$ 是以 $\dfrac{\omega}{a}$ 为周期的周期函数. □

习 题 1.2

1. 求下列函数的定义域:

(1) $y=\sqrt{4-x^2}$; (2) $y=\dfrac{1}{2x^2-x}$;

(3) $y=\lg(x+3)$; (4) $y=\dfrac{1}{\sqrt{a^2-x^2}}\ (a>0)$;

(5) $y=\arccos\dfrac{1-x}{3}$; (6) $y=\sqrt{x+2}-\dfrac{1}{1-x^2}$;

(7) $y=\sqrt{3-x}+\arctan\dfrac{1}{x}$; (8) $y=\begin{cases}x^2, & -2<x\leqslant 0,\\ 2^x, & 0<x\leqslant 3.\end{cases}$

2. 下列各题中，函数 $f(x)$ 和 $g(x)$ 是否相同，为什么？

(1) $f(x)=\ln x^2,\quad g(x)=2\ln x$;

(2) $f(x)=1,\quad g(x)=\sin^2 x+\cos^2 x$.

3. 判别下列函数的奇偶性：

(1) $y=x^4-2x^2$; (2) $y=x-x^2$;

(3) $y=x\sin x$; (4) $y=\sin x-\cos x$;

(5) $y=\dfrac{x\sin x}{2+\cos x}$; (6) $y=\ln\left(x+\sqrt{1+x^2}\right)$;

(7) $y=\dfrac{\mathrm{e}^x-\mathrm{e}^{-x}}{2}$; (8) $y=\dfrac{2^x-2^{-x}}{2^x+2^{-x}}$.

4. 判断下列函数的单调性：

(1) $y=5x-8$; (2) $y=3^{x-1}$;

(3) $y=2x+\ln x$; (4) $y=2+\dfrac{8}{x}$.

5. 判断下列函数的有界性：

(1) $y=\dfrac{x}{1+x^2}$; (2) $y=\sin\dfrac{1}{x}$; (3) $y=x\cos x$.

6. 求下列周期函数的周期：

(1) $y=\sin^2 x$; (2) $y=\sin x+\dfrac{1}{2}\sin 2x+\dfrac{1}{3}\sin 3x$; (3) $y=\sqrt{\tan x}$.

1.3 反函数与复合函数

与上节介绍的逆映射与复合映射的概念相对应，在函数中有反函数与复合函数的概念.

1.3.1 反函数

设函数 $f\colon D_f\to R_f$ 为一一映射，其中 D_f 为定义域， R_f 为值域，则称逆映射 $f^{-1}\colon R_f\to D_f$ 为函数 f 的 **反函数**, 而函数 f 也可称为 **直接函数**. f^{-1} 的对应法则由 f 的对应法则所确定，即对于每个 $y\in R_f$, 如果 $y=f(x)$, 则 $x=f^{-1}(y)$. 由于函数关系与自变量和因变量用什么字母表示无关，而且习惯上总是用 x 表示自变量，用 y 表示因变量，因此常把函数 $y=f(x)$ 的反函数 $x=f^{-1}(y)$ 写

作 $y = f^{-1}(x)$. 例如，函数 $y = 2x + 1$ 是一个自 $\mathbb{R}$ 到 $\mathbb{R}$ 的一一映射，故有反函数 $x = \dfrac{y-1}{2}$，$y \in \mathbb{R}$. 互换自变量与因变量的符号，通常将这个反函数写作 $y = \dfrac{x-1}{2}, x \in \mathbb{R}$.

函数 $y = f(x)$ 与它的反函数 $x = f^{-1}(y)$ 的图像在同一平面直角坐标系上是同一条曲线. 如果反函数用 $y = f^{-1}(x)$ 表示，那么在同一直角坐标系上，曲线 $y = f(x)$ 与曲线 $y = f^{-1}(x)$ 关于直线 $y = x$ 对称 (如图 1.13). 以后如不特殊说明，函数 $y = f(x)$ 的反函数都是指 $y = f^{-1}(x)$.

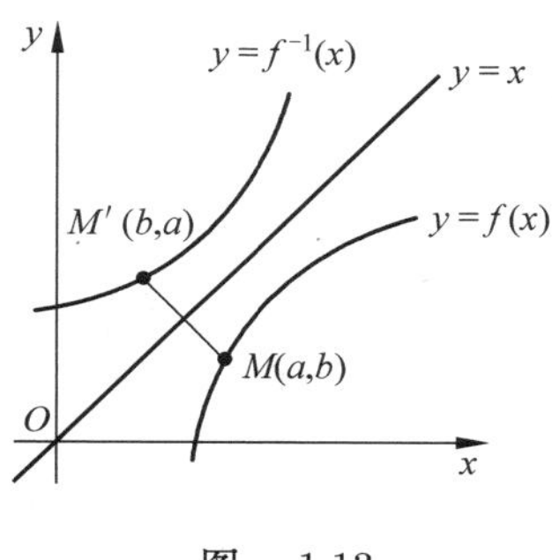

图 1.13

并不是所有的函数都有反函数，例如，函数 $y = f(x) = x^2$ 的定义域为 $D_f = (-\infty, +\infty)$, 值域为 $R_f = [0, +\infty)$. 因为映射

$$f : D_f \to R_f$$

不是一一映射，所以函数 $y = x^2$ 没有反函数. 如果函数 $y = f(x)$ 是单调函数，那么相应的映射就是一一映射，因此有下面的结论：

单调函数 $y = f(x)$ 必存在单调的反函数 $y = f^{-1}(x)$, 且 $y = f^{-1}(x)$ 具有与 $y = f(x)$ 相同的单调性.

例 1.3.1 求函数 $y = \dfrac{10^x}{10^x + 1}$ 的反函数.

解 函数 $y = \dfrac{10^x}{10^x + 1}$ 的定义域为 $D_f = (-\infty, +\infty)$, 值域为 $R_f = (0, 1)$. 由

$$y = \frac{10^x}{10^x + 1},$$

可解得
$$x = \lg \frac{y}{1-y}.$$

再将 x 与 y 位置互换，得反函数

$$y = \lg \frac{x}{1-x} \quad (0 < x < 1).$$

1.3.2 复合函数

在复合映射的定义中，如果集合 X, Y, Z 都是实数集，则相应的复合映射就称为 **复合函数**. 为了应用的方便，我们把复合函数的定义叙述如下：

设函数 $y = f(u)$ 的定义域为 D_f, 函数 $u = \varphi(x)$ 的定义域为 D_φ, 值域为 R_φ, 当 $D_f \bigcap R_\varphi$ 非空时，记 $D = \{x \mid u = \varphi(x), x \in D_\varphi, u \in D_f\}$, 显然有 $D \subset D_\varphi$. 对于任意 $x \in D$ 有 $u = \varphi(x) \in D_f \bigcap R_\varphi$ 与之对应，进而有 $y = f(u)$ 与之对应. 这样通过 u 得到了以 x 为自变量、 y 为因变量的函数，称为由 $y = f(u)$ 与 $u = \varphi(x)$ 构成的 **复合函数**, 记作

$$y = f[\varphi(x)],$$

并称 u 为 **中间变量**.

例如，函数 $y = \arctan x^2$ 可以看成是由函数 $y = \arctan u$, $u \in D_f = (-\infty, +\infty)$ 及 $u = x^2 (x \in D_\varphi = (-\infty, +\infty)$, 其值域为 $R_\varphi = [0, +\infty))$ 复合而成的，其定义域为 $D = (-\infty, +\infty)$.

例 1.3.2 设 $f(\sin x) = \cos 2x + 1$, 求 $f(x)$ 及 $f(\cos x)$.

解 因为

$$f(\sin x) = \cos 2x + 1 = 1 - 2\sin^2 x + 1 = 2 - 2\sin^2 x,$$

所以

$$\begin{aligned} &f(x) = 2 - 2x^2, \\ &f(\cos x) = 2 - 2\cos^2 x = 2\sin^2 x. \end{aligned}$$

习 题 1.3

1. 求下列函数的反函数：

(1) $y = 2x + 1$; (2) $y = \dfrac{1 - x}{1 + x}$;

(3) $y = \sqrt{1 - x^2}\ (-1 \leqslant x \leqslant 0)$; (4) $y = 1 + \lg(x + 2)$;

(5) $y = 1 + \ln(x + 2)$; (6) $y = \begin{cases} x, & x < 1, \\ x^2, & 1 \leqslant x \leqslant 4, \\ 2^x, & x > 4. \end{cases}$

2. 在下列各题中，写出由所给函数构成的复合函数，并求这一函数分别对应于给定自变量值 x_1 和 x_2 的函数值：

(1) $y = u^2$, $u = \sin x$, $x_1 = \dfrac{\pi}{4}$, $x_2 = \dfrac{\pi}{2}$;

(2) $y=\mathrm{e}^u$, $u=x^2$, $x_1=1$, $x_2=2$;

(3) $y=u^2$, $u=\mathrm{e}^x$, $x_1=1$, $x_2=2$.

3. 指出下列函数是由哪些函数复合而成的：

(1) $y=\sqrt{3x-1}$;　　(2) $y=a\sqrt[3]{1+x}$;

(3) $y=(1+\ln x)^5$;　　(4) $y=\mathrm{e}^{\mathrm{e}^{-x^2}}$;

(5) $y=\mathrm{e}^{\tan\frac{x}{2}}$;　　(6) $y=\arcsin[\lg(2x+1)]$.

4. 设 $f\left(x+\dfrac{1}{x}\right)=x^2+\dfrac{1}{x^2}$, 求 $f(x)$.

5. 已知 $f(x)=x^3-x$, $\varphi(x)=\sin 2x$, 求 $f[\varphi(x)]$, $\varphi[f(x)]$.

1.4 基本初等函数与初等函数

1.4.1 基本初等函数

在微积分这门课程中，常用的函数都是由常函数、幂函数、指数函数、对数函数、三角函数、反三角函数这些函数构成的，我们将这六类函数统称为基本初等函数.

1. 常函数 $y=C$(C 为常数)

它的定义域为 $(-\infty,+\infty)$, 无论 x 取何值， y 的取值都是常数 C(图 1.14), 这是最简单的一类函数.

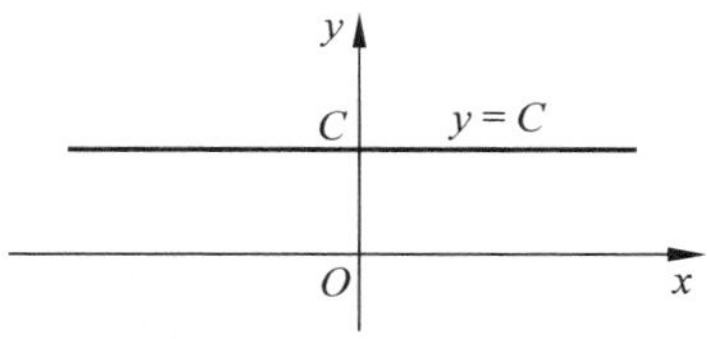

图 1.14

2. 幂函数 $y=x^\mu$(其中 μ 为实常数)

它的定义域随 μ 的不同而不同，但无论 μ 为何值，它在 $(0,+\infty)$ 上都有定义，而且图形都经过点 $(1,1)$(图 1.15).

当 μ 为正整数时， $y=x^\mu$ 的定义域为 $(-\infty,+\infty)$, 且 μ 为偶 (奇) 数时， x^μ 为偶 (奇) 函数.

当 μ 为负整数时， $y=x^\mu$ 的定义域为 $(-\infty,0)\bigcup(0,+\infty)$.

当 μ 为分数时，情况比较复杂，如 $y=x^{\frac{2}{3}}$ 和 $y=x^{\frac{3}{5}}$ 的定义域为 $(-\infty,+\infty)$; $y=x^{-\frac{2}{7}}$ 和 $y=x^{-\frac{5}{3}}$ 的定义域为 $(-\infty,0)\bigcup(0,+\infty)$; $y=x^{\frac{3}{2}}$ 的定义域为 $[0,+\infty)$. 读者可根据 μ 的分母及符号自行讨论 $y=x^\mu$ 的定义域.

当 μ 为无理数时，规定 $y=x^\mu$ 的定义域为 $(0,+\infty)$.

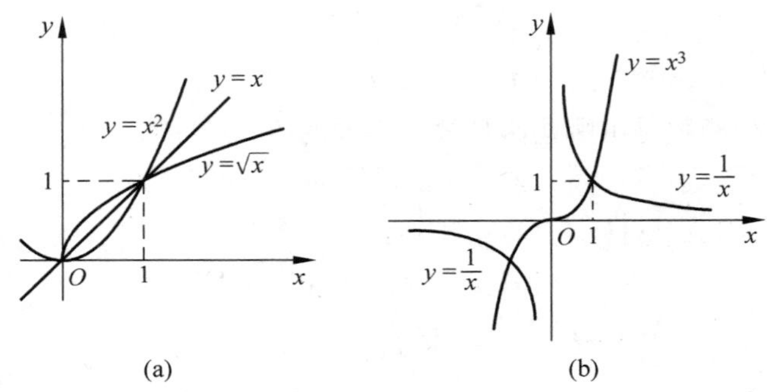

图 1.15

3. 指数函数 $y=a^x(a>0,a\neq 1,a$是常数$)$

指数函数的定义域为 $(-\infty,+\infty)$. 当 $a>1$ 时，它是单调增加函数；当 $a<1$ 时，它是单调减少函数，但其值域都是 $(0,+\infty)$，函数的图形都过点 $(0,1)$(图 1.16).

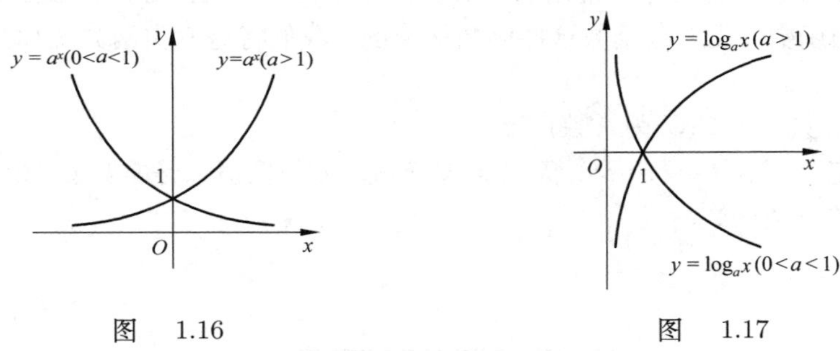

图 1.16 图 1.17

4. 对数函数 $y=\log_a x(a>0,a\neq 1,a$是常数$)$

对数函数是指数函数的反函数，它的定义域为 $(0,+\infty)$. 当 $a>1$ 时，它是单调增加函数；当 $a<1$ 时，它是单调减少函数，其值域都是 $(-\infty,+\infty)$，函数的图形都过点 $(1,0)$(图 1.17).

在微积分中，常用到以 e 为底的指数函数 $y=\mathrm{e}^x$，以及以 e 为底的对数函数 $y=\log_{\mathrm{e}} x$，记作 $y=\ln x$，称为自然对数，其中常数 $\mathrm{e}=2.7182818\cdots$ 是一个无理数 (见 2.4 节).

5. 三角函数

三角函数有

正弦函数 $y=\sin x$；　余弦函数 $y=\cos x$；

正切函数 $y=\tan x$；　余切函数 $y=\cot x$；

正割函数 $y=\sec x$；　余割函数 $y=\csc x$.

$y=\sin x$ 与 $y=\cos x$ 的定义域均为 $(-\infty,+\infty)$，都是以 2π 为周期的周期函数，并且都是有界函数 (图 1.18). $y=\tan x$ 的定义域为除去 $x=n\pi+\dfrac{\pi}{2}(n\in\mathbb{Z})$

的全体实数 (图 1.19). $y=\cot x$ 的定义域为除去 $x=n\pi(n\in\mathbb{Z})$ 的所有实数 (图 1.20). $y=\tan x$ 与 $y=\cot x$ 都是以 π 为周期的周期函数，并且在其定义域上是无界函数. $y=\sin x$, $y=\tan x$ 和 $y=\cot x$ 是奇函数， $y=\cos x$ 是偶函数.

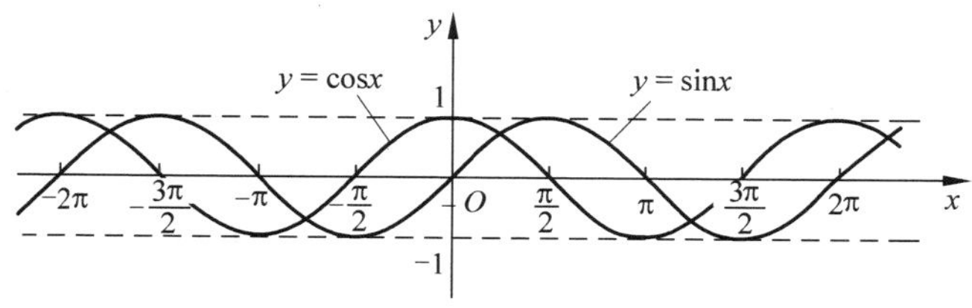

图 1.18

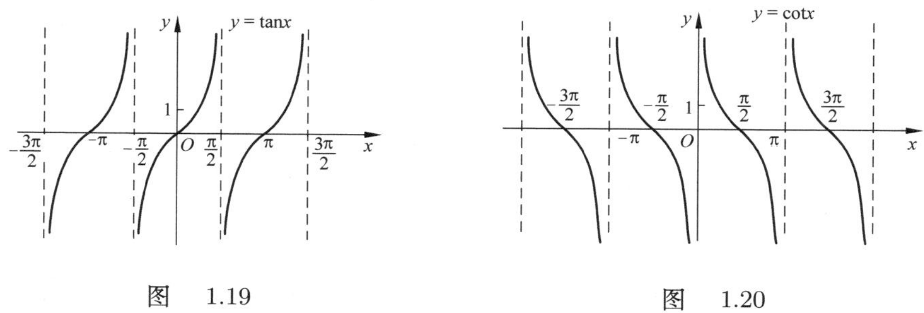

图 1.19　　　　图 1.20

正割函数 $y=\sec x$, 余割函数 $y=\csc x$, 其中 $\sec x=\dfrac{1}{\cos x}$, $\csc x=\dfrac{1}{\sin x}$, 它们都是以 2π 为周期的周期函数，并且在开区间 $\left(0,\dfrac{\pi}{2}\right)$ 内都是无界函数.

6. 反三角函数

三角函数 $y=\sin x, y=\cos x, y=\tan x$ 和 $y=\cot x$ 的反函数分别记作 $y=\text{Arcsin}x, y=\text{Arccos}x, y=\text{Arctan}x$ 和 $y=\text{Arccot}x$. 它们的图形分别如图 1.21 、图 1.22 、图 1.23 和图 1.24 所示. 它们都是多值函数，我们按下列区间取其一个单值分支，称为 **主值分支**, 分别记作:

$y=\arcsin x$, 定义域为$[-1,1]$, 值域为 $\left[-\dfrac{\pi}{2},\dfrac{\pi}{2}\right]$;

$y=\arccos x$, 定义域为$[-1,1]$, 值域为 $[0,\pi]$;

$y=\arctan x$, 定义域为$(-\infty,\infty)$, 值域为 $\left(-\dfrac{\pi}{2},\dfrac{\pi}{2}\right)$;

$y=\text{arccot}\ x$, 定义域为$(-\infty,+\infty)$, 值域为 $(0,\pi)$.

如不作说明，以后所提到的反三角函数都是指主值分支.

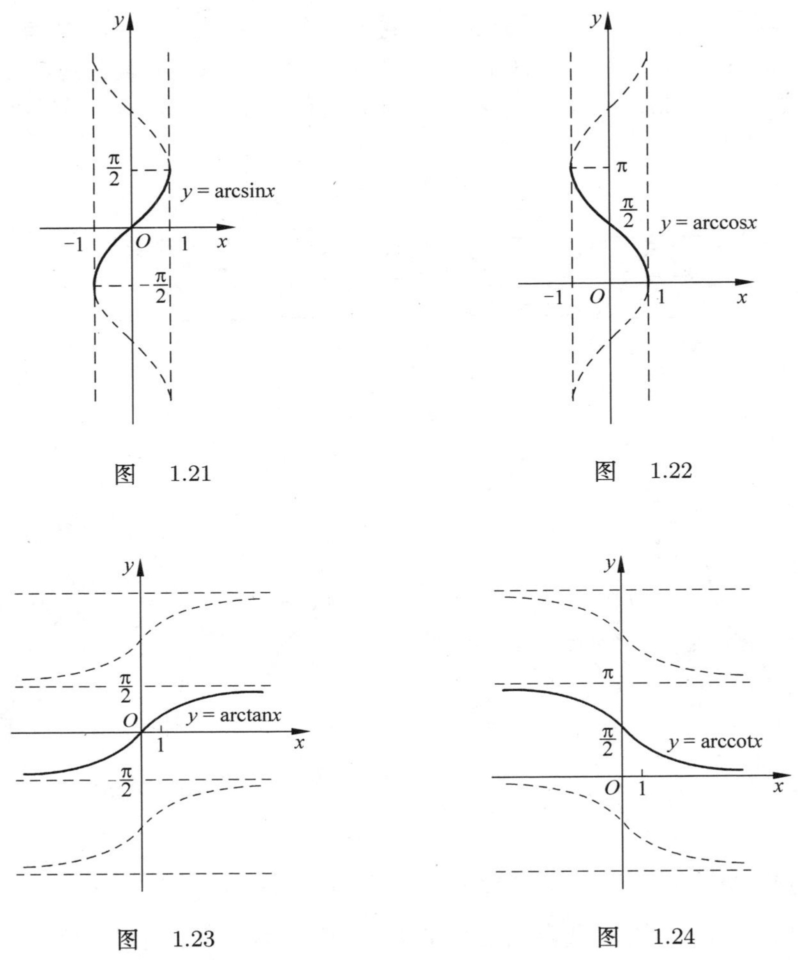

图 1.21

图 1.22

图 1.23

图 1.24

1.4.2 初等函数

定义 1.4.1 由基本初等函数经过有限次四则运算以及经过有限次复合运算所构成并可用一个式子表示的函数，称为 **初等函数**.

例如， $y=\sqrt{1-x^2}$, $y=\dfrac{\sqrt{1+\mathrm{e}^{x^2}}}{1+\sin^2 x}$, $y=\dfrac{\ln\left(x+\sqrt{1+x^2}\right)}{\tan^2 2x+\cot^2 x}$ 等都是初等函数.

初等函数是我们讨论的主要对象. 不是初等函数的函数一般叫做 **非初等函数**. 某些分段函数就是非初等函数. 例如，函数 $y=\mathrm{sgn}x, y=[x], y=\begin{cases}x+1, & x\leqslant 0,\\ x-1, & x>0\end{cases}$ 等都不是初等函数. 它们也称为 **分段初等函数**.

习 题 1.4

1. 指出下列函数中哪些是初等函数，哪些是非初等函数：

(1) $y=\dfrac{\mathrm{e}^{\sqrt{1-x^2}}+x^2}{1+x+\sin\sqrt{x}}$； (2) $y=\begin{cases}x-x^2, & x<0,\\ x+x^3, & x\geqslant 0;\end{cases}$

(3) $y=\begin{cases}x^2, & x<1,\\ 0, & x\geqslant 1;\end{cases}$ (4) $y=\begin{cases}1, & x\text{是有理数},\\ 0, & x\text{是无理数};\end{cases}$

(5) $y=\sqrt{x}+\ln\left(2-\dfrac{1}{2}\cos x\right)$； (6) $y=\begin{cases}x+1, & -1\leqslant x\leqslant 0,\\ -2x+1, & 0\leqslant x<1.\end{cases}$

2. 先作出 $y=x^2$ 及 $y=\dfrac{1}{x}$ 的图形，再由这两个函数的图形叠加出 $y=x^2+\dfrac{1}{x}$ 的图形.

3. 由 $y=2^x$ 的图形作下列函数的图形：

(1) $y=3\cdot 2^x$； (2) $y=2^x+4$；

(3) $y=-2^x$； (4) $y=2^{-x}$.

4. 讨论当 $a=2$ 和 $a=-2$ 时， $y=\lg(a-\sin x)$ 是不是复合函数. 如果是复合函数，求其定义域.

5. 设一矩形面积为 A, 试将周长 s 表示为宽 x 的函数，并求其定义域.

6. 在半径为 r 的球内嵌入一圆柱，试将圆柱的体积表示为圆柱高的函数，并确定此函数的定义域.

1.5 经济学中常用的函数

用数学的方法解决自然科学及经济学等实际问题时，首先要建立这个问题的数学模型，将实际问题中的各个变量之间的关系用数学表达式表示出来，也就是建立函数关系，确定函数的定义域. 然后应用有关的数学知识和其他相关的知识对数学模型进行综合分析、研究，以达到解决问题的目的.

在经济分析中，常常需要对诸如成本、价格、需求、收益、利润等经济量的关系进行研究. 对于实际问题而言，往往有多个经济量相互影响，相互作用，其关系非常复杂. 作为研究问题的开始，我们把复杂的实际问题简单化，先考虑只有两个经济量的情形.

1.5.1 需求函数与供给函数

1. 需求函数

经济活动的目的是对需求的满足. 消费者对某种商品的需求量，与人口数、消费者的收入、人们的习性与嗜好、季节性以及该商品的价格等诸多因素有关.

为了简便，我们只考虑一个因素 —— 商品价格与消费者对商品的需求量的关系，而把其他因素暂时取定值. 这样，对商品的需求量就是该商品价格的函数. 如果用 Q 表示对商品的需求量， P 表示商品的价格，则

$$Q=Q(P),$$

其中 P 是自变量，取非负值； Q 是因变量.

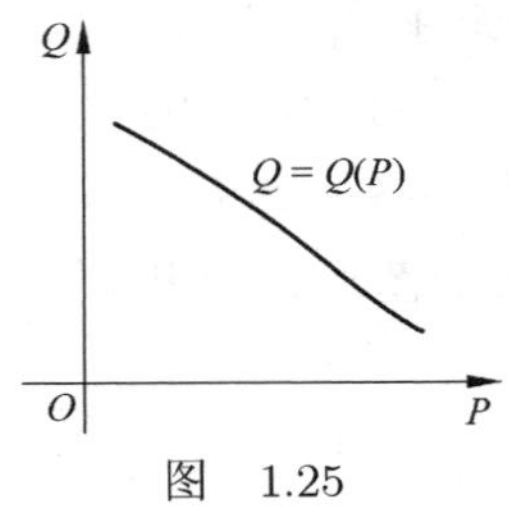

图 1.25

一般地，需求量随价格上涨而减少. 因此，通常需求函数是价格的单调减少函数. 图 1.25 给出了一条需求函数曲线 (也称需求曲线).

在企业管理和经济学中常见的需求函数如下：

(1) 线性需求函数：

$$Q=a-bP,$$

其中 $b \geqslant 0, a \geqslant 0$, 且均为常数；

(2) 二次曲线需求函数：

$$Q=a-bP-cP^2,$$

其中 $a \geqslant 0, b \geqslant 0, c \geqslant 0$, 且均为常数；

(3) 指数需求函数：

$$Q=A\mathrm{e}^{-bP},$$

其中 $A \geqslant 0, b \geqslant 0$, 且均为常数.

需求函数 $Q=Q(P)$ 的反函数就是价格函数，记作

$$P=P(Q),$$

它也反映商品的需求量与价格的关系.

2. 供给函数 (供应函数)

商品供应者对社会提供的商品量叫做商品供给量. 影响商品供给量的因素很多，这里只考虑最重要因素 —— 商品价格. 若记商品供给量为 S, 则

$$S=S(P),$$

其中 P 是商品价格.

一般地，商品供给量随商品价格上涨而增加，因此商品供给量 S 是商品价格 P 的单调增加函数.

将供给函数 $S=S(P)$ 的反函数，记作

$$P=P(S),$$

它也表示商品价格与供给量的关系.

常见供给函数有线性供给函数、二次供给函数、指数供给函数等.

需求函数与供给函数密切相关. 由于需求函数是单调减少函数, 供给函数是单调增加函数, 把需求曲线和供给曲线 (供给函数的图形) 画在同一坐标系中 (图 1.26), 它们将相交于点 $(\overline{P},\overline{Q})$ 处. $\overline{P}$ 是供、需平衡的价格, 称为 **均衡价格**; $\overline{Q}$ 是均衡数量.

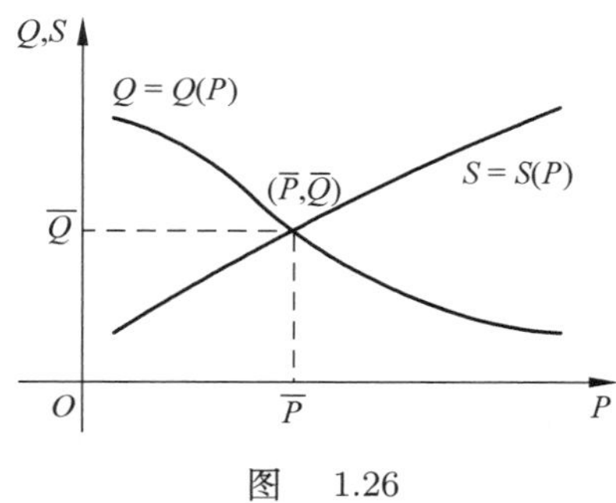

图 1.26

例 1.5.1 某商品的需求量、供给量与其价格 P 的关系式分别为

$$\begin{cases}Q^2-20Q-P=-99,\\3S^2+P=123.\end{cases}$$

试求均衡价格和均衡数量.

解 求均衡价格和均衡数量, 即解方程组

$$\begin{cases}Q^2-20Q-P=-99,\\3S^2+P=123,\\Q=S.\end{cases}$$

得到 $\overline{Q}_1=6,\overline{P}_1=15;\overline{Q}_2=-1,\overline{P}_2=120$. 显然 $\overline{Q}_2=-1$ 无意义. 故所求均衡价格为 15 个单位, 均衡数量为 6 个单位.

1.5.2 成本函数

从事生产就需要有投入, 例如需要有场地 (厂房) 、机器设备、劳动力、能源、原材料等. 这些从事生产所需要的投入就是成本. 在成本投入中大体可分为两大部分, 其一是在短时间内不发生变化或不明显地随产品数量增加而变化的, 如厂房、设备等, 称为 **固定成本**, 常用 C_1 表示; 其二是随产品数量的变化而直接变化的部分, 如原材料、能源等, 称为 **可变成本**, 常用 C_2 表示. C_2 是产品数量 q 的函数, 即

$$C_2 = C_2(q).$$

生产 q 个单位产品时某种商品的可变成本 C_2 与固定成本 C_1 之和，称为**总成本**，记作 C, 即

$$C = C(q) = C_1 + C_2(q).$$

常见的总成本函数如下：

(1) 线性成本函数

$$C(q) = C_1 + cq,$$

其中 $C_1 = C(0)$ 是固定成本，$C_2 = cq$ 是可变成本，c 是单位产品的可变成本；

(2) 二次成本函数

$$C(q) = a + bq + cq^2,$$

其中 $a = C(0)$ 是固定成本；

(3) 三次成本函数

$$C(q) = k_0 + k_1 q + k_2 q^2 + k_3 q^3,$$

它的固定成本为 $k_0 = C(0)$.

只给出总成本不足以说明企业生产情况的好坏，通常用生产 q 个单位产品时的平均成本，亦即生产 q 个产品时，单位产品的成本

$$\overline{C}(q) = \frac{C(q)}{q} = \frac{C_1 + C_2(q)}{q}$$

来评价企业生产情况的好坏.

在生产技术水平和原材料、劳动力等生产要素的价格固定不变的条件下，总成本、平均成本都是产量的函数.

例 1.5.2 已知某种产品的总成本函数为

$$C(q) = 1000 + \frac{q^2}{8},$$

求当生产 100 个该产品时的总成本和平均成本.

解 由题意知，产量为 100 时的总成本为

$$C(100) = \left(1000 + \frac{q^2}{8}\right)\bigg|_{q=100} = 1000 + \frac{100^2}{8} = 2250,$$

所求平均成本为

$$\overline{C}(100) = \frac{C(q)}{q}\bigg|_{q=100} = \frac{2250}{100} = 22.5.$$

1.5.3 收益函数与利润函数

1. 收益函数

收益是指商品售出后生产者获得的收入，常用的收益函数有总收益函数与平均收益函数.

总收益是销售者售出一定数量商品所得的全部收入，常用 R 表示.

平均收益是售出一定数量的商品时，平均每售出一个单位商品的收入，也就是销售一定数量商品时的单位商品的销售价格，常用 $\overline{R}$ 表示.

总收益、平均收益都是售出商品数量的函数.

设 P 为商品价格，q 为商品量 (一般的，这个 q 对销售者来说就是销售的商品量，对消费者来说就是需求量), 于是有

$$R = R(q) = qP(q),$$
$$\overline{R} = \frac{R(q)}{q} = P(q),$$

其中 $P(q)$ 是商品的价格函数.

例 1.5.3 设某种产品的需求关系是

$$3q + 4P = 100,$$

其中 q 是商品量，P 是该产品的价格. 求销售 5 件时的总收入和平均收入.

解 由已知条件得商品价格为

$$P = \frac{100 - 3q}{4},$$

所求总收入函数

$$R(q) = Pq = \frac{100q - 3q^2}{4}.$$

所以

$$R(5) = \frac{1}{4}\left(100q - 3q^2\right)\Big|_{q=5} = 106.25,$$
$$\overline{R}(5) = \frac{R(5)}{5} = 21.25.$$

2. 利润函数

生产一定数量的产品的总收入与总成本之差就是它的总利润，记作 L, 即

$$L = L(q) = R(q) - C(q),$$

其中 q 是产品数量. 它的平均利润记作 $\overline{L}$, 有

$$\overline{L}=\overline{L}(q)=\frac{L(q)}{q}.$$

总利润 L 和平均利润 $\overline{L}$ 都是产量 q 的函数.

例 1.5.4 设生产某种商品 x 件时的总成本 (单位: 万元) 为

$$C(x)=20+2x+0.5x^2.$$

若每售出一件该商品的收入是 20 万元, 求生产 20 件该商品时的总利润和平均利润.

解 由题意知 $P=20$(单位: 万元), 故售出 x 件该商品时的总收入函数为

$$R(x)=Px=20x.$$

因此

$$\begin{aligned}L(x)&=R(x)-C(x)\\&=20x-\left(20+2x+0.5x^2\right)\\&=-20+18x-0.5x^2.\end{aligned}$$

当 $x=20$ 时,

$$\begin{aligned}L(20)&=\left(-20+18x-0.5x^2\right)\Big|_{x=20}=140,\\\overline{L}(20)&=\frac{L(20)}{20}=\frac{140}{20}=7.\end{aligned}$$

即生产 20 件商品时的总利润为 140 万元, 平均利润为 7 万元.

生产产品的总成本总是产量 q 的单调增加函数. 但是, 对产品的需求量 q 来说, 由于受到价格及社会诸多因素的影响往往不总是增加的. 对某种商品而言, 销售的总收入 $R(q)$ 有时增加显著, 有时增长很缓慢, 可能达到某个定点后继续销售, 收入反而下降. 因此, 利润函数 $L(q)$ 出现了三种情形:

(1) $L(q)=R(q)-C(q)>0$, 有盈余生产, 即生产处于有利润状态;

(2) $L(q)=R(q)-C(q)<0$, 亏损生产, 即生产处于亏损状态, 得负利润;

(3) $L(q)=0$, 无盈余生产. 我们把无盈余生产时的产量记为 q_0, 称为无盈亏点或保本点.

无盈亏分析常用于企业 (经营) 管理和经济分析中各种产品定价和生产决策等方面.

例 1.5.5 (1) 求例 1.5.4 中经济活动的无盈亏点；(2) 若设每年销售 40 件产品，为了不亏本，单价应定为多少？

解 (1) 令

$$L(x)=0,$$

即

$$-20+18x-0.5x^2=0,$$

解得 $x_1=1.15\approx 1,\quad x_2=34.85\approx 35.$

因为 $L(x)$ 是二次函数，当 $x<x_1$ 或 $x>x_2$ 时，都有 $L(x)<0$, 这时生产经营是亏损的；当 $x_1<x<x_2$ 时， $L(x)>0$, 生产经营是盈利的. 因此， 1 件和 35 件是盈利的最低产量和最高产量，都可以是无盈亏点.

(2) 设单价定为 P(单位：万元), 销售 40 件的收入 (单位：万元) 应为

$$R=40P.$$

这时的成本 (单位：万元) 为

$$C(40)=\left(20+2x+0.5x^2\right)\Big|_{x=40}=900,$$

利润 (单位：万元) 为

$$L=R(40)-C(40)=40P-900.$$

为使生产经营不亏本，就必须使

$$L=40P-900\geqslant 0,$$

故得 $P\geqslant 22.5$. 所以只有销售单价不低于 22.5 万元时才能不亏本.

1.5.4 库存函数

我们讨论的库存函数 (库存数学模型) 是只限于需求量确定、不允许缺货的简单情形. 先看一个例子，然后总结一般情形.

例 1.5.6 某商店半年销售 400 件小器皿，均匀销售，为节约储存费，分批进货. 每批订货费用 (订合同手续费、差旅费、运货费等) 为 60 元，每件器皿的储存费为每月 0.2 元，试列出储存费和进货费之和与批量 x 之间的函数关系.

解 本例以半年为一个计划期进行核算. 设批量为 x(即每一批进货量为 x 件), 货进店入库. 由于均匀销售，库存货量由 x 件逐渐均匀地减少到零件，平均库内存货量为 $\dfrac{x}{2}$ 件.

半年的储存费用记作 E_1(单位：元), 则

$$E_1 = 0.2 \times \frac{x}{2} \times 6 = 0.6x.$$

每次进货 x 件，半年 (6 个月) 需进货次数为 $\frac{400}{x}$ 次. 总的进货费用记作 E_2(单位：元), 则

$$E_2 = 60 \times \frac{400}{x} = \frac{24000}{x}.$$

于是，总的费用 E(单位：元), 表示为

$$E = E_1 + E_2 = 0.6x + \frac{24000}{x}.$$

对于这样一个库存模型，实际上我们做了如下假设：

(1) 若计划期为 T(通常以一年为一个计划期), 在计划期 T 内，对货物的需求量是确定的，记为 Q;

(2) 进货均匀. 在计划期 T 内分 n 次进货，每批 (次) 进货量为 $q = \frac{Q}{n}$ (例 1.5.6 中用 x 表示). 进货周期 (两次进货期间的时间间隔) 为 $t_s = \frac{T}{n}$;

(3) 每批进货费用为常数，记作 C_2, 每件货物储存单位时间的储存费用为常数，记作 C_1;

(4) 货物均匀投放市场. 一般地说，货物先入库暂存，然后均匀提出. 这时，库存货物量 $q(t)$ 的最大值就是每次的进货量 q, 随时间推移均匀降至零. 一旦库存货量为零，立即得到货物补充，而且进货瞬时完成，因此，货物的库存量 $q(t)$ 的图形如图 1.27 所示. 平均库存量为 $\overline{q} = \frac{q}{2}$.

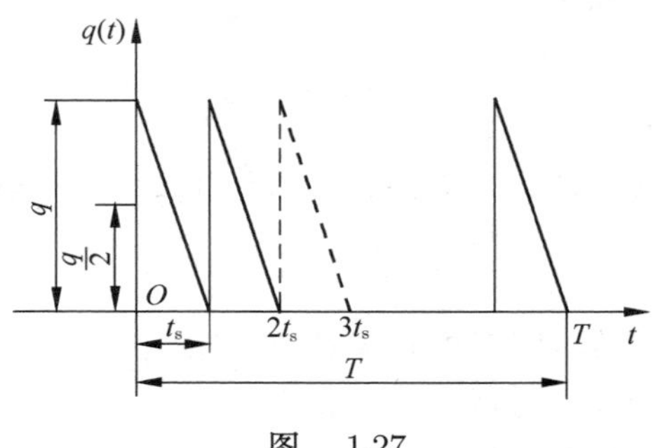

图 1.27

在以上假定条件下，总储存费用 E_1 为

$$E_1 = \overline{q}C_1T = \frac{q}{2}C_1T = \frac{1}{2}qC_1nt_s,$$

总进货费用 E_2 为

$$E_2 = C_2n = C_2\frac{Q}{q}.$$

于是，总费用为总储存费与总进货费之和，用 E 表示，即

$$\begin{aligned} E = E_1 + E_2 &= \frac{1}{2}qC_1T + C_2\frac{Q}{q} \\ &= \frac{1}{2}qC_1nt_s + C_2\frac{Q}{q}. \end{aligned}$$

这就是库存总费用函数. 根据不同的要求，可选用不同的公式. 如例 1.5.6, 把 E 表示成进货批量 x 的函数，即

$$E = 0.6x + \frac{24000}{x}.$$

若要求把 E 表示成批数 n 的函数，由于 $n = \dfrac{400}{x}$, 所以

$$E = \frac{0.6 \times 400}{n} + \frac{24000}{\dfrac{400}{n}} = \frac{240}{n} + 60n.$$

1.5.5 其他应用举例

例 1.5.7 直线折旧问题. 设一台机器的价值为 v(单位：元), 使用期限为 n 年，该机器使用寿命完结时的价值为 c(单位：元)(c 称为残值), 则可折旧的价值为 $v-c$, 平均每年的折旧费为

$$\frac{v-c}{n}.$$

若将 x 年后的折旧余额记为 y, 则

$$y = v - \frac{v-c}{n}x. \tag{1.5.1}$$

例如，某汽车修理中心用 5000 元购进一台压缩机和升降机，使用寿命为 15 年，残值为 200 元， x 年末的折旧余额 (单位：元) 为

$$y = 5000 - \frac{5000-200}{15}x, \qquad 0 \leqslant x \leqslant 15.$$

3 年后机器价值为 4040 元， 10 年后机器价值为 1800 元.

在式 (1.5.1) 中， $v, -\dfrac{v-c}{n}$ 均为常数，分别用 b, k 表示，即

$$b = v, \quad k = -\frac{v-c}{n},$$

则式 (1.5.1) 改写成

$$y = kx + b,$$

这是线性函数，故将这种计算设备折旧的方法称为 **直线折旧法**.

例 1.5.8 在 100km 长的铁路线 AB 旁 C 处有一工厂，与铁路垂直距离为

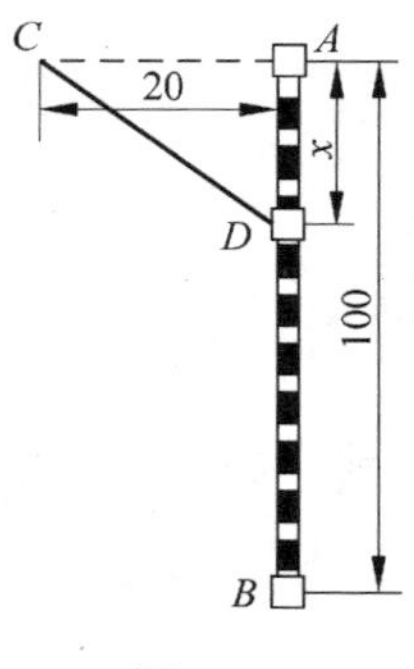

图 1.28

20km, 由铁路的 B 处向工厂提供原料，公路与铁路每吨千米的货物运价比为 5 : 3. 为节约运费，在铁路的 D 处修一货物转运站，设 AD 距离为 x(单位：km), 沿 CD 修一公路，如图 1.28 所示. 试将每吨货物的总运费表示成 x 的函数.

解 设公路上每吨千米货物运价为 a 元，那么铁路每吨千米运价为 $\dfrac{3}{5}a$ 元，每吨货物从 B 经 D 运到 C 的运费为 y(单位：元), 由图 1.28 可知：

$$|CD|^2 = |AD|^2 + |AC|^2 = x^2 + 20^2,$$

$$|CD| = \sqrt{400 + x^2},$$

所以

$$\begin{aligned} y &= \frac{3}{5}a\,|BD| + a\,|CD| \\ &= \frac{3}{5}a(100 - x) + a\sqrt{400 + x^2}, \qquad 0 \leqslant x \leqslant 100. \end{aligned}$$

以上给出了经济分析中经常用到的几个函数，利用这些函数，可以解决一些简单的实际问题，比如利润最大问题、费用最少问题、用料最省问题等. 我们将在第 4 章做进一步介绍.

习 题 1.5

1. 设生产与销售某产品的总收益 R 是产量 x 的二次函数，经统计得知：当产量 $x = 0, 2, 4$ 时，总收益 $R = 0, 6, 8$. 试确定总收益 R 与产量 x 的函数关系.

2. 某商品供给量 Q 对价格 P 的函数关系为

$$Q = Q(P) = a + bc^{-P},$$

已知当 $P = 2$ 时， $Q = 30$; 当 $P = 3$ 时， $Q = 50$; 当 $P = 4$ 时， $Q = 90$. 求供给量 Q 对价格 P 的函数关系.

3. 某厂生产产品 1000t, 每吨定价为 130 元，销售量在 700t 以内时，按原价出售，超过 700t 时超过的部分需按 9 折出售，试将销售总收益与总销售量的函数关系用数学表达式表示并画出函数图形.

4. 已知当某商品价格为 P 时, 消费者对该商品的月需求量为 $Q(P) = 12000 - 200P$.

(1) 画出需求函数的图形;

(2) 将月销售额 (即消费者购买此商品的支出) 表示为价格 P 的函数;

(3) 画出月销售额的图形, 并解释其经济意义.

5. 某产品的销售量以一定的速度增加, 三个月前每月的销售量为 32000 件, 现在每月为 44000 件.

(1) 写出销售量依赖于时间的函数关系, 并画出图形;

(2) 两个月后每月的销售量是多少?

6. 某厂生产的收音机每台可卖 110 元, 固定成本 7500 元, 可变成本为每台 60 元.

(1) 要卖多少台收音机, 厂家才可保本 (无盈亏)?

(2) 卖掉 100 台, 厂家盈利或亏损了多少?

(3) 要获得 1250 元的利润, 需要卖多少台?

7. 有两家健身俱乐部, 第一家每月收会费 300 元, 每次健身收费 1 元, 另一家每月会费 200 元, 每次健身收费 2 元. 若只考虑经济因素, 你会选择哪一家?

8. 某商品的需求函数与供给函数分别为 $Q(P)=\dfrac{5600}{P}$ 和 $S(P)=P-10$.

(1) 找出均衡价格, 并求此时的供给量与需求量;

(2) 在同一坐标系中画出供给曲线与需求曲线.

(3) 何时供给曲线过 P 轴, 这一点的经济意义是什么?

1-2 第 1 章小结

总 习 题 1

A 题

1. 给出下列集合的表达式:

(1) 满足 $x^2<20$ 的所有整数;

(2) 方程 $x^2-5x+6=0$ 的所有根;

(3) 椭圆 $\dfrac{x^2}{4}+\dfrac{y^2}{9}=1$ 内部的所有点.

2. 用区间表示下列点集:

(1) $\{x|0<|x-1|<4\}$; (2) $\{x|x^2-x-2\geqslant 0\}$.

3. 已知 $f(x)=\begin{cases}1+x, & x\leqslant 0,\\ 2^x, & x>0,\end{cases}$ 求 $f(-2),f(-1),f(0),f(1),f(2)$.

4. 判断下列每题中的函数是否为同一函数:

(1) $y=\sqrt{x^2},\ y=|x|$;　　(2) $y=x,\ y=\sin(\arcsin x)$;

(3) $y=\dfrac{\sqrt{x-1}}{\sqrt{x-2}},\ y=\sqrt{\dfrac{x-1}{x-2}}$.

5. 求下列函数的定义域:

(1) $y=(x-2)\sqrt{\dfrac{1+x}{1-x}}$;　　(2) $y=\arcsin\dfrac{2x}{1+x}$.

6. 下列函数哪些是偶函数，哪些是奇函数，哪些是非奇非偶函数？

(1) $y=\arctan(\sin x)$;　　(2) $y=\dfrac{1}{2}(\mathrm{e}^x-\mathrm{e}^{-x})\sin x$;

(3) $y=x^3+|\sin x|$;　　(4) $y=\dfrac{\mathrm{e}^{-x}-1}{\mathrm{e}^x+1}$.

7. 下列函数中哪些是周期函数？并指出其周期.

(1) $y=1+\cos\pi x$;　　(2) $y=\sin\pi x+\cos\pi x$;

(3) $y=|\sin x|$;　　(4) $y=x\sin\dfrac{1}{x}$.

8. 指出下列函数的复合过程:

(1) $y=\sin[\ln(x^2+1)]$;

(2) $y=2^{\tan^2\frac{1}{x}}$.

9. 设函数 $f(x)$ 的定义域是 $[0,1]$, 试求下列函数的定义域:

(1) $f(x^2)$;　　(2) $f(x-a)+f(x+a)\quad(a>0)$.

10. 设 $f(x)=\mathrm{e}^x,\quad g(x)=\begin{cases}-1, & |x|>1,\\ 0, & |x|=1,\\ 1, & |x|<1,\end{cases}$ 求 $g[f(x)]$ 和 $f[g(x)]$, 并画出这两个函数的图形.

11. 设 $f_n(x)=\underbrace{f\{f[\cdots f(x)]\}}_{n\text{个}}$, 若 $f(x)=\dfrac{x}{\sqrt{1+x^2}}$, 求 $f_n(x)$.

12. $f(x)=\begin{cases}1, & |x|\leqslant 1,\\ 0, & |x|>1,\end{cases}$ 求 $f[f(x)]$.

13. 收音机每台售价为 90 元，成本为 60 元，厂方为鼓励销售商大量采购，决定凡是定购量超过 100 台的，每多定购 1 台售价就降低 0. 01 元，但最低价为每台 75 元.

(1) 将每台的实际售价 P 表示为定购量 x 的函数;

(2) 将厂方所获的利润表示成定购量 x 的函数;

(3) 某一商行定购了 1000 台，厂方可获利润多少？

14. 某宾馆现有客房 50 套，若每间每天租金定为 120 元，则可全部租出，租出的客房每天需交税金 10 元；若每间每天租金提高 5 元，将空出一间客房. 试求宾馆所获利润与闲置房间的间数的函数关系；并确定每间租金如何定价，才能获得最大利润，这时利润是多少？

B 题

1. 求下列函数的定义域：

(1) $y=\lg(1-\lg x)$;

(2) $y=\arcsin\dfrac{2x-1}{7}+\dfrac{\sqrt{2x-x^2}}{\lg(2x-1)}$.

2. 设 $f(x)=\begin{cases}-x^2, & x\geqslant 0,\\ -\mathrm{e}^x, & x<0,\end{cases}$ $\varphi(x)=\ln x$, 求 $f(\varphi(x))$ 的定义域.

3. 若 $f(x)$ 是二次有理整式函数, 且 $f(a)=f(b)=0\ (a\neq b)$, $f\left(\dfrac{a+b}{2}\right)=m$, 求 $f(x)$.

4. 设 $f(x+2)=2^{x^2+4x}-x$, 求 $f(x-2)$.

5. 设 $f(x)=2^{x-1}+\dfrac{1}{2^{x+1}}$, 证明： $f(x+a)+f(x-a)=2f(x)f(a)$.

6. 设 $f(x)=\mathrm{e}^x+2$, $f(\varphi(x))=x^2$, 求 $\varphi(x)$.

7. 求下列函数的反函数：

(1) $y=\sqrt[3]{x+\sqrt{1+x^2}}+\sqrt[3]{x-\sqrt{1+x^2}}$;

(2) $y=\begin{cases}x, & x<1,\\ x^3, & 1\leqslant x\leqslant 2,\\ 3^x, & x>2.\end{cases}$

8. 设 $f(x)$ 满足关系式 $af(x)+bf\left(\dfrac{1}{x}\right)=\mathrm{e}^x\ (|a|\neq|b|)$, 试求 $f(x)$ 的表达式.

9. 判断函数 $y=F(x)\left(\dfrac{1}{a^x-1}+\dfrac{1}{2}\right)$ 的奇偶性，其中 $F(x)$ 为偶函数，$a>0$ 且 $a\neq 1$.

10. 设存在实数 $a,b\ (a<b)$, 使对任意 x, $f(x)$ 满足 $f(a-x)=f(a+x)$ 及 $f(b-x)=f(b+x)$, 证明： $f(x)$ 为以 $T=2(b-a)$ 为周期的函数.

11. 设 $f(x)$ 在 $(-l,l)$ 内有定义 $(l>0)$, 并且 $f(x)$ 是奇函数，证明：若 $f(x)$ 在 $(-l,0)$ 内单调增加，则 $f(x)$ 在 $(0,l)$ 内也单调增加.

12. 设 $f(x)=\ln x$, 证明：

(1) $f(x)+f(y)=f(xy)$;　　(2) $f(x)-f(y)=f\left(\dfrac{x}{y}\right)$.

13. 一种机器出厂价 45000 元，使用后它的价值按年降价 $\dfrac{1}{3}$ 的标准贬值，试求此机器的价值 y(元) 与使用时间 t(年) 的函数关系.

14. 每印一本杂志的成本为 1.22 元，每售出一本杂志仅能得 1.20 元的收入，但销售量超过 15000 本时，还能获得超过部分收入的 10% 作为广告费收入，试问：至少销售多少本杂志才能保本？销售量达到多少时才能获利 1000 元？

第 1 章自测题

第 2 章　极限与连续

函数是微积分学研究的主要对象，而极限方法是研究函数的一种基本方法. 因此，深入而准确地理解极限的概念，掌握极限的运算方法是学好微积分的基础. 在极限的基础上，我们还将讨论函数的一类重要性质 —— 连续性.

2.1　数列的极限

在中学阶段，我们已经了解到有关数列的一些问题. 在这里，我们主要讨论无穷数列.

定义 2.1.1　按着正整数的顺序排列起来的无穷多个数

$$x_1, x_2, \cdots, x_n, \cdots$$

叫做 **数列**, 记作 $\{x_n\}$ 或 $x_n\ (n=1,2,\cdots)$. 并把每个数叫做数列的 **项**, 第 n 个数叫做数列的 **第 n 项** 或 **通项**.

若令

$$x_n = f(n), \quad n=1,2,\cdots,$$

则可以看出，数列实际上是定义在集合 $\mathbb{Z}^+$ 上的函数.

例 2.1.1

(1) $1, \dfrac{1}{2}, \dfrac{1}{3}, \cdots, \dfrac{1}{n}, \cdots$;

(2) $3, \dfrac{5}{2}, \dfrac{7}{3}, \cdots, \dfrac{2n+1}{n}, \cdots$;

(3) $-\dfrac{1}{2}, -\dfrac{1}{4}, -\dfrac{1}{8}, \cdots, -\dfrac{1}{2^n}, \cdots$;

(4) $1, -1, 1, \cdots, (-1)^{n+1}, \cdots$;

(5) $2, 4, 6, \cdots, 2n, \cdots$.

都是数列，可以分别记为

$$\left\{\frac{1}{n}\right\}, \left\{\frac{2n+1}{n}\right\}, \left\{-\frac{1}{2^n}\right\}, \left\{(-1)^{n+1}\right\} \text{ 及 } \{2n\}.$$

由于实数与数轴上的点是一一对应的，因此，一个数列在数轴上对应无穷多个点，也称为一个点列.

类似于函数的单调性及有界性，可以定义数列的单调性与有界性概念.

对于数列 $\{x_n\}$, 若有

$$x_1 \leqslant x_2 \leqslant \cdots \leqslant x_n \leqslant x_{n+1} \leqslant \cdots,$$

则称数列 $\{x_n\}$ 是 **单调增加的**; 若有

$$x_1 \geqslant x_2 \geqslant \cdots \geqslant x_n \geqslant x_{n+1} \geqslant \cdots,$$

则称数列 $\{x_n\}$ 是 **单调减少的**. 单调增加数列或单调减少数列统称为 **单调数列**.

例 2.1.1 中的数列 (3) 、 (5) 是单调增加的，数列 (1) 、 (2) 是单调减少的. 数列 (4) 不是单调数列.

一个数列 $\{x_n\}$, 如果存在正数 M, 使得对于一切 $n \in \mathbb{Z}^+$ 都有

$$|x_n| \leqslant M,$$

则称数列 $\{x_n\}$ 是 **有界的**; 如果上述的正数 M 不存在，即不论 M 多么大，都有这样的正整数 m 存在，使得

$$|x_m| > M,$$

则称数列 $\{x_n\}$**无界**.

例 2.1.1 中的数列 (1) 、 (2) 、 (3) 、 (4) 都是有界数列，数列 (5) 是无界数列.

一般地，对于数列 $\{x_n\}$, 若存在常数 a(或 b), 使得对于任意 $n \in \mathbb{Z}^+$, 都有

$$x_n \geqslant a \quad (x_n \leqslant b),$$

就将 a 称为数列 $\{x_n\}$ 的 **下界**(b 称为数列 $\{x_n\}$ 的 **上界**). 数列 $\{x_n\}$ 有界的充要条件是数列既有上界又有下界.

2.1.1 数列极限的概念

对于数列 $\{x_n\}$, 我们需要研究的主要问题是观察一般项 x_n 随着 n 增大的变化趋势，特别是那种当 n 无限增大时， x_n 无限地接近某一常数 a 的情形. 通过观察，不难看出例 2.1.1 中的数列的变化趋势.

(1) $\left\{\dfrac{1}{n}\right\}$, 当 n 无限增大时， $\dfrac{1}{n}$ 无限接近于 0.

(2) $\left\{\dfrac{2n+1}{n}\right\}$, 当 n 无限增大时， $\dfrac{2n+1}{n}$ 无限接近于 2.

(3) $\left\{-\dfrac{1}{2^n}\right\}$, 当 n 无限增大时， $-\dfrac{1}{2^n}$ 无限接近于 0.

数列 $\{(-1)^{n+1}\}$ 和 $\{2n\}$, 当 n 无限增大时，它们的一般项 $(-1)^{n+1}$ 和 $2n$ 都不能无限地接近于某一常数.

一般地，对于数列 $\{x_n\}$, 如果 n 无限增大时， x_n 无限地接近于某一个常数 a, 则称 **数列** $\{x_n\}$ **有极限**, 并把常数 a 叫做 $\{x_n\}$ 的 **极限**. 否则，称数列 $\{x_n\}$ 没有极限.

按着这种说法，数列 $\left\{\dfrac{1}{n}\right\}$ 有极限，极限为 0, 数列 $\left\{\dfrac{2n+1}{n}\right\}$ 的极限为 2, 数列 $\left\{-\dfrac{1}{2^n}\right\}$ 的极限为 0, 数列 $\{(-1)^{n+1}\}$ 和 $\{2n-1\}$ 没有极限.

用这种描述性的方法来定义极限并且用观察数列变化趋势的办法得到极限是很重要的. 但是，对于比较复杂的数列，观察它们的极限是很困难的. 例如数列 $\left\{\left(1+\dfrac{1}{n}\right)^n\right\}$ 和 $\left\{\dfrac{2^n n!}{n^n}\right\}$, 我们很难看出当 n 无限增大时，它们是否无限接近于某个常数.

另外，这种描述性的说法，如“ n 无限增大”，“ x_n 无限接近于某一个常数”等，都不够准确，应该将这些说法用严密精确的数学语言和数学表达式表述出来.

我们以数列 $\left\{\dfrac{n+(-1)^n}{n}\right\}$ 为例来讨论这个问题. 不难看出，当 n 无限增大时， $x_n=\dfrac{n+(-1)^n}{n}$ 无限接近于常数 1. 用数学表达式如何反映这个事实呢？这里主要有两句话，一句是“ n 无限增大”，另一句是“ x_n 无限接近于常数 1 ”. 我们说 x_n 无限接近于常数 1 就是要求 $|x_n-1|$ 可以任意小，也就是可以小于任意的、预先给定的无论怎样小的正数； n 无限增大就是要求 n 充分大，大到足以保证 $|x_n-1|$ 小于前面已经预先给定的、无论怎样小的正数. 比如，给定正数 $\dfrac{1}{100}$, 由于

$$|x_n-1|=\left|\frac{(-1)^n}{n}\right|=\frac{1}{n},$$

所以要使 $|x_n-1|<\dfrac{1}{100}$, 只要 $n>100$ 就行了. 又如，给定正数 10^{-10}, 要使 $|x_n-1|<10^{-10}$, 只要 $n>10^{10}$ 就行了. 一般地，对于任意的、预先给定的正数 ε, 要使不等式 $|x_n-1|<\varepsilon$ 成立，只要 $n>\dfrac{1}{\varepsilon}$ 就行了. 因此，只要 n 充分大，就能保证 $|x_n-1|$ 可以任意小.

这就是说，对于任意给定的 $\varepsilon>0$, 无论它怎样小，相应地总能找到一个大于或等于 $\dfrac{1}{\varepsilon}$ 的正整数 N, 即 $N\geqslant\dfrac{1}{\varepsilon}$, 使得对于满足 $n>N$ 的一切 x_n, 即

$$x_{N+1}, x_{N+2}, x_{N+3}, \cdots,$$

都满足不等式

$$|x_n-1|<\varepsilon.$$

由于 ε 的任意性, 上述不等式就精确地刻画了数列 $\{x_n\}$ 随着 n 无限增大 (记作 $n\to\infty$) 而无限接近于常数 1 这一变化趋向. 也就是说, 我们用数学语言和数学表达式把 " n 无限增大, x_n 无限接近于常数 1 " 的含义作了精确的描述. 下面给出数列极限的定义.

定义 2.1.2　设 $\{x_n\}$ 为一个数列, a 为一个常数. 如果对于任意给定的正数 ε, 总存在一个正整数 N, 使得当 $n>N$ 时, 有

$$|x_n-a|<\varepsilon,$$

则称 a 是 **数列 $\{x_n\}$ 的极限**. 记作

$$\lim_{n\to\infty} x_n = a \quad 或 \quad x_n\to a \quad (n\to\infty).$$

数列 $\{x_n\}$ 有极限时, 称该数列为 **收敛** 的. 否则, 称之为 **发散** 的.

$\{x_n\}$ 以 a 为极限也说成 $\{x_n\}$ 收敛于 a.

例如, 当 $n\to\infty$ 时, 数列 $\left\{1+\dfrac{(-1)^n}{n}\right\}$ 收敛于 1; 数列 $\left\{\dfrac{1}{n}\right\}$ 收敛于 0; 数列 $\{(-1)^{n+1}\}$ 是发散数列; 数列 $\{2n-1\}$ 是发散数列.

数列极限有明显的几何意义.

若 $\lim\limits_{n\to\infty} x_n = a$, 则对于任意给定的 $\varepsilon>0$, 都存在正整数 N, 使得当 $n>N$ 时, $|x_n-a|<\varepsilon$, 即从第 $N+1$ 项开始 x_n 的所有项全部落到点 a 的 ε 邻域 $(a-\varepsilon,a+\varepsilon)$ 中, 在这个邻域之外, 最多只有有限项 $x_1,x_2,\cdots,x_N$ (图 2.1).

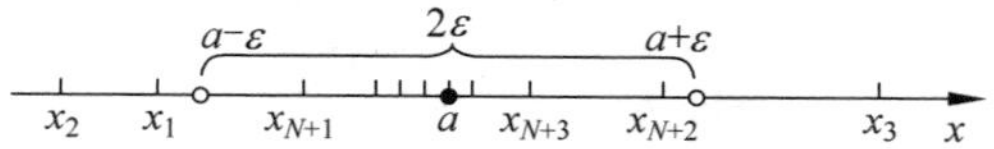

图　2.1

关于数列极限的定义要注意以下三点:

(1) 正数 ε 的任意性刻画了 x_n 与 a 的接近程度. ε 是“给定的”, 表示“存在正整数 N, 当 $n>N$ 时, 有 $|x_n-a|<\varepsilon$ ” 是对每个确定的 $\varepsilon>0$ 都得成立.

(2) 正整数 N 与事先给定的正数 ε 有关, 它随着 ε 的给定可以确定. 对于一个给定的 $\varepsilon>0$, N 不是唯一的, 假定对于某一个正数 ε, 正整数 N_1 能满足要求, 那么大于 N_1 的任何自然数 $N_1+1,N_1+2,\cdots$ 也能满足要求. “ $n>N$ ” 表明了数列变化趋势的一致性, 即当 $n>N$ 时, 所有的 x_n 与 a 的距离小于 ε.

(3) 从极限的定义可见, 数列极限存在与否, 极限是什么, 与数列 $\{x_n\}$ “前面” 的有限项没有关系, 只与 x_N “后面” 的无穷多项有关. 若改变数列的有限项, 将不影响数列的极限.

例 2.1.2 利用定义证明

2-1 数列极限

$$\lim_{n\to\infty}\frac{2n+1}{n}=2.$$

证明 对于任意给定的正数 ε, 欲使

$$\left|\frac{2n+1}{n}-2\right|=\frac{1}{n}<\varepsilon,$$

只要 $n>\dfrac{1}{\varepsilon}$ 即可. 因此, 取正整数 $N\geqslant\left[\dfrac{1}{\varepsilon}\right]$, 则当 $n>N$ 时, 恒有

$$\left|\frac{2n+1}{n}-2\right|<\varepsilon$$

成立. 由此可知, 当 $n\to\infty$ 时, $x_n=\dfrac{2n+1}{n}$ 以 2 为极限, 即

$$\lim_{n\to\infty}\frac{2n+1}{n}=2.$$

□

例 2.1.3 用定义证明

$$\lim_{n\to\infty}q^n=0\quad(|q|<1).$$

证明 当 $q=0$ 时, 等式显然成立.

设 $0<|q|<1$, 对任意给定的正数 ε(不妨设 $\varepsilon<1$), 为使不等式

$$|q^n-0|=|q|^n<\varepsilon$$

成立, 只需 $n\ln|q|<\ln\varepsilon$, 即 $n>\dfrac{\ln\varepsilon}{\ln|q|}$(因为 $\ln|q|<0$). 取正整数 $N\geqslant\left[\dfrac{\ln\varepsilon}{\ln|q|}\right]$, 则当 $n>N$ 时, 有不等式

$$|q^n-0|<\varepsilon$$

成立, 即

$$\lim_{n\to\infty}q^n=0\quad(|q|<1).$$

□

在一般情况下, 用定义只能验证某一个数是否为数列的极限, 但不能用于求数列的极限. 以后我们将陆续介绍一些求极限的方法.

2.1.2 数列极限的性质

定理 2.1.1 (极限的唯一性) 若数列 $\{x_n\}$ 收敛, 则其极限唯一.

证明 反证法. 设数列 $\{x_n\}$ 收敛, 但极限不唯一, 即 $\{x_n\}$ 有极限 a 和 b. 不妨设 $a>b$. 取 $\varepsilon=\dfrac{a-b}{2}$, 根据数列极限的定义及 $\{x_n\}$ 以 a 为极限可知, 存在正整数 N_1, 当 $n>N_1$ 时, 有

$$|x_n-a|<\frac{a-b}{2},$$

即

$$a-\frac{a-b}{2}<x_n<a+\frac{a-b}{2}.$$

从而有

$$x_n>\frac{a+b}{2}. \tag{2.1.1}$$

由于 $\{x_n\}$ 以 b 为极限, 对上述 $\varepsilon=\dfrac{a-b}{2}$, 存在正整数 N_2, 当 $n>N_2$ 时, 有

$$|x_n-b|<\frac{a-b}{2},$$

即

$$b-\frac{a-b}{2}<x_n<b+\frac{a-b}{2}.$$

从而有

$$x_n<\frac{a+b}{2}. \tag{2.1.2}$$

取 $N=\max\{N_1,N_2\}$, 当 $n>N$ 时, 式 (2.1.1) 与式 (2.1.2) 应同时成立, 这显然是矛盾的. 因此, 收敛数列的极限是唯一的. □

定理 2.1.2 (有界性) 收敛数列必有界.

证明 设数列 $\{x_n\}$ 收敛, 并且 $\{x_n\}$ 以 a 为极限, 根据数列极限的定义, 对于 $\varepsilon=1$, 存在正整数 N, 使得当 $n>N$ 时, 都有

$$|x_n-a|<1$$

成立. 于是, 当 $n>N$ 时, 有

$$|x_n|=|(x_n-a)+a|\leqslant|x_n-a|+|a|<1+|a|.$$

取 $M=\max\{|x_1|,|x_2|,\cdots,|x_N|,1+|a|\}$, 则对于一切 n, 都有

$$|x_n|\leqslant M,$$

这就证明了数列 $\{x_n\}$ 是有界的. □

数列有界是数列收敛的必要条件，但不是充分条件．例如，数列

$$x_n = 1 + (-1)^n, \quad n = 1, 2, \cdots,$$

显然对于任意 $n \in \mathbb{Z}^+$, 都有

$$|x_n| \leqslant 2,$$

因此，数列 $\{x_n\}$ 是有界的．但 n 无限增大时， x_n 却不能无限接近某个常数. 因此，数列 $\{x_n\}$ 发散.

定理 2.1.3 (保号性) 若 $\lim\limits_{n\to\infty} x_n = a$, $\lim\limits_{n\to\infty} y_n = b$, 且 $a > b$, 则存在正整数 N, 当 $n > N$ 时，恒有

$$x_n > y_n.$$

证明 对于正数 $\dfrac{a-b}{2}$, 由于 $\lim\limits_{n\to\infty} x_n = a$, 故存在正整数 N_1, 当 $n > N_1$ 时，有

$$|x_n - a| < \frac{a-b}{2},$$

从而有

$$x_n > \frac{a+b}{2}.$$

对于上述的 $\varepsilon = \dfrac{a-b}{2}$, 由于 $\lim\limits_{n\to\infty} y_n = b$, 故存在正整数 N_2, 当 $n > N_2$ 时，有

$$|y_n - b| < \frac{a-b}{2},$$

从而有

$$y_n < \frac{a+b}{2}.$$

取 $N = \max\{N_1, N_2\}$, 当 $n > N$ 时，便有

$$y_n < \frac{a+b}{2} < x_n,$$

即

$$x_n > y_n.$$ □

在定理 2.1.3 中，若取 $y_n = b\ (n = 1, 2, \cdots)$, 即得如下推论.

推论 2.1.1 若 $\lim\limits_{n\to\infty} x_n = a$, 且 $a > b$ (或 $a < b$), 则存在正整数 N, 当 $n > N$ 时，有 $x_n > b$ (或 $x_n < b$).

在推论 2.1.1 中取 $b = 0$, 则有以下推论.

推论 2.1.2 若 $\lim\limits_{n\to\infty} x_n = a$, 且 $a > 0$ (或 $a < 0$), 则存在正整数 N, 当 $n > N$ 时，有 $x_n > 0$ (或 $x_n < 0$).

值得注意的是推论 2.1.2 的逆命题不成立．也就是说，即使 $x_n > 0$ (或 $x_n < 0$) $(n = 1, 2, \cdots)$, 但极限却不一定大于 0(或小于 0)．例如，对于数列 $\left\{\dfrac{1}{n}\right\}$, 显然 $\dfrac{1}{n} > 0$, $(n = 1, 2, \cdots)$, 可是 $\lim\limits_{n\to\infty} \dfrac{1}{n} = 0$. 但是我们有如下推论.

推论 2.1.3 若 $\lim\limits_{n\to\infty} x_n = a$, 且存在正整数 N, 当 $n > N$ 时，有 $x_n \geqslant 0$(或 $x_n \leqslant 0$), 则有 $a \geqslant 0$(或 $a \leqslant 0$).

利用反证法及推论 2.1.2 即可证明推论 2.1.3.

习 题 2.1

1. 观察下列函数 $\{x_n\}$ 的变化趋势，如果有极限，请写出极限值.

(1) $x_n = \dfrac{1}{2^n} + 1$; (2) $x_n = \dfrac{1}{n} \sin \dfrac{x}{n}$;

(3) $x_n = \cos \dfrac{1}{n}$; (4) $x_n = (-1)^n$.

2. 用极限的定义证明下列数列的极限：

(1) $\lim\limits_{n\to\infty} (-1)^n \dfrac{1}{n^3} = 0$; (2) $\lim\limits_{n\to\infty} \dfrac{n}{100 + n} = 1$;

(3) $\lim\limits_{n\to\infty} \dfrac{2n + 1}{3n} = \dfrac{2}{3}$; (4) $\lim\limits_{n\to\infty} \dfrac{\sqrt{n^2 + 1}}{n} = 1$.

3. 证明 $\lim\limits_{n\to\infty} x_n = 0$ 的充分必要条件是 $\lim\limits_{n\to\infty} |x_n| = 0$.

4. 设数列 $\{x_n\}$ 有界， $\lim\limits_{n\to\infty} y_n = 0$, 用数列极限定义证明 $\lim\limits_{n\to\infty} x_n y_n = 0$.

2.2 函数的极限

2.2.1 函数极限的定义

因为数列 $\{x_n\}$ 可以看作是自变量 n 的函数 $x_n = f(n), n \in \mathbb{Z}^+$, 数列 $\{x_n\}$ 的极限为 a, 即当自变量 n 取正整数且无限增大 (即 $n \to \infty$) 时，对应的函数值 $f(n)$ 无限接近于确定的数 a. 对于一般的函数 $y = f(x)$, 也需要研究在自变量 x 的某个变化过程中，函数值 $f(x)$ 是否无限接近于某个确定的数 a, 这样就可以得到函数极限的概念.

在自变量 x 的某个变化过程中，如果对应的函数值 $f(x)$ 无限接近某个确定的常数，那么称这个确定的常数为自变量在这一变化过程中函数 $y = f(x)$ 的**极限**.

这个极限与自变量的变化过程显然有密切的关系. 由于函数 $y = f(x)$ 的自变量 x 取值的范围是实数集或它的子集, 因此它的自变量 x 的变化趋势要复杂一些, 主要有下面两种情形:

(1) 自变量 x 无限接近于定值 x_0, 但不等于 x_0, 即 $|x - x_0|$ 充分小但不等于零, 称 x 趋向于 x_0, 记作 $x \to x_0$.

它有两种特殊情形, 一种情形是 x 在数轴上从左边无限接近于 x_0 且不等于 x_0, 即 $x_0 - x > 0$, 充分小且不等于零, 记作 $x \to x_0^-$. 另一种情形是 x 在数轴上从右边无限接近于 x_0 且不等于 x_0, 即 $x - x_0 > 0$, 充分小且不等于零, 记作 $x \to x_0^+$.

(2) 自变量 x 的绝对值 $|x|$ 无限增大, 称 x 趋向于无穷大, 记作 $x \to \infty$.

它也有两种特殊情形, 一种情形是 x 在数轴上向正方向无限增大, 即 x 取正数且无限增大, 记作 $x \to +\infty$. 另一种情形是 x 在数轴上向负方向无限减小, 即 $-x$ 取正数且无限增大, 记作 $x \to -\infty$.

下面就自变量 x 的上述几种变化趋势, 分别讨论函数 $f(x)$ 的极限.

1. 当 $x \to x_0$ 时, 函数 $f(x)$ 的极限

考虑函数

$$f(x) = \frac{x^2 - 4}{3(x-2)}$$

当 $x \to 2$ 时的变化趋势.

不难看出, 当 $x \to 2$ 时, 函数

$$f(x) = \frac{x^2 - 4}{3(x-2)} = \frac{x+2}{3}$$

将无限接近于 $\frac{4}{3}$. 因为

$$\left| f(x) - \frac{4}{3} \right| = \frac{1}{3}|x - 2|,$$

可见, 要描述 $f(x)$ 与常数 $\frac{4}{3}$ 无限接近, 仿照数列极限的定义, 可用 $\left| f(x) - \frac{4}{3} \right| < \varepsilon$ 表示, 其中 ε 是任意给定的正数. 要使 $\left| f(x) - \frac{4}{3} \right| < \varepsilon$ 成立, 只需 $0 < |x - 2| < 3\varepsilon$ 即可. 对照数列极限定义, 可以看出对应于 $n > N$ 的是 x 属于去心邻域 $0 < |x - 2| < \delta$, 其中 δ 是一个与 ε 有关的正数.

定义 2.2.1 设函数 $f(x)$ 在点 x_0 的某去心邻域内有定义 (在点 x_0 处可以没有定义), A 为常数. 如果对于任意给定的正数 ε, 总存在正数 δ, 使得当 $0 < |x - x_0| < \delta$ 时, 恒有不等式

$$|f(x) - A| < \varepsilon$$

成立, 则称函数 $f(x)$ 当 x 趋向于 x_0 时有**极限**A, 或 $f(x)$ 在 x_0 处有**极限**A. 记作

$$\lim_{x\to x_0} f(x)=A \quad \text{或} \quad f(x)\to A \quad (x\to x_0).$$

定义 2.2.1 的几何意义是：对于任给的 $\varepsilon>0$, 总存在点 x_0 的一个去心邻域 $0<|x-x_0|<\delta$, 使得函数 $y=f(x)$ 在这个去心邻域内的图形介于两条直线 $y=A-\varepsilon$ 和 $y=A+\varepsilon$ 之间，如图 2.2 所示.

利用定义 2.2.1 可以证明, 若 $f(x)=c$ (c 为常数), 则 $\lim\limits_{x\to x_0} f(x)=c$; 若 $f(x)=x$, 则 $\lim\limits_{x\to x_0} f(x)=x_0$.

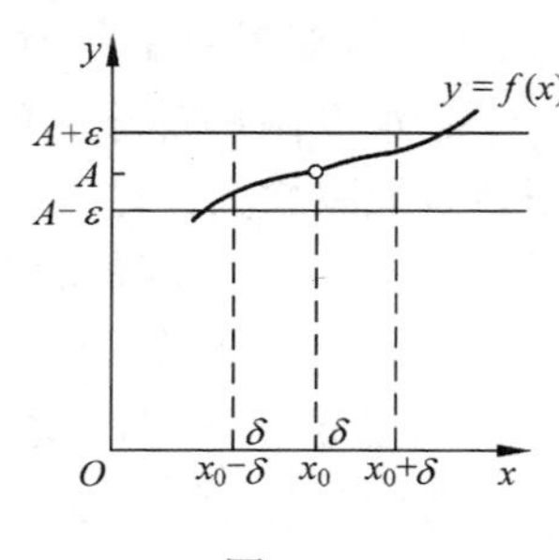

图　2.2

例 2.2.1　用定义证明 $\lim\limits_{x\to 0}\sin x=0$.

证明　对于任意给定的正数 ε, 为使

$$|\sin x-0|=|\sin x|\leqslant |x|<\varepsilon,$$

只需取 $\delta=\varepsilon$, 当 $0<|x|<\delta$ 时，便有

$$|\sin x-0|<\varepsilon,$$

即

$$\lim_{x\to 0}\sin x=0. \qquad \square$$

例 2.2.2　用定义证明 $\lim\limits_{x\to 1}\dfrac{2x^2-2}{x-1}=4$.

证明　当 $x\neq 1$ 时，有

$$\left|\frac{2x^2-2}{x-1}-4\right|=|2(x+1)-4|=2|x-1|,$$

对于任意给定的正数 ε, 为使

$$\left|\frac{2x^2-2}{x-1}-4\right|=2|x-1|<\varepsilon,$$

只需取 $\delta=\dfrac{\varepsilon}{2}$, 当 $0<|x-1|<\delta$ 时，便有

$$\left|\frac{2x^2-2}{x-1}-4\right|<2\cdot\frac{\varepsilon}{2}=\varepsilon,$$

即

$$\lim_{x\to 1}\frac{2x^2-2}{x-1}=4. \qquad \square$$

关于函数极限的定义应注意以下两点:

(1) 定义中的正数 ε 刻画了 $f(x)$ 与常数 A 的接近程度，正数 δ 刻画了 x 与 x_0 的接近程度，ε 是任意给定的，δ 是根据 ε 确定的.

(2) 定义中的 $0<|x-x_0|<\delta$ 表示 $x\in(x_0-\delta,x_0)\bigcup(x_0,x_0+\delta)$, 所以，当 $x\to x_0$ 时，$f(x)$ 有没有极限，极限是什么，仅与 $f(x)$ 在 x_0 的某个去心邻域的情况有关，与 $f(x)$ 在其他点的情况无关.

下面再考虑当 $x\to x_0^+$ 或 $x\to x_0^-$ 时，$f(x)$ 的变化趋势问题.

定义 2.2.2 设函数 $f(x)$ 在点 x_0 右侧某邻域内有定义，A 是一个常数. 若对于任意给定的正数 ε, 总存在正数 δ, 使得当 $0<x-x_0<\delta$ 时，有

$$|f(x)-A|<\varepsilon$$

成立，则称 $f(x)$ 在点 x_0 处有 **右极限**A, 记为

$$\lim_{x\to x_0^+}f(x)=A \quad 或 \quad f(x_0^+)=A.$$

在定义 2.2.2 中，将函数 $f(x)$ 改为在点 x_0 的左侧附近有定义，并将 $0<x-x_0<\delta$ 改为 $0<x_0-x<\delta$, 就得到 $f(x)$ 在点 x_0 处有 **左极限** 的定义. 相应地记作

$$\lim_{x\to x_0^-}f(x)=A \quad 或 \quad f(x_0^-)=A.$$

左极限和右极限统称为 **单侧极限**.

根据 $x\to x_0$ 时函数 $f(x)$ 的极限及 $f(x)$ 在点 x_0 处左极限和右极限的定义，可以证明：极限 $\lim\limits_{x\to x_0}f(x)=A$ 的充分必要条件是

$$\lim_{x\to x_0^-}f(x)=\lim_{x\to x_0^+}f(x)=A.$$

请读者给出该结论的证明过程.

例 2.2.3 设 $f(x)=\begin{cases}-1, & x<0,\\ x, & x\geqslant 0.\end{cases}$ 讨论当 $x\to 0$ 时，函数 $f(x)$ 的极限是否存在.

解 当 $x<0$ 时，有

$$\lim_{x\to 0^-}f(x)=\lim_{x\to 0^-}(-1)=-1;$$

当 $x>0$ 时，有

$$\lim_{x\to 0^+}f(x)=\lim_{x\to 0^+}x=0.$$

函数 $f(x)$ 在点 $x=0$ 处的左极限和右极限都存在但不相等，即

$$f(0^-)\neq f(0^+),$$

因此，当 $x\to 0$ 时，函数 $f(x)$ 的极限不存在.

例 2.2.4 设 $f(x)=\begin{cases}x, & x<0,\\ \sin x, & x\geqslant 0.\end{cases}$ 讨论当 $x\to 0$ 时，函数 $f(x)$ 的极限是否存在.

解 当 $x<0$ 时，有

$$\lim_{x\to 0^-} f(x)=\lim_{x\to 0^-} x=0;$$

当 $x>0$ 时，有

$$\lim_{x\to 0^+} f(x)=\lim_{x\to 0^+} \sin x=0.$$

由于

$$f(0^-)=f(0^+)=0,$$

因此

$$\lim_{x\to 0} f(x)=0.$$

2. 当 $x\to\infty$ 时，函数 $f(x)$ 的极限

定义 2.2.3 设函数 $f(x)$ 在 $|x|\geqslant b>0$ 上有定义，A 为一个常数. 若对于任意给定的正数 ε, 总存在正数 $X>b$, 使得当 $|x|>X$ 时，有

$$|f(x)-A|<\varepsilon$$

成立，则称函数 $f(x)$ 当 $x\to\infty$ 时有 **极限**A. 也称函数 $f(x)$ 当 $x\to\infty$ 时 **收敛** 于 A. 记作

$$\lim_{x\to\infty} f(x)=A \quad 或 \quad f(x)\to A \quad (x\to\infty).$$

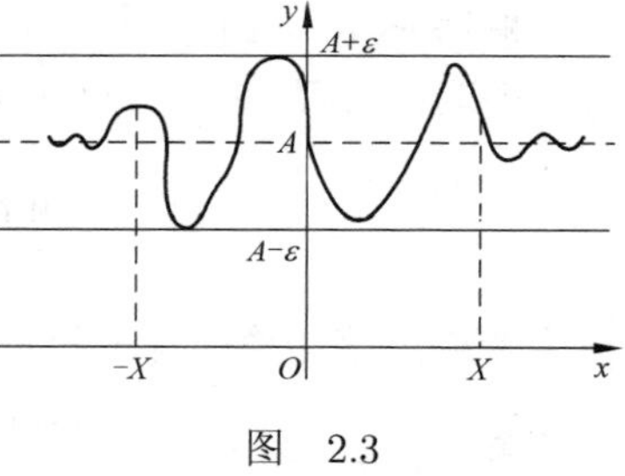

图 2.3

定义 2.2.3 的几何意义是：对于无论怎样小的正数 ε, 总能找到正数 X, 当 x 满足 $|x|>X$ 时，曲线 $y=f(x)$ 总是介于两条水平直线 $y=A+\varepsilon$ 和 $y=A-\varepsilon$ 之间，如图 2.3 所示.

在定义 2.2.3 中将 $|x|>X$, 换成 $x>X$ 就可得 $\lim\limits_{x\to+\infty} f(x)=A$ 的定义；若将 $|x|>X$, 换成 $x<-X$ 就可得 $\lim\limits_{x\to-\infty} f(x)=A$ 的定义. 由此及定义 2.2.3 可得下面的结论：

$\lim\limits_{x\to\infty} f(x)=A$ 的充要条件是 $\lim\limits_{x\to+\infty} f(x)=\lim\limits_{x\to-\infty} f(x)=A$.

这个结论的证明过程留给读者自己完成.

若 $\lim\limits_{x\to+\infty} f(x)=A$ 或 $\lim\limits_{x\to-\infty} f(x)=A$, 则称直线 $y=A$ 是曲线 $y=f(x)$ 的**水平渐近线**.

例 2.2.5 证明 $\lim\limits_{x\to\infty}\dfrac{1}{x}=0$.

证明 当 $x\neq 0$ 时，函数 $\dfrac{1}{x}$ 有定义，对于任意给定的正数 ε, 欲使

$$\left|\frac{1}{x}-0\right|=\frac{1}{|x|}<\varepsilon,$$

只需 $|x|>\dfrac{1}{\varepsilon}$. 取 $X=\dfrac{1}{\varepsilon}$, 当 $|x|>X$ 时，便有

$$\left|\frac{1}{x}-0\right|<\varepsilon,$$

从而

$$\lim_{x\to\infty}\frac{1}{x}=0.$$

由此可知，直线 $y=0$ 是曲线 $y=\dfrac{1}{x}$ 的水平渐近线. □

例 2.2.6 证明 $\lim\limits_{x\to+\infty}\mathrm{e}^{-x}=0$.

证明 对任意给定的正数 ε, 欲使

$$|\mathrm{e}^{-x}-0|=\mathrm{e}^{-x}<\varepsilon$$

成立，只需 $-x<\ln\varepsilon$, 即 $x>-\ln\varepsilon=\ln\dfrac{1}{\varepsilon}$. 取 $X=\max\left\{1,\ln\dfrac{1}{\varepsilon}\right\}$(这样是为了使 X 为正数), 当 $x>X$ 时，有

$$|\mathrm{e}^{-x}-0|<\varepsilon$$

成立，因此

$$\lim_{x\to+\infty}\mathrm{e}^{-x}=0.$$

由此可知，直线 $y=0$ 是曲线 $y=\mathrm{e}^{-x}$ 的水平渐近线. □

2.2.2 函数极限的性质

函数极限与数列极限有类似的性质，下面仅就 $x\to x_0$ 和 $x\to\infty$ 两种情形给出结论，关于自变量在其他变化过程的结论，请读者自己给出.

定理 2.2.1 (极限的唯一性) 若函数 $f(x)$ 当 $x\to x_0$(或 $x\to\infty$) 时有极限，则其极限唯一.

定理 2.2.2 (局部有界性) 如果

$$\lim_{x\to x_0}f(x)=A,$$

则存在正数 δ, 当 $0<|x-x_0|<\delta$ 时，$f(x)$ 有界.

如果

$$\lim_{x\to\infty} f(x)=A,$$

则存在正数 X, 当 $|x|>X$ 时, $f(x)$ 有界.

值得注意的是, 如果数列收敛, 则这个数列有界. 但是如果函数有极限, 则一般只能得到此函数“局部有界”的结论. 例如, 对于函数 $y=\dfrac{1}{x}$, 有 $\lim\limits_{x\to+\infty}\dfrac{1}{x}=0$, 它只是局部有界的, 而在定义域 $D=(-\infty,0)\bigcup(0,+\infty)$ 内是无界的.

定理 2.2.3 (局部保号性) 若 $\lim\limits_{x\to x_0} f(x)=A$, $\lim\limits_{x\to x_0} g(x)=B$, 且 $A>B$, 则存在正数 δ, 当 $0<|x-x_0|<\delta$ 时, 有 $f(x)>g(x)$; 若 $\lim\limits_{x\to\infty} f(x)=A$, $\lim\limits_{x\to\infty} g(x)=B$, 且 $A>B$, 则存在正数 X, 当 $|x|>X$ 时, 有 $f(x)>g(x)$.

以上定理的证明与数列极限相应性质的证明类似, 我们只就 $x\to x_0$ 的情况证明定理 2.2.3.

证明 因为 $\lim\limits_{x\to x_0} f(x)=A$, $\lim\limits_{x\to x_0} g(x)=B$, $A>B$, 所以对 $\varepsilon=\dfrac{A-B}{2}>0$, 分别存在正数 δ_1 和 δ_2. 当 $0<|x-x_0|<\delta_1$ 时, 有

$$|f(x)-A|<\frac{A-B}{2},$$

即

$$\frac{A+B}{2}<f(x)<\frac{3A-B}{2};$$

当 $0<|x-x_0|<\delta_2$ 时, 有

$$|g(x)-B|<\frac{A-B}{2},$$

即

$$\frac{3B-A}{2}<g(x)<\frac{A+B}{2}.$$

取 $\delta=\min\{\delta_1,\delta_2\}$, 则当 $0<|x-x_0|<\delta$ 时, 有

$$f(x)>\frac{A+B}{2}>g(x). \qquad \square$$

函数极限也有与数列极限的保号性类似的几个推论, 这里只给出其中的一个. 其余的几个结果请读者自己给出.

推论 2.2.1 若 $\lim\limits_{x\to x_0} f(x)=A$, $\lim\limits_{x\to x_0} g(x)=B$, 且存在正数 δ, 当 $0<|x-x_0|<\delta$ 时, 有 $f(x)\geqslant g(x)$, 则 $A\geqslant B$; 若 $\lim\limits_{x\to\infty} f(x)=A$, $\lim\limits_{x\to\infty} g(x)=B$, 且存在正数 X, 当 $|x|>X$ 时, 有 $f(x)\geqslant g(x)$, 则 $A\geqslant B$.

习 题 2.2

1. 观察下列函数在给定的自变量变化趋势下是否有极限，如有极限，写出它们的极限：

(1) $\dfrac{x}{x-2}\ (x\to 2)$; (2) $\cos\dfrac{1}{x}\ (x\to 0)$;

(3) $\arctan x\ (x\to -\infty)$; (4) $1+\sin x\ (x\to\infty)$;

(5) $\mathrm{e}^{-x}\ (x\to\infty)$; (6) $\dfrac{x}{x+2}\ (x\to 0)$.

2. 用定义证明下列极限：

(1) $\lim\limits_{x\to 1}(3x-1)=2$; (2) $\lim\limits_{x\to+\infty}\dfrac{1}{2^x}=0$;

(3) $\lim\limits_{x\to\infty}\dfrac{1}{x^2}\sin x=0$; (4) $\lim\limits_{x\to -1}\dfrac{x^2-1}{x+1}=-2$.

3. 函数 $f(x)=\begin{cases}\sin x, & x<0,\\ 2, & x\geqslant 0\end{cases}$ 在 $x=0$ 处的极限是否存在？为什么？

4. 求 $f(x)=\dfrac{x}{x}$, $\varphi(x)=\dfrac{|x|}{x}$ 当 $x\to 0$ 时的左、右极限，并说明它们在 $x\to 0$ 时的极限是否存在.

5. 思考题

(1) 设 $\lim\limits_{x\to x_0}f(x)=A$, 若 $f(x)>0$, 是否有 $A>0$? 反之如何？

(2) 若 $\lim\limits_{x\to x_0}|f(x)|$ 存在，问 $\lim\limits_{x\to x_0}f(x)$ 是否存在？反之如何？

6. 根据极限定义证明：函数 $f(x)$ 当 $x\to x_0$ 时极限存在的充分必要条件是在 $x=x_0$ 处左极限、右极限各自存在并且相等.

2.3 极限的运算法则

前面我们已经研究了数列极限和函数极限的概念以及它们的性质，本节主要讨论计算极限的方法 —— 极限的四则运算法则和复合函数求极限法则，并利用这些法则求一些函数的极限，以后还将陆续介绍求极限的其他方法.

2.3.1 极限的四则运算法则

下面的定理虽然针对函数极限的情况，但所得的结论对数列极限也成立. 由于定理对各种自变量变化过程的函数极限都成立，因此在符号 lim 下面没有写出自变量变化过程，但要注意，在同一场合自变量的变化过程相同.

定理 2.3.1 设 $\lim f(x)=A, \lim g(x)=B$, 则

(1) $\lim[f(x)\pm g(x)]=A\pm B$;

(2) $\lim[f(x)g(x)]=AB$;

(3) 当 $B \neq 0$ 时，$\lim \dfrac{f(x)}{g(x)} = \dfrac{A}{B}$.

下面仅就 $x \to x_0$ 的极限过程，证明 (1) 中关于函数和的极限的情形.

证明　因为 $\lim\limits_{x\to x_0} f(x) = A$, $\lim\limits_{x\to x_0} g(x) = B$, 所以对于任意给定的正数 ε, 存在正数 δ_1 和 δ_2, 当 $0 < |x - x_0| < \delta_1$ 时，有

$$|f(x) - A| < \frac{\varepsilon}{2};$$

当 $0 < |x - x_0| < \delta_2$ 时，有

$$|g(x) - B| < \frac{\varepsilon}{2}.$$

取 $\delta = \min\{\delta_1, \delta_2\}$, 则当 $0 < |x - x_0| < \delta$ 时，有

$$|[f(x) + g(x)] - (A + B)| \leqslant |f(x) - A| + |g(x) - B| < \frac{\varepsilon}{2} + \frac{\varepsilon}{2} = \varepsilon,$$

从而有

$$\lim_{x\to x_0}[f(x) + g(x)] = A + B.$$

□

类似地可证明其他几个结论，这里略去.

定理 2.3.1 的结论 (1) 和 (2) 可以推广到有限个函数的代数和及乘积的极限情况，并且还有如下常用的推论 (设 $\lim f(x)$ 存在).

推论 2.3.1　$\lim[Cf(x)] = C\lim f(x)$　(C 为常数).

推论 2.3.2　$\lim[f(x)]^k = [\lim f(x)]^k$　(k 为正整数).

例 2.3.1　求极限 $\lim\limits_{x\to 2}(2x^2 - 3x + 1)$.

解　根据极限的四则运算法则，有

$$\begin{aligned}\lim_{x\to 2}(2x^2 - 3x + 1) &= \lim_{x\to 2}(2x^2) - \lim_{x\to 2}(3x) + \lim_{x\to 2} 1\\ &= 2\lim_{x\to 2} x^2 - 3\lim_{x\to 2} x + 1\\ &= 2(\lim_{x\to 2} x)^2 - 3\times 2 + 1\\ &= 2\times 2^2 - 6 + 1\\ &= 3.\end{aligned}$$

例 2.3.2　求极限 $\lim\limits_{x\to 2}\dfrac{2x^2 + x - 5}{3x + 1}$.

解　因为

$$\lim_{x\to 2}(2x^2 + x - 5) = 2\times 2^2 + 2 - 5 = 5,$$
$$\lim_{x\to 2}(3x + 1) = 3\times 2 + 1 = 7 \neq 0,$$

所以

$$\lim_{x\to 2}\frac{2x^2+x-5}{3x+1}=\frac{\lim\limits_{x\to 2}(2x^2+x-5)}{\lim\limits_{x\to 2}(3x+1)}=\frac{5}{7}.$$

由例 2.3.1 、例 2.3.2 可以看出：如果 $f(x)$ 是多项式，或者是当 $x\to x_0$ 时分母的极限不为零的有理分式函数，则根据极限的运算法则都有

$$\lim_{x\to x_0}f(x)=f(x_0).$$

我们给出更为一般的结论：若 $f(x)$ 是基本初等函数，其定义域为 D_f, 则对于任意一点 $x_0\in D_f$, 有

$$\lim_{x\to x_0}f(x)=f(x_0).$$

这一结论对于求函数的极限是很方便的，例如， $f(x)=\mathrm{e}^x$ 是基本初等函数， $x_0=2$ 是它定义域内的一个点，则

$$\lim_{x\to 2}\mathrm{e}^x=\mathrm{e}^2.$$

$f(x)=\cos x$ 是基本初等函数， $x_0=\dfrac{\pi}{2}$ 是其定义域内的一个点，则

$$\lim_{x\to\frac{\pi}{2}}\cos x=\cos\frac{\pi}{2}=0.$$

例 2.3.3 求 $\lim\limits_{x\to 1}\left(\dfrac{1}{x-1}-\dfrac{3}{x^3-1}\right)$.

解 当 $x\to 1$ 时，两个分式中的分母的极限都是 0, 这两项都没有极限，不能直接应用求极限的四则运算法则. 可以先通分相减，约去非零因子 $(x-1)$, 再应用函数极限的四则运算法则，得

$$\begin{aligned}\lim_{x\to 1}\left(\frac{1}{x-1}-\frac{3}{x^3-1}\right)&=\lim_{x\to 1}\frac{x^2+x+1-3}{x^3-1}\\&=\lim_{x\to 1}\frac{(x-1)(x+2)}{(x-1)(x^2+x+1)}\\&=\lim_{x\to 1}\frac{x+2}{x^2+x+1}\\&=\frac{1+2}{1^2+1+1}\\&=1.\end{aligned}$$

例 2.3.4 求 $\lim\limits_{n\to\infty}\dfrac{n^2+n-1}{2n^2+1}$.

解 当 $n\to\infty$ 时，分子和分母的极限都不存在，不能直接用运算法则．用 n^2 除分子和分母，可得

$$\lim_{n\to\infty}\frac{n^2+n-1}{2n^2+1}=\lim_{n\to\infty}\frac{1+\dfrac{1}{n}-\dfrac{1}{n^2}}{2+\dfrac{1}{n^2}}=\frac{1}{2}.$$

例 2.3.5 求 $\lim\limits_{x\to\infty}\dfrac{x^2-1}{x^3+x+2}$.

解 用 x^3 除分子和分母，再求极限，得

$$\lim_{x\to\infty}\frac{x^2-1}{x^3+x+2}=\lim_{x\to\infty}\frac{\dfrac{1}{x}-\dfrac{1}{x^3}}{1+\dfrac{1}{x^2}+\dfrac{2}{x^3}}=\frac{0}{1}=0.$$

一般地，当 $a_0\neq 0, b_0\neq 0$ 时，有

$$\lim_{x\to\infty}\frac{a_0x^m+a_1x^{m-1}+\cdots+a_m}{b_0x^n+b_1x^{n-1}+\cdots+b_n}=\begin{cases}\dfrac{a_0}{b_0}, & n=m,\\ 0, & n>m,\\ \infty, & n<m.\end{cases}$$

2.3.2 复合函数极限的运算法则

定理 2.3.2 设函数 $u=\varphi(x)$, $y=f(u)$. 若 $\lim\limits_{x\to x_0}\varphi(x)=u_0$, $\varphi(x)\neq u_0$, $\lim\limits_{u\to u_0}f(u)=f(u_0)$, 则复合函数 $y=f[\varphi(x)]$ 当 $x\to x_0$ 时的极限存在，且

$$\lim_{x\to x_0}f[\varphi(x)]=f(u_0), \tag{2.3.1}$$

定理的证明从略.

式 (2.3.1) 显然可以写成

$$\lim_{x\to x_0}f[\varphi(x)]=f\left[\lim_{x\to x_0}\varphi(x)\right]. \tag{2.3.2}$$

式 (2.3.2) 表明，在定理 2.3.2 的条件下，求复合函数 $f[\varphi(x)]$ 的极限时，极限记号与函数符号可以交换次序．式 (2.3.2) 还表明，在定理 2.3.2 的条件下，要求 $\lim\limits_{x\to x_0}f[\varphi(x)]$, 可以作代换 $u=\varphi(x)$, 如果 $\lim\limits_{x\to x_0}\varphi(x)=u_0$, 则

$$\lim_{x\to x_0}f[\varphi(x)]=\lim_{u\to u_0}f(u).$$

例 2.3.6 求极限 $\lim\limits_{x\to 2}\cos(2x-1)$.

解 $\lim\limits_{x\to 2}(2x-1)=3, \lim\limits_{u\to 3}\cos u=\cos 3$, 由式 (2.3.1) 有

$$\lim_{x\to 2}\cos(2x-1)=\cos 3.$$

本题解题过程也可以改写为

$$\lim_{x\to 2}\cos(2x-1)=\cos\left[\lim_{x\to 2}(2x-1)\right]=\cos 3.$$

如果令 $u=2x-1$, 而

$$\lim_{x\to 2}(2x-1)=3,$$

则有

$$\lim_{x\to 2}\cos(2x-1)=\lim_{u\to 3}\cos u=\cos 3.$$

例 2.3.7 求极限 $\lim\limits_{x\to 1}\dfrac{\sqrt{3-x}-\sqrt{1+x}}{x^2-1}$.

解 将分子有理化，得

$$\begin{aligned}\lim_{x\to 1}\frac{\sqrt{3-x}-\sqrt{1+x}}{x^2-1}&=\lim_{x\to 1}\frac{(3-x)-(1+x)}{(x^2-1)(\sqrt{3-x}+\sqrt{1+x})}\\&=\lim_{x\to 1}\frac{-2}{(x+1)(\sqrt{3-x}+\sqrt{1+x})}\\&=-\frac{1}{2\sqrt{2}}.\end{aligned}$$

习 题 2.3

1. 求下列数列的极限:

(1) $\lim\limits_{n\to\infty}\dfrac{(-2)^n+3^n}{(-2)^{n+1}+3^{n+1}}$;

(2) $\lim\limits_{n\to\infty}\left(\dfrac{1}{n^2}+\dfrac{2}{n^2}+\cdots+\dfrac{n-1}{n^2}\right)$;

(3) $\lim\limits_{n\to\infty}\left[\dfrac{1}{1\cdot 2}+\dfrac{1}{2\cdot 3}+\cdots+\dfrac{1}{n(n+1)}\right]$;

(4) $\lim\limits_{n\to\infty}\sqrt{n}(\sqrt{n+1}-\sqrt{n-1})$;

(5) $\lim\limits_{n\to\infty}\left(1-\dfrac{1}{2^2}\right)\left(1-\dfrac{1}{3^2}\right)\cdots\left(1-\dfrac{1}{n^2}\right)$;

(6) $\lim\limits_{n\to\infty}\left(\dfrac{1}{1+2}+\dfrac{1}{1+2+3}+\cdots+\dfrac{1}{1+2+\cdots+n}\right)$.

2. 求下列函数的极限：

(1) $\lim\limits_{x\to\infty}\dfrac{x^3-3x+2}{x^3-x^2-x+1}$； (2) $\lim\limits_{x\to+\infty}(\sqrt{x^2+x}-x)$；

(3) $\lim\limits_{x\to0}\dfrac{\sqrt{1+x}-\sqrt{1-x}}{x}$； (4) $\lim\limits_{x\to0}\dfrac{(1+x)^5-(1+5x)}{x^2+x^5}$；

(5) $\lim\limits_{x\to\infty}\left(5+\dfrac{1}{x}-\dfrac{3}{x^2}\right)$； (6) $\lim\limits_{x\to\infty}\dfrac{(2x-3)^{20}(3x+2)^{30}}{(2x+1)^{50}}$；

(7) $\lim\limits_{x\to1}\dfrac{x^3-3x+2}{x^4-4x+3}$； (8) $\lim\limits_{x\to3}\dfrac{x^2-5x+6}{x^2-8x+15}$.

3. 若 $f(x)=\begin{cases}x+a, & x<0,\\ x^3+2 & x\geqslant 0\end{cases}$ 在 $x=0$ 处的极限存在，求常数 a.

4. 求下列函数极限：

(1) $\lim\limits_{x\to1}\cos(3x-2)$； (2) $\lim\limits_{x\to1}\ln(x^2+2x)$；

(3) $\lim\limits_{x\to+\infty}\arcsin(\sqrt{x^2+x}-x)$； (4) $\lim\limits_{x\to3}\sqrt{\dfrac{x-3}{x^2-9}}$.

5. 设 $\lim\limits_{x\to1}f(x)$ 存在，且 $f(x)=x^2+2x\lim\limits_{x\to1}f(x)$, 求 $\lim\limits_{x\to1}f(x)$ 和 $f(x)$.

6. 思考题

(1) 若数列 $\{x_n\}$ 收敛，而数列 $\{y_n\}$ 发散，问数列 $\{x_n\pm y_n\}$ 与数列 $\{x_ny_n\}$ 是否收敛.

(2) 若数列 $\{x_n\}$ 与数列 $\{y_n\}$ 均发散，问数列 $\{x_n\pm y_n\}$ 与数列 $\{x_ny_n\}$ 是否收敛.

(3) 若数列 $\{x_n\}$ 发散，问该数列是否一定无界.

(4) 若数列 $\{x_n\}$ 收敛于 0, 而 $\{y_n\}$ 为任意数列，是否有 $\lim\limits_{n\to\infty}x_ny_n=0$?

2.4 极限存在准则及两个重要极限

本节给出判定极限存在的两个准则，以及利用这两个准则得到的两个重要极限.

2.4.1 夹逼准则

先看关于数列极限的夹逼准则.

定理 2.4.1 设有三个数列 $\{x_n\},\{y_n\},\{z_n\}$, 满足条件：

(1) $y_n\leqslant x_n\leqslant z_n\ \ (n=1,2,\cdots)$；

(2) $\lim\limits_{n\to\infty}y_n=\lim\limits_{n\to\infty}z_n=a$.

则数列 $\{x_n\}$ 收敛，并且

$$\lim_{n\to\infty} x_n = a.$$

证明 由 $\lim\limits_{n\to\infty} y_n = a$ 知，对于任意给定的正数 ε, 存在着正整数 N_1, 当 $n > N_1$ 时，有

$$|y_n - a| < \varepsilon,$$

即

$$a - \varepsilon < y_n < a + \varepsilon.$$

再由条件 (1) 有

$$a - \varepsilon < y_n \leqslant x_n. \tag{2.4.1}$$

由 $\lim\limits_{n\to\infty} z_n = a$ 知，对于上述 ε, 存在着正整数 N_2, 当 $n > N_2$ 时，有

$$|z_n - a| < \varepsilon,$$

即

$$a - \varepsilon < z_n < a + \varepsilon.$$

再由条件 (1) 有

$$x_n \leqslant z_n < a + \varepsilon. \tag{2.4.2}$$

取 $N = \max\{N_1, N_2\}$, 当 $n > N$ 时，(2.4.1)、(2.4.2) 两式同时成立. 从而可得

$$a - \varepsilon < y_n \leqslant x_n \leqslant z_n < a + \varepsilon,$$

即得

$$|x_n - a| < \varepsilon.$$

故

$$\lim_{n\to\infty} x_n = a.$$ □

与上述数列极限的夹逼准则类似，函数极限也有夹逼准则.

定理 2.4.2 设函数 $f(x), g(x), h(x)$ 在点 x_0 的某去心邻域内有定义，且满足条件：

(1) $g(x) \leqslant f(x) \leqslant h(x)$;

(2) $\lim\limits_{x\to x_0} g(x) = A, \lim\limits_{x\to x_0} h(x) = A$.

则极限 $\lim\limits_{x\to x_0} f(x)$ 存在且等于 A.

请读者参照定理 2.4.1 的证明过程给出定理 2.4.2 的证明.

例 2.4.1 证明 $\lim\limits_{n\to\infty} \dfrac{10^n}{n!} = 0$.

证明 显然，当 $n>10$ 时，有

$$0<\frac{10^n}{n!}=\frac{\overbrace{10\cdot 10\cdots 10}^{n\text{ 个}}}{n(n-1)\cdots 10\cdot 9\cdots 2\cdot 1}\leqslant\left(\frac{10}{11}\right)^{n-10}\frac{10^{10}}{10!}.$$

令 $y_n=0, z_n=\left(\frac{10}{11}\right)^{n-10}\frac{10^{10}}{10!}$, 显然有

$$\lim_{n\to\infty} y_n=0,\quad \lim_{n\to\infty} z_n=0.$$

根据定理 2.4.1 有

$$\lim_{n\to\infty}\frac{10^n}{n!}=0.$$

□

例 2.4.2 证明重要极限 Ⅰ ：$\lim\limits_{x\to 0}\frac{\sin x}{x}=1$.

证明 当 $x\to 0$ 时，函数 $\frac{\sin x}{x}$ 分子和分母的极限均为 0, 因此不能应用求函数商的极限的运算法则. 下面用定理 2.4.2 来求此极限.

如图 2.4 所示, 设 $0<x<\frac{\pi}{2}$, 在单位圆内作 $\angle AOB=x$, 过点 A 作圆的切线与 OB 的延长线交于点 C, 又作 $BD\perp OA$, 则有 $\sin x=BD, \tan x=AC$.

因为

$$\triangle OAB\text{的面积}<\text{扇形}OAB\text{的面积}<\triangle OAC\text{的面积},$$

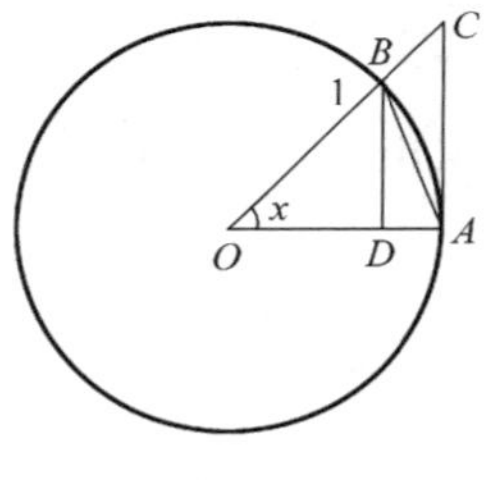

图 2.4

所以

$$\frac{1}{2}\sin x<\frac{1}{2}x<\frac{1}{2}\tan x,$$

即

$$\sin x<x<\tan x.$$

注意到 $\sin x>0$, 将不等式中三个函数都除以 $\sin x$, 有

$$1<\frac{x}{\sin x}<\frac{1}{\cos x},$$

从而有

$$\cos x<\frac{\sin x}{x}<1\quad\left(0<x<\frac{\pi}{2}\right).$$

注意到上式中各函数均为偶函数，故当 $0<|x|<\frac{\pi}{2}$ 时,

$$\cos x<\frac{\sin x}{x}<1.$$

因为 $\lim\limits_{x\to 0} 1=1$, $\lim\limits_{x\to 0}\cos x=1$, 由定理 2.4.2 可得

$$\lim_{x\to 0}\frac{\sin x}{x}=1. \qquad \square$$

例 2.4.3 求极限 $\lim\limits_{x\to 0}\dfrac{\tan x}{x}$.

解 根据极限运算法则和重要极限 I 有

$$\begin{aligned}\lim_{x\to 0}\frac{\tan x}{x}&=\lim_{x\to 0}\left(\frac{\sin x}{x}\frac{1}{\cos x}\right)\\&=\lim_{x\to 0}\frac{\sin x}{x}\cdot\lim_{x\to 0}\frac{1}{\cos x}=1.\end{aligned}$$

例 2.4.4 求极限 $\lim\limits_{x\to 0}\dfrac{1-\cos x}{x^2}$.

解 根据重要极限 I 有

$$\begin{aligned}\lim_{x\to 0}\frac{1-\cos x}{x^2}&=\lim_{x\to 0}\frac{2\sin^2\frac{x}{2}}{x^2}=\lim_{x\to 0}\frac{2\sin^2\frac{x}{2}}{4\left(\frac{x}{2}\right)^2}\\&=\frac{1}{2}\lim_{x\to 0}\left(\frac{\sin\frac{x}{2}}{\frac{x}{2}}\right)^2=\frac{1}{2}\times 1^2=\frac{1}{2}.\end{aligned}$$

例 2.4.5 求极限 $\lim\limits_{x\to 0}\dfrac{\arctan x}{x}$.

解 令 $\arctan x=t$, 则 $x=\tan t$, 当 $x\to 0$ 时，有 $t\to 0$. 根据复合函数极限运算法则得

$$\lim_{x\to 0}\frac{\arctan x}{x}=\lim_{t\to 0}\frac{t}{\tan t}=1.$$

2.4.2 单调有界准则

我们已经知道，收敛数列一定有界，但有界数列却不一定是收敛的，若再加上单调的条件，就有下面的重要结论.

定理 2.4.3 (单调有界准则) 单调有界数列必有极限.

这个定理的严格证明超出本书要求，在此从略. 从几何图形上看来，它的正确性是明显的. 由于数列是单调的，因此它的各项所表示的点在数轴上都朝着一个方向移动. 这种移动只有两种情形，一种是沿数轴无限远移，另一种是无限接近一个定点 A 而又不能越过 A, 最终要聚集在 A 的附近. 因为数列是有界的，所以前一种情形是不可能出现的，只能是后者 (图 2.5). 这时， A 就是数列的极限.

图 2.5

定理 2.4.3 的结论还可以叙述得更细致一些，即单调增加有上界的数列必有极限；单调减少有下界的数列必有极限.

例 2.4.6 设 $x_n=\left(1+\dfrac{1}{n}\right)^n$，证明数列 $\{x_n\}$ 收敛.

证明 首先，证明数列 $\{x_n\}$ 是单调增加的. 按照牛顿二项展开公式有

$$\begin{aligned}
x_n=&\left(1+\frac{1}{n}\right)^n\\
=&1+\frac{n}{1!}\cdot\frac{1}{n}+\frac{n(n-1)}{2!}\cdot\frac{1}{n^2}+\frac{n(n-1)(n-2)}{3!}\cdot\frac{1}{n^3}\\
&+\cdots+\frac{n(n-1)\cdots(n-n+1)}{n!}\cdot\frac{1}{n^n}\\
=&1+\frac{1}{1!}+\frac{1}{2!}\left(1-\frac{1}{n}\right)+\frac{1}{3!}\left(1-\frac{1}{n}\right)\left(1-\frac{2}{n}\right)+\cdots\\
&+\frac{1}{n!}\left(1-\frac{1}{n}\right)\left(1-\frac{2}{n}\right)\cdots\left(1-\frac{n-1}{n}\right).
\end{aligned}$$

类似地，有

$$\begin{aligned}
x_{n+1}=&\left(1+\frac{1}{n+1}\right)^{n+1}\\
=&1+1+\frac{1}{2!}\left(1-\frac{1}{n+1}\right)+\frac{1}{3!}\left(1-\frac{1}{n+1}\right)\left(1-\frac{2}{n+1}\right)+\cdots\\
&+\frac{1}{n!}\left(1-\frac{1}{n+1}\right)\left(1-\frac{2}{n+1}\right)\cdots\left(1-\frac{n-1}{n+1}\right)\\
&+\frac{1}{(n+1)!}\left(1-\frac{1}{n+1}\right)\left(1-\frac{2}{n+1}\right)\cdots\left(1-\frac{n}{n+1}\right).
\end{aligned}$$

比较 x_n,x_{n+1} 中相同位置的项，可知它们的第一、二项相同，从第三项到第 $n+1$ 项，x_{n+1} 的每一项都大于 x_n 的对应项，并且在 x_{n+1} 的最后还比 x_n 多了一个正项，因此有

$$x_n<x_{n+1}.$$

这说明数列 $\{x_n\}$ 是单调增加的.

其次，证明 $\{x_n\}$ 有界. 显然，$x_n\geqslant x_1=2$，又因为 $1-\dfrac{1}{n},1-\dfrac{2}{n},\cdots,1-$

$\dfrac{n-1}{n}$ 这些因子都小于 1, 故

$$\begin{aligned}x_n &< 1+\frac{1}{1!}+\frac{1}{2!}+\frac{1}{3!}+\cdots+\frac{1}{n!}\\&< 1+1+\frac{1}{2}+\frac{1}{2^2}+\cdots+\frac{1}{2^{n-1}}\\&= 1+\frac{1-\dfrac{1}{2^n}}{1-\dfrac{1}{2}}=3-\frac{1}{2^{n-1}}<3,\end{aligned}$$

即数列 $\{x_n\}$ 有界. □

根据定理 2.4.3, 数列 $\{x_n\}$ 收敛，其极限值记为 e, 即

$$\lim_{n\to\infty}\left(1+\frac{1}{n}\right)^n=\mathrm{e}.$$

数 e 是一个无理数，它的值为 $2.71828\cdots$. 指数函数 $y=\mathrm{e}^x$ 和对数函数 $y=\ln x$ 中的 e 就是这个数.

利用例 2.4.6 的结论及夹逼准则, 我们还可以得到重要极限 II(证明过程略)：

$$\lim_{x\to\infty}\left(1+\frac{1}{x}\right)^x=\mathrm{e}.$$

若作代换 $t=\dfrac{1}{x}$, 则当 $x\to\infty$ 时，有 $t\to 0$, 于是重要极限 II 也可以写成

$$\lim_{t\to 0}(1+t)^{\frac{1}{t}}=\mathrm{e}.$$

例 2.4.7 求极限 $\lim\limits_{x\to\infty}\left(1+\dfrac{3}{x}\right)^{2x}$.

解 令 $\dfrac{x}{3}=t$, 则 $x\to\infty$ 时，有 $t\to\infty$, 因此

$$\lim_{x\to\infty}\left(1+\frac{3}{x}\right)^{2x}=\lim_{t\to\infty}\left(1+\frac{1}{t}\right)^{6t}=\left[\lim_{t\to\infty}\left(1+\frac{1}{t}\right)^{t}\right]^6=\mathrm{e}^6.$$

此题也可以按下面的过程求解:

$$\lim_{x\to\infty}\left(1+\frac{3}{x}\right)^{2x}=\lim_{x\to\infty}\left(1+\frac{1}{\dfrac{x}{3}}\right)^{6\cdot\frac{x}{3}}=\left[\lim_{x\to\infty}\left(1+\frac{1}{\dfrac{x}{3}}\right)^{\frac{x}{3}}\right]^6=\mathrm{e}^6.$$

例 2.4.8 求极限 $\lim\limits_{x\to\infty}\left(\dfrac{x+2}{x+1}\right)^{3x+1}$.

解 因为

$$\left(\frac{x+2}{x+1}\right)^{3x+1}=\left(1+\frac{1}{x+1}\right)^{3x+1},$$

令 $x+1=t$, 则当 $x\to\infty$ 时，有 $t\to\infty$. 于是

$$\begin{aligned}\lim_{x\to\infty}\left(\frac{x+2}{x+1}\right)^{3x+1}&=\lim_{t\to\infty}\left(1+\frac{1}{t}\right)^{3t-2}\\&=\left[\lim_{t\to\infty}\left(1+\frac{1}{t}\right)^{t}\right]^{3}\cdot\left[\lim_{t\to\infty}\left(1+\frac{1}{t}\right)\right]^{-2}\\&=\mathrm{e}^{3}\cdot 1^{-2}=\mathrm{e}^{3}.\end{aligned}$$

例 2.4.9 设 $\lim\limits_{x\to\infty}\left(\dfrac{x+a}{x-a}\right)^{x}=4$, 求 a.

解 根据题意，显然有 $a\neq 0$, 又由于

$$\begin{aligned}\lim_{x\to\infty}\left(\frac{x+a}{x-a}\right)^{x}&=\lim_{x\to\infty}\frac{\left(1+\dfrac{a}{x}\right)^{x}}{\left(1-\dfrac{a}{x}\right)^{x}}\\&=\frac{\lim\limits_{x\to\infty}\left(1+\dfrac{a}{x}\right)^{\frac{x}{a}\cdot a}}{\lim\limits_{x\to\infty}\left(1-\dfrac{a}{x}\right)^{-\frac{x}{a}\cdot(-a)}}=\frac{\mathrm{e}^{a}}{\mathrm{e}^{-a}}=\mathrm{e}^{2a},\end{aligned}$$

即

$$\mathrm{e}^{2a}=4,$$

所以

$$a=\ln 2.$$

例 2.4.10 求极限 $\lim\limits_{x\to 0}\dfrac{\log_a(1+x)}{x}\ (a>0,a\neq 1)$.

解 根据复合函数求极限的方法和重要极限 II 有

$$\begin{aligned}\lim_{x\to 0}\frac{\log_a(1+x)}{x}&=\lim_{x\to 0}\log_a(1+x)^{\frac{1}{x}}\\&=\log_a\left[\lim_{x\to 0}(1+x)^{\frac{1}{x}}\right]=\log_a\mathrm{e}=\frac{1}{\ln a}.\end{aligned}$$

特别地，当 $a=\mathrm{e}$ 时，有

$$\lim_{x\to 0}\frac{\ln(1+x)}{x}=1.$$

例 2.4.11 求极限 $\lim\limits_{x\to 0}\dfrac{a^{x}-1}{x}\quad(a>0,a\neq 1)$.

解 令 $u=a^x-1$, 则 $x=\log_a(1+u)$, 当 $x\to 0$ 时，有 $u\to 0$, 于是

$$\lim_{x\to 0}\frac{a^x-1}{x}=\lim_{u\to 0}\frac{u}{\log_a(1+u)}.$$

利用例 2.4.10 结果有

$$\lim_{x\to 0}\frac{a^x-1}{x}=\ln a.$$

特别地，当 $a=\mathrm{e}$ 时，有

$$\lim_{x\to 0}\frac{\mathrm{e}^x-1}{x}=1.$$

例 2.4.12 求极限 $\lim\limits_{x\to 0}\dfrac{(1+x)^a-1}{x}$, 其中 a 为常数.

解 令 $u=(1+x)^a-1$, 则当 $x\to 0$ 时，有 $u\to 0$, 且 $a\ln(1+x)=\ln(1+u)$. 于是

$$\begin{aligned}\lim_{x\to 0}\frac{(1+x)^a-1}{x}&=\lim_{x\to 0}\left[\frac{u}{x}\cdot\frac{a\ln(1+x)}{\ln(1+u)}\right]\\&=\lim_{x\to 0}\frac{\ln(1+x)}{x}\cdot a\cdot\lim_{u\to 0}\frac{u}{\ln(1+u)}=a.\end{aligned}$$

例 2.4.10 、例 2.4.11 和例 2.4.12 中的三个极限的结论是经常被引用的重要结果，希望读者将它们记住.

例 2.4.13 设 $x_0=1,x_1=1+\dfrac{x_0}{1+x_0},\cdots,x_{n+1}=1+\dfrac{x_n}{1+x_n},\cdots$. 证明 $\lim\limits_{n\to\infty}x_n$ 存在，并求此极限.

证明 显然有 $x_n>0\ (n=0,1,2,\cdots)$, 且 $x_1=\dfrac{3}{2}>x_0=1$. 若设 $x_k>x_{k-1}$, 则

$$\begin{aligned}x_{k+1}-x_k&=\left(1+\frac{x_k}{1+x_k}\right)-\left(1+\frac{x_{k-1}}{1+x_{k-1}}\right)\\&=\frac{x_k-x_{k-1}}{(1+x_k)(1+x_{k-1})}>0.\end{aligned}$$

由数学归纳法可知数列 $\{x_n\}$ 单调增加.

再由 $x_n=1+\dfrac{x_{n-1}}{1+x_{n-1}}<1+1=2(n=1,2,\cdots)$ 可知，数列 $\{x_n\}$ 有上界. 根据单调有界准则可知，$\lim\limits_{n\to\infty}x_n$ 存在，记为

$$\lim_{n\to\infty}x_n=a,$$

则亦有 $\lim\limits_{n\to\infty}x_{n+1}=a$. 由已知有

$$\lim_{n\to\infty}x_{n+1}=\lim_{n\to\infty}\left(1+\frac{x_n}{1+x_n}\right),$$

即

$$a = 1 + \frac{a}{1+a},$$

解得

$$a = \frac{1 \pm \sqrt{5}}{2}.$$

根据题意，将 $a = \dfrac{1-\sqrt{5}}{2}$ 舍去，所以

$$\lim_{n\to\infty} x_n = \frac{1+\sqrt{5}}{2}. \qquad \square$$

例 2.4.14 复利的计算问题. 设有某笔贷款 A_0(也叫做本金), 贷款期数为 t, 每期利率为 r, 如果每期结算一次，则本利和为

$$A = A_0(1+r)^t.$$

如果每期结算 m 次，则 t 期本利和 A_m 为

$$A_m = A_0\left(1+\frac{r}{m}\right)^{mt}.$$

如果立即产生立即结算，也就是每时每刻计算复利，即 $m\to\infty$, 这样 t 期本利和应为

$$\lim_{m\to\infty} A_0\left(1+\frac{r}{m}\right)^{mt}.$$

这种计算复利的方法称为连续复利.

为了将问题简化，在上式中令 $n = \dfrac{m}{r}$, 则当 $m\to\infty$ 时，有 $n\to\infty$, 可得

$$\begin{aligned}\lim_{m\to\infty} A_0\left(1+\frac{r}{m}\right)^{mt} &= A_0 \lim_{n\to\infty}\left(1+\frac{1}{n}\right)^{nrt}\\ &= A_0\left[\lim_{n\to\infty}\left(1+\frac{1}{n}\right)^{n}\right]^{rt}\\ &= A_0\mathrm{e}^{rt}.\end{aligned}$$

习 题 2.4

1. 求下列极限：

(1) $\lim\limits_{x\to0}\dfrac{\sin 3x}{\tan 5x}$;　　(2) $\lim\limits_{x\to0} x\cot 2x$;

(3) $\lim\limits_{x\to0}\dfrac{1-\cos 2x}{x\sin x}$;　　(4) $\lim\limits_{x\to0}\dfrac{\sin 5x-\sin 3x}{\sin x}$;

(5) $\lim\limits_{n\to\infty} 2^n \sin\dfrac{x}{2^n}$ (x为不等于零的常数);

(6) $\lim\limits_{x\to 0}\dfrac{\sqrt{1-\cos x^2}}{1-\cos x}$.

2. 求下列极限:

(1) $\lim\limits_{x\to\infty}\left(1-\dfrac{2}{x}\right)^{\frac{x}{2}-1}$;　　(2) $\lim\limits_{x\to 0}\left(\dfrac{2-x}{2}\right)^{\frac{2}{x}}$;

(3) $\lim\limits_{x\to\infty}\left(\dfrac{x-1}{x+1}\right)^{x}$;　　(4) $\lim\limits_{x\to+\infty}\left(1-\dfrac{1}{x}\right)^{\sqrt{x}}$;

(5) $\lim\limits_{x\to\infty}\left(\dfrac{x^2}{x^2-1}\right)^{x}$;　　(6) $\lim\limits_{x\to\infty}\left(\dfrac{x-1}{x}\right)^{kx}$ (k为常数).

3. 利用极限存在准则证明:

(1) $\lim\limits_{n\to\infty} n\left(\dfrac{1}{n^2+\pi}+\dfrac{1}{n^2+2\pi}+\cdots+\dfrac{1}{n^2+n\pi}\right)=1$;

(2) 设 $A=\max\{a_1,a_2,\cdots,a_m\}$ $(a_i>0,\ i=1,2,\cdots,m)$, 则有

$$\lim_{n\to\infty}\sqrt[n]{a_1^n+a_2^n+\cdots+a_m^n}=A.$$

4. 设 $f(x)=\begin{cases}\dfrac{\sin ax}{x}, & x>0,\\ ax+2, & x<0\end{cases}$ 在 $x=0$ 处有极限, 求 $f(-2)$.

5. 设 $\lim\limits_{x\to\infty}\left(\dfrac{x+k}{x}\right)^{x}=2$, 求常数 k.

6. 设 $x_1=\sqrt{6}, x_{n+1}=\sqrt{6+x_n}$ $(n=1,2,\cdots)$, 证明数列 $\{x_n\}$ 收敛, 并求出极限值.

7. 设 $x_1=2,\ x_{n+1}=\dfrac{1}{2}\left(x_n+\dfrac{1}{x_n}\right)$ $(n=1,2,\cdots)$, 证明数列 $\{x_n\}$ 收敛, 并求出极限值.

8. 某企业计划发行公司债券, 规定以年利率 6.5% 的连续复利计算利息, 10 年后每份债券一次偿还本息 1000 元, 问发行时每份债券的价格应定为多少元?

2.5 无穷小与无穷大

2.5.1 无穷小

本节讨论在理论和应用上都比较重要的变量 —— 无穷小量. 无穷小量就是在某一极限过程中以零为极限的变量 (数列或函数). 我们只针对函数情况加以论述, 数列的情况有类似的结果.

定义 2.5.1 若在自变量 x 的某个变化过程中 $\lim f(x)=0$, 则称函数 $f(x)$ 为 x 在该变化过程中的 **无穷小量**, 简称为 **无穷小**.

这里所说的自变量 x 的某个变化过程包括 $x\to x_0, x\to x_0^+, x\to x_0^-, x\to\infty$, $x\to+\infty$, $x\to-\infty$ 等.

函数 $f(x)$ 当 $x\to x_0$ 时为无穷小，可以直接用极限的定义叙述如下：

如果对于任意给定的正数 ε, 总存在正数 δ, 使得当 $0<|x-x_0|<\delta$ 时，有

$$|f(x)|<\varepsilon,$$

则称函数 $f(x)$ 当 $x\to x_0$ 时为无穷小.

关于无穷小的定义要注意以下两点：

(1) 在谈到无穷小时必须指明自变量的变化过程. 例如，函数 $f(x)=\dfrac{1}{x}$ 当 $x\to\infty$ 时为无穷小，而当 $x\to 0$ 时不是无穷小.

(2) 若 $f(x)=0$, 则它是所有自变量 x 变化过程的无穷小. 如果 $f(x)$ 等于一个非零的常数，无论它的绝对值多么小，都不是无穷小.

例 2.5.1 因为 $\lim\limits_{x\to 0}x^2=0$, 所以函数 x^2 当 $x\to 0$ 时为无穷小.

因为 $\lim\limits_{n\to\infty}\dfrac{1}{2n+1}=0$, 所以数列 $\left\{\dfrac{1}{2n+1}\right\}$ 当 $n\to\infty$ 时为无穷小.

2.5.2 无穷小的性质

根据极限的性质和四则运算法则，容易得到无穷小的下列性质.

定理 2.5.1 (1) 有限个无穷小的代数和为无穷小;

(2) 有界变量与无穷小的乘积为无穷小.

这里说的有界，对函数而言可以是局部有界. 因为常量有界，有极限的变量有界或者局部有界，所以有如下推论：

推论 2.5.1 常量与无穷小的乘积为无穷小.

推论 2.5.2 有极限的量与无穷小的乘积为无穷小.

推论 2.5.3 有限个无穷小的积是无穷小.

这里需要注意的是，两个无穷小的商未必是无穷小. 例如，当 $x\to 0$ 时，$2x, 3x$ 都是无穷小，而 $\lim\limits_{x\to 0}\dfrac{2x}{3x}=\dfrac{2}{3}$, 所以 $\dfrac{2x}{3x}$ 当 $x\to 0$ 时不是无穷小.

例 2.5.2 求极限 $\lim\limits_{x\to 0}x^2\arctan\dfrac{1}{x}$.

解 由于 $\left|\arctan\dfrac{1}{x}\right|<\dfrac{\pi}{2}$, 故 $\arctan\dfrac{1}{x}$ 是有界变量. 而 x^2 是当 $x\to 0$ 时的无穷小，由定理 2.5.1 知 $x^2\arctan\dfrac{1}{x}$ 当 $x\to 0$ 时是无穷小，即

$$\lim_{x\to 0}x^2\arctan\frac{1}{x}=0.$$

注意，这个极限不能由极限的四则运算法则求得，即不能写成

$$\lim_{x\to 0} x^2 \arctan\frac{1}{x} = \lim_{x\to 0} x^2 \cdot \lim_{x\to 0} \arctan\frac{1}{x} = 0.$$

这是因为 $\lim\limits_{x\to 0^-} \arctan\frac{1}{x} = -\frac{\pi}{2}$, $\lim\limits_{x\to 0^+} \arctan\frac{1}{x} = \frac{\pi}{2}$, 所以 $\lim\limits_{x\to 0} \arctan\frac{1}{x}$ 不存在.

有极限的变量与无穷小之间有着密切的关系.

定理 2.5.2 在某个自变量变化过程中 $\lim f(x) = A$ 的充要条件是

$$f(x) = A + \alpha(x),$$

其中 $\alpha(x)$ 是在该自变量变化过程中的无穷小量.

证明 仅就 $x \to x_0$ 的情形给予证明.

必要性. 设 $\lim\limits_{x\to x_0} f(x) = A$, 取 $\alpha(x) = f(x) - A$, 则

$$\lim_{x\to x_0} \alpha(x) = \lim_{x\to x_0} [f(x) - A] = A - A = 0,$$

即 $\alpha(x)$ 当 $x \to x_0$ 时是无穷小量，因此

$$f(x) = A + \alpha(x).$$

充分性. 设 $f(x) = A + \alpha(x)$, 且 $\lim\limits_{x\to x_0} \alpha(x) = 0$, 则

$$\lim_{x\to x_0} f(x) = \lim_{x\to x_0} [A + \alpha(x)] = A + 0 = A.$$ □

2.5.3 无穷小的比较

在许多问题中，仅仅知道变量是否有极限是不够的，还需知道变量趋向于极限的快慢. 根据定理 2.5.2 知， $\lim f(x) = A$ 等价于 $\lim[f(x) - A] = 0$. 所以，研究一般变量趋向于极限的快慢，可以归结为研究无穷小趋向于零的快慢.

直观上我们可以注意到不同的无穷小趋向于零的速度是不同的，例如，当 $x \to 0$ 时， $2x, x^2, 3x$ 都是无穷小，而

$$\lim_{x\to 0} \frac{x^2}{2x} = 0, \quad \lim_{x\to 0} \frac{2x}{3x} = \frac{2}{3},$$

当 $x \to 0$ 时， $\frac{3x}{x^2}$ 的极限不存在，这些情况的出现与无穷小趋向于零的速度有关，根据这些情况，可以给出无穷小比较的定义.

定义 2.5.2 设 $\alpha = \alpha(x), \beta = \beta(x)$ 都是自变量同一变化过程的无穷小.

(1) 如果 $\lim \frac{\beta}{\alpha} = c(c \neq 0$, 是常数), 则称 β 与 α 是 **同阶无穷小**;

(2) 如果 $\lim \frac{\beta}{\alpha} = 1$, 则称 β 是 α 的 **等价无穷小**, 记作 $\beta \sim \alpha$;

(3) 如果 $\lim \dfrac{\beta}{\alpha} = 0$, 则称 β 是 α 的 **高阶无穷小**, 记作 $\beta = o(\alpha)$;

(4) 如果 $\lim \dfrac{\beta}{\alpha^k} = c(c \neq 0,\ k$ 是正整数$)$, 则称 β 是 α 的 k **阶无穷小**.

例 2.5.3 因为 $\lim\limits_{x\to 0} \sin x = 0$ 且 $\lim\limits_{x\to 0} \dfrac{\sin x}{x} = 1$, 所以当 $x \to 0$ 时 $\sin x$ 与 x 是等价无穷小, 即 $\sin x \sim x(x \to 0)$.

例 2.5.4 因为 $\lim\limits_{x\to 0}(1-\cos x) = 0$, 且 (由例 2.4.4)

$$\lim_{x\to 0} \frac{1-\cos x}{x^2} = \frac{1}{2},$$

所以, 当 $x \to 0$ 时 $1-\cos x$ 与 x^2 是同阶无穷小; 或者说 $1-\cos x$ 是 x 的高阶无穷小, 即 $1-\cos x = o(x)(x \to 0)$; 或者说 $1-\cos x$ 是 x 的 2 阶无穷小.

关于等价无穷小, 有下面的两个结论:

定理 2.5.3 若 α, β 是自变量同一变化过程的无穷小, 则 $\alpha \sim \beta$ 的充要条件为 $\alpha - \beta$ 是 α(或 β) 的高阶无穷小.

证明 若 $\alpha \sim \beta$, 即 $\lim \dfrac{\beta}{\alpha} = 1$, 则有

$$\lim \frac{\alpha-\beta}{\alpha} = \lim \left(1 - \frac{\beta}{\alpha}\right) = 1 - \lim \frac{\beta}{\alpha} = 0,$$

因此 $\alpha - \beta$ 是 α 的高阶无穷小.

反之, 由于

$$\frac{\beta}{\alpha} = \frac{\beta}{\alpha} - 1 + 1 = \frac{\beta-\alpha}{\alpha} + 1,$$

且 $\lim \dfrac{\alpha-\beta}{\alpha} = 0$, 则有

$$\begin{aligned}\lim \frac{\beta}{\alpha} &= \lim \left(\frac{\beta-\alpha}{\alpha} + 1\right) \\ &= \lim \frac{\beta-\alpha}{\alpha} + 1 = 1,\end{aligned}$$

所以 $\alpha \sim \beta$. □

定理 2.5.3 告诉我们, 在自变量同一变化过程中, 若 $\alpha \sim \beta$, 则有

$$\beta - \alpha = o(\alpha) \quad \text{或} \quad \beta = \alpha + o(\alpha).$$

定理 2.5.4 若 α, β, α' 及 β' 是自变量同一变化过程中的无穷小, 且 $\alpha \sim \alpha', \beta \sim \beta', \lim \dfrac{\beta'}{\alpha'}$ 存在, 则有

$$\lim \frac{\beta}{\alpha} = \lim \frac{\beta'}{\alpha'}.$$

证明 由假设，根据极限运算法则有

$$\lim \frac{\beta'}{\alpha'} = \lim\left(\frac{\beta'}{\beta}\frac{\beta}{\alpha}\frac{\alpha}{\alpha'}\right)$$
$$= \lim \frac{\beta'}{\beta} \cdot \lim \frac{\beta}{\alpha} \cdot \lim \frac{\alpha}{\alpha'}$$
$$= \lim \frac{\beta}{\alpha}.$$

□

根据定理 2.5.4, 在求两个无穷小之比的极限时，如果它们的等价无穷小之比的极限存在，且能求出其极限值 A, 则所求极限存在且为 A.

用此方法求极限时需要知道一些等价无穷小. 利用上一节的例题可以得到一些常用的等价无穷小：

当 $x \to 0$ 时,

$$x \sim \sin x \sim \tan x \sim \arcsin x \sim \arctan x \sim \ln(1+x) \sim \mathrm{e}^x - 1;$$

$$1-\cos x \sim \frac{x^2}{2};$$

$$(1+x)^a - 1 \sim ax\ (a \neq 0);$$

$$a^x - 1 \sim x\ln a (a>0, a\neq 1).$$

记住这些结论对于求函数的极限是很有用的.

2-2 无穷小的比较

例 2.5.5 求极限 $\lim\limits_{x\to 0}\dfrac{\tan 3x}{\sin 4x}$.

解 当 $x \to 0$ 时， $\tan 3x \sim 3x, \sin 4x \sim 4x$, 所以

$$\lim_{x\to 0}\frac{\tan 3x}{\sin 4x} = \lim_{x\to 0}\frac{3x}{4x} = \frac{3}{4}.$$

例 2.5.6 求极限 $\lim\limits_{x\to 0}\dfrac{\tan x - \sin x}{x^3}$.

解 根据极限的四则运算法则和定理 2.5.4 有

$$\lim_{x\to 0}\frac{\tan x-\sin x}{x^3} = \lim_{x\to 0}\frac{\sin x(1-\cos x)}{x^3\cos x}$$
$$= \lim_{x\to 0}\left(\frac{\sin x}{x}\frac{1}{\cos x}\frac{1-\cos x}{x^2}\right)$$
$$= \lim_{x\to 0}\frac{1-\cos x}{x^2} = \frac{1}{2}.$$

要注意，相乘除的无穷小因子可用等价无穷小代换，但是加、减的无穷小不能随意用等价无穷小代换．例如

$$\lim_{x\to 0}\frac{\tan x-\sin x}{x^3}\neq\lim_{x\to 0}\frac{x-x}{x^3}=0.$$

例 2.5.7 求极限 $\lim\limits_{x\to 0}\dfrac{\ln(1+x^2)}{x\arcsin\dfrac{x}{2}}$.

解 由于 $x\to 0$ 时，$x\sim\ln(1+x), x\sim\arcsin x$, 所以，$x^2\sim\ln(1+x^2), \dfrac{x}{2}\sim\arcsin\dfrac{x}{2}$. 因此

$$\lim_{x\to 0}\frac{\ln(1+x^2)}{x\arcsin\dfrac{x}{2}}=\lim_{x\to 0}\frac{x^2}{x\cdot\dfrac{x}{2}}=2.$$

2.5.4 无穷大

与无穷小相对的一个概念是无穷大.

定义 2.5.3 设函数 $f(x)$ 在 x_0 的某个去心邻域内有定义．如果对于任意给定的无论多么大的正数 M, 都存在正数 δ, 当 $0<|x-x_0|<\delta$ 时，恒有

$$|f(x)|>M,$$

则称函数 $f(x)$ 当 $x\to x_0$ 时为 **无穷大量**, 简称为 **无穷大**, 并且记为

$$\lim_{x\to x_0}f(x)=\infty \text{ 或 } f(x)\to\infty(x\to x_0).$$

如果函数 $f(x)$ 当 $x\to x_0$ 时为无穷大，则极限 $\lim\limits_{x\to x_0}f(x)$ 是不存在的．定义 2.5.3 中的记号只不过是为了书写的方便而采用了极限的记号，同时也表明了当 $x\to x_0$ 时 $f(x)$ 虽然无极限，但还是有明确变化趋势的，无穷大量是一个绝对值可无限增大的变量，不是绝对值很大的固定数.

如果将定义 2.5.3 中的 $|f(x)|>M$ 改成 $f(x)>M$(或 $-f(x)>M$), 则可得到 $f(x)$ 当 $x\to x_0$ 时是正无穷大 (或负无穷大) 的定义，并且相应地记为

$$\lim_{x\to x_0}f(x)=+\infty\quad(\text{或 }\lim_{x\to x_0}f(x)=-\infty).$$

定义 2.5.3 是针对 $x\to x_0$ 给出的．类似地也可以给出自变量在其他变化过程的无穷大的定义．例如：

$\lim\limits_{x\to\infty}f(x)=\infty; \lim\limits_{x\to\infty}f(x)=+\infty;$

$\lim\limits_{x\to x_0^+}f(x)=\infty; \lim\limits_{x\to-\infty}f(x)=+\infty$ 等.

如果 $f(x)$ 当 $x \to x_0^-$ 或 $x \to x_0^+$ 时为无穷大，则称直线 $x = x_0$ 为曲线 $y = f(x)$ 的 **铅直渐近线** (图 2.6).

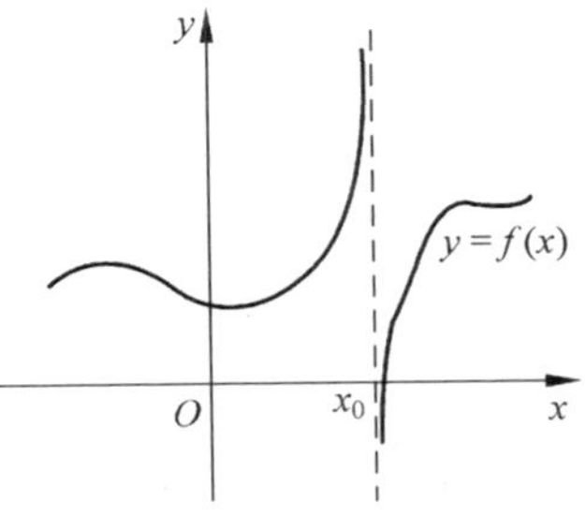

图 2.6

例 2.5.8 证明 $\lim\limits_{x\to 1}\dfrac{1}{x-1}=\infty$.

证明 对于任意给定的正数 M, 取 $\delta=\dfrac{1}{M}$, 则当 $0<|x-1|<\delta$ 时，便有

$$\left|\frac{1}{x-1}\right|>\frac{1}{\delta}=M,$$

从而得

$$\lim_{x\to 1}\frac{1}{x-1}=\infty. \qquad \square$$

直线 $x=1$ 是曲线 $y=\dfrac{1}{x-1}$ 的铅直渐近线.

关于无穷小与无穷大，下面的结论指出了无穷小与无穷大的关系.

定理 2.5.5 当 $x\to x_0$ 时，若 $f(x)$ 为无穷大，则 $\dfrac{1}{f(x)}$ 为无穷小；若 $f(x)$ 为无穷小，且在 x_0 的某去心邻域内 $f(x)\neq 0$, 则 $\dfrac{1}{f(x)}$ 为无穷大.

证明 设 $\lim\limits_{x\to x_0}f(x)=\infty$, 则对于任意给定的正数 ε, 取 $M=\dfrac{1}{\varepsilon}$, 总存在正数 δ, 当 $0<|x-x_0|<\delta$ 时，有

$$|f(x)|>M=\frac{1}{\varepsilon},$$

即

$$\frac{1}{|f(x)|}<\varepsilon.$$

所以

$$\lim_{x\to x_0}\frac{1}{f(x)}=0.$$

设 $f(x)$ 为无穷小，且在 x_0 的某去心邻域内 $f(x)\neq 0$, 则对于任意给定的正数 M, 取 $\varepsilon=\dfrac{1}{M}$, 总存在正数 δ, 当 $0<|x-x_0|<\delta$ 时，有

$$|f(x)|<\varepsilon=\frac{1}{M},$$

即

$$\frac{1}{|f(x)|}>M.$$

所以

$$\lim_{x\to x_0}\frac{1}{f(x)}=\infty. \qquad \square$$

定理 2.5.5 中的 $x \to x_0$ 可以换成自变量的其他变化过程.

例 2.5.9 求极限 $\lim\limits_{x\to\infty}\dfrac{x^2+2x-1}{x-1}$.

解 由于

$$\lim_{x\to\infty}\frac{x-1}{x^2+2x-1}=0,$$

根据定理 2.5.5 可知

$$\lim_{x\to\infty}\frac{x^2+2x-1}{x-1}=\infty.$$

最后我们指出，在自变量同一变化过程中，两个无穷大量的和、差、商是没有确定结论的. 要想得到相应的极限，需用其他办法，这点与无穷小是不同的. 在第 4 章，我们将介绍有关的方法.

习 题 2.5

1. 思考题

(1) 两个无穷小的商是否为无穷小？为什么？

(2) 两个无穷大的和是否为无穷大？为什么？

2. 用定义证明：

(1) 当 $x \to 2$ 时，$\dfrac{x-2}{x}$ 为无穷小；

(2) 当 $x \to 0$ 时，$\dfrac{x-2}{x}$ 为无穷大.

3. 求下列极限：

(1) $\lim\limits_{x\to 0}\dfrac{\arctan x}{x}$；　　(2) $\lim\limits_{x\to 0}x^2\sin\dfrac{1}{x}$；

(3) $\lim\limits_{x\to 0}\dfrac{x^2\cos\dfrac{1}{x}}{\sin 2x}$；　　(4) $\lim\limits_{x\to 0}\dfrac{\sin(x^m)}{(\sin x)^n}$ (m,n为正整数)；

(5) $\lim\limits_{x\to 0}\dfrac{\sin 2x}{x^3+3x}$；　　(6) $\lim\limits_{x\to 0}\dfrac{\ln(1-2x)}{\sin 5x}$；

(7) $\lim\limits_{x\to 0}\dfrac{\tan x-\sin x}{\sin^3 x}$；　　(8) $\lim\limits_{x\to 0}\dfrac{\sin 2x\cdot(\mathrm{e}^x-1)}{\tan x^2}$.

4. 证明：当 $x \to 0$ 时，$\sqrt{1+x^2}-\sqrt{1-x^2}\sim x^2$.

5. 当 $x \to 0$ 时，x^2-2x 与 $x\sin x$ 相比，哪一个是高阶无穷小？

6. 证明：$\lim\limits_{x\to\infty}f(x)=A$ 的充分必要条件是存在 $x\to\infty$ 时的无穷小 $\alpha=\alpha(x)$，使得 $f(x)=A+\alpha(x)$.

7. 当 $x \to 1$ 时，无穷小 $1-x$ 与 (1) $1-x^3$，(2) $\dfrac{1}{2}(1-x^2)$ 是否同阶无穷小？是否等价无穷小？

2.6 连续函数

我们所研究的各种不同的函数中，连续函数是最常见的一类，它反映了自然界普遍存在的连续变化现象，是微积分学中讨论的最主要的一类函数.

2.6.1 连续函数的概念

自然界中的很多现象，如温度的变化、水库的水位变化、火车行驶的路程等都是连续变化的. 这种连续变化的现象反映在变量之间的关系上，也就是反映在函数关系上，称为函数的连续性. 以气温变化为例，气温可以看作时间的函数，当时间改变量很小时，气温的改变量也很小. 以极限的方式描述这个过程，就得到函数连续性的概念.

定义 2.6.1 设函数 $y=f(x)$ 在点 x_0 的某邻域内有定义，如果当自变量的增量 $\Delta x=x-x_0$ 趋向于零时，相应的函数增量 $\Delta y=f(x_0+\Delta x)-f(x_0)$ 也趋向于零，即

$$\lim_{\Delta x\to 0}\Delta y=0,$$

则称函数 $y=f(x)$ 在点 x_0 处 **连续**.

在上述定义中 $\Delta x=x-x_0$, $\Delta x\to 0$ 相当于 $x\to x_0$, 且 $\Delta y=f(x_0+\Delta x)-f(x_0)=f(x)-f(x_0)$, 所以 $\lim\limits_{\Delta x\to 0}\Delta y=0$ 可以写成

$$\lim_{x\to x_0}[f(x)-f(x_0)]=0,$$

即

$$\lim_{x\to x_0}f(x)=f(x_0),$$

也就是函数 $f(x)$ 当 $x\to x_0$ 时的极限值等于该点的函数值. 因此，函数 $f(x)$ 在点 x_0 连续，也可以定义如下：

定义 2.6.2 设函数 $y=f(x)$ 在点 x_0 的某邻域内有定义，如果当 $x\to x_0$ 时， $f(x)$ 的极限存在，且等于 $f(x)$ 在点 x_0 处的函数值 $f(x_0)$, 即

$$\lim_{x\to x_0}f(x)=f(x_0),$$

则称函数 $f(x)$ 在点 x_0 处 **连续**, 且称 x_0 为 $f(x)$ 的 **连续点**.

从定义 2.6.2 可以看出，函数 $f(x)$ 在点 x_0 处连续和当 $x\to x_0$ 时有极限是有区别的. 函数 $f(x)$ 在 x_0 点连续能保证 $f(x)$ 当 $x\to x_0$ 时有极限，并且 $f(x)$ 在 x_0 点有定义，极限值等于函数值 $f(x_0)$. 反之， $f(x)$ 当 $x\to x_0$ 时有极限，$f(x)$ 在点 x_0 处不一定连续. 这是因为 $f(x)$ 可能在 x_0 点无定义. 或者，即使有定义，函数值也可能不是极限值. 所以函数 $f(x)$ 在 $x\to x_0$ 时有极限，是 $f(x)$ 在点 x_0 处连续的必要条件.

下面介绍左连续和右连续的概念.

如果

$$\lim_{x \to x_0^-} f(x) = f(x_0) \quad \left(\text{或} \lim_{x \to x_0^+} f(x) = f(x_0)\right),$$

则称函数 $f(x)$ 在点 x_0 处 **左 (或右) 连续**.

由于 $\lim\limits_{x \to x_0} f(x)$ 存在的充要条件是 $\lim\limits_{x \to x_0^-} f(x) = \lim\limits_{x \to x_0^+} f(x)$, 根据定义 2.6.2 可得下面结论:

定理 2.6.1 函数在点 x_0 处连续的充要条件是 $f(x)$ 在 x_0 处既左连续又右连续.

例 2.6.1 设 $f(x) = x^2 - 2x - 3$, 由极限运算法则有

$$\lim_{x \to 2} f(x) = 2^2 - 2 \times 2 - 3 = -3,$$

而 $f(2) = -3$, 即

$$\lim_{x \to 2} f(x) = f(2),$$

因此 $f(x) = x^2 - 2x - 3$ 在点 $x = 2$ 处是连续的.

例 2.6.2 设 $f(x) = |x| = \begin{cases} -x, & x \leqslant 0, \\ x, & x > 0, \end{cases}$ 由于

$$\lim_{x \to 0^-} f(x) = \lim_{x \to 0^-} (-x) = 0 = f(0),$$

所以, $f(x)$ 在点 $x = 0$ 处左连续.

又由于

$$\lim_{x \to 0^+} f(x) = \lim_{x \to 0^+} x = 0 = f(0),$$

所以, $f(x)$ 在 $x = 0$ 处右连续.

由定理 2.6.1 可知 $f(x) = |x|$ 在点 $x = 0$ 处连续.

如果函数 $f(x)$ 在开区间 (a, b) 内的每一点都连续, 则称函数 $f(x)$ 在开区间 (a, b) 内连续; 若函数 $f(x)$ 在 (a, b) 内连续, 并且在左端点 a 处右连续, 在右端点 b 处左连续, 则称函数 $f(x)$ 在闭区间 $[a, b]$ 上连续.

函数在区间 I 上连续, 称该函数是 I 上的 **连续函数**.

从几何直观上来看, 函数 $f(x)$ 在区间 I 上连续, 其图形 $y = f(x)$ 是一条接连不断的曲线.

在 2.3 节我们已经介绍过, 如果 $f(x)$ 是多项式函数、有理分式函数或基本初等函数, 则对于其定义域内的任意一点 x_0, 都有

$$\lim_{x \to x_0} f(x) = f(x_0).$$

因此, 多项式函数、有理分式函数和基本初等函数在其定义域内都是连续函数.

2.6.2 函数的间断点

设 $f(x)$ 在点 x_0 的某个去心邻域内有定义，如果 x_0 不是函数 $f(x)$ 的连续点，则称 x_0 是 $f(x)$ 的 **间断点**. 此时也称 $f(x)$ 在点 x_0 间断.

根据函数连续的定义 2.6.2 可知，x_0 是 $f(x)$ 的间断点必为下列情形之一：

2-3 函数的间断点

(1) 在 x_0 点 $f(x)$ 无定义；

(2) 虽然 $f(x)$ 在 x_0 点有定义，但 $\lim\limits_{x\to x_0} f(x)$ 不存在；

(3) 虽然 $f(x)$ 在 x_0 点有定义，且 $\lim\limits_{x\to x_0} f(x)$ 存在，但是 $\lim\limits_{x\to x_0} f(x) \neq f(x_0)$.

下面举例说明函数间断点的常见类型.

例 2.6.3 正切函数 $y=\tan x$ 在点 $x=\dfrac{\pi}{2}$ 处无定义，所以点 $x=\dfrac{\pi}{2}$ 是函数 $y=\tan x$ 的间断点. 因为

$$\lim_{x\to\frac{\pi}{2}} \tan x = \infty,$$

称此类间断点为 **无穷间断点**. 如图 2.7 所示.

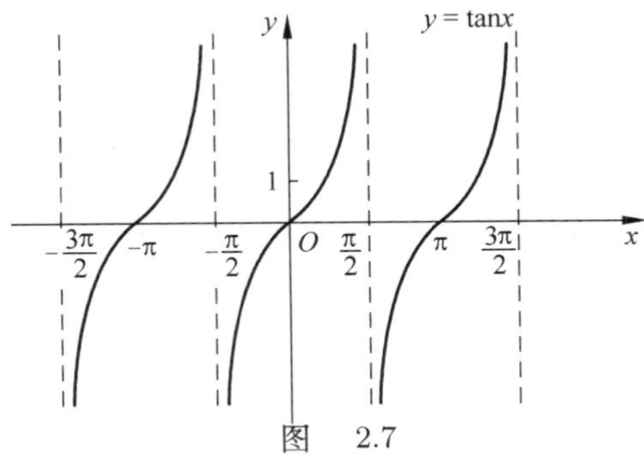

图 2.7

例 2.6.4 函数

$$y=\begin{cases}\sin\dfrac{1}{x}, & x\neq 0,\\ 0, & x=0\end{cases}$$

在 $x=0$ 时有定义，但当 $x\to 0$ 时，极限 $\lim\limits_{x\to 0}\sin\dfrac{1}{x}$ 不存在，故 $x=0$ 是函数的间断点. 注意到当 $x\to 0$ 时，函数值在 -1 与 1 之间变动无限多次，这样的间断点称为 **振荡间断点**, 如图 2.8 所示.

例 2.6.5 函数 $y=\dfrac{x^2+x-2}{x-1}$ 在点 $x=1$ 处无定义，因此 $x=1$ 是该函数的间断点. 注意到

$$\lim_{x\to 1}\frac{x^2+x-2}{x-1}=3,$$

由于函数在 $x=1$ 处极限存在，此时只要补充定义函数在点 $x=1$ 处的函数值为 $y|_{x=1}=3$, 则函数在点 $x=1$ 处连续. 称这类间断点为 **可去间断点**. 如图 2.9 所示.

例 2.6.6 考察函数

$$f(x)=\begin{cases}x^2, & x\neq 0,\\ 1, & x=0\end{cases}$$

在点 $x=0$ 处的连续性.

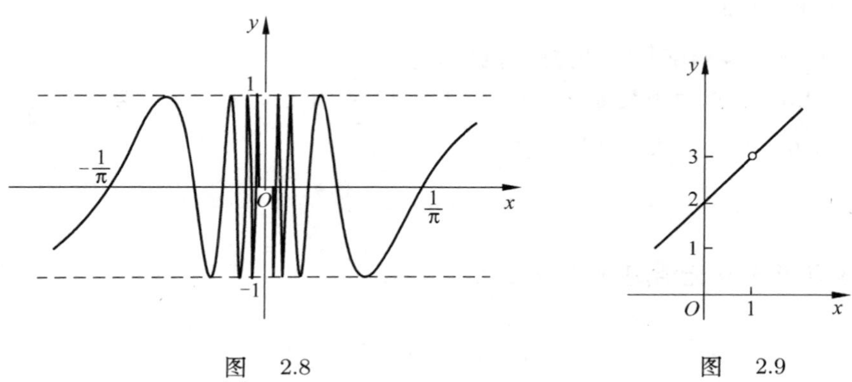

图 2.8　　　　图 2.9

解 由于

$$\lim_{x\to 0}f(x)=\lim_{x\to 0}x^2=0,\ f(0)=1,$$

所以

$$\lim_{x\to 0}f(x)\neq f(0).$$

故函数 $f(x)$ 在点 $x=0$ 处间断. 因为当 $x\to 0$ 时函数 $f(x)$ 的极限存在，因此 $x=0$ 是 $f(x)$ 的可去间断点，如图 2.10 所示. 如果改变 $f(x)$ 在点 $x=0$ 处的定义，令 $f(0)=0$, 则函数在点 $x=0$ 处变为连续.

例 2.6.7 考察函数

$$f(x)=\begin{cases}x-1, & x<0,\\ 0, & x=0,\\ x+1, & x>0\end{cases}$$

在点 $x=0$ 处的连续性.

解 由于

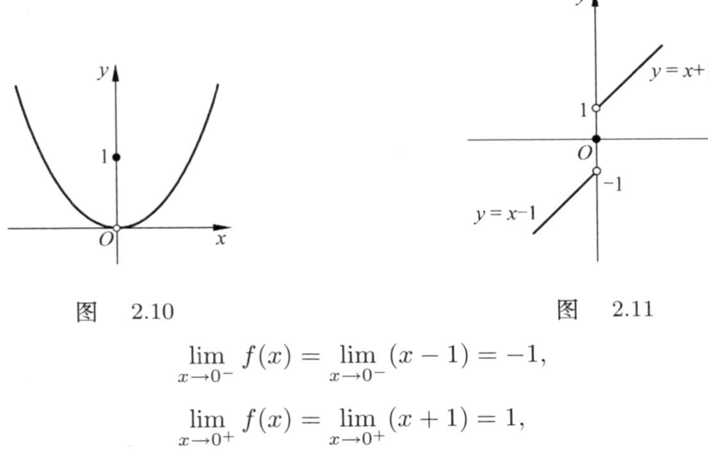

图 2.10

图 2.11

$$\lim_{x\to0^-} f(x) = \lim_{x\to0^-}(x-1) = -1,$$

$$\lim_{x\to0^+} f(x) = \lim_{x\to0^+}(x+1) = 1,$$

因此函数 $f(x)$ 在点 $x=0$ 处左极限及右极限都存在，但不相等，从而极限不存在，故 $x=0$ 是函数 $f(x)$ 的间断点．因为 $y=f(x)$ 的图形在 $x=0$ 处产生跳跃现象，称这类间断点为 **跳跃间断点**, 如图 2.11 所示.

通过以上一些间断点的例子，通常把函数的间断点分为两类：

(1) 若 x_0 是 $f(x)$ 的间断点, 并且 $f(x)$ 在点 x_0 处的左极限和右极限都存在, 则称 x_0 是 $f(x)$ 的 **第一类间断点**;

(2) 若 x_0 是 $f(x)$ 的间断点，但不是第一类间断点，则称 x_0 是 $f(x)$ 的 **第二类间断点**.

在第一类间断点中，当左极限与右极限相等时称为可去间断点，不相等时称为跳跃间断点．在第二类间断点中，包括无穷间断点、振荡间断点等.

习　题　2.6

1. 研究下列函数的连续性，并画出函数的图形：

(1) $f(x)=\begin{cases}-1, & x<-1,\\ x^2, & -1\leqslant x\leqslant 1,\\ 1, & x>1;\end{cases}$　(2) $f(x)=\begin{cases}\sin x, & x\leqslant 0,\\ x^2, & x>0.\end{cases}$

2. 确定常数 a, b 使 $f(x)=\begin{cases}\dfrac{\ln(1-3x)}{bx}, & x<0,\\ 2, & x=0,\\ \dfrac{\sin ax}{x}, & x>0\end{cases}$ 在 $x=0$ 处连续.

3. 考察下列函数在指定点的连续性，如果是间断点，指出它属于哪一类；如果是可去间断点，则补充或修改函数的定义使它成为函数的连续点：

(1) $y=\dfrac{x^2-1}{x^2-x-2}$，$x=-1$，$x=2$；

(2) $y=\dfrac{x}{\sin x}$，$x=k\pi\ (k=0,\pm1,\pm2,\cdots)$；

(3) $y=\cos^2\dfrac{1}{x}$，$x=0$；

(4) $y=\begin{cases}2x-1, & x\leqslant 1,\\ 4-5x, & x>1,\end{cases}$ $x=1$.

4. 指出下列函数的间断点，并说明间断点是属于哪一类型：

(1) $f(x)=\dfrac{4}{x-2}$；

(2) $f(x)=\tan x$；

(3) $f(x)=\mathrm{e}^{\frac{1}{x}}$；

(4) $f(x)=\dfrac{1}{x}\sin\dfrac{1}{x}$；

(5) $f(x)=\dfrac{\sin x}{|x|}$；

(6) $f(x)=\dfrac{x}{(4-x^2)(1+x^2)}$；

(7) $f(x)=\arctan\dfrac{1}{x}$；

(8) $f(x)=\begin{cases}x^2, & x<1,\\ 2x-1, & x\geqslant 1;\end{cases}$

(9) $f(x)=\lim\limits_{n\to\infty}\dfrac{x^n}{1+x^n}\ (x\geqslant 0)$.

2.7 连续函数的运算与初等函数的连续性

2.7.1 连续函数的运算

根据函数连续的定义和函数极限的四则运算法则，可以得到如下连续函数的四则运算法则.

定理 2.7.1 若函数 $f(x)$ 和 $g(x)$ 都在点 x 处连续，则函数

$$f(x)\pm g(x),\ f(x)g(x),\ \frac{f(x)}{g(x)}\quad (g(x)\neq 0)$$

也在点 x 处连续.

定理 2.7.1 说明，连续函数经过四则运算所得到的函数仍然是连续函数.

例如，$y=\sin x, y=\cos x$ 都是连续函数，则

$$y=\frac{\sin x\cdot\cos x}{1+\cos^2 x}$$

也是连续函数.

定理 2.7.2 若函数 $y=f(x)$ 在其定义区间 D_f 上连续且单调增加 (或减少)，其值域为区间 R_f，则它的反函数 $y=f^{-1}(x)$ 在 R_f 上连续且单调增加 (或减少).

定理 2.7.2 的证明从略. 我们可以从几何直观上来理解这个结论. 如果曲线 $y=f(x)$ 是一条连续曲线, 那么, 它的关于直线 $y=x$ 的对称曲线 $y=f^{-1}(x)$ 也应该是一条连续曲线.

根据复合函数的极限运算法则和函数连续的定义还可以得到如下连续函数的复合运算法则.

定理 2.7.3 设函数 $y=f(u)$ 和 $u=g(x)$ 可构成复合函数 $y=f[g(x)]$, $g(x_0)=u_0$. 若 $u=g(x)$ 在点 x_0 连续, 而 $y=f(u)$ 在点 u_0 连续, 则 $y=f[g(x)]$ 在点 x_0 连续.

这个定理告诉我们, 连续函数经过复合运算得到的函数仍然是连续函数.

例如, 函数 $y=\cos\dfrac{1}{x}$ 可以看作由 $y=\cos u$ 及 $u=\dfrac{1}{x}$ 复合而成. $\cos u$ 在区间 $(-\infty,+\infty)$ 内是连续的, $\dfrac{1}{x}$ 在区间 $(-\infty,0)\bigcup(0,+\infty)$ 内是连续的, 由定理 2.7.3 可知, $y=\cos\dfrac{1}{x}$ 在区间 $(-\infty,0)\bigcup(0,+\infty)$ 内是连续的.

2.7.2 初等函数的连续性

我们知道, 所有基本初等函数在其定义域内都是连续的. 那么根据初等函数的定义, 再由连续函数的四则运算法则和复合运算法则, 可得如下重要结论:

一切初等函数在其定义区间内都是连续的. 所谓定义区间, 就是包含在定义域内的区间.

初等函数的连续性的结论提供了求初等函数极限的一种方法: 如果 $f(x)$ 是初等函数, x_0 是其定义区间内的点, 则

$$\lim_{x\to x_0} f(x)=f(x_0).$$

上式说明在函数连续的情况下, 极限计算可转化为函数值的计算. 反之, 函数值也可表示为极限方式.

例 2.7.1 求极限 $\lim\limits_{x\to 1}\dfrac{\mathrm{e}^{2x}+\ln(3-2x)}{\arcsin\dfrac{x}{2}}$.

解 因为欲求极限的函数是初等函数, $x=1$ 是其定义区间内的点, 所以

$$\lim_{x\to 1}\frac{\mathrm{e}^{2x}+\ln(3-2x)}{\arcsin\dfrac{x}{2}}=\frac{\mathrm{e}^{2\times 1}+\ln(3-2\times 1)}{\arcsin\dfrac{1}{2}}=\frac{6\mathrm{e}^2}{\pi}.$$

例 2.7.2 指出函数

$$f(x)=\begin{cases} x^2-1, & x\leqslant 0,\\ \frac{1}{x-1}, & 0<x<2, x\neq 1,\\ x+1, & x\geqslant 2\end{cases}$$

的连续区间、间断点及其类型.

解　由初等函数的连续性知， $f(x)$ 在区间 $(-\infty,0),(0,1),(1,2)$ 和 $(2,+\infty)$ 内连续.

对于 $x=0$, 因 $f(0^-)=\lim\limits_{x\to 0^-}(x^2-1)=-1=f(0)$, $f(0^+)=\lim\limits_{x\to 0^+}\dfrac{1}{x-1}=-1=f(0)$, 故 $x=0$ 是 $f(x)$ 的连续点.

对于 $x=1$, 因 $\lim\limits_{x\to 1}f(x)=\lim\limits_{x\to 1}\dfrac{1}{x-1}=\infty$, 故 $x=1$ 是 $f(x)$ 的第二类间断点.

对于 $x=2$, 因 $f(2^-)=\lim\limits_{x\to 2^-}\dfrac{1}{x-1}=1$, $f(2^+)=\lim\limits_{x\to 2^+}(x+1)=3=f(2)$, 故 $x=2$ 是 $f(x)$ 的第一类间断点.

综上， $f(x)$ 在区间 $(-\infty,1),(1,2)$ 及 $(2,+\infty)$ 内是连续函数， $x=1$ 是 $f(x)$ 的第二类间断点， $x=2$ 是 $f(x)$ 的第一类间断点.

习　题　2.7

1. 求函数 $f(x)=\ln(x^2-3x+2)$ 的连续区间.

2. 求函数 $f(x)=\dfrac{x^3+3x^2-x-3}{x^2+x-6}$ 的连续区间，并求 $\lim\limits_{x\to 0}f(x)$, $\lim\limits_{x\to -3}f(x)$ 和 $\lim\limits_{x\to 2}f(x)$.

3. 求下列函数的极限：

(1) $\lim\limits_{x\to 0}\sqrt{x^2-2x+3}$;　　(2) $\lim\limits_{x\to \frac{\pi}{4}}(\cos 2x)^3$;

(3) $\lim\limits_{x\to \infty}\mathrm{e}^{\frac{1}{x}}$;　　(4) $\lim\limits_{x\to \infty}\cos\left[\ln\left(1+\dfrac{2x-1}{x}\right)\right]$;

(5) $\lim\limits_{x\to 0^+}\sin\left(\arctan\dfrac{1}{x}\right)$;　　(6) $\lim\limits_{x\to 0}\ln\dfrac{\sin x}{x}$.

4. 讨论下列函数的连续性，如有间断点指出类型：

(1) $f(x)=\begin{cases}x^2-1, & x\leqslant 0,\\ \dfrac{1}{x-1}, & 0<x<1,\\ x+1, & x\geqslant 1;\end{cases}$　　(2) $f(x)=\begin{cases}x^3, & x\leqslant 1;\\ 2-x^2, & x>1.\end{cases}$

5. 设 $f(x)=\begin{cases}\mathrm{e}^x(\sin x+\cos x), & x>0,\\ 3x+a, & x\leqslant 0\end{cases}$ 在 $(-\infty,+\infty)$ 上连续，求常数 a.

6. 设 $f(x)=\begin{cases}a+bx^2, & x\leqslant 0,\\ \dfrac{\sin bx}{x}, & x>0\end{cases}$ 在 $(-\infty,+\infty)$ 上连续，求常数 a 与 b 的

关系.

2.8 闭区间上连续函数的性质

闭区间上的连续函数有很多重要性质. 这里只介绍最值定理和介值定理. 从几何直观来看这两条性质是很明显的, 但证明却不容易, 已经超出了本课程的范围, 在此从略.

2.8.1 最值定理

先介绍最值的概念.

设函数 $f(x)$ 在区间 I 上有定义, 如果存在 $x_0 \in I$, 使得对于任意 $x \in I$, 都有

$$f(x) \leqslant f(x_0) \quad (\text{或} f(x) \geqslant f(x_0)),$$

则称 $f(x_0)$ 为函数 $f(x)$ 在区间 I 上的 **最大值**(或 **最小值**); 称 x_0 为函数 $f(x)$ 的 **最大值点**(或 **最小值点**). 最大值与最小值统称为 **最值**.

定理 2.8.1 (最值定理) *若函数 $f(x)$ 在闭区间 $[a,b]$ 上连续, 则它在 $[a,b]$ 上必有最大值和最小值. 也就是说, 一定存在 $x_1, x_2 \in [a,b]$, 使得对一切 $x \in [a,b]$, 都有*

$$f(x_1) \leqslant f(x) \leqslant f(x_2).$$

在这里, x_1 或 x_2 可能是区间 $[a,b]$ 的端点.

最值定理的几何意义是: 在闭区间 $[a,b]$ 上, 连续函数 $y=f(x)$ 的曲线上必有一点达到最高, 也必有一点达到最低 (图 2.12).

作为函数 $f(x)$ 在区间 $[a,b]$ 上有最大值和最小值的充分条件, 最值定理中的两个条件 ($[a,b]$ 为闭区间, $f(x)$ 在 $[a,b]$ 上连续) 是缺一不可的.

例如, 函数 $y=\dfrac{1}{x}$ 在开区间 $(0,+\infty)$ 内连续, 但它在 $(0,+\infty)$ 内没有最大值和最小值; 函数 $y=x$ 在 $(0,1)$ 内连续, 但它在 $(0,1)$ 内既没有最大值也没有最小值.

再如函数

$$f(x)=\begin{cases} x+1, & -1 \leqslant x < 0, \\ 0, & x=0, \\ x-1, & 0 < x \leqslant 1 \end{cases}$$

在闭区间 $[-1,1]$ 上处处有定义, 在点 $x=0$ 处间断, 它在 $[-1,1]$ 上也没有最大值和最小值 (图 2.13).

推论 2.8.1 (有界性定理) *若函数 $f(x)$ 在闭区间 $[a,b]$ 上连续, 则它在 $[a,b]$ 上有界.*

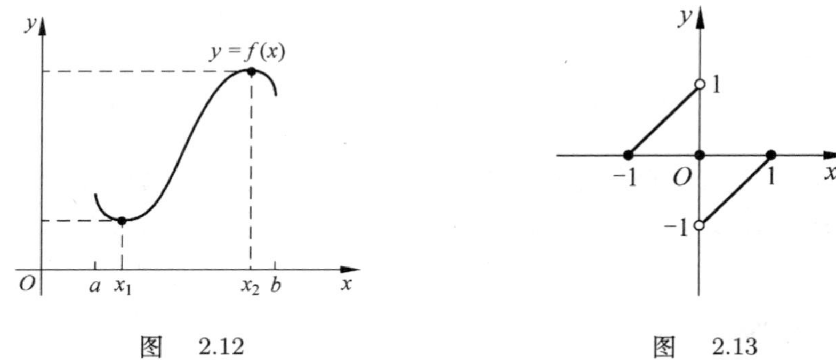

图 2.12　　图 2.13

证明 由最值定理可知，存在 $x_1, x_2 \in [a,b]$, 使得对一切 $x \in [a,b]$, 都有

$$f(x_1) \leqslant f(x) \leqslant f(x_2),$$

取 $M = \max\{|f(x_1)|, |f(x_2)|\}$, 则对一切 $x \in [a,b]$, 有

$$|f(x)| \leqslant M,$$

因此函数 $f(x)$ 在 $[a,b]$ 上有界. □

从一定意义上来说，有界性定理属于定性结论，最值定理属于定量结论.

2.8.2 介值定理

定理 2.8.2 若函数 $f(x)$ 在闭区间 $[a,b]$ 上连续，且 $f(a) \neq f(b)$, 则对于 $f(a)$ 与 $f(b)$ 之间的任何数 μ, 在开区间 (a,b) 内至少存在一点 ξ, 使得

$$f(\xi) = \mu.$$

介值定理的几何意义是：在闭区间 $[a,b]$ 上连续函数 $y = f(x)$ 的曲线与直线 $y = \mu$(μ 介于 $f(a)$ 与 $f(b)$ 之间) 至少有一个交点 (图 2.14).

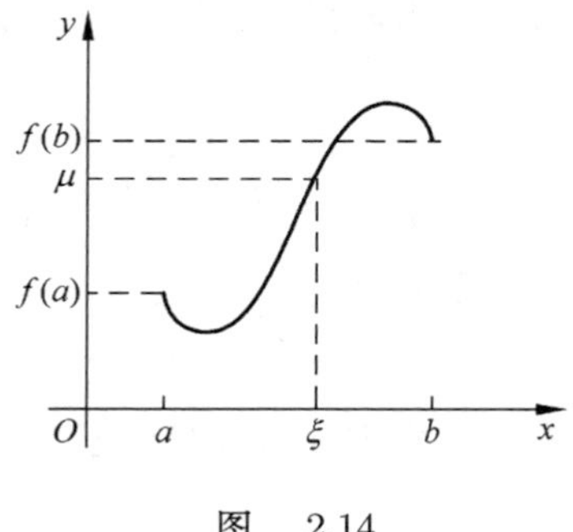

图 2.14

介值定理的两个条件 (闭区间、连续函数) 是缺一不可的．例如函数

$$f(x)=\begin{cases}x, & 0\leqslant x<1,\\ 2, & x=1\end{cases}$$

在闭区间 $[0,1]$ 上有定义，点 $x=1$ 是 $f(x)$ 的间断点，数 $\mu=1.5$ 介于 $f(0)=0$ 与 $f(1)=2$ 之间，但对于任意的 $x\in(0,1)$, 都有 $f(x)\neq 1.5$.

下面的结论是介值定理的特例.

推论 2.8.2 (零点定理) 若函数 $f(x)$ 在闭区间 $[a,b]$ 上连续，且 $f(a)$ 与 $f(b)$ 异号，则在开区间 (a,b) 内至少有一点 ξ, 使得

$$f(\xi)=0.$$

由于 $x=\xi$ 是方程 $f(x)=0$ 的一个根，因此零点定理也叫做 **根的存在定理**, 经常用它来证明方程的根的存在性及确定根的范围.

例 2.8.1 证明方程 $x+\mathrm{e}^x=0$ 在区间 $(-1,1)$ 内有唯一实根.

证明 由于函数 $f(x)=x+\mathrm{e}^x$ 在 $[-1,1]$ 上连续，且 $f(-1)=-1+\mathrm{e}^{-1}<0$, $f(1)=1+\mathrm{e}>0$, 由零点定理知，至少存在一点 $\xi\in(-1,1)$, 使得

$$f(\xi)=0.$$

即方程在 $(-1,1)$ 内至少有一实根 $x=\xi$.

又由于 $f(x)=x+\mathrm{e}^x$ 在 $(-1,1)$ 内是单调增加函数，因此对于任意 $x\neq\xi$, 必有 $f(x)\neq f(\xi)=0$, 所以 $x=\xi$ 是原方程的唯一实根. □

下面的结论是介值定理的推广.

推论 2.8.3 闭区间上的连续函数，必能取得它的最大值与最小值之间的一切值.

证明 设 x_1,x_2 分别是闭区间 $[a,b]$ 上的连续函数 $f(x)$ 的最大值点和最小值点， $f(x_1)$ 为最大值， $f(x_2)$ 为最小值. 在以 x_1,x_2 为端点的闭区间上应用介值定理，即得此推论. □

习 题 2.8

1. 证明方程 $2^x-4x=0$ 在 $\left(0,\dfrac{1}{2}\right)$ 内至少有一实个根.

2. 证明方程 $x^5-3x-1=0$ 在区间 $(1,2)$ 内至少有一个实根.

3. 设函数 $f(x)$ 在区间 $[0,2a]$ 上连续，且 $f(0)=f(2a)$, 证明：在 $[0,a]$ 上至少存在一点 ξ, 使 $f(\xi)=f(\xi+a)$.

4. 设函数 $f(x)$ 在闭区间 $[a,b]$ 上连续，x_1，$x_2, \cdots, x_n$ 是 $[a,b]$ 上的 n 个点，证明：在闭区间 $[a,b]$ 内至少有一点 ξ, 使得

$$f(\xi)=\frac{f(x_1)+f(x_2)+\cdots+f(x_n)}{n}.$$

5. 若 $f(x)$ 在 $[0,1]$ 上连续，且 $0<f(x)<1$, 则至少存在一点 $\xi\in(0,1)$, 使得 $f(\xi)=\xi$.

6. 设 $f(x)$ 和 $g(x)$ 在 $[a,b]$ 上连续，且 $f(a)<g(a)$，$f(b)>g(b)$, 试证：在 (a,b) 内必有一点 ξ, 使得 $f(\xi)=g(\xi)$.

2-4 第 2 章小结

总习题 2

A 题

1. 填空题

(1) 若 $\lim\limits_{x\to1}\dfrac{x^2+2x-a}{x^2-1}=2$, 则 $a=$______.

(2) 设 $f(x)=\begin{cases}\dfrac{k}{1+x^2}, & x\geqslant 1,\\ 3x^2+2, & x<1,\end{cases}$ 若 $f(x)$ 在 $x=1$ 处连续，则 $k=$______.

(3) 设 $f(x)=\begin{cases}\mathrm{e}^{-\frac{1}{x^2}}, & x\neq 0,\\ 0, & x=0,\end{cases}$ 则 $f(x)$ 的连续区间为______.

(4) 函数 $f(x)=\dfrac{x^2-x}{|x|\,(x^2-1)}$, 点 $x=-1$ 是 $f(x)$ 的第______类间断点中的______间断点；点 $x=0$ 是 $f(x)$ 的第______类间断点中的______间断点.

2. 选择题

(1) 当 $x\to0$ 时，与 x 等价的无穷小是 (　　).

(A) $x\sin x$　　(B) $x^2+\sin x$　　(C) $\tan\sqrt[3]{x}$　　(D) $2x$

(2) 当 $x\to0^+$ 时，与 $\sqrt{x}$ 等价的无穷小量是 (　　).

(A) $1-\mathrm{e}^{\sqrt{x}}$　　(B) $\ln\dfrac{1+x}{1-\sqrt{x}}$　　(C) $\sqrt{1+\sqrt{x}}-1$　　(D) $1-\cos\sqrt{x}$

(3) 若 $f(a^-)=f(a^+)=A$, 则 $f(x)$ 在 $x=a$ 点 (　　).

(A) 有定义　(B) $\lim\limits_{x\to a}f(x)=A$　(C) 连续　(D) $f(a)=A$

(4) $f(x)=\dfrac{\sin(x-1)}{|x-1|}$, 则 $x=1$ 是 $f(x)$ 的 (　　).

(A) 连续点　(B) 可去间断点　(C) 跳跃间断点　(D) 无穷间断点

(5) 下列各式中正确的是 (　　).

(A) $\lim\limits_{x\to\infty}\left(1-\dfrac{1}{x}\right)^x=-\mathrm{e}$　(B) $\lim\limits_{x\to\infty}\left(1+\dfrac{1}{x}\right)^{-x}=-\mathrm{e}$

(C) $\lim\limits_{x\to\infty}x\sin\dfrac{1}{x}=1$　(D) $\lim\limits_{x\to\infty}\left(1+\dfrac{1}{x}\right)^{-x}=\mathrm{e}$

3. 计算下列极限:

(1) $\lim\limits_{n\to\infty}(\sqrt{n^2+n}-n)$;　(2) $\lim\limits_{x\to0}\dfrac{x^2-\sin x}{x+\sin x}$;

(3) $\lim\limits_{x\to0}\dfrac{\sin 3x}{\ln(1+5x)}$;　(4) $\lim\limits_{x\to\infty}\left(\dfrac{x-1}{x+1}\right)^x$;

(5) $\lim\limits_{x\to0}\ln\dfrac{\sin 6x}{3x}$;　(6) $\lim\limits_{t\to-2}\dfrac{\mathrm{e}^t-1}{t}$;

(7) $\lim\limits_{x\to0}\dfrac{\ln(a+x)-\ln a}{x}\quad(a>0)$;

(8) $\lim\limits_{x\to a}\dfrac{\mathrm{e}^x-\mathrm{e}^a}{x-a}$　(提示：令 $x-a=t$).

4. 已知 $\lim\limits_{x\to\infty}\left(\dfrac{x^2+1}{x+1}-ax+b\right)=3$, 求常数 a,b.

5. 利用夹逼定理证明:

$$\lim_{n\to\infty}\left(\frac{1}{n^2}+\frac{1}{(n+1)^2}+\cdots+\frac{1}{(2n)^2}\right)=0.$$

6. 设 $x_1=10$, $x_{n+1}=\sqrt{6+x_n}\ (n=1,2,\cdots)$, 证明该数列极限存在，并求其值.

7. 求下列函数的间断点并确定其所属类型，如果是可去间断点则补充定义使它连续.

(1) $y=\dfrac{1-\cos x}{x}$;　(2) $y=\sin x\sin\dfrac{1}{x}$;

(3) $y=\dfrac{1}{1+\mathrm{e}^{\frac{1}{1-x}}}$;　(4) $y=\dfrac{\cos\dfrac{\pi}{2}x}{x^2(x-1)}$;

(5) $y=\begin{cases}\dfrac{2^{\frac{1}{x}}-1}{2^{\frac{1}{x}}+1}, & x\neq0,\\ 1, & x=0;\end{cases}$　(6) $y=\begin{cases}\cos\dfrac{\pi}{2}x, & |x|\leqslant1,\\ |x-1|, & |x|>1.\end{cases}$

8. 证明方程 $x \cdot 3^x = 2$ 至少有一个小于 1 的正根.

9. 已知 $f(x) = \dfrac{px^2 - 2}{x^2 + 1} + 3qx + 5$, 当 $x \to \infty$ 时, p, q 等于何值时 $f(x)$ 为无穷小量? p, q 等于何值时 $f(x)$ 为无穷大量?

10. 一片森林现有木材 a m^3, 若以年增长率 1.2% 均匀增长, 问 t 年时这片森林有木材多少?

11. 假定你打算在银行存入一笔资金, 你需要这笔投资 10 年后价值为 12000 元, 如果银行以年利率 9% 每年支付复利四次的方式付息, 你应该投资多少元? (如果复利是连续的, 应投资多少元?)

B 题

1. 求极限 $\lim\limits_{n\to\infty} \dfrac{1 + a + a^2 + \cdots + a^n}{1 + b + b^2 + \cdots + b^n}$ $(|a| < 1,\ |b| < 1)$.

2. 对于数列 $\{x_n\}$, 若 $\lim\limits_{k\to\infty} x_{2k} = \lim\limits_{k\to\infty} x_{2k+1} = a$, 证明 $\lim\limits_{n\to\infty} x_n = a$.

3. 计算极限 $\lim\limits_{x\to+\infty} (a^x + b^x + c^x)^{\frac{1}{x}}$ $(0 < a < b < c)$.

4. 计算极限 $\lim\limits_{x\to 0} \left(\dfrac{a^x + b^x + c^x}{3}\right)^{\frac{1}{x}}$ $(a > 0, b > 0, c > 0)$.

5. 证明函数 $y = x\cos x$ 在 $(-\infty, +\infty)$ 内无界, 但当 $x \to +\infty$ 时, 这个函数不是无穷大.

6. 讨论函数 $f(x) = \lim\limits_{n\to\infty} \dfrac{1 - x^{2n}}{1 + x^{2n}} x$ 的连续性, 并判断其间断点的类型.

7. 讨论 $f(x) = \begin{cases} \dfrac{\sin x}{x}, & x < 0, \\ 0, & x = 0, \\ \dfrac{2(\sqrt{1+x} - 1)}{x}, & x > 0 \end{cases}$ 在点 $x = 0$ 的连续性, 如果是间断点判别其类型.

8. 设函数 $f(x)$ 在 $(-\infty, +\infty)$ 内连续, 且极限 $\lim\limits_{x\to\infty} f(x)$ 存在, 证明函数 $f(x)$ 在 $(-\infty, +\infty)$ 内有界.

9. 设 $f(x)$ 对任意实数 x 满足等式 $f(2x) = f(x)$, 且 $f(x)$ 在 $x = 0$ 处连续, 证明 $f(x)$ 必是常数.

第 2 章自测题

第 3 章　导数与微分

微积分学是高等数学最基本最重要的组成部分，是近代数学乃至自然科学的很多学科的基础，它是人们认识客观世界、探索宇宙奥妙乃至人类自身规律的典型数学手段之一.

微积分学包含微分学与积分学两个主要部分，微分学又包括一元函数微分学与多元函数微分学两个部分. 本章研究一元函数微分学的两个最基本的概念：导数与微分. 我们以极限概念为基础，引进导数与微分的概念，给出导数与微分的计算方法；以导数概念为基础，介绍经济学中两个很重要的概念：边际与弹性，并通过具体例子说明它们的简单应用.

3.1　导数的概念

3.1.1　导数概念的引出

与其他学科一样，数学上的概念也来源于解决实际问题的需要. 人们除了需要了解变量之间的函数关系以外，还需要研究变量变化快慢的程度，也就是变化率问题. 例如物体运动的速度、国家人口增长速度、经济发展速度、劳动生产率等. 我们先来讨论两个具体问题：变速直线运动的瞬时速度问题与曲线的切线问题，这两个问题与导数概念的形成有着密切的关系.

1. 变速直线运动的瞬时速度

假设有一个质点 M 作直线运动，在该直线上取定原点及正向，建立坐标轴. M 运动的路程 s 是运动时间 t 的函数，记为 $s=s(t)$. 现在考虑时间 t 从某时刻 t_0 开始取得增量 Δt，即从时刻 t_0 到时刻 $t_0+\Delta t$ 的这一段时间内，路程 s 由 $s=s(t_0)$ 变化到 $s=s(t_0+\Delta t)$，即质点 M 在这段时间内运动的路程为 $\Delta s=s(t_0+\Delta t)-s(t_0)$. 于是路程 s 的增量 Δs 对时间 t 的增量 Δt 的平均变化率

$$\frac{\Delta s}{\Delta t}=\frac{s(t_0+\Delta t)-s(t_0)}{\Delta t}$$

便可以大致反映质点在长为 Δt 的这段时间内运动的快慢，是质点 M 在这段时间内的平均速度. 在这段时间内质点的速度往往是变化的，在研究实际问题时，有时恰恰需要考虑在某一具体时刻质点的运动快慢，也就是瞬时速度的问题.

在变速直线运动中，平均速度 $\dfrac{\Delta s}{\Delta t}$ 既与 t_0 有关，又与 Δt 有关. 如果 $s=s(t)$ 是连续函数，当 Δt 很小时，尽管在长为 Δt 的这段时间内的每个时刻质点运动的快慢有所不同，但由于 Δt 很小，在这小段时间内平均速度可以近似地看作质

点在时刻 t_0 的速度，而且当 Δt 越小，近似程度就越好，误差就越小. 于是，当 $\Delta t \to 0$ 时，$\dfrac{\Delta s}{\Delta t}$ 的极限便是质点在时刻 t_0 的速度，称之为质点 M 在时刻 t_0 的 **瞬时速度**, 记作 $v(t_0)$, 即

$$v(t_0) = \lim_{\Delta t \to 0} \frac{\Delta s}{\Delta t} = \lim_{\Delta t \to 0} \frac{s(t_0 + \Delta t) - s(t_0)}{\Delta t}. \tag{3.1.1}$$

2. 曲线的切线问题

在初等数学中，将圆的切线定义为“与圆只有一个交点的直线”. 但对于一般曲线而言，这种定义显然不能表示曲线切线的真正含义.

那么，怎样来定义并求出曲线的切线呢？法国数学家 Fermat(费马) 在 17 世纪给出了切线的如下定义和求法，从而解决了这个问题.

设曲线 L 及 L 上一点 M_0, 在 L 上另取一点 M, 作割线 M_0M. 当 M 点沿曲线 L 趋向于 M_0 时，割线 M_0M 绕 M_0 点旋转，若割线 M_0M 存在极限位置 M_0T, 则称直线 M_0T 为曲线 L 在点 M_0 处的 **切线**. 这里，极限位置的含义是当点 M 沿曲线 L 趋向于 M_0 时，$\angle MM_0T$ 趋于零 (图 3.1).

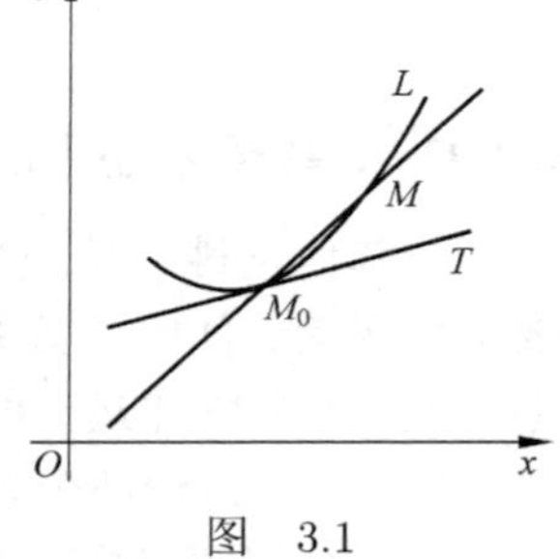

图 3.1

设曲线 L 的方程为 $y = f(x)$, $M_0(x_0, y_0)$ 是 L 上的点，即 $y_0 = f(x_0)$. 要求曲线 L 在点 M_0 处的切线方程，只需求出切线的斜率就可以了.

根据切线的定义可知，如果曲线 L 在 M_0 处的切线存在，切线的斜率就应该是割线 M_0M 的斜率的极限. 因此，设点 M 的坐标为 (x, y), 则割线 M_0M 的斜率

$$k_{M_0M} = \frac{y - y_0}{x - x_0} = \frac{f(x) - f(x_0)}{x - x_0}.$$

若设 $x = x_0 + \Delta x$, 则割线 M_0M 的斜率也可表示为

$$k_{M_0M} = \frac{f(x_0 + \Delta x) - f(x_0)}{\Delta x} = \frac{\Delta y}{\Delta x}.$$

当点 M 沿着 L 趋向于 M_0 时，即 $x \to x_0, \Delta x \to 0$, 割线斜率 k_{M_0M} 的极限就是切线 M_0T 的斜率 k, 即

$$k = \lim_{M \to M_0} k_{M_0M} = \lim_{\Delta x \to 0} \frac{f(x_0 + \Delta x) - f(x_0)}{\Delta x} = \lim_{\Delta x \to 0} \frac{\Delta y}{\Delta x}. \tag{3.1.2}$$

显然式 (3.1.2) 与前面讨论的直线运动的瞬时速度的式 (3.1.1) 在本质上是相同的，都可以归结为计算函数的增量与自变量的增量比值的极限，也就是求函数对自变量的变化率.

无论是在自然科学还是在社会科学的研究过程中，涉及很多关于变化率的问题，都可以归结到形如式 (3.1.1) 或式 (3.1.2) 的数学形式. 我们撇开不同变化率的具体意义，抽象出它们数量关系上的共同本质，就得到函数导数的概念.

3.1.2 导数的定义

定义 3.1.1 设函数 $y=f(x)$ 在点 x_0 的某邻域内有定义，当自变量 x 在点 x_0 处取得增量 Δx (点 $x_0+\Delta x$ 仍在该邻域内) 时，相应地函数取得增量

$$\Delta y=f(x_0+\Delta x)-f(x_0),$$

如果极限

$$\lim_{\Delta x\to 0}\frac{\Delta y}{\Delta x}=\lim_{\Delta x\to 0}\frac{f(x_0+\Delta x)-f(x_0)}{\Delta x}$$

存在，则称函数 $y=f(x)$ 在点 x_0 处 **可导**, 并称上述极限值为函数 $y=f(x)$ 在点 x_0 处的 **导数**, 记为 $f'(x_0)$, 即

$$f'(x_0)=\lim_{\Delta x\to 0}\frac{\Delta y}{\Delta x}=\lim_{\Delta x\to 0}\frac{f(x_0+\Delta x)-f(x_0)}{\Delta x},$$

也可以记成 $y'|_{x=x_0}$, $\left.\frac{\mathrm{d}y}{\mathrm{d}x}\right|_{x=x_0}$ 或 $\left.\frac{\mathrm{d}f(x)}{\mathrm{d}x}\right|_{x=x_0}$.

如果定义 3.1.1 中的极限不存在，则称函数 $y=f(x)$ 在点 x_0 处 **不可导**, 或 **导数不存在**. 如果上述极限趋于无穷大，为描述方便，也称函数 $y=f(x)$ 在点 x_0 处的导数为无穷大，记为 $f'(x_0)=\infty$.

显然，导数的定义也可以写成下面的形式:

$$f'(x_0)=\lim_{h\to 0}\frac{f(x_0+h)-f(x_0)}{h},$$

上式中的 h 即为增量 Δx.

如果令 $\Delta x=x-x_0$, 则有

$$f'(x_0)=\lim_{x\to x_0}\frac{f(x)-f(x_0)}{x-x_0}.$$

导数是各种具体变化率概念的抽象概括，导数从纯粹的数量方面刻画了变化率的本质，反映了函数 $y=f(x)$ 在点 x_0 处当自变量 x 变化时，因变量 y 变化的快慢程度.

导数的定义是通过极限定义的，而极限有左极限和右极限的概念，因此就有下面的左导数和右导数的概念.

定义 3.1.2 设函数 $y=f(x)$ 在点 x_0 处的左侧 $(x_0-\delta,x_0]$ 上有定义，如果极限

$$\lim_{\Delta x\to 0^-}\frac{f(x_0+\Delta x)-f(x_0)}{\Delta x}$$

存在，则称此极限为函数 $y=f(x)$ 在 x_0 处的 **左导数**, 记为 $f'_-(x_0)$, 即

$$f'_-(x_0)=\lim_{\Delta x\to 0^-}\frac{f(x_0+\Delta x)-f(x_0)}{\Delta x}.$$

左导数的定义也可以写成

$$f'_-(x_0)=\lim_{x\to x_0^-}\frac{f(x)-f(x_0)}{x-x_0}.$$

类似地，可以定义函数 $y=f(x)$ 在点 x_0 处的 **右导数**, 即

$$f'_+(x_0)=\lim_{\Delta x\to 0^+}\frac{f(x_0+\Delta x)-f(x_0)}{\Delta x},$$

也可以写成

$$f'_+(x_0)=\lim_{x\to x_0^+}\frac{f(x)-f(x_0)}{x-x_0}.$$

左导数和右导数统称为 **单侧导数**.

根据函数极限存在的充要条件是左极限、右极限存在并且相等的结论可得下面的结论：

$f(x)$ 在点 x_0 处可导的充要条件是 $f(x)$ 在点 x_0 处的左导数 $f'_-(x_0)$ 和右导数 $f'_+(x_0)$ 都存在并且相等.

若函数 $y=f(x)$ 在开区间 (a,b) 内的每一点处都可导，则称 $f(x)$ 在区间 (a,b) 内可导. 如果 $f(x)$ 在 (a,b) 内可导，且 $f'_+(a)$ 及 $f'_-(b)$ 都存在，则称 $f(x)$ 在闭区间 $[a,b]$ 上可导.

若函数 $y=f(x)$ 在区间 I 上可导，这时对区间 I 上的每一个确定的 x 值，都对应着 $f(x)$ 的一个确定的导数值 $f'(x)$, 这样就构成了一个新的函数，这个函数叫做函数 $y=f(x)$ 的 **导函数**, 记作 $y', f'(x), \dfrac{\mathrm{d}y}{\mathrm{d}x}$ 或 $\dfrac{\mathrm{d}f(x)}{\mathrm{d}x}$.

将导数定义的 x_0 换成 x, 即得导函数的定义式：

$$f'(x)=\lim_{\Delta x\to 0}\frac{f(x+\Delta x)-f(x)}{\Delta x}.$$

虽然在上式中 x 可以取区间 I 上的任何数值，但在取极限的过程中， x 是常量， Δx 是变量.

为了方便起见，导函数 $f'(x)$ 也常简称为导数， $f'(x_0)$ 称为 $f(x)$ 在点 x_0 处的导数或导函数 $f'(x)$ 在点 x_0 处的值.

3.1.3 求导举例

利用导数的定义求函数的导数，应该由下面三个步骤完成：

(1) 求函数的增量 $\Delta y=f(x+\Delta x)-f(x)$;

(2) 作增量的比值 $\dfrac{\Delta y}{\Delta x}$;

(3) 求当 $\Delta x \to 0$ 时, $\dfrac{\Delta y}{\Delta x}$ 的极限, 即

$$f'(x)=\lim_{\Delta x\to 0}\frac{f(x+\Delta x)-f(x)}{\Delta x}.$$

例 3.1.1 求函数 $y=C$ (C 为常数) 的导数.

解 求增量:

$$\Delta y=C-C=0.$$

作比值:

$$\frac{\Delta y}{\Delta x}=\frac{0}{\Delta x}=0.$$

求极限:

$$\lim_{\Delta x\to 0}\frac{\Delta y}{\Delta x}=0.$$

所以, 常数的导数是零, 即

$$(C)'=0.$$

例 3.1.2 求函数 $y=x^n$ (n 为正整数) 的导数.

解 求增量: 由二项定理得

$$\begin{aligned}\Delta y&=(x+\Delta x)^n-x^n\\&=\left[x^n+\mathrm{C}_n^1x^{n-1}\Delta x+\mathrm{C}_n^2x^{n-2}(\Delta x)^2+\cdots+(\Delta x)^n\right]-x^n\\&=nx^{n-1}\Delta x+o(\Delta x)\quad(\Delta x\to 0).\end{aligned}$$

作比值:

$$\frac{\Delta y}{\Delta x}=nx^{n-1}+\frac{o(\Delta x)}{\Delta x}\quad(\Delta x\to 0).$$

求极限:

$$\lim_{\Delta x\to 0}\frac{\Delta y}{\Delta x}=nx^{n-1}.$$

即

$$(x^n)'=nx^{n-1}.$$

一般地, 对于幂函数 $y=x^\mu$ (μ 为常数), 有

$$(x^\mu)'=\mu x^{\mu-1}.$$

这就是幂函数的求导公式. 此公式的证明将在以后给出. 利用此公式可以容易地求出幂函数的导数, 例如,

$$(\sqrt{x})'=\left(x^{\frac{1}{2}}\right)'=\frac{1}{2}x^{\frac{1}{2}-1}=\frac{1}{2\sqrt{x}},$$

$$\left(\frac{1}{x^2}\right)'=(x^{-2})'=-2x^{-2-1}=-\frac{2}{x^3}.$$

例 3.1.3 求函数 $y=\sin x$ 的导数.

解 求增量:

$$\begin{aligned}\Delta y&=f(x+\Delta x)-f(x)=\sin(x+\Delta x)-\sin x\\&=2\cos\left(x+\frac{\Delta x}{2}\right)\sin\frac{\Delta x}{2}.\end{aligned}$$

作比值:

$$\frac{\Delta y}{\Delta x}=\cos\left(x+\frac{\Delta x}{2}\right)\frac{\sin\dfrac{\Delta x}{2}}{\dfrac{\Delta x}{2}}.$$

求极限: 由重要极限 I 及 $\cos x$ 的连续性, 有

$$\lim_{\Delta x\to 0}\frac{\Delta y}{\Delta x}=\cos x.$$

即

$$(\sin x)'=\cos x.$$

类似地可得到

$$(\cos x)'=-\sin x.$$

例 3.1.4 求函数 $y=\ln x$ 的导数.

解 求增量:

$$\begin{aligned}\Delta y&=\ln(x+\Delta x)-\ln x\\&=\ln\frac{x+\Delta x}{x}\\&=\ln\left(1+\frac{\Delta x}{x}\right).\end{aligned}$$

作比值:

$$\frac{\Delta y}{\Delta x}=\frac{1}{\Delta x}\ln\left(1+\frac{\Delta x}{x}\right)=\frac{\ln\left(1+\dfrac{\Delta x}{x}\right)}{x\cdot\dfrac{\Delta x}{x}}.$$

求极限：当 $\Delta x\to 0$ 时，$\ln\left(1+\dfrac{\Delta x}{x}\right)\sim\dfrac{\Delta x}{x}$, 因此

$$\lim_{\Delta x\to 0}\frac{\Delta y}{\Delta x}=\frac{1}{x}.$$

即

$$(\ln x)'=\frac{1}{x}.$$

用类似的方法可以得到对数函数 $f(x)=\log_a x(a>0,a\neq 1)$ 的导数

$$(\log_a x)'=\frac{1}{x}\log_a \mathrm{e}=\frac{1}{x\ln a}.$$

例 3.1.5 求 $y=a^x\ (a>0,a\neq 1)$ 的导数.

解 求增量:

$$\Delta y=a^{x+\Delta x}-a^x=a^x(a^{\Delta x}-1).$$

作比值:

$$\frac{\Delta y}{\Delta x}=a^x\frac{a^{\Delta x}-1}{\Delta x}.$$

求极限：当 $\Delta x\to 0$ 时，$a^{\Delta x}-1\sim\Delta x\ln a$, 因此

$$\lim_{\Delta x\to 0}\frac{\Delta y}{\Delta x}=a^x\ln a.$$

即

$$(a^x)'=a^x\ln a.$$

特别地，当 $a=\mathrm{e}$ 时，有

$$(\mathrm{e}^x)'=\mathrm{e}^x.$$

它表明，指数函数 e^x 的导数是它本身，这是函数 e^x 的一个重要特征.

例 3.1.6 设 $f(x)=\begin{cases}x, & x<0,\\ \sin x, & x\geqslant 0,\end{cases}$ 求 $f'(x)$.

解 当 $x<0$ 时，有

$$f'(x)=(x)'=1.$$

当 $x>0$ 时，有

$$f'(x)=(\sin x)'=\cos x.$$

当 $x=0$ 时，由

$$f'_-(0)=\lim_{\Delta x\to 0^-}\frac{f(0+\Delta x)-f(0)}{\Delta x}=\lim_{\Delta x\to 0^-}\frac{\Delta x}{\Delta x}=1,$$

$$f'_+(0) = \lim_{\Delta x \to 0^+} \frac{f(0+\Delta x) - f(0)}{\Delta x} = \lim_{\Delta x \to 0^+} \frac{\sin \Delta x}{\Delta x} = 1,$$

有

$$f'_-(0) = f'_+(0) = 1,$$

所以

$$f'(0) = 1.$$

综上所述，得

$$f'(x) = \begin{cases} 1, & x < 0, \\ \cos x, & x \geqslant 0. \end{cases}$$

通过例 3.1.6 可以看出，对于分段函数 $f(x)$ 求导，可用分段函数的“分点”将定义域分成几个区间，在每个区间上分别求 $f(x)$ 的导数. 在“分点”处，计算左导数和右导数以确定 $f(x)$ 在该点处的可导性，最后写出 $f(x)$ 的导数表达式.

3.1.4 导数的几何意义

在前面的讨论中我们已经知道，函数 $y = f(x)$ 在点 $x = x_0$ 处的导数 $f'(x_0)$ 在几何上表示曲线 $y = f(x)$ 在点 $M_0\,(x_0, f(x_0))$ 处的切线的斜率，即

$$f'(x_0) = \tan \alpha,$$

其中 α 是切线的倾角 (图 3.2).

若 $f'(x_0) = \infty$, 则说明连续曲线 $y = f(x)$ 的割线以垂直于 x 轴的直线 $x = x_0$ 为极限位置，即曲线 $y = f(x)$ 在点 $M_0(x_0, f(x_0))$ 处具有垂直于 x 轴的切线 $x = x_0$.

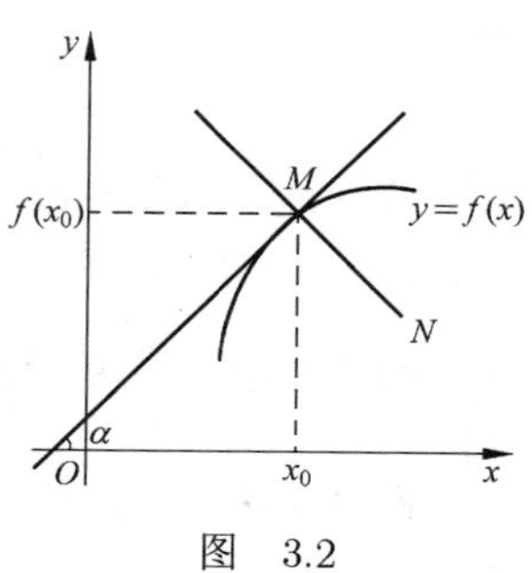

图 3.2

由导数的几何意义，若函数 $y = f(x)$ 在 $x = x_0$ 处可导，应用直线的点斜式方程，可知曲线 $y = f(x)$ 在点 $(x_0, f(x_0))$ 处的切线方程为

$$y - f(x_0) = f'(x_0)(x - x_0).$$

我们将过切点 $M_0\,(x_0, f(x_0))$ 且与切线垂直的直线叫做曲线 $y = f(x)$ 在点 M_0 处的 **法线**(如图 3.2 中的 MN). 如果 $f'(x_0) \neq 0$, 法线的斜率为 $-\dfrac{1}{f'(x_0)}$, 则曲线 $y = f(x)$ 在点 $M_0\,(x_0, f(x_0))$ 处的法线方程为

$$y - f(x_0) = -\frac{1}{f'(x_0)}(x - x_0).$$

例 3.1.7 求曲线 $y=\dfrac{1}{x}$ 在点 $\left(2,\dfrac{1}{2}\right)$ 处的切线方程和法线方程.

解 因为

$$y'=-\frac{1}{x^2},$$

$$y'|_{x=2}=-\frac{1}{2^2}=-\frac{1}{4},$$

所求切线方程为

$$y-\frac{1}{2}=-\frac{1}{4}(x-2),$$

即

$$x+4y-4=0.$$

所求法线方程为

$$y-\frac{1}{2}=4(x-2),$$

即

$$8x-2y-15=0.$$

3.1.5 函数的可导性与连续性之间的关系

函数的连续性和可导性都是逐点定义的. 那么, 同一个函数 $f(x)$ 在同一个点 x_0 处的可导性与连续性有什么关系呢？也就是需要回答下面两个问题:

(1) 如果函数 $f(x)$ 在点 x_0 处连续, $f(x)$ 在点 x_0 处是否一定可导？

(2) 如果函数 $f(x)$ 在点 x_0 处可导, $f(x)$ 在点 x_0 处是否一定连续？

定理 3.1.1 如果函数 $y=f(x)$ 在点 x_0 处可导, 则 $f(x)$ 在点 x_0 处连续.

证明 由于 $y=f(x)$ 在点 x_0 处可导, 即

$$\lim_{\Delta x\to 0}\frac{\Delta y}{\Delta x}=\lim_{\Delta x\to 0}\frac{f(x_0+\Delta x)-f(x_0)}{\Delta x}$$

存在, 所以

$$\lim_{\Delta x\to 0}\Delta y=\lim_{\Delta x\to 0}\left(\frac{\Delta y}{\Delta x}\Delta x\right)=\lim_{\Delta x\to 0}\frac{\Delta y}{\Delta x}\cdot\lim_{\Delta x\to 0}\Delta x=0.$$

根据连续的定义可知, $y=f(x)$ 在点 x_0 处连续. □

定理 3.1.1 回答了前面的第 2 个问题. 简单地说, 可导一定连续. 但是其逆命题不成立, 即 $y=f(x)$ 在点 x_0 处连续, 但不一定可导. 举例说明如下.

3-1 导数的概念

例 3.1.8 函数 $f(x)=|x|$ 在 $(-\infty,+\infty)$ 内连续, 但在点 $x=0$ 处, 有

$$f'_-(0)=\lim_{\Delta x\to 0^-}\frac{|\Delta x|-0}{\Delta x}=\lim_{\Delta x\to 0^-}\frac{-\Delta x}{\Delta x}=-1,$$

$$f'_+(0)=\lim_{\Delta x\to 0^+}\frac{|\Delta x|-0}{\Delta x}=\lim_{\Delta x\to 0^+}\frac{\Delta x}{\Delta x}=1,$$

$$f'_-(0)\neq f'_+(0).$$

因此 $f'(0)$ 不存在, 即 $f(x)$ 在点 $x=0$ 处不可导. 从几何直观上来看, $y=|x|$ 在原点处没有切线 (图 3.3).

例 3.1.9 函数 $f(x)=\sqrt[3]{x}$ 在 $(-\infty,+\infty)$ 内连续, 但在点 $x=0$ 处, 有

$$\lim_{x\to 0}\frac{f(x)-f(0)}{x}=\lim_{x\to 0}\frac{\sqrt[3]{x}-0}{x}=\lim_{x\to 0}x^{-\frac{2}{3}}=\infty,$$

即导数为无穷大, 因此 $f(x)$ 在点 $x=0$ 处导数不存在.

这一结论在几何直观上表现为曲线 $y=\sqrt[3]{x}$ 在原点处具有垂直于 x 轴的切线 $x=0$(图 3.4).

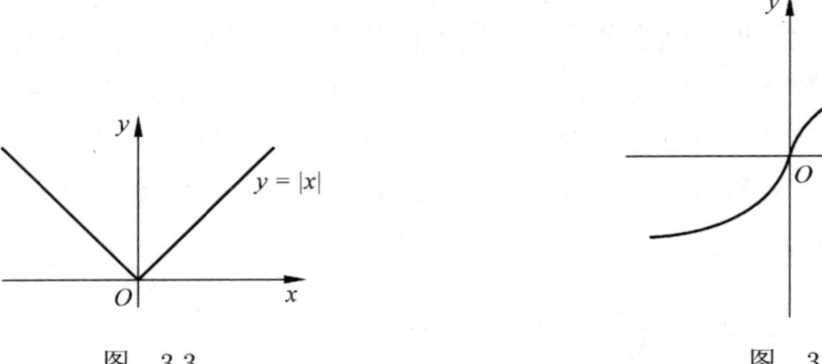

图 3.3

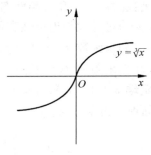

图 3.4

例 3.1.10 设 $f(x)=\begin{cases}\mathrm{e}^x, & x\leqslant 0,\\ x^2+ax+b, & x>0,\end{cases}$ 问 a,b 取何值时, 函数 $f(x)$ 在点 $x=0$ 处可导?

解 由于 $f(x)$ 在点 $x=0$ 处可导, 因此 $f(x)$ 在点 $x=0$ 处连续, 即

$$\lim_{x\to 0^-}f(x)=\lim_{x\to 0^+}f(x)=f(0).$$

因为

$$\lim_{x\to 0^-} f(x) = \lim_{x\to 0^-} \mathrm{e}^x = 1,$$
$$\lim_{x\to 0^+} f(x) = \lim_{x\to 0^+} (x^2+ax+b) = b,$$
$$f(0) = 1,$$

所以应有

$$b = 1.$$

又

$$f'_-(0) = \lim_{x\to 0^-} \frac{f(x)-f(0)}{x} = \lim_{x\to 0^-} \frac{\mathrm{e}^x-1}{x} = 1,$$

$$f'_+(0) = \lim_{x\to 0^+} \frac{f(x)-f(0)}{x} = \lim_{x\to 0^+} \frac{x^2+ax+1-1}{x} = a.$$

若 $f(x)$ 在点 $x=0$ 处可导，则应有 $f'_-(0)=f'_+(0)$, 即

$$a = 1.$$

所以，当 $a=1, b=1$ 时，函数 $f(x)$ 在点 $x=0$ 处可导.

习 题 3.1

1. 思考题

(1) 若连续函数 $y=f(x)$ 在点 x_0 不可导，问曲线 $y=f(x)$ 在点 $(x_0, f(x_0))$ 处是否一定没有切线.

(2) 设 x_0 为函数 $y=f(x)$ 的第一类间断点, 问左导数 $f'_-(x_0)$ 与右导数 $f'_+(x_0)$ 是否同时存在.

(3) 设函数 $y=f(x)$ 在点 x_0 可导，问 $|f(x)|$ 在点 x_0 是否可导.

(4) 设 $|f(x)|$ 在点 x_0 可导，问 $f(x)$ 在点 x_0 处是否可导.

2. 设 $f'(x_0)$ 存在，指出下列极限各表示什么？

(1) $\lim\limits_{\Delta x\to 0} \dfrac{f(x_0-\Delta x)-f(x_0)}{\Delta x}$;

(2) $\lim\limits_{h\to 0} \dfrac{f(x_0)-f(x_0+h)}{h}$;

(3) $\lim\limits_{h\to 0} \dfrac{f(x_0+h)-f(x_0-2h)}{h}$;

(4) $\lim\limits_{x\to 0} \dfrac{f(x)}{x}$ (假设 $f(0)=0$, $f'(0)$ 存在).

3. 一物体的运动方程为 $s=\dfrac{1}{3}t^3+t$, 求该物体在 $t=3$ 时的瞬时速度.

4. 求曲线 $y=x^3$ 在点 $(1,1)$ 处的切线方程和法线方程.

5. x 取何值时，曲线 $y=x^2$ 的切线与曲线 $y=x^3$ 的切线相互垂直？

6. 用导数定义证明导数公式 $(\cos x)'=-\sin x$.

7. 讨论下列函数在指定点 x_0 处是否连续，是否可导：

(1) $f(x)=\begin{cases}x^2, & x<0,\\ x^3, & x\geqslant 0,\end{cases}$ 在点 $x=0$ 处；

(2) $f(x)=\begin{cases}x\arctan\dfrac{1}{x}, & x\neq 0,\\ 0, & x=0,\end{cases}$ 在点 $x=0$ 处；

(3) $f(x)=\begin{cases}\dfrac{\sin(x-1)}{x-1}, & x\neq 1,\\ 0, & x=1,\end{cases}$ 在点 $x=1$ 处.

8. 设 $f(x)=\begin{cases}x^2, & x\leqslant 1,\\ ax+b, & x>1,\end{cases}$ 为了使函数 $f(x)$ 在点 $x=1$ 处可导，a,b 应取什么值？

9. 已知 $f(x)$ 在点 $x=1$ 处连续，且 $\lim\limits_{x\to 1}\dfrac{f(x)}{x-1}=2$, 求 $f'(1)$.

10. 证明：双曲线 $xy=a^2$ 上任一点处的切线与两坐标轴所构成的三角形的面积都等于 $2a^2$.

3.2　求导法则

前面我们利用导数的定义求出了几个基本初等函数的导数，但是对于比较复杂的函数，要用定义去讨论可导性并求出导数是十分困难的. 因此，有必要研究导数的运算规律和基本初等函数的导数公式，以便能够比较容易地判断一个初等函数的可导性，并求出它的导数.

3.2.1　函数的和、差、积、商的求导法则

鉴于导数是利用极限来定义的，因此由极限的四则运算法则可以得到函数的和、差、积、商的求导法则.

定理 3.2.1　如果函数 $u=u(x)$ 和 $v=v(x)$ 都在点 x 处可导，则函数 $u(x)\pm v(x)$ 也在点 x 处可导，并且

$$[u(x)\pm v(x)]'=u'(x)\pm v'(x). \tag{3.2.1}$$

证明　设当 x 取得增量 $\Delta x(\Delta x\neq 0)$ 时，函数 $u=u(x)$ 及 $v=v(x)$ 分别有增量

$$\Delta u=u(x+\Delta x)-u(x),$$

$$\Delta v = v(x+\Delta x) - v(x),$$

从而有

$$\begin{aligned}\Delta(u \pm v) &= [u(x+\Delta x) \pm v(x+\Delta x)] - [u(x) \pm v(x)] \\ &= [u(x+\Delta x) - u(x)] \pm [v(x+\Delta x) - v(x)] \\ &= \Delta u \pm \Delta v.\end{aligned}$$

所以

$$\lim_{\Delta x \to 0} \frac{\Delta(u \pm v)}{\Delta x} = \lim_{\Delta x \to 0} \frac{\Delta u}{\Delta x} \pm \lim_{\Delta x \to 0} \frac{\Delta v}{\Delta x},$$

即

$$[u(x) \pm v(x)]' = u'(x) \pm v'(x). \qquad \square$$

推论 3.2.1 有限个可导函数的代数和的导数等于它们的导数的代数和，即若函数 $u_1(x), u_2(x), \cdots, u_n(x)$ 都在点 x 处可导，则函数 $u_1(x) \pm u_2(x) \pm \cdots \pm u_n(x)$ 也在点 x 处可导，并且

$$[u_1(x) \pm u_2(x) \pm \cdots \pm u_n(x)]' = u_1'(x) \pm u_2'(x) \pm \cdots \pm u_n'(x).$$

定理 3.2.2 如果函数 $u = u(x)$ 及 $v = v(x)$ 都在点 x 处可导，则函数 $u(x)v(x)$ 也在点 x 处可导，并且

$$[u(x)v(x)]' = u'(x)v(x) + u(x)v'(x). \tag{3.2.2}$$

证明 利用定理 3.2.1 证明中的记号有

$$\begin{aligned}\Delta(uv) &= u(x+\Delta x)v(x+\Delta x) - u(x)v(x) \\ &= [u(x)+\Delta u]\,[v(x)+\Delta v] - u(x)v(x) \\ &= u(x)\Delta v + v(x)\Delta u + \Delta u \Delta v.\end{aligned}$$

由于 $u(x)$ 及 $v(x)$ 都在点 x 处可导，因此 $u(x)$ 及 $v(x)$ 都在点 x 处连续，所以

$$\begin{aligned}\lim_{\Delta x \to 0} \frac{\Delta(uv)}{\Delta x} &= \lim_{\Delta x \to 0} \left[u(x)\frac{\Delta v}{\Delta x} + v(x)\frac{\Delta u}{\Delta x} + \Delta u \frac{\Delta v}{\Delta x}\right] \\ &= u(x)v'(x) + v(x)u'(x) + 0 \cdot v'(x),\end{aligned}$$

即

$$[u(x)v(x)]' = u'(x)v(x) + u(x)v'(x). \qquad \square$$

在式 (3.2.2) 中，令 $v = C$(常数)，那么 $v' = 0$，可得下面的推论：

推论 3.2.2 设 C 是常数，则

$$[Cu(x)]' = Cu'(x). \tag{3.2.3}$$

若 $u=u(x), v=v(x), w=w(x)$ 在点 x 处可导，由式 (3.2.2) 有

$$\begin{aligned}(uvw)' &= [(uv)w]' = (uv)'w + (uv)w' \\ &= (u'v+uv')w + uvw' \\ &= u'vw + uv'w + uvw'.\end{aligned}$$

一般地，有如下结论：

推论 3.2.3　设函数 $u_1=u_1(x), u_2=u_2(x), \cdots, u_n=u_n(x)$ 在点 x 处可导，则函数 $u_1(x)u_2(x)\cdots u_n(x)$ 也在点 x 处可导，并且

$$(u_1u_2\cdots u_n)' = u_1'u_2\cdots u_n + u_1u_2'\cdots u_n + \cdots + u_1u_2\cdots u_n'. \tag{3.2.4}$$

定理 3.2.3　如果函数 $u=u(x)$ 及 $v=v(x)$ 都在点 x 处可导，则函数 $\dfrac{u(x)}{v(x)}$ $(v(x)\neq 0)$ 也在点 x 处可导，并且

$$\left[\frac{u(x)}{v(x)}\right]' = \frac{u'(x)v(x)-u(x)v'(x)}{v^2(x)}.$$

证明　利用定理 3.2.1 证明中的记号有

$$\begin{aligned}\Delta\left[\frac{u}{v}\right] &= \frac{u(x+\Delta x)}{v(x+\Delta x)} - \frac{u(x)}{v(x)} \\ &= \frac{u(x)+\Delta u}{v(x)+\Delta v} - \frac{u(x)}{v(x)} \\ &= \frac{v(x)\Delta u - u(x)\Delta v}{v(x)[v(x)+\Delta v]}.\end{aligned}$$

由于 $v(x)$ 在点 x 处可导，从而在点 x 处连续，所以

$$\begin{aligned}\lim_{\Delta x\to 0}\frac{\Delta\left(\dfrac{u}{v}\right)}{\Delta x} &= \lim_{\Delta x\to 0}\frac{v(x)\dfrac{\Delta u}{\Delta x} - u(x)\dfrac{\Delta v}{\Delta x}}{v(x)[v(x)+\Delta v]} \\ &= \frac{u'(x)v(x)-u(x)v'(x)}{v^2(x)},\end{aligned}$$

即当 $v(x)\neq 0$ 时，有

$$\left[\frac{u(x)}{v(x)}\right]' = \frac{u'(x)v(x)-u(x)v'(x)}{v^2(x)}. \tag{3.2.5}$$

特殊地，若令 $u(x)=1$, 则可得如下结论：

推论 3.2.4　如果函数 $v=v(x)$ 可导，且 $v(x)\neq 0$, 则

$$\left[\frac{1}{v(x)}\right]' = -\frac{v'(x)}{v^2(x)}.$$

例 3.2.1 求 $y=x^3+\sqrt[3]{x}+3^x-\log_3 x+\cos 3-\ln 3$ 的导数.

解 由定理 3.2.1 有

$$\begin{aligned}y'&=(x^3)'+\left(\sqrt[3]{x}\right)'+(3^x)'-(\log_3 x)'+(\cos 3)'-(\ln 3)'\\&=3x^2+\frac{1}{3}x^{-\frac{2}{3}}+3^x\ln 3-\frac{1}{x\ln 3}.\end{aligned}$$

例 3.2.2 设 $y=\dfrac{2x^3-x\sqrt{x}+3x-\sqrt{x}-4}{x\sqrt{x}}$, 求 $y'|_{x=1}$.

解 由于

$$y=2x^{\frac{3}{2}}-1+3x^{-\frac{1}{2}}-x^{-1}-4x^{-\frac{3}{2}},$$

故

$$\begin{aligned}y'&=2\times\frac{3}{2}x^{\frac{1}{2}}+3\times\left(-\frac{1}{2}\right)x^{-\frac{1}{2}-1}-(-1)x^{-1-1}-4\left(-\frac{3}{2}\right)x^{-\frac{3}{2}-1}\\&=3x^{\frac{1}{2}}-\frac{3}{2}x^{-\frac{3}{2}}+x^{-2}+6x^{-\frac{5}{2}}.\end{aligned}$$

因此

$$y'|_{x=1}=3-\frac{3}{2}+1+6=\frac{17}{2}.$$

例 3.2.3 求函数 $y=x\ln x\cdot\cos x$ 的导数.

解 由定理 3.2.2 的推论 3.2.3 有

$$\begin{aligned}y'&=(x)'\ln x\cdot\cos x+x(\ln x)'\cos x+x\ln x\cdot(\cos x)'\\&=\ln x\cdot\cos x+\cos x-x\ln x\cdot\sin x.\end{aligned}$$

例 3.2.4 求正切函数 $y=\tan x$ 的导数.

解 由于 $\tan x=\dfrac{\sin x}{\cos x}$, 利用式 (3.2.5) 可得

$$\begin{aligned}y'&=\left(\frac{\sin x}{\cos x}\right)'\\&=\frac{(\sin x)'\cos x-\sin x(\cos x)'}{\cos^2 x}\\&=\frac{\cos^2 x+\sin^2 x}{\cos^2 x}\\&=\sec^2 x,\end{aligned}$$

即

$$(\tan x)' = \sec^2 x.$$

同理可得

$$(\cot x)' = -\csc^2 x.$$

例 3.2.5 求正割函数 $y = \sec x$ 的导数.

解 因为 $\sec x = \dfrac{1}{\cos x}$, 由定理 3.2.3 的推论 3.2.4 有

$$y' = (\sec x)' = \left(\frac{1}{\cos x}\right)' = -\frac{(\cos x)'}{\cos^2 x}$$

$$= \frac{\sin x}{\cos^2 x} = \sec x \tan x,$$

即

$$(\sec x)' = \sec x \tan x.$$

同理可得

$$(\csc x)' = -\csc x \cot x.$$

例 3.2.6 求 $y = \dfrac{x \sin x}{1 + \cos x}$ 的导数.

解 由定理 3.2.3 有

$$y' = \frac{(x \sin x)'(1 + \cos x) - x \sin x(1 + \cos x)'}{(1 + \cos x)^2}$$

$$= \frac{(\sin x + x \cos x)(1 + \cos x) - x \sin x(-\sin x)}{(1 + \cos x)^2}$$

$$= \frac{\sin x(1 + \cos x) + x \cos x + x \cos^2 x + x \sin^2 x}{(1 + \cos x)^2}$$

$$= \frac{\sin x(1 + \cos x) + x(1 + \cos x)}{(1 + \cos x)^2}$$

$$= \frac{x + \sin x}{1 + \cos x}.$$

至此，在基本初等函数中，仅剩下反三角函数的导数公式尚未导出. 下面先来讨论反函数的导数，进而得到反三角函数的导数公式.

3.2.2 反函数的求导法则

定理 3.2.4 设函数 $x = g(y)$ 在区间 I_y 上单调且可导，它的值域为 I_x, 而 $g'(y) \neq 0$, 则其反函数 $y = g^{-1}(x) = f(x)$ 在区间 I_x 上可导，并且有

$$f'(x) = \frac{1}{g'(y)} \quad 或 \quad \frac{\mathrm{d}x}{\mathrm{d}y} = \frac{1}{\dfrac{\mathrm{d}y}{\mathrm{d}x}}. \tag{3.2.6}$$

证明 由于函数 $x=g(y)$ 在区间 I_y 上单调且可导，因此它在区间 I_x 上的反函数 $y=f(x)$ 是单调连续的. 对于任意的点 $x\in I_x$，设增量 $\Delta x\neq 0$ 且点 $x+\Delta x\in I_x$，则有

$$\Delta y=f(x+\Delta x)-f(x)\neq 0,$$

且

$$\frac{\Delta y}{\Delta x}=\frac{1}{\dfrac{\Delta x}{\Delta y}}.$$

当 $\Delta x\to 0$ 时，有 $\Delta y\to 0$. 由于 $g'(y)\neq 0$，故

$$\begin{aligned}\lim_{\Delta x\to 0}\frac{\Delta y}{\Delta x}&=\lim_{\Delta y\to 0}\frac{1}{\dfrac{\Delta x}{\Delta y}}\\&=\frac{1}{\lim\limits_{\Delta y\to 0}\dfrac{\Delta x}{\Delta y}}\\&=\frac{1}{g'(y)},\end{aligned}$$

即

$$f'(x)=\frac{1}{g'(y)}.$$ □

此定理表明：反函数的导数等于其直接函数导数的倒数. 从变化率的角度是很容易理解这个结论的，假设在点 y 处，x 关于 y 的变化率是 $\alpha(\alpha\neq 0)$，则在对应点 x 处，y 关于 x 的变化率显然是 $\dfrac{1}{\alpha}$.

例 3.2.7 设 $y=\arcsin x(-1<x<1)$，求 y'.

解 由于函数 $y=\arcsin x(-1\leqslant x\leqslant 1)$ 是 $x=\sin y\left(-\dfrac{\pi}{2}\leqslant y\leqslant\dfrac{\pi}{2}\right)$ 的反函数，而 $x=\sin y$ 在开区间 $I_y=\left(-\dfrac{\pi}{2},\dfrac{\pi}{2}\right)$ 内单调可导，且

$$(\sin y)'=\cos y\neq 0,$$

根据定理 3.2.4 可知，在对应的区间 $I_x=(-1,1)$ 内 $y=\arcsin x$ 可导. 因为在 $\left(-\dfrac{\pi}{2},\dfrac{\pi}{2}\right)$ 内有 $\cos y=\sqrt{1-\sin^2 y}$，故

$$(\arcsin x)'=\frac{1}{\cos y}=\frac{1}{\sqrt{1-x^2}}.$$

用同样的方法可得

$$(\arccos x)'=-\frac{1}{\sqrt{1-x^2}},\quad -1<x<1.$$

例 3.2.8 设 $y=\arctan x$, 求 y'.

解 $y=\arctan x(-\infty<x<+\infty)$ 是 $x=\tan y\left(-\dfrac{\pi}{2}<y<\dfrac{\pi}{2}\right)$ 的反函数，而 $x=\tan y$ 在 $\left(-\dfrac{\pi}{2},\dfrac{\pi}{2}\right)$ 内单调、可导，且

$$(\tan y)'=\sec^2 y\neq 0.$$

由定理 3.2.4 可知，在对应区间 $I_x=(-\infty,+\infty)$ 内， $y=\arctan x$ 可导，且

$$(\arctan x)'=\frac{1}{(\tan y)'}=\frac{1}{\sec^2 y}.$$

而

$$\sec^2 y=1+\tan^2 y=1+x^2,$$

故

$$(\arctan x)'=\frac{1}{1+x^2}\quad(-\infty<x<+\infty).$$

用同样的办法可得

$$(\operatorname{arccot} x)'=-\frac{1}{1+x^2}\quad(-\infty<x<+\infty).$$

如果利用三角学中的公式 $\arccos x=\dfrac{\pi}{2}-\arcsin x$ 和 $\operatorname{arccot} x=\dfrac{\pi}{2}-\arctan x$, 以及例 3.2.7 和例 3.2.8 的结果，也可以得到 $\arccos x$ 和 $\operatorname{arccot} x$ 的导数表达式.

3.2.3 复合函数求导法则

前面讨论了函数的四则运算求导法则，求出了基本初等函数的导数. 但是，大量的初等函数是由基本初等函数经过有限次复合运算得到的，它们是否可导？如何计算出它们的导数？这些问题可以通过下面的讨论得到解决，从而可以基本上解决初等函数求导的问题.

定理 3.2.5(复合函数求导法则) 如果函数 $u=\varphi(x)$ 在点 x_0 处可导，函数 $y=f(u)$ 在点 $u_0=\varphi(x_0)$ 处可导，则复合函数 $y=f(\varphi(x))$ 在点 x_0 处可导，且其导数

$$\left.\frac{\mathrm{d}y}{\mathrm{d}x}\right|_{x=x_0}=f'(u_0)\varphi'(x_0).$$

证明 给自变量 x 以增量 Δx $(\Delta x\neq 0)$ 时，相应地中间变量 u 取得增量 Δu(注意这里 Δu 可能为 0). 由于 $y=f(u)$ 在点 u_0 处可导，因此，当 $\Delta u\neq 0$ 时，有

$$\lim_{\Delta u\to 0}\frac{\Delta y}{\Delta u}=f'(u_0).$$

根据函数的极限存在与无穷小的关系的定理 (定理 2.5.2), 有

$$\frac{\Delta y}{\Delta u}=f'(u_0)+\alpha,$$

其中 $\lim\limits_{\Delta u\to 0}\alpha=0$, 从而

$$\Delta y=f'(u_0)\Delta u+\alpha\Delta u.$$

当 $\Delta u=0$ 时，有 $\Delta y=0$, 因此不论 α 为何值上式都成立. 为确定起见，当 $\Delta u=0$ 时，令 $\alpha=0$. 这样一来，无论 Δu 是否为 0, 总有

$$\Delta y=f'(u_0)\Delta u+\alpha\Delta u$$

成立.

用 $\Delta x\neq 0$ 除上式两端，得

$$\frac{\Delta y}{\Delta x}=f'(u_0)\frac{\Delta u}{\Delta x}+\alpha\frac{\Delta u}{\Delta x}.$$

在上式中令 $\Delta x\to 0$ 取极限. 由于函数 $u=\varphi(x)$ 在点 x_0 处可导，因此在点 x_0 处连续，当 $\Delta x\to 0$ 时，有 $\Delta u\to 0$, 从而有 $\alpha\to 0$. 所以

$$\begin{aligned}\lim_{\Delta x\to 0}\frac{\Delta y}{\Delta x}&=\lim_{\Delta x\to 0}\left[f'(u_0)\frac{\Delta u}{\Delta x}+\alpha\cdot\frac{\Delta u}{\Delta x}\right]\\&=f'(u_0)\varphi'(x_0)+0\cdot\varphi'(x_0),\end{aligned}$$

即得

$$\left.\frac{\mathrm{d}y}{\mathrm{d}x}\right|_{x=x_0}=f'(u_0)\varphi'(x_0).$$ □

如果函数 $u=\varphi(x)$ 在开区间 I_x 内可导，函数 $y=f(u)$ 在开区间 I_u 内可导，且当 $x\in I_x$ 时，对应的 $u\in I_u$, 则由定理 3.2.5 可知复合函数 $y=f[\varphi(x)]$ 在区间 I_x 内可导，且有

$$\frac{\mathrm{d}y}{\mathrm{d}x}=\frac{\mathrm{d}y}{\mathrm{d}u}\cdot\frac{\mathrm{d}u}{\mathrm{d}x}. \tag{3.2.7}$$

这个结论也可以表示成

$$\{f[\varphi(x)]\}'=f'[\varphi(x)]\varphi'(x),$$

或

$$\{f[\varphi(x)]\}'=[f(u)|_{u=\varphi(x)}]'=f'(u)|_{u=\varphi(x)}\varphi'(x).$$

注意记号 $f'[\varphi(x)]$ 与 $\{f[\varphi(x)]\}'$ 有不同的含义. 前者表示先将 $f(u)$ 对 u 求导，后与 $u=\varphi(x)$ 复合. 后者表示先将 $f(u)$ 与 $u=\varphi(x)$ 复合，后对 x 求导数.

式 (3.2.7) 表明，复合函数的导数等于复合函数对中间变量的导数乘以中间变量对自变量的导数. 这个结论从变化率的角度来看也是容易理解的，假设在同一点处，y 关于 u 的变化率为 α, 而 u 关于 x 的变化率为 β, 显然 y 关于 x 变化率应该是 $\alpha\beta$, 即

$$\frac{\mathrm{d}y}{\mathrm{d}x}=\frac{\mathrm{d}y}{\mathrm{d}u}\cdot\frac{\mathrm{d}u}{\mathrm{d}x}.$$

例 3.2.9 求函数 $y=\tan 2x$ 的导数.

解 $y=\tan 2x$ 可以看作是由 $y=\tan u, u=2x$ 复合而成的函数, 由式 (3.2.7) 得

$$y'=\frac{\mathrm{d}y}{\mathrm{d}u}\cdot\frac{\mathrm{d}u}{\mathrm{d}x}=\sec^2 u\cdot 2=2\sec^2 2x.$$

应当注意, 在将复合函数对自变量 x 求导时, 最终表达式的中间变量一定要用自变量 x 的函数代入.

例 3.2.10 求函数 $y=\ln\cos x$ 的导数.

解 $y=\ln\cos x$ 可以看作是由 $y=\ln u, u=\cos x$ 复合而成, 因此

$$\frac{\mathrm{d}y}{\mathrm{d}x}=\frac{\mathrm{d}y}{\mathrm{d}u}\cdot\frac{\mathrm{d}u}{\mathrm{d}x}=\frac{1}{u}(-\sin x)=-\frac{\sin x}{\cos x}=-\tan x.$$

对于由有限多个函数复合而成的多层复合函数, 可以重复利用式 (3.2.7). 例如, 设

$$y=f(u),\quad u=\varphi(v),\quad v=\psi(x),$$

则

$$\frac{\mathrm{d}y}{\mathrm{d}x}=\frac{\mathrm{d}y}{\mathrm{d}u}\cdot\frac{\mathrm{d}u}{\mathrm{d}x},$$

而

$$\frac{\mathrm{d}u}{\mathrm{d}x}=\frac{\mathrm{d}u}{\mathrm{d}v}\cdot\frac{\mathrm{d}v}{\mathrm{d}x},$$

故复合函数 $y=f\{\varphi[\psi(x)]\}$ 对 x 的导数

$$\frac{\mathrm{d}y}{\mathrm{d}x}=\frac{\mathrm{d}y}{\mathrm{d}u}\cdot\frac{\mathrm{d}u}{\mathrm{d}v}\cdot\frac{\mathrm{d}v}{\mathrm{d}x}=f'(u)\varphi'(v)\psi'(x). \tag{3.2.8}$$

由此可见, 复合函数 $y=f\{\varphi[\psi(x)]\}$ 的导数等于在构成复合关系的变量

$$y\to u\to v\to x$$

中, 每一个在前面的变量对在后面的相邻变量的导数的乘积. 因此, 复合函数的求导法则也称为**链锁规则**.

例 3.2.11 求函数 $y=\mathrm{e}^{\arctan\sqrt{x}}$ 的导数.

解 所给函数可以看作是由 $y=\mathrm{e}^u, u=\arctan v, v=\sqrt{x}$ 复合而成的函数, 由式 (3.2.8) 可得

$$\begin{aligned}\frac{\mathrm{d}y}{\mathrm{d}x}&=\frac{\mathrm{d}y}{\mathrm{d}u}\cdot\frac{\mathrm{d}u}{\mathrm{d}v}\cdot\frac{\mathrm{d}v}{\mathrm{d}x}\\&=\mathrm{e}^u\frac{1}{1+v^2}\frac{1}{2\sqrt{x}}\end{aligned}$$

$$= \frac{1}{2\sqrt{x}(1+x)}\mathrm{e}^{\arctan\sqrt{x}}.$$

在对复合函数求导过程比较熟练以后，函数的复合过程就可以不写出来了．只要分清中间变量和自变量，把中间变量看作一个整体，然后逐层求导就可以了．这里的关键是必须搞清楚每一步骤究竟在对哪个变量求导数．

例如，例 3.2.11 的过程可以这样进行：

$$\begin{aligned} y' &= \left(\mathrm{e}^{\arctan\sqrt{x}}\right)' = \mathrm{e}^{\arctan\sqrt{x}}\left(\arctan\sqrt{x}\right)' \\ &= \mathrm{e}^{\arctan\sqrt{x}}\frac{1}{1+(\sqrt{x})^2}(\sqrt{x})' \\ &= \frac{1}{2\sqrt{x}(1+x)}\mathrm{e}^{\arctan\sqrt{x}}. \end{aligned}$$

例 3.2.12 求函数 $y = \arctan\dfrac{1+x}{1-x}$ 的导数．

解 根据链锁规则有

$$\begin{aligned} y' &= \frac{1}{1+\left(\dfrac{1+x}{1-x}\right)^2}\left(\frac{1+x}{1-x}\right)' \\ &= \frac{(1-x)^2}{2+2x^2}\left(-1+\frac{2}{1-x}\right)' \\ &= \frac{(1-x)^2}{2+2x^2}\cdot\frac{2}{(1-x)^2} \\ &= \frac{1}{1+x^2}. \end{aligned}$$

例 3.2.13 设 $y = \cos(\sin^3 x^2)$，求 y'．

解 根据链锁规则有

$$\begin{aligned} y' &= -\sin(\sin^3 x^2)\cdot(\sin^3 x^2)' \\ &= -\sin(\sin^3 x^2)\cdot 3\sin^2 x^2\cdot(\sin x^2)' \\ &= -\sin(\sin^3 x^2)\cdot 3\sin^2 x^2\cdot\cos x^2\cdot(x^2)' \\ &= -6x\sin(\sin^3 x^2)\sin^2 x^2\cos x^2. \end{aligned}$$

例 3.2.14 设 $y = \ln(x+\sqrt{x^2\pm a^2})$，求 $\dfrac{\mathrm{d}y}{\mathrm{d}x}$．

解 根据链锁规则有

$$\frac{\mathrm{d}y}{\mathrm{d}x} = \frac{1}{x+\sqrt{x^2\pm a^2}}\left(x+\sqrt{x^2\pm a^2}\right)'$$

$$
\begin{aligned}
&= \frac{1}{x+\sqrt{x^2 \pm a^2}}\left[1+\frac{(x^2 \pm a^2)'}{2\sqrt{x^2 \pm a^2}}\right] \\
&= \frac{1}{x+\sqrt{x^2 \pm a^2}}\left(1+\frac{x}{\sqrt{x^2 \pm a^2}}\right) \\
&= \frac{1}{\sqrt{x^2 \pm a^2}}.
\end{aligned}
$$

例 3.2.15 设 $y=\ln|x|$, 求 y'.

解 由于 $y=\ln|x|=\begin{cases}\ln(-x), & x<0,\\ \ln x, & x>0,\end{cases}$ 所以当 $x<0$ 时，有

$$
y'=[\ln(-x)]'=\frac{1}{-x}(-x)'=\frac{1}{x};
$$

当 $x>0$ 时，有

$$
y'=(\ln x)'=\frac{1}{x}.
$$

因此

$$
(\ln|x|)'=\frac{1}{x}.
$$

例 3.2.16 设 $x>0$, 证明幂函数的导数公式

$$
(x^\mu)'=\mu x^{\mu-1} \quad (\mu\text{为任意实数}).
$$

证明 因为 $x^\mu=\mathrm{e}^{\mu\ln x}$, 所以

$$
\begin{aligned}
(x^\mu)' &= \left(\mathrm{e}^{\mu\ln x}\right)'=\mathrm{e}^{\mu\ln x}(\mu\ln x)' \\
&= x^\mu\frac{\mu}{x}=\mu x^{\mu-1}.
\end{aligned}
$$

□

例 3.2.17 求幂指函数 $y=x^{\cos x}$ 的导数.

解 由于 $y=\mathrm{e}^{\cos x\ln x}$, 故

$$
\begin{aligned}
y' &= \left(\mathrm{e}^{\cos x\ln x}\right)'=\mathrm{e}^{\cos x\ln x}\cdot(\cos x\ln x)' \\
&= x^{\cos x}\left[(\cos x)'\ln x+\cos x(\ln x)'\right] \\
&= x^{\cos x}\left(-\sin x\ln x+\frac{\cos x}{x}\right).
\end{aligned}
$$

一般地，幂指函数 $y=[u(x)]^{v(x)}$(其中 $u(x),v(x)$ 是可导函数，且 $u(x)>0$) 可以用类似的办法求出它的导数. 另外，对于诸如下面例 3.2.18 这样的函数，用这种方法来求导也是比较方便的.

例 3.2.18 设 $y=\dfrac{\sqrt{x-1}(x^3+2)^3}{(2x+3)^2}$, 求 y'.

解 因为

$$y = \mathrm{e}^{\frac{1}{2}\ln(x-1)+3\ln(x^3+2)-2\ln(2x+3)},$$

所以

$$\begin{aligned}y' &= \mathrm{e}^{\frac{1}{2}\ln(x-1)+3\ln(x^3+2)-2\ln(2x+3)}\left(\frac{1}{2}\frac{1}{x-1}+3\times\frac{3x^2}{x^3+2}-\frac{2\times 2}{2x+3}\right)\\ &= \frac{\sqrt{x-1}(x^3+2)^3}{(2x+3)^2}\left[\frac{1}{2(x-1)}+\frac{9x^2}{x^3+2}-\frac{4}{2x+3}\right].\end{aligned}$$

3.2.4 初等函数的导数

由于初等函数是由基本初等函数经过有限次四则运算和复合运算构成的，而我们已经求出了所有基本初等函数的导数，再利用导数的四则运算法则、链锁规则就可以求出所有初等函数的导数了，并且我们知道可导的初等函数的导数仍为初等函数.

为了使用方便，将基本初等函数的导数公式与导数的四则运算法则、链锁规则汇集起来，这些公式和法则要在牢记的基础上通过大量的练习熟练掌握.

基本初等函数的求导公式：

(1) $(C)' = 0$ (C为常数); (2) $(x^\mu)' = \mu x^{\mu-1}$;

(3) $(\sin x)' = \cos x$; (4) $(\cos x)' = -\sin x$;

(5) $(\tan x)' = \sec^2 x$; (6) $(\cot x)' = -\csc^2 x$;

(7) $(\sec x)' = \sec x\tan x$; (8) $(\csc x)' = -\csc x\cot x$;

(9) $(a^x)' = a^x\ln a$ $(a>0, a\neq 1)$; (10) $(\mathrm{e}^x)' = \mathrm{e}^x$;

(11) $(\log_a x)' = \frac{1}{x\ln a}$ $(a>0, a\neq 1)$; (12) $(\ln x)' = \frac{1}{x}$;

(13) $(\arcsin x)' = \frac{1}{\sqrt{1-x^2}}$ $(|x|<1)$;

(14) $(\arccos x)' = -\frac{1}{\sqrt{1-x^2}}$ $(|x|<1)$;

(15) $(\arctan x)' = \frac{1}{1+x^2}$;

(16) $(\mathrm{arccot} x)' = -\frac{1}{1+x^2}$.

导数的四则运算法则：

设 $u = u(x), v = v(x)$ 可导，则

(1) $(u\pm v)' = u'\pm v'$;

(2) $(Cu)' = Cu'$(C 为常数);

(3) $(uv)' = u'v + uv'$;

(4) $\left(\dfrac{u}{v}\right)' = \dfrac{u'v - uv'}{v^2}$ $(v\neq 0)$.

链锁规则：

设 $y=f(u)$, $u=\varphi(x)$ 都在相应的区间内可导，则复合函数 $y=f[\varphi(x)]$ 的导数为

$$\frac{\mathrm{d}y}{\mathrm{d}x}=\frac{\mathrm{d}y}{\mathrm{d}u}\cdot\frac{\mathrm{d}u}{\mathrm{d}x} \quad \text{或} \quad y'(x)=f'(u)\cdot\varphi'(x).$$

例 3.2.19　设 $y=\arccos\frac{1}{x}$, 求 y'.

解　根据链锁规则有

$$\begin{aligned}
y'&=\left(\arccos\frac{1}{x}\right)'=-\frac{1}{\sqrt{1-\frac{1}{x^2}}}\cdot\left(\frac{1}{x}\right)'\\
&=-\frac{1}{\sqrt{1-\frac{1}{x^2}}}\cdot\left(-\frac{1}{x^2}\right)\\
&=\frac{1}{|x|\sqrt{x^2-1}}.
\end{aligned}$$

例 3.2.20　设 $y=\ln[\cos(10+3x^2)]$, 求 y'.

解　根据链锁规则有

$$\begin{aligned}
y'&=\frac{1}{\cos(10+3x^2)}\cdot[\cos(10+3x^2)]'\\
&=\frac{-\sin(10+3x^2)\cdot(10+3x^2)'}{\cos(10+3x^2)}\\
&=-6x\tan(10+3x^2).
\end{aligned}$$

例 3.2.21　设 $y=\frac{\arctan\sqrt{x}}{1+x^2}$, 求 y'.

解　根据商的求导法则和链锁规则得

$$\begin{aligned}
y'&=\frac{(\arctan\sqrt{x})'(1+x^2)-\arctan\sqrt{x}(1+x^2)'}{(1+x^2)^2}\\
&=\frac{\frac{1}{1+x}\cdot\frac{1}{2\sqrt{x}}(1+x^2)-2x\arctan\sqrt{x}}{(1+x^2)^2}\\
&=\frac{1}{2\sqrt{x}(1+x)(1+x^2)}-\frac{2x\arctan\sqrt{x}}{(1+x^2)^2}.
\end{aligned}$$

例 3.2.22　设 $f(x)$ 可导，求 $y=f(\sin^2 x)+f(\cos^2 x)$ 的导数.

解 根据链锁规则得

$$\begin{aligned}
y' &= \left[f(\sin^2 x)\right]' + \left[f(\cos^2 x)\right]' \\
&= f'(\sin^2 x)(\sin^2 x)' + f'(\cos^2 x)(\cos^2 x)' \\
&= f'(\sin^2 x) \cdot 2\sin x(\sin x)' + f'(\cos^2 x) \cdot 2\cos x(\cos x)' \\
&= f'(\sin^2 x) \cdot 2\sin x\cos x - f'(\cos^2 x) \cdot 2\cos x\sin x \\
&= \sin 2x\left[f'(\sin^2 x) - f'(\cos^2 x)\right].
\end{aligned}$$

习　题　3.2

1. 证明下列导数公式：

(1) $(\csc x)' = -\csc x\cot x$;

(2) $(\arccos x)' = -\dfrac{1}{\sqrt{1-x^2}}$.

2. 求下列函数的导数：

(1) $y = \dfrac{1}{2}x^2 + x + 1$;　　(2) $y = x^3 + 3^x - \ln 3$;

(3) $y = \dfrac{\sqrt{x}-1}{x^2}$;　　(4) $y = \sqrt{x\sqrt{x\sqrt{x}}}$;

(5) $y = \dfrac{x-1}{x+1}$;　　(6) $y = x\cos x - \sin x$;

(7) $y = \dfrac{1-\ln x}{1+\ln x}$;　　(8) $y = (x+1)(x+2)(x+3)$;

(9) $y = 2^x\cos x\ln x$;　　(10) $\rho = \theta\mathrm{e}^\theta\cot\theta$.

3. 求下列函数在给定点处的导数：

(1) $f(x) = \dfrac{5}{3-x} + \dfrac{x^3}{2}$,　$x = 2$;

(2) $S = t\sin t + \dfrac{1}{2}\cos t$,　$t = \dfrac{\pi}{4}$;

(3) $f(x) = \dfrac{1}{1-x} + \dfrac{x^3}{3}$,　$x = 0$ 和 $x = 2$.

4. 求下列函数的导数：

(1) $y=(1-2x)^{10}$;　　(2) $y=\ln\tan\dfrac{x}{2}$;

(3) $y=\dfrac{1}{\sqrt{1-x^2}}$;　　(4) $y=\mathrm{e}^{\sin\frac{1}{x}}$;

(5) $y=\ln[\ln(\ln x)]$;　　(6) $y=\left(\arcsin\dfrac{x}{2}\right)^2$;

(7) $y=\sec^2\dfrac{x}{2}+\csc^2\dfrac{x}{2}$;　　(8) $y=\ln\sqrt{x}+\sqrt{\ln x}$;

(9) $y=\mathrm{e}^x\sqrt{1-\mathrm{e}^{2x}}+\arcsin\mathrm{e}^x$;　　(10) $y=\ln\tan\dfrac{x}{2}-\cos x\ln\tan x$.

5. 设 $f(x)$ 是可导函数，且 $f(x)>0$, 求下列函数的导数：

(1) $y=\ln f(2x)$;　　(2) $y=f^2(\mathrm{e}^x)$.

3.3　高阶导数

在质点作变速直线运动中，我们不但要了解质点在时刻 t 的瞬时速度 $v(t)$ 是路程函数 $s(t)$ 在时刻 t 的导数，即 $v(t)=\dfrac{\mathrm{d}s}{\mathrm{d}t}$, 而且还要研究速度的变化率 $\dfrac{\mathrm{d}v}{\mathrm{d}t}=v'(t)$, 即质点在时刻 t 的加速度 $a(t)$, 它是路程函数 $s(t)$ 关于 t 的导数的导数，即

$$a(t)=\frac{\mathrm{d}v}{\mathrm{d}t}=\frac{\mathrm{d}\left(\dfrac{\mathrm{d}s}{\mathrm{d}t}\right)}{\mathrm{d}t},$$

我们将它称为 $s(t)$ 对 t 的二阶导数. 记为

$$a(t)=\frac{\mathrm{d}^2s}{\mathrm{d}t^2}\text{ 或 }a(t)=s''(t).$$

一般地，若函数 $y=f(x)$ 的导数 $y'=f'(x)$ 仍是可导函数，则称函数 $y=f(x)$ **二阶可导**, 且把 $y'=f'(x)$ 的导数叫做函数 $y=f(x)$ 的 **二阶导数**, 记为

$$y'',\ \frac{\mathrm{d}^2y}{\mathrm{d}x^2},\ f''(x)\text{ 或 }\frac{\mathrm{d}^2f(x)}{\mathrm{d}x^2},$$

即

$$y''=(y')'\text{ 或 }\frac{\mathrm{d}^2y}{\mathrm{d}x^2}=\frac{\mathrm{d}}{\mathrm{d}x}\left(\frac{\mathrm{d}y}{\mathrm{d}x}\right).$$

如果二阶导数 y'' 仍可导, 则称它 **三阶可导**, 且将它的导数称为函数 $y=f(x)$ 的 **三阶导数**, 记为

$$y''',\ \frac{\mathrm{d}^3y}{\mathrm{d}x^3},\ f'''(x)\text{ 或 }\frac{\mathrm{d}^3f(x)}{\mathrm{d}x^3}.$$

以此类推，当 $y=f(x)$ 的 $n-1$ 阶导数 $f^{(n-1)}(x)$ 仍可导时，则称其导数为 $y=f(x)$ 的 **n 阶导数**, 记为

$$\frac{\mathrm{d}^ny}{\mathrm{d}x^n},\ y^{(n)},\ f^{(n)}(x)\text{ 或 }\frac{\mathrm{d}^nf(x)}{\mathrm{d}x^n}.$$

函数 $y=f(x)$ 具有 n 阶导数，也可以说成函数 $y=f(x)$ 为 n 阶可导. 当函数 $f(x)$ 在点 x 处 n 阶可导时，依定义知 $f(x)$ 在该点一定具有所有低于 n 阶的导数. 为了表达方便，习惯上称 $f'(x)$ 为 $f(x)$ 的 **一阶导数**. 二阶及二阶以上的导数统称为 $f(x)$ 的 **高阶导数**. 有时也把函数 $f(x)$ 本身称为 $f(x)$ 的 **零阶导数**, 即 $f(x)=f^{(0)}(x)$.

由高阶导数的定义知，高阶导数的计算就是对函数连续多次求导数，因此，可以反复运用前面所学的求导方法来计算高阶导数.

例 3.3.1 设 $y=x^3-2x^2+3$, 求 $y''', y^{(4)}$.

解 对函数依次求一阶、二阶、三阶、四阶导数，得

$$\begin{aligned}
y' &= 3x^2-4x,\\
y'' &= 6x-4,\\
y''' &= 6,\\
y^{(4)} &= 0.
\end{aligned}$$

一般地，对于多项式 $y=a_0x^n+a_1x^{n-1}+\cdots+a_{n-1}x+a_n$, 有

$$y^{(n)}=a_0n!,\quad y^{(n+1)}=0.$$

例 3.3.2 设函数 $y=\sqrt{2x-x^2}$, 证明 $y''y^3=-1$.

证明 由于

$$\begin{aligned}
y' &= \frac{2-2x}{2\sqrt{2x-x^2}}=\frac{1-x}{\sqrt{2x-x^2}},\\
y'' &= \frac{(1-x)'\sqrt{2x-x^2}-(1-x)(\sqrt{2x-x^2})'}{2x-x^2}\\
&= \frac{-\sqrt{2x-x^2}-\dfrac{(1-x)^2}{\sqrt{2x-x^2}}}{2x-x^2}\\
&= -\frac{1}{(2x-x^2)\sqrt{2x-x^2}}\\
&= -\frac{1}{y^3},
\end{aligned}$$

因此

$$y''y^3=-1.$$ □

例 3.3.3 求 $y=a^x(a>0, a\neq 1)$ 的 n 阶导数.

解 由于

$$
\begin{aligned}
y' &= a^x \ln a, \\
y'' &= a^x \ln^2 a, \\
&\ \ \vdots \\
y^{(n)} &= a^x \ln^n a,
\end{aligned}
$$

因此

$$(a^x)^{(n)} = a^x \ln^n a.$$

特别地，有

$$(\mathrm{e}^x)^{(n)} = \mathrm{e}^x.$$

例 3.3.4 求 $y = \ln(1+x)$ 的 n 阶导数.

解 由于

$$
\begin{aligned}
y' &= \frac{1}{1+x}, \\
y'' &= -\frac{1}{(1+x)^2}, \\
y''' &= (-1)^2 \frac{2!}{(1+x)^3}, \\
y^{(4)} &= (-1)^3 \frac{3!}{(1+x)^4}, \\
&\ \ \vdots
\end{aligned}
$$

一般地，有

$$y^{(n)} = (-1)^{n-1} \frac{(n-1)!}{(1+x)^n}.$$

因此

$$[\ln(1+x)]^{(n)} = (-1)^{n-1} \frac{(n-1)!}{(1+x)^n}.$$

通常规定 $0! = 1$. 这样当 $n = 1$ 时上式也成立.

例 3.3.5 求 $y = \sin x$ 的 n 阶导数.

解 由于

$$
\begin{aligned}
y' &= \cos x = \sin\left(x + \frac{\pi}{2}\right), \\
y'' &= \cos\left(x + \frac{\pi}{2}\right) = \sin\left(x + \frac{\pi}{2} + \frac{\pi}{2}\right), \\
y''' &= \cos\left(x + 2 \times \frac{\pi}{2}\right) = \sin\left(x + 3 \times \frac{\pi}{2}\right),
\end{aligned}
$$

$$\vdots$$

一般地，有

$$y^{(n)} = \sin\left(x + n\frac{\pi}{2}\right).$$

因此

$$(\sin x)^{(n)} = \sin\left(x + n\frac{\pi}{2}\right).$$

类似地可得

$$(\cos x)^{(n)} = \cos\left(x + n\frac{\pi}{2}\right).$$

从前面几个例题的解题过程上看，要想求出函数的 n 阶导数，应该善于发现和总结规律．下面的例子也能说明这个问题．

例 3.3.6 求 $y = x\mathrm{e}^{-x}$ 的 n 阶导数．

解 由于

$$\begin{aligned}
y' &= \mathrm{e}^{-x} - x\mathrm{e}^{-x} = (1-x)\mathrm{e}^{-x},\\
y'' &= -\mathrm{e}^{-x} - (1-x)\mathrm{e}^{-x} = -(2-x)\mathrm{e}^{-x},\\
y''' &= \mathrm{e}^{-x} + (2-x)\mathrm{e}^{-x} = (3-x)\mathrm{e}^{-x},\\
y^{(4)} &= -\mathrm{e}^{-x} - (3-x)\mathrm{e}^{-x} = -(4-x)\mathrm{e}^{-x},
\end{aligned}$$

一般地，我们有

$$y^{(n)} = (x\mathrm{e}^{-x})^{(n)} = (-1)^{n-1}(n-x)\mathrm{e}^{-x}.$$

另外，下面的定理对于计算函数的高阶导数也是很有用的．

定理 3.3.1 设函数 $u = u(x), v = v(x)$ 均有 n 阶导数，则对于任意常数 a 与 b, $au + bv$ 与 uv 也是 n 阶可导的，并且有

(1) $(au + bv)^{(n)} = au^{(n)} + bv^{(n)}$;

(2)
$$\begin{aligned}
(uv)^{(n)} =& u^{(n)}v + nu^{(n-1)}v' + \frac{n(n-1)}{2!}u^{(n-2)}v'' + \cdots\\
&+ \frac{n(n-1)\cdots(n-k+1)}{k!}u^{(n-k)}v^{(k)} + \cdots + uv^{(n)}\\
=& \sum_{k=0}^{n} \mathrm{C}_n^k u^{(n-k)}v^{(k)}.
\end{aligned}$$

上述定理中的结论 (2) 也称为 **Leibniz(莱布尼茨) 公式**. 它的形式与二项式定理相似，它的证明过程留做课后练习．

例 3.3.7 求函数 $y = \dfrac{2x+2}{x^2+2x-3}$ 的 n 阶导数．

解 如果直接对函数求 n 阶导数，运算过程将非常繁琐. 把函数先分成两部分

$$y=\frac{1}{x+3}+\frac{1}{x-1},$$

利用定理 3.3.1 中的公式 (1) 及例 3.3.4 的过程，有

$$\begin{aligned}y^{(n)}&=\left(\frac{1}{x+3}\right)^{(n)}+\left(\frac{1}{x-1}\right)^{(n)}\\&=\frac{(-1)^n n!}{(x+3)^{n+1}}+\frac{(-1)^n n!}{(x-1)^{n+1}}\\&=(-1)^n n!\left[\frac{1}{(x+3)^{n+1}}+\frac{1}{(x-1)^{n+1}}\right].\end{aligned}$$

例 3.3.8 设 $y=x^2\sin 2x$, 求 y'''.

解 由于

$$\begin{gathered}(x^2)'=2x,\quad (x^2)''=2,\quad (x^2)'''=0,\\(\sin 2x)'=2\cos 2x,\quad (\sin 2x)''=-4\sin 2x,\\(\sin 2x)'''=-8\cos 2x,\end{gathered}$$

由 Leibniz 公式有

$$\begin{aligned}y'''&=(x^2)'''\sin 2x+\mathrm{C}_3^1(x^2)''(\sin 2x)'+\mathrm{C}_3^2(x^2)'(\sin 2x)''+x^2(\sin 2x)'''\\&=12\cos 2x-24x\sin 2x-8x^2\cos 2x.\end{aligned}$$

习　题　3.3

1. 求下列函数的二阶导数:

(1) $y=\ln(1+x^2)$;　　(2) $y=\mathrm{e}^{\sin x}$;

(3) $y=(1+x^2)\arctan x$;　　(4) $y=x\mathrm{e}^{x^2}$;

(5) $y=\dfrac{\ln x}{x^2}$;　　(6) $y=\cos^2 x\ln x$;

(7) $y=\ln(x+\sqrt{1+x^2})$;　　(8) $y=\dfrac{1-x}{1+x}$.

2. 计算题

(1) $f(x)=(x^3+10)^4$, 求 $f'''(0)$;

(2) $f(x)=x\mathrm{e}^{x^2}$, 求 $f''(1)$;

(3) $f(x)=\dfrac{\mathrm{e}^x}{x}$, 求 $f''(2)$.

3. 设 $f(u)$ 二阶可导，求下列函数的二阶导数 $\dfrac{\mathrm{d}^2y}{\mathrm{d}x^2}$:

(1) $y=f(x^2)$; (2) $y=f\left(\dfrac{1}{x}\right)$; (3) $y=\ln[f(x)]$; (4) $y=\mathrm{e}^{-f(x)}$.

4. 验证函数 $y=\mathrm{e}^x\sin x$ 满足关系式：

$$y''-2y'+2y=0.$$

5. 求下列函数的 n 阶导数：

(1) $y=\mathrm{e}^{ax}$; (2) $y=x\ln x$; (3) $y=x\mathrm{e}^x$.

6. 设 $y=\mathrm{e}^x\cos x$, 求 $y^{(4)}$.

3.4 隐函数及由参数方程所确定的函数的导数

我们在前面所研究的函数都可以表示为 $y=f(x)$ 的形式，其中 $f(x)$ 是 x 的解析式. 例如，$y=\sqrt{a^2-x^2}, y=\arctan x$ 等，上述用解析表达式表示函数关系的函数也叫做**显函数**. 除了显函数外，还可以由一个二元方程 $F(x,y)=0$ 来确定函数关系，或由参数方程确定函数关系. 本节主要讨论这两类函数的导数问题.

3.4.1 隐函数的导数

在某些条件下，一个二元方程 $F(x,y)=0$ 能够表达两个变量之间的关系；若函数 $f(x,y)$ 具备一定条件时能确定出一个变量 y 关于另一个变量 x 的函数关系. 例如，对于方程

$$x+2y=1,$$

如果给定 x 的一个值，则通过此方程可求得 y 的一个确定的值与之对应. 也就是说，由这个方程确定了 y 是关于 x 的函数. 这样的函数称为隐函数.

一般地，设有方程 $F(x,y)=0$, 如果存在一个定义在某区间 I 上的函数 $y=f(x)$, 使得 $F[x,f(x)]\equiv 0$, 则称 $y=f(x)$ 是由方程 $F(x,y)=0$ 确定的**隐函数**.

有些方程确定的隐函数是可以直接化成显函数的，这个过程称为隐函数的**显化**. 比如，可以将方程 $x+2y=1$ 化成

$$y=\frac{1-x}{2},$$

这样就把隐函数化成了显函数.

但是有些隐函数显化是非常困难的，甚至是不可能的，例如，由方程

$$-x^5+y^5+2xy^2+x-y=0$$

或

$$\sin(x+y)=2x+y-1$$

所确定的隐函数就不容易化成显函数. 并非所有的二元方程 $F(x,y)=0$ 都可以确定一个隐函数. 例如，在方程

$$e^y + x^2 + y^2 + 1 = 0$$

中，没有函数能满足它，它不能确定隐函数. 至于什么样的二元方程能确定隐函数，它是不是可导的，我们将在多元函数微分学中加以讨论.

下面我们讨论在隐函数存在并且可导的前提条件下，求隐函数的导数问题.

设 $y = f(x)$ 是由 $F(x, y) = 0$ 确定的隐函数，将它代入方程，有

$$F[x, f(x)] \equiv 0.$$

将这个恒等式两端对 x 求导数，所得结果也必然相等. 而左端 $F[x, f(x)]$ 是将 $y = f(x)$ 代入 $F(x, y)$ 的结果，求导数时， y 是 x 的函数，应该用复合函数求导法，所得结果应该是含有 y' 的表达式. 在等式中将 y' 解出，便可得到要求的导数.

例 3.4.1 设方程 $-x^5 + y^5 + 2xy^2 + x - y = 0$ 确定 y 是 x 的隐函数，求 $\dfrac{\mathrm{d}y}{\mathrm{d}x}$.

解 将 y 视为关于 x 的函数，在方程两边对 x 求导数，得

$$-5x^4 + 5y^4\frac{\mathrm{d}y}{\mathrm{d}x} + 2y^2 + 4xy\frac{\mathrm{d}y}{\mathrm{d}x} + 1 - \frac{\mathrm{d}y}{\mathrm{d}x} = 0,$$

由此解出

$$\frac{\mathrm{d}y}{\mathrm{d}x} = \frac{5x^4 - 2y^2 - 1}{5y^4 + 4xy - 1}.$$

例 3.4.2 求椭圆 $\dfrac{x^2}{4} + \dfrac{y^2}{9} = 1$ 在点 $\left(\sqrt{2}, \dfrac{3}{2}\sqrt{2}\right)$ 处的切线方程.

解 将 y 视为关于 x 的函数，在方程两端分别对 x 求导数，得

$$\frac{2x}{4} + \frac{2yy'}{9} = 0,$$

解得

$$y' = -\frac{9x}{4y}.$$

由导数的几何意义知，所求切线的斜率为

$$y'\Big|_{\substack{x=\sqrt{2}\\ y=\frac{3}{2}\sqrt{2}}} = -\frac{9x}{4y}\Big|_{\substack{x=\sqrt{2}\\ y=\frac{3}{2}\sqrt{2}}} = -\frac{3}{2}.$$

于是所求切线方程为

$$y - \frac{3}{2}\sqrt{2} = -\frac{3}{2}(x - \sqrt{2}),$$

即

$$3x + 2y - 6\sqrt{2} = 0.$$

例 3.4.3 求由方程 $x - y + \dfrac{1}{2}\sin y = 0$ 所确定的函数的二阶导数 $\dfrac{\mathrm{d}^2y}{\mathrm{d}x^2}$.

3-2 隐函数求导

解 将 y 视为关于 x 的函数，在方程两端对 x 求导数，得

$$1-\frac{\mathrm{d}y}{\mathrm{d}x}+\frac{1}{2}\cos y\frac{\mathrm{d}y}{\mathrm{d}x}=0,$$

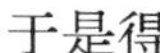
于是得

$$\frac{\mathrm{d}y}{\mathrm{d}x}=\frac{2}{2-\cos y}.$$

将上式两端再对 x 求导，得

$$\begin{aligned}\frac{\mathrm{d}^2y}{\mathrm{d}x^2}&=\frac{-2\sin y\cdot\dfrac{\mathrm{d}y}{\mathrm{d}x}}{(2-\cos y)^2}\\&=\frac{-4\sin y}{(2-\cos y)^3}.\end{aligned}$$

3.4.2 由参数方程所确定的函数的导数

在平面解析几何中知道，以原点为中心、a 为长半轴、b 为短半轴的椭圆可由参数方程

$$\begin{cases}x=a\cos t,\\y=b\sin t,\end{cases}\quad 0\leqslant t\leqslant 2\pi$$

表示，其中 t 为参数 (离心角). 当参数 t 取定一个值时，就得到椭圆上的一个点 (x,y). 如果 t 取遍 $[0,2\pi]$ 上所有实数时，就得到椭圆上的所有点.

如果把对应于同一个参数 t 的值 x,y(即曲线上同一点的横坐标和纵坐标) 看作是对应的，那么就得到 y 与 x 之间的对应关系，也就是函数关系. 如果从参数方程中消去参数 t, 可得

$$\frac{x^2}{a^2}+\frac{y^2}{b^2}=1,$$

这就是变量 x 与 y 的隐函数表达式.

一般地，若参数方程

$$\begin{cases}x=\varphi(t),\\y=\psi(t)\end{cases}\tag{3.4.1}$$

确定了 y 与 x 之间的函数关系，则称此函数为 **由参数方程所确定的函数**.

下面讨论由参数方程所确定的函数的求导问题.

首先可以想到的办法是在参数方程中消去参数 t, 得到隐函数后再求导数. 但是对于某些参数方程而言，消去参数 t 可能会有困难，因此这种方法并不总是可行的. 于是，我们应该找到一种直接由参数方程来计算它所确定的函数导数的方法.

为了讨论问题方便，我们假设参数方程 (3.4.1) 可以确定 y 是 x 的函数，并且 $\varphi(t),\psi(t)$ 均可导， $x=\varphi(t)$ 有反函数 $t=\varphi^{-1}(x)$, 那么由参数方程 (3.4.1) 确定的函数就可以看作是由函数 $y=\psi(t)$ 与 $t=\varphi^{-1}(x)$ 复合而成的函数：

$$y=\psi\left[\varphi^{-1}(x)\right].$$

再设 $\varphi'(t)\neq 0$, 则由复合函数求导法则和反函数的求导公式有

$$\frac{\mathrm{d}y}{\mathrm{d}x}=\frac{\mathrm{d}y}{\mathrm{d}t}\cdot\frac{\mathrm{d}t}{\mathrm{d}x}=\frac{\mathrm{d}y}{\mathrm{d}t}\cdot\frac{1}{\frac{\mathrm{d}x}{\mathrm{d}t}}=\frac{\psi'(t)}{\varphi'(t)},$$

即

$$\frac{\mathrm{d}y}{\mathrm{d}x}=\frac{\psi'(t)}{\varphi'(t)}. \tag{3.4.2}$$

这就是由参数方程 (3.4.1) 所确定的函数的求导公式. 如果 $\varphi(t),\psi(t)$ 都二阶可导，还可以求出二阶导数 $\frac{\mathrm{d}^2y}{\mathrm{d}x^2}$ ：

$$\begin{aligned}\frac{\mathrm{d}^2y}{\mathrm{d}x^2}&=\frac{\mathrm{d}}{\mathrm{d}x}\left(\frac{\mathrm{d}y}{\mathrm{d}x}\right)=\frac{\mathrm{d}}{\mathrm{d}x}\left[\frac{\psi'(t)}{\varphi'(t)}\right]=\frac{\mathrm{d}}{\mathrm{d}t}\left[\frac{\psi'(t)}{\varphi'(t)}\right]\cdot\frac{\mathrm{d}t}{\mathrm{d}x}\\&=\frac{\psi''(t)\varphi'(t)-\psi'(t)\varphi''(t)}{[\varphi'(t)]^2}\cdot\frac{1}{\varphi'(t)}\\&=\frac{\psi''(t)\varphi'(t)-\psi'(t)\varphi''(t)}{[\varphi'(t)]^3}.\end{aligned}$$

在求二阶导数 $\frac{\mathrm{d}^2y}{\mathrm{d}x^2}$ 时，一般是将由式 (3.4.2) 求得的一阶导数 $\frac{\mathrm{d}y}{\mathrm{d}x}$ 的表达式直接对 t 求导数，再除以 $\varphi'(t)$, 而不直接引用上面推导出来的公式.

例 3.4.4 证明星形线

$$\begin{cases}x=a\cos^3 t,\\y=a\sin^3 t\end{cases}$$

在任何点的切线被坐标轴所截的线段为定长 (图 3.5).

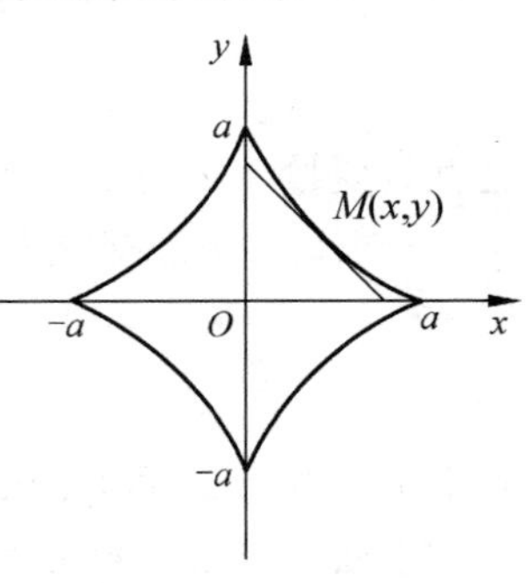

图 3.5

证明 对应于参数 t, 星形线上点 M 的坐标为 $(a\cos^3 t,a\sin^3 t)$, 过点 M 的切线斜率为

$$\frac{\mathrm{d}y}{\mathrm{d}x}=\frac{(a\sin^3 t)'}{(a\cos^3 t)'}=\frac{3a\sin^2 t\cos t}{-3a\cos^2 t\sin t}=-\tan t,$$

星形线在点 M 的切线方程为

$$y-a\sin^3 t=-\tan t\left(x-a\cos^3 t\right).$$

令 $y=0$, 得切线在 x 轴上的截距为

$$X(t)=a\cos t,$$

令 $x=0$, 得切线在 y 轴上的截距为

$$Y(t)=a\sin t,$$

所以切线被坐标轴所截的线段长度为

$$\sqrt{X^2(t)+Y^2(t)}=\sqrt{a^2\cos^2 t+a^2\sin^2 t}=a.$$

由于 M 是星形线上的任意点，故命题得证. □

例 3.4.5 摆线的参数方程是

$$\begin{cases}x=a(t-\sin t),\\ y=a(1-\cos t),\end{cases}$$

其中 a 是常数，且 $a>0$, 求 $\dfrac{\mathrm{d}^2y}{\mathrm{d}x^2}$ (图 3.6).

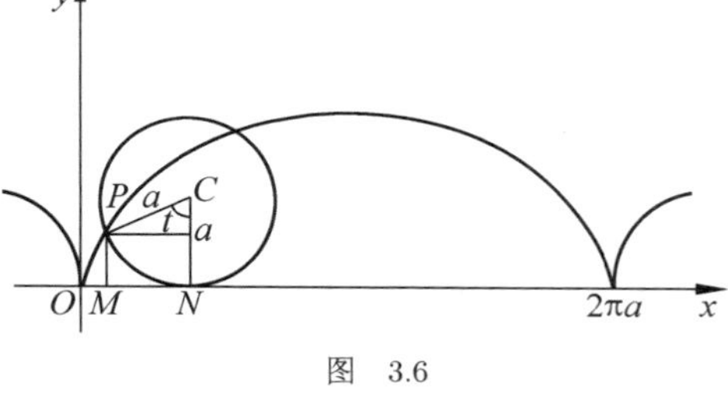

图 3.6

证明 由式 (3.4.2) 得

$$\frac{\mathrm{d}y}{\mathrm{d}x}=\frac{\dfrac{\mathrm{d}y}{\mathrm{d}t}}{\dfrac{\mathrm{d}x}{\mathrm{d}t}}=\frac{a\sin t}{a(1-\cos t)}=\cot\frac{t}{2}\quad(t\neq 2k\pi,\ k\in\mathbb{Z}).$$

$$\begin{aligned}\frac{\mathrm{d}^2y}{\mathrm{d}x^2}&=\frac{\mathrm{d}}{\mathrm{d}x}\left(\cot\frac{t}{2}\right)=\frac{\mathrm{d}}{\mathrm{d}t}\left(\cot\frac{t}{2}\right)\cdot\frac{\mathrm{d}t}{\mathrm{d}x}\\&=-\frac{1}{2}\csc^2\frac{t}{2}\cdot\frac{1}{\dfrac{\mathrm{d}x}{\mathrm{d}t}}=-\frac{1}{2}\csc^2\frac{t}{2}\cdot\frac{1}{a(1-\cos t)}\\&=-\frac{1}{4a}\csc^4\frac{t}{2}\quad(t\neq 2k\pi,\ k\in\mathbb{Z}).\end{aligned}$$

□

习 题 3.4

1. 求由下列方程所确定的隐函数 y 的导数 $\dfrac{\mathrm{d}y}{\mathrm{d}x}$:

(1) $x^2+y^2-xy=2$; (2) $y\sin x-\cos(x-y)=0$;

(3) $y=x+\ln y$; (4) $\mathrm{e}^y=x\tan y$;

(5) $xy=\mathrm{e}^{x+y}$; (6) $x^y=y^x$.

2. 求由方程 $\sin(xy)+\ln(y-x)=x$ 所确定的隐函数 y 在 $x=0$ 处的导数 $\left.\dfrac{\mathrm{d}y}{\mathrm{d}x}\right|_{x=0}$.

3. 求下列方程所确定的隐函数 y 的二阶导数:

(1) $x^2-y^2=4$; (2) $y=\sin(x+y)$;

(3) $y=1+x\mathrm{e}^y$.

4. 求下列函数的导数:

(1) $y=\left(1+\dfrac{1}{x}\right)^x$; (2) $y=(x^2+1)^3(x+2)^2x^6$;

(3) $y=\sqrt{\dfrac{(x-1)(x-2)}{(x-3)(x-4)}}$; (4) $y=\dfrac{(3-x)^4\sqrt{2+x}}{(x+1)^5}$;

(5) $y=x^{x^x}$; (6) $y=(1+\cos x)^{\frac{1}{x}}$.

5. 已知 $\arctan\dfrac{y}{x}-\ln(x^2+y^2)=0$, 求 $\left.\dfrac{\mathrm{d}y}{\mathrm{d}x}\right|_{(1,0)}$, $\left.\dfrac{\mathrm{d}^2y}{\mathrm{d}x^2}\right|_{(1,0)}$.

6. 求下列曲线在指定点处的切、法线方程:

(1) $\begin{cases}x=\cos t,\\ y=2\sin t,\end{cases}$ $t=\dfrac{\pi}{4}$; (2) $\begin{cases}x=a\cos^2\theta,\\ y=a\sin^3\theta,\end{cases}$ $\theta=\dfrac{\pi}{4}$.

7. 求下列参数方程所确定的函数 $y=f(x)$ 的一阶和二阶导数:

(1) $\begin{cases}x=\cos t,\\ y=\sin t;\end{cases}$ (2) $\begin{cases}x=1-t^3,\\ y=t-t^3;\end{cases}$

(3) $\begin{cases}x=3\mathrm{e}^{-t},\\ y=2\mathrm{e}^t;\end{cases}$ (4) $\begin{cases}x=at^2,\\ y=bt^3;\end{cases}$

(5) $\begin{cases}x=\ln(1+t^2),\\ y=t-\arctan t;\end{cases}$ (6) $\begin{cases}x=\dfrac{t^2}{2},\\ y=1-t.\end{cases}$

3.5 微 分

前面我们研究了函数 $y=f(x)$ 在一点 x_0 处的连续性，将它定义为

$$\lim_{\Delta x\to 0}\Delta y=\lim_{\Delta x\to 0}[f(x_0+\Delta x)-f(x_0)]=0,$$

又研究了函数的导数，将它定义为

$$\lim_{\Delta x\to 0}\frac{\Delta y}{\Delta x}=\lim_{\Delta x\to 0}\frac{f(x_0+\Delta x)-f(x_0)}{\Delta x}=f'(x_0).$$

这两个重要概念都涉及自变量的增量 Δx 与函数的增量 Δy, 可见它们是了解函数性态的重要研究对象. 这里, 我们将从近似代替的角度出发, 研究函数的增量 Δy 与自变量的增量 Δx 之间的内在联系, 从而得到微分的概念.

3.5.1 微分的概念

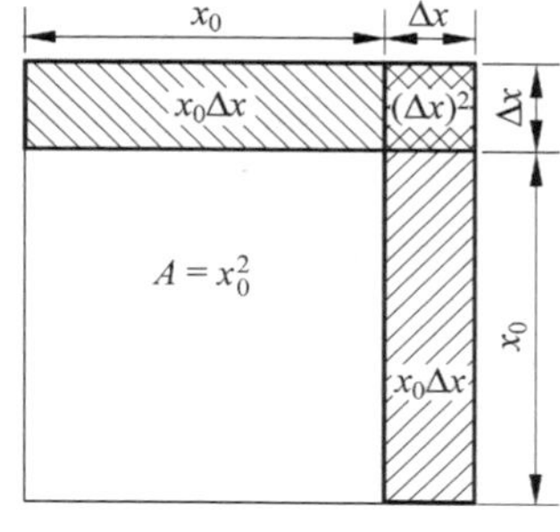

图 3.7

对于线性函数 $y=ax+b$ 而言, Δy 与 Δx 也有线性关系, 即 $\Delta y=a\Delta x$. 对于非线性函数, 一般来说, Δy 与 Δx 的关系要复杂得多, 不能用 Δx 的线性函数来表示 Δy. 那么, 能否用 Δx 的线性函数近似地表示 Δy? 近似代替后所产生的误差怎样? 先来看一个具体例子.

例 3.5.1 一块正方形金属薄片受温度变化的影响, 当边长 x 由 x_0 变到 $x_0+\Delta x$(图 3.7) 时, 问此薄片的面积改变了多少?

此薄片的面积 S 是边长 x 的函数, 即 $S(x)=x^2$. 上述问题相当于求当自变量在点 x_0 取得增量 Δx 时, 函数 S 取得的增量 ΔS, 我们有

$$\Delta S=(x_0+\Delta x)^2-x_0^2=2x_0\Delta x+(\Delta x)^2.$$

由此式可以看出, ΔS 由两部分构成, 第一部分 $2x_0\Delta x$ 是 Δx 的线性函数, 即图中带有斜线的两个矩形面积之和, 第二部分 $(\Delta x)^2$ 是图中带有双斜线的小正方形的面积. 当 $\Delta x\to 0$ 时, 第二部分面积 $(\Delta x)^2$ 是比 Δx 高阶的无穷小, 即

$$(\Delta x)^2=o(\Delta x)\quad(\Delta x\to 0).$$

由此可见, 当 $|\Delta x|$ 很小时, 面积的改变量 ΔS 可近似地用第一部分来代替.

一般地, 若函数 $y=f(x)$ 的增量 Δy 可写成

$$\Delta y=A\Delta x+o(\Delta x),$$

其中 A 是不依赖于 Δx 的常数, $o(\Delta x)$ 是 $\Delta x\to 0$ 时比 Δx 高阶的无穷小, 则当 $A\neq 0$ 且 $|\Delta x|$ 很小时, Δy 就可以用 $A\Delta x$ 来近似表示. 于是便引出微分的概念.

定义 3.5.1 设函数 $y=f(x)$ 在某区间 I 内有定义, x_0, $x_0+\Delta x\in I$. 如果函数的增量 $\Delta y=f(x_0+\Delta x)-f(x_0)$ 可表示为

$$\Delta y=A\Delta x+o(\Delta x),$$

其中 A 是与 Δx 无关的常数, $o(\Delta x)$ 是当 $\Delta x\to 0$ 时比 Δx 高阶的无穷小, 则称函数 $y=f(x)$ 在点 x_0 处**可微**, 称 $A\Delta x$ 为函数 $y=f(x)$ 在点 x_0 处相应于自

变量增量 Δx 的 **微分**, 简称为函数 $y=f(x)$ 在点 x_0 处的 **微分**, 记作 $\mathrm{d}y|_{x=x_0}$, 即

$$\mathrm{d}y|_{x=x_0}=A\Delta x.$$

由定义 3.5.1 可知，函数 $y=f(x)$ 在点 x_0 处的微分就是当自变量 x 有增量 Δx 时，函数 y 的增量 Δy 的主要部分. 由于 $\mathrm{d}y=A\Delta x$ 是 Δx 的线性函数，故称微分 $\mathrm{d}y$ 是 Δy 的 **线性主部**.

现在要问， $y=f(x)$ 在点 x_0 处可微的条件是什么？与 Δx 无关的常数 A 等于什么？下面的定理回答了这个问题.

定理 3.5.1 *函数 $y=f(x)$ 在点 x_0 处可微的充要条件是它在 x_0 点可导.*

证明 先证必要性. 设函数 $y=f(x)$ 在点 x_0 可微，即

$$\Delta y=A\Delta x+o(\Delta x)\quad(\Delta x\to 0),$$

其中 A 与 Δx 无关，将等式两端同时除以 Δx, 且令 $\Delta x\to 0$, 求极限得

$$\lim_{\Delta x\to 0}\frac{\Delta y}{\Delta x}=\lim_{\Delta x\to 0}\left[A+\frac{o(\Delta x)}{\Delta x}\right]=A,$$

即

$$f'(x_0)=A.$$

因此得知， $y=f(x)$ 在点 x_0 可导，必要性得证.

再证充分性. 设函数 $y=f(x)$ 在点 x_0 处可导，即

$$\lim_{\Delta x\to 0}\frac{\Delta y}{\Delta x}=f'(x_0).$$

根据极限与无穷小的关系，有

$$\frac{\Delta y}{\Delta x}=f'(x_0)+\alpha(\Delta x),$$

其中 $\lim\limits_{\Delta x\to 0}\alpha(\Delta x)=0$, 上式两端同乘以 Δx, 得

$$\Delta y=f'(x_0)\Delta x+\alpha(\Delta x)\cdot\Delta x,$$

其中 $f'(x_0)$ 与 Δx 无关， $\alpha(\Delta x)\cdot\Delta x$ 是当 $\Delta x\to 0$ 时比 Δx 高阶的无穷小，由微分的定义知 $y=f(x)$ 在点 x_0 可微. □

由定理 3.5.1 可知，函数 $y=f(x)$ 在一点 x_0 处可微与可导是等价的. 并且有

$$\mathrm{d}y|_{x=x_0}=f'(x_0)\Delta x. \tag{3.5.1}$$

因此，我们可以将函数在一点可导说成可微，也可以将可微说成可导而不加以区分. 求函数的导数与求函数的微分的方法都可称为 **微分法**. 研究函数导数或

微分的问题都称为微分学. 但是导数和微分是两个不同的概念, 不能混为一谈. 导数 $f'(x_0)$ 是函数 $f(x)$ 在 x_0 处的变化率, 而微分 $\mathrm{d}y|_{x=x_0}$ 是 $f(x)$ 在 x_0 处增量 Δy 的线性主部, 导数的值只与 x 有关, 微分的值既与 x 有关, 又与 Δx 有关.

若 $y=f(x)$ 在区间 I 内的每一点都可微, 称函数 $y=f(x)$ 在区间 I 内可微, 对于 $x\in I$, 有

$$\mathrm{d}y=f'(x)\Delta x.$$

对于特殊的函数 $y=x$ 来说, $y'=1$, 从而

$$\mathrm{d}y=\Delta x,$$

即

$$\mathrm{d}x=\Delta x.$$

所以自变量 x 的增量 Δx 就是自变量 x 的微分 $\mathrm{d}x$. 因此, 函数 $y=f(x)$ 的微分可以写成

$$\mathrm{d}y=f'(x)\mathrm{d}x. \tag{3.5.2}$$

将式 (3.5.2) 两端除以 $\mathrm{d}x$, 有

$$\frac{\mathrm{d}y}{\mathrm{d}x}=f'(x).$$

因此, 函数 $y=f(x)$ 在点 x 处的导数 $f'(x)$ 就是函数的微分 $\mathrm{d}y$ 与自变量微分 $\mathrm{d}x$ 的商, 所以导数又叫做 **微商**.

利用微分的商来计算某些函数导数是很方便的. 例如, 若函数是由参数方程

$$\begin{cases}x=\varphi(t),\\ y=\psi(t)\end{cases}$$

所确定, 当 $\varphi(t),\psi(t)$ 都可导, 且 $\varphi'(t)\neq 0$ 时, 有

$$\frac{\mathrm{d}y}{\mathrm{d}x}=\frac{\mathrm{d}\psi(t)}{\mathrm{d}\varphi(t)}=\frac{\psi'(t)\mathrm{d}t}{\varphi'(t)\mathrm{d}t}=\frac{\psi'(t)}{\varphi'(t)}.$$

这就是 3.4 节介绍的由参数方程所确定的函数的求导公式.

例 3.5.2 求函数 $y=x^2$ 在 $x=2,\Delta x=0.01$ 时的增量与微分.

解 $\Delta y=(x+\Delta x)^2-x^2=2.01^2-2^2=0.0401,$

而

$$\mathrm{d}y=\left(x^2\right)'\Delta x=2x\Delta x,$$

所以

$$\mathrm{d}y\Big|_{\substack{x=2\\ \Delta x=0.01}}=2\times 2\times 0.01=0.04.$$

3-3 微分的概念

例 3.5.3 求函数 $y=\sqrt{3-2x}$ 的微分.

解 由

$$y'=\frac{(3-2x)'}{2\sqrt{3-2x}}=\frac{-1}{\sqrt{3-2x}}$$

和式 (3.5.2) 有

$$\mathrm{d}y=y'\mathrm{d}x=-\frac{1}{\sqrt{3-2x}}\mathrm{d}x.$$

3.5.2 微分的几何意义

为了加深对微分概念的理解, 我们来讨论微分的几何意义.

在直角坐标系中, 函数 $y=f(x)$ ($f(x)$ 可微) 的图形是一条曲线, 对于某一固定的点 x_0, 在曲线上确定一个定点 $M_0(x_0,y_0)$, 其中 $y_0=f(x_0)$. 当自变量 x 在 x_0 处有微小增量 Δx 时, 函数 y 的增量为 Δy, 相应地得到曲线上的另一点 $M\,(x_0+\Delta x,y_0+\Delta y)$(图 3.8).

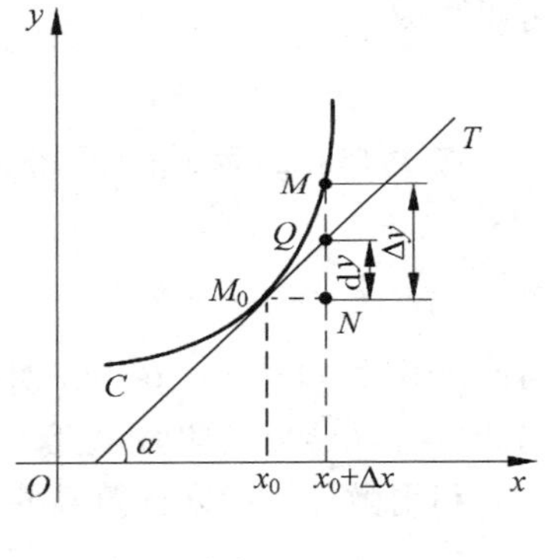

图 3.8

过点 M_0 作曲线的切线 M_0T, 它的倾角为 α, 则

$$M_0N=\Delta x,$$

$$NM=\Delta y,$$

$$NQ=M_0N\tan\alpha=f'(x_0)\cdot\Delta x.$$

因此, 线段 NQ 就是函数 $f(x)$ 在 x_0 处的微分, 即

$$\mathrm{d}y|_{x=x_0}=NQ.$$

也就是说, 函数 $y=f(x)$ 在点 x_0 处的微分就是曲线 $y=f(x)$ 在点 $M_0\,(x_0,f(x_0))$ 处的切线上点的纵坐标相应于自变量有增量 Δx 时而取得的增量. 从几何直观上我们就可以注意到, 当 $|\Delta x|$ 很小时, $|\Delta y-\mathrm{d}y|=|QM|$ 要比 $|\Delta x|$ 小得多. 因此, 用微分 $\mathrm{d}y$ 代替 Δy, 实际上就是在点 M_0 附近用切线 (直线)M_0T 来代替曲线 $y=f(x)$.

3.5.3　微分的计算

对于可微函数 $y=f(x)$ 而言，要计算它的微分，只需计算出它的导数 $f'(x)$，然后利用公式

$$\mathrm{d}y=f'(x)\mathrm{d}x$$

求出即可.

利用导数与微分的关系，我们还可以得到如下的微分公式与微分法则，利用这些公式和法则也可以直接求出函数的微分.

1. 基本初等函数的微分公式

由基本初等函数的导数公式，可以直接得到基本初等函数的微分公式，列表如下：

基本初等函数的求导公式	基本初等函数的微分公式
(1) $(C)'=0$ (C为常数)	(1) $\mathrm{d}C=0$ (c 为常数)
(2) $(x^\mu)'=\mu x^{\mu-1}$	(2) $\mathrm{d}x^\mu=\mu x^{\mu-1}\mathrm{d}x$
(3) $(\sin x)'=\cos x$	(3) $\mathrm{d}\sin x=\cos x\mathrm{d}x$
(4) $(\cos x)'=-\sin x$	(4) $\mathrm{d}\cos x=-\sin x\mathrm{d}x$
(5) $(\tan x)'=\sec^2 x$	(5) $\mathrm{d}\tan x=\sec^2 x\mathrm{d}x$
(6) $(\cot x)'=-\csc^2 x$	(6) $\mathrm{d}\cot x=-\csc^2 x\mathrm{d}x$
(7) $(\sec x)'=\sec x\tan x$	(7) $\mathrm{d}\sec x=\sec x\tan x\mathrm{d}x$
(8) $(\csc x)'=-\csc x\cot x$	(8) $\mathrm{d}\csc x=-\csc x\cot x\mathrm{d}x$
(9) $(a^x)'=a^x\ln a$	(9) $\mathrm{d}a^x=a^x\ln a\mathrm{d}x$
(10) $(\mathrm{e}^x)'=\mathrm{e}^x$	(10) $\mathrm{d}\mathrm{e}^x=\mathrm{e}^x\mathrm{d}x$
(11) $(\log_a x)'=\dfrac{1}{x\ln a}$	(11) $\mathrm{d}\log_a x=\dfrac{1}{x\ln a}\mathrm{d}x$
(12) $(\ln x)'=\dfrac{1}{x}$	(12) $\mathrm{d}\ln x=\dfrac{1}{x}\mathrm{d}x$
(13) $(\arcsin x)'=\dfrac{1}{\sqrt{1-x^2}}$	(13) $\mathrm{d}\arcsin x=\dfrac{1}{\sqrt{1-x^2}}\mathrm{d}x$
(14) $(\arccos x)'=\dfrac{-1}{\sqrt{1-x^2}}$	(14) $\mathrm{d}\arccos x=\dfrac{-1}{\sqrt{1-x^2}}\mathrm{d}x$
(15) $(\arctan x)'=\dfrac{1}{1+x^2}$	(15) $\mathrm{d}\arctan x=\dfrac{1}{1+x^2}\mathrm{d}x$
(16) $(\mathrm{arccot} x)'=\dfrac{-1}{1+x^2}$	(16) $\mathrm{d}\,\mathrm{arccot}\, x=\dfrac{-1}{1+x^2}\mathrm{d}x$

2. 函数的四则运算微分法则

由函数导数的四则运算法则可得相应的微分四则运算法则，对照列表如下(设 $u=u(x),v=v(x)$ 都可导)：

导数的四则运算法则	微分四则运算法则
(1) $(u\pm v)'=u'\pm v'$ (2) $(Cu)'=Cu'$ (C为常数) (3) $(uv)'=u'v+uv'$ (4) $\left(\dfrac{u}{v}\right)=\dfrac{u'v-uv'}{v^2}$ $(v\neq 0)$	(1) $\mathrm{d}(u\pm v)=\mathrm{d}u\pm\mathrm{d}v$ (2) $\mathrm{d}(Cu)=C\mathrm{d}u$ (C 为常数) (3) $\mathrm{d}(uv)=v\mathrm{d}u+u\mathrm{d}v$ (4) $\mathrm{d}\left(\dfrac{u}{v}\right)=\dfrac{v\mathrm{d}u-u\mathrm{d}v}{v^2}$ $(v\neq 0)$

下面只对商的微分公式给出证明，其他微分公式都有类似的证明方法.

由微分与导数之间的关系有

$$\mathrm{d}\left(\frac{u}{v}\right)=\left(\frac{u}{v}\right)'\mathrm{d}x.$$

再由导数公式有

$$\left(\frac{u}{v}\right)'=\frac{u'v-uv'}{v^2},$$

于是

$$\begin{aligned}\mathrm{d}\left(\frac{u}{v}\right)&=\frac{u'v-uv'}{v^2}\mathrm{d}x\\&=\frac{u'v\mathrm{d}x-uv'\mathrm{d}x}{v^2}.\end{aligned}$$

由于

$$\mathrm{d}u=u'\mathrm{d}x,\quad \mathrm{d}v=v'\mathrm{d}x,$$

所以

$$\mathrm{d}\left(\frac{u}{v}\right)=\frac{v\mathrm{d}u-u\mathrm{d}v}{v^2}.$$

3. 复合函数的微分法则

与链锁规则相对应，复合函数有如下微分法则：

设函数 $y=f(u)$ 和 $u=\varphi(x)$ 都可微，则复合函数 $y=f[\varphi(x)]$ 的微分为

$$\mathrm{d}y=y'\mathrm{d}x=f'[\varphi(x)]\varphi'(x)\mathrm{d}x.$$

由于 $\varphi'(x)\mathrm{d}x=\mathrm{d}\varphi(x)=\mathrm{d}u$, 所以复合函数 $y=f[\varphi(x)]$ 的微分也可以写成

$$\mathrm{d}y=f'(u)\mathrm{d}u.$$

注意到上式中 u 是一个中间变量 $(u=\varphi(x))$, 如果 u 是自变量时，函数 $y=f(u)$ 的微分也是上述形式. 由此可见，不管 u 是自变量还是关于另一个变量的可微函数， $y=f(u)$ 的微分形式

$$\mathrm{d}y=f'(u)\mathrm{d}u$$

总是不变的. 这一性质称为一阶微分 **形式不变性**. 计算复合函数的导数或微分时要经常用到这一结论.

综上所述, 我们有了基本初等函数的微分公式、函数的四则运算微分法则和复合函数的微分法则, 原则上就可以求出所有初等函数的微分了.

例 3.5.4 设 $y=\mathrm{e}^{x^2+3x}$, 求 $\mathrm{d}y$.

解 方法 1 由于 $y'=(2x+3)\mathrm{e}^{x^2+3x}$, 所以

$$\mathrm{d}y=(2x+3)\mathrm{e}^{x^2+3x}\mathrm{d}x.$$

方法 2 利用微分形式不变性, 将 x^2+3x 看作中间变量 u, 则

$$\mathrm{d}y=\mathrm{d}\left(\mathrm{e}^u|_{u=x^2+3x}\right)=\mathrm{e}^u\mathrm{d}u|_{u=x^2+3x}=\mathrm{e}^{x^2+3x}\mathrm{d}(x^2+3x)=(2x+3)\mathrm{e}^{x^2+3x}\mathrm{d}x.$$

计算熟练后, 中间变量过程可以不写出来.

例 3.5.5 设 $y=\sin\sqrt{1-x^2}$, 求 $\mathrm{d}y$ 和 y'.

解

$$\begin{aligned}\mathrm{d}y&=\mathrm{d}(\sin\sqrt{1-x^2})=\cos\sqrt{1-x^2}\mathrm{d}\sqrt{1-x^2}\\&=\cos\sqrt{1-x^2}\frac{1}{2\sqrt{1-x^2}}\mathrm{d}(1-x^2)\\&=\cos\sqrt{1-x^2}\frac{-x}{\sqrt{1-x^2}}\mathrm{d}x,\end{aligned}$$

故

$$y'=\frac{-x}{\sqrt{1-x^2}}\cos\sqrt{1-x^2}.$$

例 3.5.6 设 $y=\mathrm{e}^{-x}\cos 3x$, 求 $\mathrm{d}y$.

解

$$\begin{aligned}\mathrm{d}y&=\mathrm{d}(\mathrm{e}^{-x}\cos 3x)=\cos 3x\mathrm{d}(\mathrm{e}^{-x})+\mathrm{e}^{-x}\mathrm{d}\cos 3x\\&=\cos 3x\cdot\mathrm{e}^{-x}\mathrm{d}(-x)+\mathrm{e}^{-x}(-\sin 3x)\mathrm{d}(3x)\\&=(-\cos 3x\cdot\mathrm{e}^{-x}-3\mathrm{e}^{-x}\sin 3x)\mathrm{d}x.\end{aligned}$$

例 3.5.7 求由方程 $y+x\mathrm{e}^y=1$ 所确定的隐函数 $y=y(x)$ 的微分 $\mathrm{d}y$.

解 方程两端分别求微分, 有

$$\begin{aligned}&\mathrm{d}y+\mathrm{d}(x\mathrm{e}^y)=0,\\&\mathrm{d}y+\mathrm{e}^y\mathrm{d}x+x\mathrm{d}\mathrm{e}^y=0,\end{aligned}$$

即

$$\mathrm{d}y+\mathrm{e}^y\mathrm{d}x+x\mathrm{e}^y\mathrm{d}y=0.$$

解出 $\mathrm{d}y$, 得

$$\mathrm{d}y=\frac{-\mathrm{e}^y}{1+x\mathrm{e}^y}\mathrm{d}x.$$

3.5.4 微分在近似计算中的应用

在一些工程问题与经济问题中，经常需要计算一些复杂函数的取值，直接计算将是很困难的. 利用微分往往可将复杂的计算公式用简单的计算公式来近似代替.

通过前面的讨论知，当 $|\Delta x|$ 很小时，有近似公式

$$\Delta y \approx \mathrm{d}y = f'(x_0)\Delta x,$$

即

$$f(x_0+\Delta x)-f(x_0) \approx f'(x_0)\Delta x.$$

令 $x=x_0+\Delta x$, 即 $\Delta x = x-x_0$, 则上式可写成

$$f(x)-f(x_0) \approx f'(x_0)(x-x_0),$$

移项得

$$f(x) \approx f(x_0)+f'(x_0)(x-x_0). \tag{3.5.3}$$

上式的意义在于，欲求 $y=f(x)$ 在点 x 的值，当此值不易计算，而 $f(x_0), f'(x_0)$ 易计算且 x 在 x_0 附近时，可通过式 (3.5.3) 近似地求得 $f(x)$ 的值.

从几何上看，式 (3.5.3) 左端为曲线 $y=f(x)$, 右端 $y=f(x_0)+f'(x_0)(x-x_0)$ 是曲线 $y=f(x)$ 在点 $(x_0, f(x_0))$ 处的切线. 式 (3.5.3) 表明，在切点 $(x_0, f(x_0))$ 附近，切线可以近似代替曲线.

若在式 (3.5.3) 中取 $x_0=0$, 有

$$f(x) \approx f(0)+f'(0)x. \tag{3.5.4}$$

其中 $|x|$ 很小. 应用式 (3.5.4) 可得工程上常用的几个近似计算公式 (下面均假定 $|x|$ 很小)：

(1) $\sqrt[n]{1+x} \approx 1+\dfrac{1}{n}x$;

(2) $\sin x \approx x$;

(3) $\tan x \approx x$;

(4) $\mathrm{e}^x \approx 1+x$;

(5) $\ln(1+x) \approx x$.

例如， $\sqrt[3]{1.02} \approx 1+\dfrac{1}{3}\times 0.02 = 1.0067$, $\ln(1.015) \approx 0.015$.

例 3.5.8 一个内直径为 10cm 的球壳体，球壳的厚度为 $\dfrac{1}{16}$cm. 试求球壳体体积的近似值.

解 半径为 r 的球体体积为

$$V=f(r)=\frac{4}{3}\pi r^3.$$

这里 $r = 5\text{cm}, \Delta r = \dfrac{1}{16}\text{cm}, \Delta V = f(r+\Delta r) - f(r)$ 就是球壳体的体积 (单位: cm^3), 用 $\mathrm{d}V$ 作为其近似值，则

$$\mathrm{d}V = f'(r)\mathrm{d}r = 4\pi r^2 \mathrm{d}r = 4\pi \times 5^2 \times \frac{1}{16} \approx 19.63.$$

所以球壳体体积的近似值为 19.63cm^3.

习　题　3.5

1. 思考题

(1) 设函数 $f(x)$ 在 x_0 点可微，$f(x)$ 在 x_0 点是否连续？为什么？

(2) 设函数 $f(x)$ 在 x_0 点连续，$f(x)$ 在 x_0 点是否可微？为什么？

2. 求 $y = x^3 - x$ 在点 $x_0 = 2$ 处，当 (1) $\Delta x = 0.1$; (2) $\Delta x = 0.01$ 时的增量与微分.

3. 求下列函数的微分：

(1) $y = \sqrt{1+x^2}$;　　(2) $y = x\cos 2x$;

(3) $y = \ln(\mathrm{e}^{2x} - 1)$;　　(4) $y = x^2\mathrm{e}^{2x}$;

(5) $y = \dfrac{x}{\sqrt{x^2+1}}$;　　(6) $y = \ln\tan\dfrac{x}{2}$;

(7) $y = \mathrm{e}^{-x}\cos(3-x)$;　　(8) $y = \ln(x+\sqrt{1+x^2}) + \arctan\dfrac{x}{2}$.

4. 在下列各题的括号内填入一个适当的函数：

(1) $\mathrm{d}(\quad) = 5\mathrm{d}x$;　　(2) $\mathrm{d}(\quad) = 5x\mathrm{d}x$;

(3) $\mathrm{d}(\quad) = \sin 3x\mathrm{d}x$;　　(4) $\mathrm{d}(\quad) = \mathrm{e}^{-3x}\mathrm{d}x$;

(5) $\mathrm{d}(\quad) = \dfrac{1}{1+x}\mathrm{d}x$;　　(6) $\mathrm{d}(\quad) = \dfrac{1}{\sqrt{x}}\mathrm{d}x$;

(7) $\mathrm{d}(\quad) = \sec^2 2x\mathrm{d}x$;　　(8) $\mathrm{d}(\quad) = \csc^2 4x\mathrm{d}x$.

5. 求由方程 $\mathrm{e}^x - xy - \mathrm{e}^y = 0$ 所确定的隐函数 $y = y(x)$ 在点 $(0,0)$ 处的微分 $\mathrm{d}y\big|_{(0,0)}$.

6. 求下列各式的近似值：

(1) $\sin 30°30'$;　(2) $\sqrt[3]{996}$;　(3) $\ln 0.998$;　(4) $\arctan 1.02$.

7. 半径为 10cm 的金属圆片加热后，其半径伸长了 0.05cm, 求其面积增大的精确值与近似值.

8. 证明当 $|x|$ 很小时，$\ln(1+x) \approx x$.

3.6 导数在经济分析中的意义

由导数的概念知道，函数在某点处的导数就是函数在该点处的变化率.

在经济分析中，经常需要使用变化率的概念来描述一个变量 y 关于另一个变量 x 的变化情况，而变化率又分平均变化率与瞬间变化率. 平均变化率表示变量 x 在某一个范围内取值时 y 的变化情况，例如，我们常用的年产量平均变化率、利润的平均变化率、成本的平均变化率等. 瞬间变化率表示变量 x 在某一个取值的"边缘上"变化时， y 的变化情况，即当 x 在某一给定值附近发生微小变化时， y 的变化情况，也称为函数 y 在该定值处的边际.

3.6.1 边际分析

如果函数 $y=f(x)$ 在点 x_0 处可导, 则 $f(x)$ 在 $(x_0,x_0+\Delta x)$(或 $(x_0+\Delta x,x_0)$) 内的平均变化率为

$$\frac{f(x_0+\Delta x)-f(x_0)}{\Delta x}=\frac{\Delta y}{\Delta x};$$

在 x_0 处的瞬间变化率为

$$\lim_{\Delta x\to 0}\frac{\Delta y}{\Delta x}=\lim_{\Delta x\to 0}\frac{f(x_0+\Delta x)-f(x_0)}{\Delta x}=f'(x_0).$$

在经济分析中，称 $f'(x_0)$ 为 $f(x)$ 在 $x=x_0$ 处的 **边际函数值**.

设在点 $x=x_0$ 处, x 从 x_0 处改变一个单位时, 函数 y 的增量 $\Delta y=f(x_0+1)-f(x_0)$(其中 $\Delta x=1$). 由微分的应用知道， Δy 的近似值为

$$\Delta y\approx \mathrm{d}y\Bigg|_{\substack{x=x_0\\ \Delta x=1}}=f'(x)\Delta x\Bigg|_{\substack{x=x_0\\ \Delta x=1}}=f'(x_0)$$

(若 $\Delta x=-1$, 标志着 x 由 x_0 处减少一个单位).

这说明 $f(x)$ 在点 $x=x_0$ 处，当 x 改变一个单位时， y 近似改变 $f'(x_0)$ 个单位. 在具体经济问题中解释边际函数值时，一般都省略"近似"二字，于是，有如下定义：

定义 3.6.1 设函数 $y=f(x)$ 为可导函数，称导数 $f'(x)$ 为 $f(x)$ 的 **边际函数**. $f'(x)$ 在点 x_0 处的值 $f'(x_0)$ 为 **边际函数值**. 即：当 $x=x_0$ 时， x 改变一个单位， y 改变 $f'(x_0)$ 个单位.

例如，设 $y=3-2x^2$, 则 $y'=-4x$, $y'|_{x=5}=-20$. 该值表明：当 $x=5$ 时, x 改变一个单位， y 改变 -20 个单位. x 增加一个单位， y 增加 -20 个单位, 也就是减少 20 个单位.

经济分析中，有下面几个常用的边际函数.

1. 边际成本

总成本 $C=C(Q)$ 的导数

$$C'(Q)=\lim_{\Delta Q\to 0}\frac{C(Q+\Delta Q)-C(Q)}{\Delta Q}$$

称为 **边际成本**.

对于大多数的实际问题，产品的产量只取整数单位，一个单位的变化是最小的变化．边际成本 $C'(Q)$ 应表示当已生产了 Q 个单位产品时，再增加一个单位产品使总成本增加的数量.

一般情况下，总成本 $C(Q)$ 等于固定成本 C_0 与可变成本 $C_1(Q)$ 之和．即

$$C(Q)=C_0+C_1(Q).$$

边际成本

$$C'(Q)=[C_0+C_1(Q)]'=C_1'(Q).$$

因此，边际成本与固定成本无关，只与可变成本有关.

例 3.6.1 设生产某种产品 Q 个单位的总成本为

$$C(Q)=100+\frac{Q^2}{4},$$

求当 $Q=10$ 时的总成本、平均成本及边际成本，并解释边际成本的经济意义.

解 由 $C(Q)=100+\dfrac{Q^2}{4}$ 有

$$C'(Q)=\frac{Q}{2},\quad \overline{C}=\frac{100}{Q}+\frac{Q}{4}.$$

因此，当 $Q=10$ 时，总成本为 $C(10)=125$, 平均成本 $\overline{C}(10)=12.5$, 边际成本为 $C'(10)=5$.

它表示当产量为 10 个单位时，再增加一个单位，成本需再增加 5 个单位 (或产量减少一个单位，成本将减少 5 个单位).

平均成本 $\overline{C}(Q)$ 的导数

$$\overline{C}'(Q)=\left(\frac{C(Q)}{Q}\right)'=\frac{QC'(Q)-C(Q)}{Q^2}$$

称为 **平均边际成本**.

2. 边际收益

总收益函数 $R=R(Q)$ 的导数

$$R'(Q)=\lim_{\Delta Q\to 0}\frac{R(Q+\Delta Q)-R(Q)}{\Delta Q}$$

称为 **边际收益**. 它表示销售 Q 个单位产品后，再销售一个单位的产品所增加的收益.

若已知需求函数 $P=P(Q)$, 其中 P 为价格，Q 为销售量，则总收益 $R(Q)=QP=QP(Q)$, 边际收益为 $R'(Q)=P(Q)+QP'(Q)$.

例 3.6.2 设某产品的需求函数为 $P=20-\dfrac{Q}{5}$, 其中 P 为价格，Q 为销售量，求：

(1) 销售量为 15 个单位时的总收益、平均收益与边际收益.

(2) 求销售量从 15 个单位增加到 20 个单位时，收益的平均变化率.

解 (1) 总收益

$$R(Q)=QP(Q)=20Q-\frac{Q^2}{5}.$$

销售了 15 个单位时，总收益 $R(15)=255$. 平均收益 $\overline{R}(15)=\left.\dfrac{R(Q)}{Q}\right|_{Q=15}=17$.

边际收益

$$R'(15)=\left.\left(20Q-\frac{Q^2}{5}\right)'\right|_{Q=15}=14.$$

(2) 当销售量从 15 个单位增加到 20 个单位时，收益的平均变化率为

$$\frac{\Delta R}{\Delta Q}=\frac{R(20)-R(15)}{20-15}=\frac{320-255}{5}=13.$$

3. 边际利润

总利润函数 $L=L(Q)$ 的导数

$$L'(Q)=\lim_{\Delta Q\to 0}\frac{L(Q+\Delta Q)-L(Q)}{\Delta Q}$$

称为 **边际利润**. 它表示若已经生产了 Q 个单位的产品，再多生产一个单位的产品总利润的增加量.

一般情况下，总利润 $L(Q)$ 等于总收益函数 $R(Q)$ 与总成本函数 $C(Q)$ 之差，即 $L(Q)=R(Q)-C(Q)$, 故边际利润为

$$L'(Q)=R'(Q)-C'(Q).$$

也就是说边际利润是边际收益与边际成本之差.

例 3.6.3 某企业生产某种产品，每天的总利润 L(单位：元) 与产量 Q(单位：t) 的函数关系为

$$L(Q)=250Q-5Q^2$$

试求当每天生产 10t 、 20t 、 25t 、 35t 时的边际利润，并说明其经济意义.

解 由已知可得

$$L'(Q)=250-10Q,$$

因此，每天生产 10t 、 20t 、 25t 、 35t 时的边际利润分别是

$$\begin{aligned}&L'(10)=250-10\times 10=150;\\&L'(20)=250-10\times 20=50;\\&L'(25)=250-10\times 25=0;\\&L'(35)=250-10\times 35=-100.\end{aligned}$$

其经济意义为： $L'(10)=150$ 表示当每天产量在 10t 的基础上再增加 1t 时，总利润将增加 150 元； $L'(20)=50$ 表示当每天产量在 20t 的基础上再增加 1t 时，总利润将增加 50 元； $L'(25)=0$ 表示当每天产量在 25t 的基础上再增加 1t 时，总利润没有增加； $L'(35)=-100$ 表示当每天产量在 35t 的基础上再增加 1t 时，总利润将减少 100 元.

通过此例可见，若 $L'(Q)>0$, 则在产量 Q 的基础上再增加 1t 时，总利润将有所增加. 若 $L'(Q)<0$, 则在产量 Q 的基础上再增加 1t 时，总利润将有所减少. 对企业来说，并非产量越大，利润也就越大，什么时候利润才能达到最大？这个问题将在第 4 章再详细讨论.

4. 边际需求

若 $Q=f(P)$ 是需求函数，则需求量 Q 对价格 P 的导数

$$\frac{\mathrm{d}Q}{\mathrm{d}P}=f'(P)=\lim_{\Delta P\to 0}\frac{f(P+\Delta P)-f(P)}{\Delta P}$$

称为 **边际需求函数**.

$Q=f(P)$ 的反函数 $P=f^{-1}(Q)$ 也称为价格函数，它的导数

$$\frac{\mathrm{d}P}{\mathrm{d}Q}=\frac{1}{\dfrac{\mathrm{d}Q}{\mathrm{d}P}}=\frac{1}{f'(P)}$$

称为 **边际价格函数**, 它与边际需求函数互为倒数.

边际需求函数 $f'(P)$ 的经济意义是：当产品的价格在 P 的基础上上涨 (或下降) 一个单位时，需求量 Q 将增加 (或减少)$f'(P)$ 个单位.

3.6.2　弹性分析

在边际分析中讨论的函数改变量与函数变化率是绝对改变量与绝对变化率. 在处理某些实际问题时仅讨论这些是不够的. 例如, A 种商品单价 10 元, 涨价 1 元; B 种商品单价 1000 元, 也涨价 1 元. 两种商品的价格的绝对改变量都是 1 元, 但相对改变量却相差很多, 与各自原价相比, 它们涨价的比率分别是 10% 和 0.1%, 差别很大. 因此, 有必要讨论相对改变量与相对变化率.

定义 3.6.2　设函数 $y=f(x)$ 在点 x_0 处可导, 函数的相对改变量 $\Delta y/y_0=[f(x_0+\Delta x)-f(x_0)]/f(x_0)$ 与自变量的相对改变量 $\Delta x/x_0$ 之比

$$\frac{\Delta y/y_0}{\Delta x/x_0}$$

称为函数 $f(x)$ 在 x_0 与 $x_0+\Delta x$ **两点间的相对变化率**, 或称为 **两点间的弹性**.

当 $\Delta x\to 0$ 时, $\dfrac{\Delta y/y_0}{\Delta x/x_0}$ 的极限称为函数 $f(x)$ 在点 x_0 处的 **相对变化率**, 或称为 **弹性**, 记作

$$\left.\frac{Ey}{Ex}\right|_{x=x_0}\quad 或\quad \frac{E}{Ex}f(x_0).$$

即

$$\left.\frac{Ey}{Ex}\right|_{x=x_0}=\lim_{\Delta x\to 0}\frac{\Delta y/y_0}{\Delta x/x_0}=\lim_{\Delta x\to 0}\left(\frac{\Delta y}{\Delta x}\cdot\frac{x_0}{y_0}\right)=f'(x_0)\frac{x_0}{f(x_0)}.$$

当 x_0 较大而 Δx 较小时,

$$\frac{\Delta y/y_0}{\Delta x/x_0}=\frac{\Delta y}{\Delta x}\cdot\frac{x_0}{y_0}\approx f'(x_0)\frac{x_0}{f(x_0)}=\frac{E}{Ex}f(x_0),$$

即可以用 $\dfrac{E}{Ex}f(x_0)$ 近似代替 $\dfrac{\Delta y/y_0}{\Delta x/x_0}$.

函数 $f(x)$ 在点 x_0 处的弹性反映在点 x_0 处随 x 的变化 $f(x)$ 的变化幅度的大小, 也就是 $f(x)$ 对 x 变化反应的强烈程度或灵敏度. 具体地, $\dfrac{E}{Ex}f(x_0)$ 表示在点 x_0 处, 当 x 改变 1% 时, $f(x)$ 近似地改变 $\dfrac{E}{Ex}f(x_0)\%$. 在应用问题中解释弹性的具体意义时我们还是略去“近似”二字.

对于一般的 x, 如果 $y=f(x)$ 可导, 且 $f'(x)\neq 0$, 则有

$$\frac{Ey}{Ex}=\lim_{\Delta x\to 0}\frac{\Delta y/y}{\Delta x/x}=\lim_{\Delta x\to 0}\left(\frac{\Delta y}{\Delta x}\cdot\frac{x}{y}\right)=f'(x)\frac{x}{f(x)},$$

它是 x 的函数, 称为 $f(x)$ 的 **弹性函数**.

例 3.6.4　设 $y=1600\times\left(\dfrac{1}{4}\right)^x$, 求弹性函数 $\dfrac{Ey}{Ex}$ 和 $\left.\dfrac{Ey}{Ex}\right|_{x=10}$.

解

$$y' = 1600\left(\frac{1}{4}\right)^x \cdot \ln\left(\frac{1}{4}\right),$$

$$\frac{Ey}{Ex} = y'\frac{x}{y} = 1600\left(\frac{1}{4}\right)^x \ln\frac{1}{4} \cdot \frac{x}{1600(\frac{1}{4})^x}$$

$$= -x\ln 4 \approx -1.39x.$$

$$\left.\frac{Ey}{Ex}\right|_{x=10} = -13.9.$$

它表示在点 x_0 处，自变量 x 增加 1% 时，函数值 y 下降 13.9%; 反之，若 x 下降 1%, y 将增加 13.9%.

在经济分析中经常用到的是需求函数和供给函数对价格的弹性.

设某商品的需求函数 $Q = f(P)$ 在 $P = P_0$ 处可导，$Q_0 = f(P_0)$, 由于一般情形下 $Q = f(P)$ 单调减少，ΔP 和 ΔQ 符号相反，而 P_0 为正数，故 $\frac{\Delta Q}{Q_0}\bigg/\frac{\Delta P}{P_0}$ 和 $f'(P_0)\frac{P_0}{f(P_0)}$ 均非正数，为了用正数表示弹性，我们称

$$\overline{\eta}(P_0, P_0 + \Delta P) = -\frac{\Delta Q}{\Delta P} \cdot \frac{P_0}{Q_0}$$

为该商品在 P_0 和 $P_0 + \Delta P$ **两点间的需求弹性**, 称

$$\eta|_{P=P_0} = \eta(P_0) = -f'(P_0)\frac{P_0}{f(P_0)}$$

为该商品在点 P_0 处的 **需求的价格弹性**, 简称为 **需求弹性**.

设某商品的供给函数 $Q = \varphi(P)$ 在点 P_0 处可导，分别称

$$\overline{\varepsilon}(P_0, P_0 + \Delta P) = \frac{\Delta Q}{\Delta P} \cdot \frac{P_0}{Q_0}$$

和

$$\varepsilon|_{P=P_0} = \varepsilon(P_0) = \varphi'(P_0)\frac{P_0}{\varphi(P_0)}$$

为该商品在 P_0 和 $P_0 + \Delta P$ **两点间的供给弹性** 和在 P_0 处的 **供给的价格弹性**, 简称为 **供给弹性**.

例 3.6.5 已知某商品的需求函数为 $Q = \frac{1200}{P}$, 求:

(1) $\overline{\eta}(30, 25)$, $\overline{\eta}(30, 32)$;

(2) $\eta(P)$ 和 $\eta(30)$.

解 (1) 已知 $P_0 = 30$, 则 $Q_0 = \frac{1200}{P_0} = 40$.

当 $P = 25$ 时，$Q = \frac{1200}{P} = 48$, 故

$$\Delta P = P - P_0 = -5,\ \Delta Q = Q - Q_0 = 8,$$

$$\overline{\eta}(30,25) = -\frac{\Delta Q}{\Delta P}\cdot\frac{P_0}{Q_0} = -\frac{8}{-5}\times\frac{30}{40} = 1.2,$$

表示当商品价格 P 从 30 降至 25 时，在该区间内， P 从 30 每降低 1%, 需求量 Q 从 40 平均增加 1.2%.

当 $P = 32$ 时， $Q = 37.5$, 故

$$\Delta P = 2,\ \Delta Q = -2.5,$$

$$\overline{\eta}(30,32) = -\frac{-2.5}{2}\times\frac{30}{40} = 0.9375,$$

它表示当商品价格 P 从 30 增至 32 时，在该区间内， P 从 30 每增加 1%, 需求量 Q 从 40 平均减少 0.9375%.

(2) 由于 $f'(P) = -\dfrac{1200}{P^2}$, 所以

$$\eta(P) = -f'(P)\frac{P}{f(P)} = -\left(-\frac{1200}{P^2}\right)\cdot\frac{P}{\dfrac{1200}{P}} = 1.$$

故

$$\eta(30) = 1.$$

它表示在 $P = 30$ 时，价格上涨 1%, 需求则减少 1%; 价格下跌 1%, 需求则增加 1%.

当函数的弹性函数为常数时，称为 **不变弹性函数**. 本例中 $\eta(P)$ 是不变弹性函数.

在经济分析中，通常认为某种商品的需求弹性对总收益有直接的影响. 根据需求弹性的大小，可分为下面三种情况：

(1) 若商品的需求量对价格的弹性 $\eta > 1$, 则称该商品的需求量对价格富有弹性. 即价格变化将引起需求量的较大变化. 若将其价格提高 10%, 则其需求量下降超过 10%, 因而总收益减少; 反之，若将其价格下降 10%, 则其需求量增加将会超过 10%, 因而总收益会增加. 即对富有弹性的商品，减价会使总收益增加，提价反而使总收益下降.

(2) 若需求量对价格的弹性 $\eta = 1$, 则称该商品具有单位弹性. 其价格上涨的百分数与需求下降的百分数相同，提价或降价使总收益不变.

(3) 若需求量对价格的弹性 $\eta < 1$, 则称该商品需求量对价格缺乏弹性，价格变化只能引起需求量的微小变化. 若将其价格提高 10%, 则需求量减少低于 10%, 因而总收益增加; 反之，若价格下降 10%, 则需求量增加低于 10%, 因而总收益会减少. 即对于缺乏弹性的商品，提价会使总收益增加，减价会使总收益减少.

习 题 3.6

1. 求下列函数的边际函数与弹性函数:

(1) $x^2\mathrm{e}^{-x}$; (2) $\dfrac{\mathrm{e}^x}{x}$; (3) $x^a\mathrm{e}^{-b(x+c)}$.

2. 设某商品的总收益 R 关于销售量 Q 的函数为

$$R(Q)=104Q-0.4Q^2.$$

求: (1) 销售量为 Q 时的边际收益;

(2) 销售量 $Q=50$ 个单位时的边际收益;

(3) 销售量 $Q=100$ 个单位时总收益对 Q 的弹性.

3. 证明弹性的四则运算法则:

(1) $\dfrac{E[f(x)\pm g(x)]}{Ex}=\dfrac{f(x)\dfrac{Ef(x)}{Ex}\pm g(x)\dfrac{Eg(x)}{Ex}}{f(x)\pm g(x)}$;

(2) $\dfrac{E[f(x)\cdot g(x)]}{Ex}=\dfrac{Ef(x)}{Ex}+\dfrac{Eg(x)}{Ex}$;

(3) $\dfrac{E\left[\dfrac{f(x)}{g(x)}\right]}{Ex}=\dfrac{Ef(x)}{Ex}-\dfrac{Eg(x)}{Ex}$.

4. 设需求量 Q 关于价格 P 的函数为

$$Q=a\mathrm{e}^{-bP}\quad(a>0,b>0).$$

求: (1) 总收益函数、平均收益函数和边际收益函数;

(2) 需求弹性 $\dfrac{EQ}{EP}$.

3-4 第 3 章小结

总 习 题 3

A 题

1. 填空题

(1) 曲线 $y=\begin{cases}x=\mathrm{e}^t\sin 2t,\\ y=\mathrm{e}^t\cos t\end{cases}$ 在 $t=0$ 处的切线方程为 ______, 法线方程为 ______;

(2) 已知 $f'(2)=2$, 则 $\lim\limits_{\Delta x\to 0}\dfrac{f(2-\Delta x)-f(2)}{2\Delta x}=$______;

(3) 若 $f(t)=\lim\limits_{x\to\infty} t\left(1+\dfrac{1}{x}\right)^{2tx}$, 则 $f'(t)=$______;

(4) 设方程 $x=y^y$ 确定 y 是 x 的函数，则 $y'=$______;

(5) 设 $y=f(\ln x)\mathrm{e}^{f(x)}$, 其中 f 可微，则 $\mathrm{d}y=$______.

2. 选择题

(1) 设 $f(x)$ 为可导函数，且满足条件 $\lim\limits_{x\to 0}\dfrac{f(1)-f(1-x)}{2x}=-1$, 则曲线 $y=f(x)$ 在点 $(1,f(1))$ 处的切线的斜率为 (　　).

(A) 2　　(B) -1　　(C) $\dfrac{1}{2}$　　(D) -2

(2) 下列结论成立的是 (　　).

(A) 若 $\lim\limits_{x\to x_0} f'(x)$ 存在，则 $f(x)$ 在 x_0 处可导

(B) 若 $f'(x_0)$ 存在，则 $\lim\limits_{x\to x_0} f'(x)=f'(x_0)$

(C) 若 $f(x)$ 在 x_0 处可导，则 $f(x)$ 在 x_0 处可微

(D) 若 $f(x)$ 在 x_0 处连续，则 $f(x)$ 在 x_0 处可导

(3) 设 $f(x)=\begin{cases}\dfrac{2}{3}x^3, & x\leqslant 1,\\ x^2, & x>1,\end{cases}$ 则 $f(x)$ 在 $x=1$ 处 (　　).

(A) 左、右导数都存在

(B) 左导数存在，但右导数不存在

(C) 左导数不存在，但右导数存在

(D) 左、右导数都不存在

(4) 若曲线 $y=x^2+ax+b$ 和 $2y=-1+xy^3$ 在点 $(1,-1)$ 处相切 (有公共切线), 其中 a,b 是常数，则 (　　).

(A) $a=0,\ b=-2$　　(B) $a=1,\ b=-3$

(C) $a=-1,\ b=-1$　　(D) $a=-3,\ b=1$

3. 若 $\varphi(x)$ 在 $x=a$ 点连续，且 $\varphi(a)\neq 0$, 则下列函数在 $x=a$ 点是否可导？为什么？

(1) $f(x)=|x-a|\,\varphi(x)$;　　(2) $g(x)=(x-a)\varphi(x)$.

4. 设 $f'(x_0)$ 存在，试证明：对常数 α,β 有

$$\lim_{h\to 0}\frac{f(x_0+\alpha h)-f(x_0+\beta h)}{h}=(\alpha-\beta)f'(x_0).$$

5. 讨论 $f(x)=\begin{cases}\dfrac{x}{1+\mathrm{e}^{\frac{1}{x}}}, & x\neq 0,\\ 0, & x=0\end{cases}$ 在 $x=0$ 处的可导性.

6. 若 $f(x)$ 为偶函数，且 $f'(0)$ 存在，证明 $f'(0)=0$.

7. 在抛物线 $y=x^2$ 上哪一点的切线分别满足：(1) 平行于直线 $y=4x-5$; (2) 垂直于直线 $2x-6y+5=0$; (3) 与直线 $3x-y+1=0$ 夹角为 $\dfrac{\pi}{4}$.

8. 求下列函数的导数 (其中 x, y, t 为变量，a, α 为常数)：

(1) $y=\dfrac{\sin x}{x}+\dfrac{\alpha}{\sin\alpha}$;　　(2) $y=x\sin x\ln x$;

(3) $y=a^x x^a\quad(a>0,a\neq 1)$;　　(4) $y=\dfrac{1}{1+\sqrt{t}}+\dfrac{1}{1-\sqrt{t}}$;

(5) $y=2^x(x\sin x+\cos x)$;　　(6) $y=\dfrac{x^5+2x}{\mathrm{e}^x}$;

(7) $y=x\lg x+\lg 2$.

9. 求下列函数的导数：

(1) $y=\sec^3(\ln x)$;　　(2) $y=\mathrm{e}^x+\mathrm{e}^{\mathrm{e}^x}+\mathrm{e}^{\mathrm{e}^{\mathrm{e}^x}}$;

(3) $y=\ln\left(\mathrm{e}^x+\sqrt{1+\mathrm{e}^{2x}}\right)$;　　(4) $y=\left[xf(x^2)\right]^2$,其中 f 为可导函数.

10. 求由下列方程所确定的隐函数 $y=y(x)$ 的导数：

(1) $x^3+y^3-3xy=0$;　　(2) $(\cos x)^y=(\sin y)^x$.

11. 求星形线 $\begin{cases}x=\cos^3 t,\\ y=\sin^3 t\end{cases}$ 上一点 $\left(-\dfrac{\sqrt{2}}{4},\dfrac{\sqrt{2}}{4}\right)$ 处的切线方程和法线方程.

12. 设 $f(x)=x(x-1)(x-2)\cdots(x-100)$, 求 $f'(0)$ 和 $f^{(101)}(x)$.

B 题

1. 讨论函数 $f(x)=\begin{cases}x^\alpha\sin\dfrac{1}{x}, & x>0,\\ 0 & x\leqslant 0\end{cases}$ $(\alpha>0)$ 在 $x=0$ 点的连续性、可导性.

2. 设 $f(x)$ 是定义在 $(-\infty,+\infty)$ 上的函数，$f(x)\neq 0$, $f'(0)=1$, 且对任意 x,y 有 $f(x+y)=f(x)f(y)$, 证明：$f(x)$ 在 $(-\infty,+\infty)$ 内处处可导，且 $f'(x)=f(x)$.

3. 若 $y=y(x)$ 二阶可导，且 $\dfrac{\mathrm{d}x}{\mathrm{d}y}=\dfrac{1}{y'}$, 证明 $\dfrac{\mathrm{d}^2x}{\mathrm{d}y^2}=-\dfrac{y''}{(y')^3}$.

4. 已知 $f(x)=3(x-1)^3+(x-1)^2\left|x-1\right|$, 求 $f'(1)$, $f''(1)$.

5. 求下列函数的导数或微分：

(1) $y=x\arcsin\dfrac{x}{3}+\sqrt{9-x^2}+\ln 2$, 求 $\mathrm{d}y$;

(2) $y=\tan(\mathrm{e}^{-2x}+1)+\cos\dfrac{\pi}{4}$, 求 y';

(3) $y=[\ln(x\mathrm{sec}x)]^2$, 求 $\mathrm{d}y$;

(4) $y=(\cos x)^{\sin x}$, 求 y';

(5) $y=\dfrac{\sqrt{x+2}(2-x)^3}{(1-x)^5}$, 求 y';

(6) $y=\ln\tan\dfrac{x}{2}-\cot x\ln(1+\sin x)$, 求 y'.

6. 设 $f(x),g(x)$ 均可导，求下列函数的导数：

(1) $y=\sqrt{1+f^2(x)+g^2(x)}$;　　(2) $y=\mathrm{e}^{f^2(x)}f\left(\mathrm{e}^{x^2}\right)$.

7. 设 $u=f[\varphi(x)+y^2]$, 其中 x,y 满足方程 $y+\mathrm{e}^y=x$, 且 $f(x)$ 和 $\varphi(x)$ 均可导，求 $\dfrac{\mathrm{d}u}{\mathrm{d}x}$.

8. 设 $\begin{cases}x=3t^2+2t+3,\\ \mathrm{e}^y\sin t-y+1=0,\end{cases}$ 求 $\left.\dfrac{\mathrm{d}y}{\mathrm{d}x}\right|_{t=0}$.

9. 已知 $\begin{cases}x=\ln\left(1+t^2\right),\\ y=t-\arctan t,\end{cases}$ 求 $\dfrac{\mathrm{d}^3y}{\mathrm{d}x^3}$.

10. 验证函数 $y=\mathrm{e}^{-\sqrt{x}}+\mathrm{e}^{\sqrt{x}}$ 满足关系式

$$4xy''+2y'-y=0.$$

11. 过 $(0,0)$ 点作曲线 $y=\mathrm{e}^x$ 的切线，求其切线方程.

12. 求 $\sqrt[10]{1000}$ 的近似值.

13. 设 $f(x)$ 满足 $f(x)+2f\left(\dfrac{1}{x}\right)=\dfrac{3}{x}$, 求 $f'(x)$.

14. 设曲线 $y=f(x)$ 与 $y=\sin x$ 在原点处相切，试求 $\lim\limits_{n\to\infty}n^{\frac{1}{2}}\sqrt{f\left(\dfrac{2}{n}\right)}$ 的值.

15. 设某产品的成本函数和收益函数分别为 $C(x)=100+5x+2x^2$, $R(x)=200x+x^2$, 其中 x 表示产品的产量，求：

(1) 边际成本函数、边际收益函数、边际利润函数；

(2) 已生产并销售 25 个单位产品，第 26 个单位产品会有多少利润？

16. 已知某商品的需求量 Q 是价格 P 的函数：

$$Q=150-2P^2.$$

求：(1) 当 $P=6$ 时的边际需求，并说明其经济意义；

(2) 当 $P=6$ 时的需求弹性，并说明其经济意义；

(3) 当 $P=6$ 时，若价格下降 2%, 总收益将变化百分之几？是增加还是减少？

第 3 章自测题

第 4 章 微分中值定理与导数应用

与其他数学问题一样，我们研究导数和微分的概念及其计算方法的目的是要利用它们来解决理论和实际上的一些问题. 在这一章，我们以微分中值定理为基础，讨论函数的导数在函数极限、函数的性态及经济分析中的广泛应用.

4.1 微分中值定理

4.1.1 Rolle 中值定理

我们先来分析一个几何现象.

如果在 xOy 平面上作一条连续曲线 $y = f(x)$, 这条曲线除端点外处处具有不垂直于 x 轴的切线, 并且两端点的纵坐标相等, 如图 4.1 所示, 则我们不难发现, 在该曲线上至少有一个点 C, 使得曲线在该点 C 的切线平行于 x 轴. 设点 C 的横坐标为 ξ, 由导数的几何意义, 则有

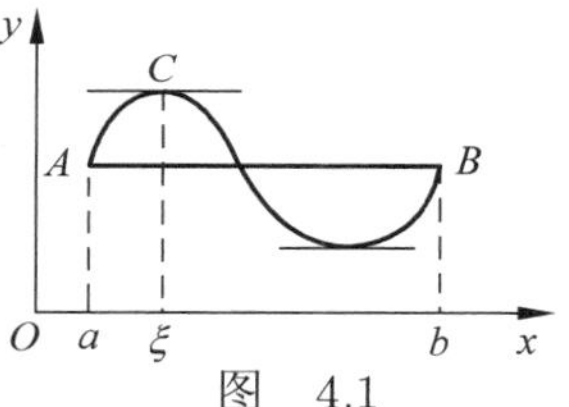

图 4.1

$$f'(\xi) = 0 \quad (a < \xi < b).$$

将这种几何直观现象用数学理论来表述, 就可得到下面的定理.

定理 4.1.1 (Rolle (罗尔) 中值定理) *设函数 $f(x)$ 满足条件:*

(i) $f(x)$ 在闭区间 $[a, b]$ 上连续;

(ii) $f(x)$ 在开区间 (a, b) 内可导;

(iii) $f(a) = f(b)$.

则在开区间 (a, b) 内至少存在一点 ξ, 使得

$$f'(\xi) = 0 \quad (a < \xi < b).$$

证明 由于函数 $f(x)$ 在区间 $[a, b]$ 上连续, 根据闭区间上连续函数的最大值和最小值定理, 可知 $f(x)$ 在闭区间 $[a, b]$ 上必取得它的最大值 M 和最小值 m.

如果 $M = m$, 则 $f(x)$ 在闭区间 $[a, b]$ 上恒为常数, 即 $f(x) = M$ $(a \leqslant x \leqslant b)$, 所以对于开区间 (a, b) 内的任何一点 ξ $(a < \xi < b)$, 都有

$$f'(\xi) = 0.$$

如果 $M > m$, 则两个数 M 和 m 至少有一个不等于 $f(a) = f(b)$. 不妨设 $M \neq f(a)$, 即函数 $f(x)$ 在闭区间 $[a, b]$ 上的最大值 M 不是区间端点的函数值, 因此在开区间 (a, b) 内至少有一点 ξ, 使得 $f(\xi) = M$. 下面来证明 $f'(\xi) = 0$.

因为 M 是最大值, 所以 $f(\xi)$ 大于或等于开区间 (a,b) 内其他各点 $x=\xi+\Delta x$ 的函数值，即

$$f(\xi)\geqslant f(\xi+\Delta x)$$

或

$$\Delta y=f(\xi+\Delta x)-f(\xi)\leqslant 0.$$

由条件 (ii) 知 $f(x)$ 在点 ξ 可导，于是当 $\Delta x>0$ 时,

$$\frac{\Delta y}{\Delta x}\leqslant 0,\ 从而\ f'_{+}(\xi)=\lim_{\Delta x\to 0^{+}}\frac{\Delta y}{\Delta x}\leqslant 0.$$

当 $\Delta x<0$ 时,

$$\frac{\Delta y}{\Delta x}\geqslant 0,\ 从而\ f'_{-}(\xi)=\lim_{\Delta x\to 0^{-}}\frac{\Delta y}{\Delta x}\geqslant 0.$$

由于 $f'(\xi)$ 存在，所以

$$f'(\xi)=f'(\xi^{+})=f'(\xi^{-}),$$

于是

$$f'(\xi)=0\quad (a<\xi<b).$$

若 $m\neq f(a)$, 可用类似的过程来证明这个结果. □

例 4.1.1 设函数 $f(x)=x^3+4x^2-7x-10$, 则 $f(-1)=f(2)=0$. 由于 $f(x)$ 是多项式函数，它在 $[-1,2]$ 上连续，在 $(-1,2)$ 内可导，因此它满足 Rolle 定理的三个条件. 又

$$f'(x)=3x^2+8x-7,$$

令 $f'(x)=0$, 解得

$$x_1=\frac{-4+\sqrt{37}}{3},\quad x_2=\frac{-4-\sqrt{37}}{3},$$

其中， $x_1\in(-1,2)$.

显然有 $f'(x_1)=0$, 这是 Rolle 定理的结论 $\left(其中\ \xi=\dfrac{-4+\sqrt{37}}{3}\right)$. 这样就验证了 Rolle 定理对于函数 $f(x)=x^3+4x^2-7x-10$ 在区间 $[-1,2]$ 上的正确性.

如果在 Rolle 定理的三个条件中缺少一个, 则定理的结论可能不成立. 例如, 下面三个函数:

$$f(x)=\begin{cases}x, & -1\leqslant x<1,\\ -1, & x=1,\end{cases}$$

$$g(x)=|x|,\quad -1\leqslant x\leqslant 1,$$

$$h(x)=x,\quad -1\leqslant x\leqslant 1,$$

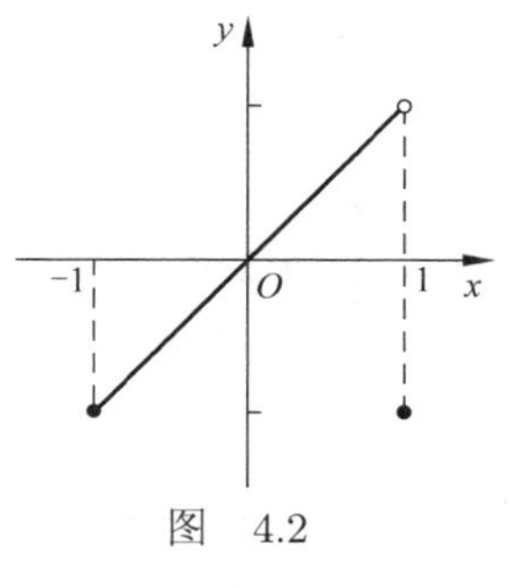

图 4.2

分别不满足 Rolle 定理中的条件 (i)、(ii)、(iii), 因而不能得出定理的结论 (如图 4.2 ~ 图 4.4 所示). 所以, 在使用 Rolle 定理时, 一定要验证定理的三个条件是否全部具备.

当然, 也容易举出这样的例子, 虽然函数 $f(x)$ 不完全满足 Rolle 定理的三个条件, 甚至于三个条件一个也不具备, 但定理的结论仍可能成立, 也就是说, Rolle 定理的条件是充分的, 但不是必要的.

Rolle 定理肯定了点 ξ 的存在性及其取值范围, 却不能肯定点 ξ 的确切个数及准确位置. 尽管如此, Rolle 定理仍有着广泛的应用.

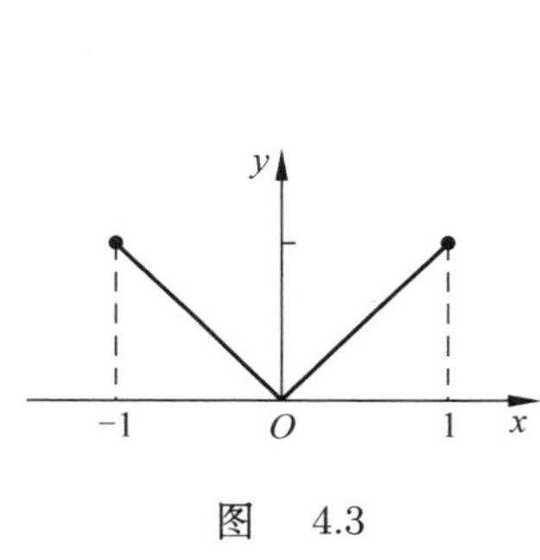

图 4.3

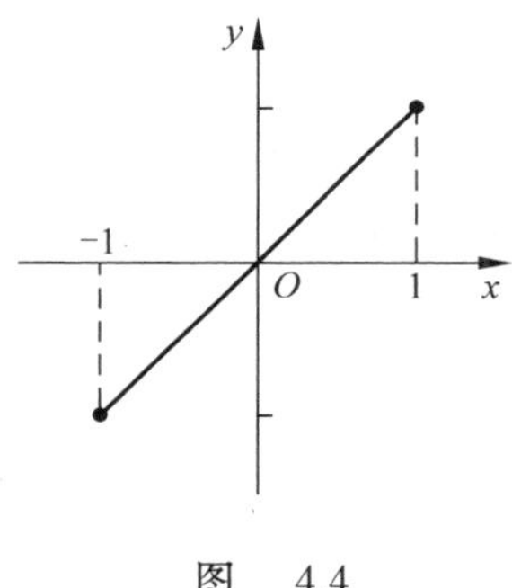

图 4.4

Rolle 定理的几何意义是: 在图 4.1 中, $\overset{\frown}{AB}$ 是一条连续的曲线弧, 除端点外处处具有不垂直于 x 轴的切线, 且两端点 A, B 的纵坐标相等, 则在曲线弧 $\overset{\frown}{AB}$ 上至少有一点 C, 在该点处曲线的切线是水平的, 即平行于弦 AB.

例 4.1.2 证明方程 $5x^4-4x+1=0$ 在 0 与 1 之间至少有一个实根.

解 设

$$f(x)=x^5-2x^2+x,$$

则 $f'(x)$ 就是题中所给方程的左端, $f'(x)=0$ 就是原方程.

显然 $f(x)$ 在 $[0,1]$ 上连续, 在 $(0,1)$ 内可导, 且 $f(0)=f(1)=0$. 所以由 Rolle 定理, 在 $(0,1)$ 内至少存在一点 ξ, 使得

$$f'(\xi)=0,$$

即方程 $5x^4-4x+1=0$ 在 0 与 1 之间至少有一个根.

4.1.2 Lagrange 中值定理

在 Rolle 定理中, 条件 (i) 和 (ii) 对于多数函数来说是容易满足的, 而条件 (iii) 却不易满足, 它直接影响了 Rolle 定理的应用范围, 如果在 Rolle 定理中去

掉条件 (iii), 只保留条件 (i) 和 (ii), 结果会是怎样的？

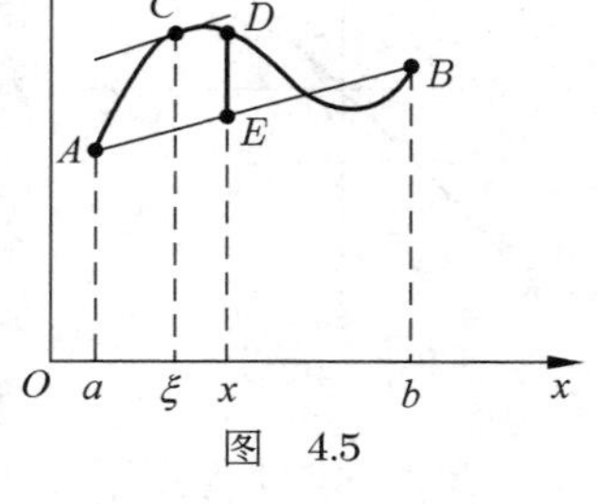

图 4.5

从图 4.5 可以看出，如果曲线弧 $\widehat{AB}$ 是连续的，除端点外处处具有不垂直于 x 轴的切线，则在曲线弧 $\widehat{AB}$ 上至少有一点 C. 在该点处曲线的切线平行于弦 AB.

设曲线弧 $\widehat{AB}$ 的方程为 $y=f(x)$, 两个端点的坐标分别为 $A(a,f(a)),B(b,f(b))$, 则弦 AB 的斜率为

$$\frac{f(b)-f(a)}{b-a}.$$

设 C 点的坐标为 $(\xi,f(\xi))$, 则有

$$f'(\xi)=\frac{f(b)-f(a)}{b-a}\quad(a<\xi<b).$$

由此可得下面的定理：

定理 4.1.2 (Lagrange (拉格朗日) 中值定理) 设 $f(x)$ 满足条件：

(i) $f(x)$ 在闭区间 $[a,b]$ 上连续；

(ii) $f(x)$ 在开区间 (a,b) 内可导.

则在开区间 (a,b) 内至少存在一点 ξ, 使得

$$f'(\xi)=\frac{f(b)-f(a)}{b-a}\quad(a<\xi<b).\tag{4.1.1}$$

下面我们从几何直观的特点出发，来讨论这个结论的证明.

弦 AB 的方程为

$$y=g(x)=f(a)+\frac{f(b)-f(a)}{b-a}(x-a)\quad(a\leqslant x\leqslant b).$$

对于闭区间 $[a,b]$ 上的任意一点 x $(a\leqslant x\leqslant b)$, 我们考虑曲线弧 $\widehat{AB}$ 上的点 $D(x,f(x))$ 与在弦 AB 上所对应的点 $E(x,g(x))$ 的纵坐标之差 $F(x)$(图 4.5), 则有

$$\begin{aligned}F(x)=&f(x)-g(x)\\=&f(x)-\left[f(a)+\frac{f(b)-f(a)}{b-a}(x-a)\right].\end{aligned}$$

如果 $f(x)$ 在 $[a,b]$ 上连续，在 (a,b) 内可导，则 $F(x)$ 在 $[a,b]$ 上连续，在 (a,b) 内可导，并且有 $F(a)=F(b)=0$, 即 $F(x)$ 在 (a,b) 满足 Rolle 定理的三个条件，则在 (a,b) 内至少有一点 ξ, 使得

$$F'(\xi)=0,$$

即

$$f'(\xi)=\frac{f(b)-f(a)}{b-a}\quad(a<\xi<b).$$

因此，将 $F(x)$ 在 $[a,b]$ 上应用 Rolle 定理便可以证明 Lagrange 中值定理了.

证明 作辅助函数

$$F(x)=f(x)-f(a)-\frac{f(b)-f(a)}{b-a}(x-a).$$

由假设可知， $F(x)$ 在闭区间 $[a,b]$ 上连续，在开区间 (a,b) 内可导，且 $F(a)=F(b)=0$. 根据 Rolle 定理可得，在开区间 (a,b) 内至少有一个 ξ, 使得

$$F'(\xi)=0\quad(a<\xi<b).$$

而

$$F'(x)=f'(x)-\frac{f(b)-f(a)}{b-a},$$

因此可得

$$f'(\xi)=\frac{f(b)-f(a)}{b-a}\quad(a<\xi<b).$$ □

以上是利用引进的辅助函数 $F(x)$, 根据 Rolle 定理证明了 Lagrange 中值定理，当然，辅助函数的取法不是唯一的. 例如，利用辅助函数

$$G(x)=f(x)-\frac{f(b)-f(a)}{b-a}x.$$

也可以证得 Lagrange 中值定理，读者可自己试一试.

Lagrange 中值定理实际上建立了函数与其导数之间的某种联系，这为我们利用导数来研究函数提供了依据，它是微分学基本定理之一.

当 $f(a)=f(b)$ 时，由定理 4.1.2 可得 $f'(\xi)=0$, 这正是 Rolle 定理的结论. 因此， Rolle 定理是 Lagrange 中值定理的特例.

从定理的证明过程来看，公式 (4.1.1) 对于 $a>b$ 也成立.

式 (4.1.1) 称为 **Lagrange 中值公式**.

为了应用的方便，公式 (4.1.1) 也可以写成下面的几种常用形式:

(1) 将公式 (4.1.1) 去掉分母，得

$$f(b)-f(a)=f'(\xi)(b-a),\tag{4.1.2}$$

其中 ξ 介于 a 与 b 之间.

(2) 如果令 $a=x$, $b=x+\Delta x$, 则式 (4.1.2) 可写成

$$f(x+\Delta x)-f(x)=f'(\xi)\Delta x,\tag{4.1.3}$$

其中 ξ 介于 x 与 $x+\Delta x$ 之间.

(3) 若令 $\theta=\dfrac{\xi-a}{b-a}$, 则 $0<\theta<1, \xi=a+\theta(b-a)$, 于是式 (4.1.2) 、式 (4.1.3) 可以分别写成:

$$\left.\begin{aligned} f(b)-f(a)=f'[a+\theta(b-a)](b-a),\\ f(x+\Delta x)-f(x)=f'(x+\theta\Delta x)\Delta x, \end{aligned}\right\} \tag{4.1.4}$$

其中 $0<\theta<1$.

式 (4.1.4) 表明：在 Δx 是有限的数值，即自变量 x 取得有限增量 Δx 时，函数 $y=f(x)$ 的相应的增量为

$$\Delta y=f'(x+\theta\Delta x)\Delta x \quad (0<\theta<1).$$

这是 Δy 的精确表达式，因此，式 (4.1.4) 又称为 **有限增量公式**. 定理 4.1.2 又称为 **有限增量定理**.

在第 3 章里，函数的微分 $\mathrm{d}y=f'(x)\mathrm{d}x$ 是函数的增量 Δy 的近似表达式. 以 $\mathrm{d}y$ 代替 Δy 所产生的误差形式 $o(\Delta x)$ $(\Delta x\to 0)$ 仅是一个定性的结果，不是一个定量的表示式. 在应用时将受到一定的局限. 而式 (4.1.4) 是在 Δx 为有限时给出了 Δy 的精确表达式. 它精确地给出了函数在一个有限区间上的增量与函数在这个区间内某点处的导数之间的关系. 在需要给出函数增量 Δy 的精确表达式时，Lagrange 中值定理将能起到重要作用.

作为 Lagrange 定理的应用，我们考虑下面的问题.

第 3 章给出，如果函数 $f(x)=C$ (C为常数), 则 $f'(x)=0$, 反过来结论是否成立?

推论 4.1.1 如果在区间 (a,b) 内 $f'(x)=0$, 则在 (a,b) 内 $f(x)=C$ (C为常数).

证明 对任何两点 $x_1,x_2\in(a,b)$, 由已知条件， $f(x)$ 在 (a,b) 内可导，从而在以 x_1 和 x_2 为端点的闭区间上连续，在以 x_1 和 x_2 为端点的开区间内可导. 根据 Lagrange 中值定理，存在介于 x_1 和 x_2 之间的 ξ, 使得

$$f(x_2)-f(x_1)=f'(\xi)(x_2-x_1),$$

由于 $\xi\in(a,b)$, 所以 $f'(\xi)=0$, 从而

$$f(x_1)=f(x_2).$$

由点 x_1 和 x_2 的任意性可知， $f(x)$ 在 (a,b) 内任意两点处函数值相等，即 $f(x)$ 在 (a,b) 内是常函数. □

推论 4.1.2 如果在区间 (a,b) 内有 $f'(x)=g'(x)$, 则在 (a,b) 内 $f(x)-g(x)=C$ (C为常数).

只要引入辅助函数 $F(x)=f(x)-g(x)$, 对 $F(x)$ 应用推论 4.1.1, 即可证得上述推论.

这个推论很重要，在第 5 章研究不定积分的概念时要用到它.

例 4.1.3 对函数 $f(x)=x^3, x\in[1,2]$, 验证 Lagrange 中值定理的正确性.

4-1 Lagrange 中值定理

解 由于 $f(x)=x^3$ 是幂函数，所以在 $[1,2]$ 上连续，在 $(1,2)$ 内可导，满足 Lagrange 中值定理的条件.

因为 $f'(x)=3x^2$, 令

$$2^3-1^3=3x^2(2-1),$$

解得 $x=\pm\sqrt{\dfrac{7}{3}}$, 取 $\xi=\sqrt{\dfrac{7}{3}}$, 则 $\xi\in(1,2)$, 且满足

$$f(2)-f(1)=f'(\xi)(2-1)$$

成立. 说明 Lagrange 中值定理对于函数 $f(x)=x^3$, $x\in[1,2]$ 是成立的.

例 4.1.4 设函数 $f(x)$ 在 $(-\infty,+\infty)$ 内满足 $f'(x)=f(x)$, 且 $f(0)=1$, 证明 $f(x)=\mathrm{e}^x$.

证明 作辅助函数

$$F(x)=\frac{f(x)}{\mathrm{e}^x}=f(x)\mathrm{e}^{-x},$$

则在 $(-\infty,+\infty)$ 内

$$F'(x)=f'(x)\mathrm{e}^{-x}-f(x)\mathrm{e}^{-x}=0.$$

由推论 4.1.1 可知，在 $(-\infty,+\infty)$ 内有 $F(x)=C$, 又 $F(0)=f(0)\mathrm{e}^0=1$, 所以 $C=1$, 从而

$$F(x)=f(x)\mathrm{e}^{-x}=1,$$

于是

$$f(x)=\mathrm{e}^x. \qquad \square$$

例 4.1.5 证明不等式

$$\frac{b-a}{b}<\ln\frac{b}{a}<\frac{b-a}{a} \quad (0<a<b).$$

证明 设 $f(x)=\ln x$, 则 $f(x)$ 在闭区间 $[a,b]$ 上连续，在开区间 (a,b) 内可导. 根据 Lagrange 中值定理，有

$$f(b)-f(a)=f'(\xi)(b-a) \quad (a<\xi<b).$$

因为 $f'(x)=\dfrac{1}{x}$, $f(b)-f(a)=\ln b-\ln a=\ln\dfrac{b}{a}$, 所以上式即

$$\ln\frac{b}{a}=\frac{1}{\xi}(b-a)\quad(a<\xi<b).$$

由于 $\dfrac{1}{b}<\dfrac{1}{\xi}<\dfrac{1}{a}$, 因此

$$\frac{b-a}{b}<\frac{b-a}{\xi}<\frac{b-a}{a},$$

即

$$\frac{b-a}{b}<\ln\frac{b}{a}<\frac{b-a}{a}\quad(0<a<b).$$ □

4.1.3 Cauchy 中值定理

定理 4.1.3 (Cauchy(柯西) 中值定理) 设函数 $f(x)$ 和 $g(x)$ 满足:

(i) 函数 $f(x)$ 与 $g(x)$ 在 $[a,b]$ 上连续;

(ii) $f(x)$ 与 $g(x)$ 在 (a,b) 内可导, 且 $g'(x)\neq 0$.

则在 (a,b) 内至少有一点 ξ, 使

$$\frac{f(b)-f(a)}{g(b)-g(a)}=\frac{f'(\xi)}{g'(\xi)}.$$

若在定理 4.1.3 中取 $g(x)=x$, 即可得到定理 4.1.2, 可见定理 4.1.2 是定理 4.1.3 的特例. 由此得到启发: 在可以用来证明定理 4.1.2 的辅助函数 $F(x)$ 中, 把 x 换成 $g(x)$, 把 $b-a$ 换成 $g(b)-g(a)$, 便得到辅助函数

$$F(x)=f(x)-\frac{f(b)-f(a)}{g(b)-g(a)}g(x)\quad(a\leqslant x\leqslant b).$$

证明 因 $g'(x)\neq 0$, 由 Lagrange 中值定理可知 $g(b)-g(a)=g'(\xi)(b-a)\neq 0\ (a<\xi<b)$. 引入辅助函数

$$F(x)=f(x)-\frac{f(b)-f(a)}{g(b)-g(a)}g(x),$$

容易验证 $F(x)$ 在 $[a,b]$ 上满足 Rolle 定理的三个条件, 所以在 (a,b) 内至少有一点 ξ, 使

$$F'(\xi)=f'(\xi)-\frac{f(b)-f(a)}{g(b)-g(a)}g'(\xi)=0,$$

即

$$\frac{f(b)-f(a)}{g(b)-g(a)}=\frac{f'(\xi)}{g'(\xi)}\quad(a<\xi<b).$$ □

本节中的三个定理都是将函数值与开区间 (a,b) 内某个点 ξ 的导数值联系起来, 因此统称为 **微分中值定理**.

习　题　4.1

1. 验证函数 $y = \sin x$ 在区间 $\left[\frac{\pi}{6}, \frac{5}{6}\pi\right]$ 上满足 Rolle 中值定理.

2. 验证：对函数 $y = px^2 + qx + r\ (p \neq 0)$ 在任意有限区间 $[a, b]$ 上应用 Lagrange 中值定理，所得点 ξ 总位于区间 (a, b) 的中点处，其中 p, q, r 为常数.

3. 验证：在 $[-1, 1]$ 上， Cauchy 中值定理对于函数 $f(x) = x^2$ 及 $g(x) = x^3$ 不成立，并说明原因.

4. 不用求出函数 $f(x) = x(x-1)(x-2)(x-3)$ 的导数，试判别方程 $f'(x) = 0$ 的根的个数.

5. 设 $f(x)$ 在 $(-\infty, +\infty)$ 内可导，且有 $f'(x) = c$(常数), 证明 $f(x)$ 一定是线性函数.

6. 证明恒等式： $\arcsin x + \arccos x = \frac{\pi}{2}(-1 \leqslant x \leqslant 1)$.

7. 证明不等式： $|\arctan a - \arctan b| \leqslant |a - b|$.

8. 设 $f(x)$ 为可导函数，且 $f(0) = 0$, $|f'(x)| < 1$, 试证明：对于任何 $x \neq 0$, 有 $|f(x)| < |x|$.

9. 已知函数 $f(x)$ 在 $[0, 1]$ 上连续，在 $(0, 1)$ 内可导， $f(1) = 0$, 证明：在 $(0, 1)$ 内至少存在一点 c, 使得

$$f'(c) = -\frac{f(c)}{c}.$$

4.2　L'Hospital 法则

在研究无穷小量的运算时，我们知道，两个无穷小量的商可能是无穷小 $\left(\text{如}\ \lim\limits_{x\to 0}\frac{x^2}{\sin x} = 0\right)$, 可能是非零常数 $\left(\text{如}\ \lim\limits_{x\to 0}\frac{\sin x}{x} = 1\right)$, 也可能不存在 $\left(\text{如}\ \lim\limits_{x\to 0}\frac{\sin x}{x^2} = \infty\right)$, 将这类极限称为 $\frac{0}{0}$ **型未定式**. 类似地，两个无穷大量的商的极限可能存在，也可能不存在，将它称为 $\frac{\infty}{\infty}$ **型未定式**. 这两种未定式的极限都不能直接用商的极限运算法则求得，本节利用微分中值定理推导出求这类极限的一种简单而有效的方法.

4.2.1　$\frac{0}{0}$ 型未定式定值法

定理 4.2.1 (L'Hospital(洛必达) 法则)　设函数 $f(x)$ 和 $g(x)$ 在点 x_0 的某一邻域 (点 x_0 可以除外) 内有定义，且满足条件：

(i) $\lim\limits_{x\to x_0} f(x) = \lim\limits_{x\to x_0} g(x) = 0$;

(ii) 在该邻域 (点 x_0 可以除外) 内， $f(x)$ 和 $g(x)$ 都可导，且 $g'(x) \neq 0$;

(iii) $\lim\limits_{x\to x_0}\dfrac{f'(x)}{g'(x)}=A$ (或∞).

则有

$$\lim_{x\to x_0}\frac{f(x)}{g(x)}=\lim_{x\to x_0}\frac{f'(x)}{g'(x)}.$$

证明 由条件 (i) 可知，点 x_0 是函数 $f(x)$ 和 $g(x)$ 连续点或可去间断点，如果是可去间断点，则可修改或补充定义 $f(x_0)=g(x_0)=0$, 使 $f(x)$ 和 $g(x)$ 在点 x_0 连续，这并不影响极限 $\lim\limits_{x\to x_0}\dfrac{f(x)}{g(x)}$.

对于条件 (ii) 中点 x_0 的邻域内的每一点 x, 函数 $f(x)$, $g(x)$ 在以 x_0 和 x 为端点的区间上满足 Cauchy 中值定理的条件，因此有

$$\frac{f(x)}{g(x)}=\frac{f(x)-f(x_0)}{g(x)-g(x_0)}=\frac{f'(\xi)}{g'(\xi)}\quad(\xi\text{ 在 }x_0\text{ 与 }x\text{ 之间}).$$

在上式中令 $x\to x_0$, 并注意到 $x\to x_0$ 蕴含了 $\xi\to x_0$. 由条件 (iii) 可知上式右端的极限存在 (或为无穷大), 所以定理的结论成立. □

在定理 4.2.1 的条件下，当 $\lim\limits_{x\to x_0}\dfrac{f'(x)}{g'(x)}$ 存在时， $\lim\limits_{x\to x_0}\dfrac{f(x)}{g(x)}$ 也存在且等于 $\lim\limits_{x\to x_0}\dfrac{f'(x)}{g'(x)}$; 当 $\lim\limits_{x\to x_0}\dfrac{f'(x)}{g'(x)}$ 为无穷大时， $\lim\limits_{x\to x_0}\dfrac{f(x)}{g(x)}$ 也是无穷大. 这种在一定的条件下先求出分子、分母的导数，再求出导数的比的极限，从而确定出未定式的值的方法，称为 **L'Hospital 法则**.

如果 $\lim\limits_{x\to x_0}\dfrac{f'(x)}{g'(x)}$ 仍然是 $\dfrac{0}{0}$ 型未定式，且满足定理 4.2.1 的条件，那么 L'Hospital 法则可以反复应用. 例如，

$$\lim_{x\to x_0}\frac{f(x)}{g(x)}=\lim_{x\to x_0}\frac{f'(x)}{g'(x)}=\lim_{x\to x_0}\frac{f''(x)}{g''(x)}.$$

例 4.2.1 求极限 $\lim\limits_{x\to0}\dfrac{\mathrm{e}^{3x}-1}{2x}$.

解 显然函数 $\mathrm{e}^{3x}-1$ 与 $2x$ 满足定理 4.2.1 的条件，由 L'Hospital 法则，有

$$\lim_{x\to0}\frac{\mathrm{e}^{3x}-1}{2x}\overset{(\frac{0}{0})}{=\!=}\lim_{x\to0}\frac{(\mathrm{e}^{3x}-1)'}{(2x)'}=\lim_{x\to0}\frac{3\mathrm{e}^{3x}}{2}=\frac{3}{2}.$$

例 4.2.2 求极限 $\lim\limits_{x\to1}\dfrac{x^3+x^2-5x+3}{x^3-4x^2+5x-2}$.

解 这是 $\dfrac{0}{0}$ 未定式，由 L'HospitaL 法则，有

$$\lim_{x\to1}\frac{x^3+x^2-5x+3}{x^3-4x^2+5x-2}$$

$$\stackrel{(\frac{0}{0})}{=\!=} \lim_{x\to 1}\frac{3x^2+2x-5}{3x^2-8x+5}$$

$$\stackrel{(\frac{0}{0})}{=\!=} \lim_{x\to 1}\frac{6x+2}{6x-8}=\frac{6\times 1+2}{6\times 1-8}=-4.$$

注意，上式中的 $\lim\limits_{x\to 0}\dfrac{6x+2}{6x-8}$ 已不是未定式，不能再用 L'Hospital 法则，否则会导致错误结果.

例 4.2.3 求极限 $\lim\limits_{x\to 0}\dfrac{\tan x-x}{x-\sin x}$.

解 这是 $\dfrac{0}{0}$ 型未定式. 由 L'Hospital 法则，有

$$\begin{aligned}\lim_{x\to 0}\frac{\tan x-x}{x-\sin x} &\stackrel{(\frac{0}{0})}{=\!=} \lim_{x\to 0}\frac{\sec^2 x-1}{1-\cos x}\\ &\stackrel{(\frac{0}{0})}{=\!=} \lim_{x\to 0}\frac{2\tan x\sec^2 x}{\sin x}\\ &=2\lim_{x\to 0}\frac{\tan x}{\sin x}\cdot\lim_{x\to 0}\sec^2 x\\ &=2.\end{aligned}$$

这里用到极限 $\lim\limits_{x\to 0}\dfrac{\tan x}{\sin x}=1$, $\lim\limits_{x\to 0}\sec^2 x=1$. 如果对 $\dfrac{0}{0}$ 型未定式 $\lim\limits_{x\to 0}\dfrac{2\tan x\sec^2 x}{\sin x}$ 应用 L'Hospital 法则，运算起来会很麻烦. 在应用 L'Hospital 法则求极限时，可以综合应用各种求极限的方法，如重要极限、等价无穷小代换、极限运算法则等，会使计算简化.

定理 4.2.1 只给出了当 $x\to x_0$ 时，$\dfrac{0}{0}$ 型未定式求极限的方法，对于自变量的其他变化过程 $x\to x_0^-$, $x\to x_0^+$, $x\to\infty$, $x\to-\infty$, $x\to+\infty$ 都有类似的结果. 这里就不再一一重新叙述证明了.

例 4.2.4 求极限 $\lim\limits_{x\to+\infty}\dfrac{\frac{2}{x}}{\pi-2\arctan x}$.

解 $$\lim_{x\to+\infty}\frac{\frac{2}{x}}{\pi-2\arctan x}\stackrel{(\frac{0}{0})}{=\!=}\lim_{x\to+\infty}\frac{-\frac{2}{x^2}}{-\frac{2}{1+x^2}}=\lim_{x\to+\infty}\frac{1+x^2}{x^2}=1.$$

4.2.2 $\dfrac{\infty}{\infty}$ 型未定式定值法

对于 $\dfrac{\infty}{\infty}$ 型未定式，也有与 $\dfrac{0}{0}$ 型未定式定值法类似的求极限的方法 (也称为 L'Hospital 法则)，我们略去证明过程，叙述如下：

定理 4.2.2 (L'Hospital 法则) 设函数 $f(x)$ 和 $g(x)$ 在点 x_0 的某一邻域 (点 x_0 可以除外) 内有定义，且满足条件：

(i) $\lim\limits_{x\to x_0} f(x)=\lim\limits_{x\to x_0} g(x)=\infty$;

(ii) $f'(x)$ 和 $g'(x)$ 都存在，且 $g'(x)\neq 0$;

(iii) $\lim\limits_{x\to x_0}\dfrac{f'(x)}{g'(x)}=A$ (或∞).

则有

$$\lim_{x\to x_0}\frac{f(x)}{g(x)}=\lim_{x\to x_0}\frac{f'(x)}{g'(x)}.$$

对于其他的自变量变化过程，包括 $x\to x_0^-$, $x\to x_0^+$, $x\to\infty$, $x\to-\infty$, $x\to+\infty$ 结论仍然成立.

例 4.2.5　求极限 $\lim\limits_{x\to+\infty}\dfrac{\ln x}{x^\mu}$ $(\mu>0)$.

解　这是 $\dfrac{\infty}{\infty}$ 型未定式，由 L'Hospital 法则，有

$$\lim_{x\to+\infty}\frac{\ln x}{x^\mu}\overset{(\frac{\infty}{\infty})}{=\!=}\lim_{x\to+\infty}\frac{\frac{1}{x}}{\mu x^{\mu-1}}=\lim_{x\to+\infty}\frac{1}{\mu x^\mu}=0.$$

例 4.2.6　求极限 $\lim\limits_{x\to+\infty}\dfrac{x^{100}}{\mathrm{e}^x}$.

解

$$\begin{aligned}\lim_{x\to+\infty}\frac{x^{100}}{\mathrm{e}^x}&\overset{(\frac{\infty}{\infty})}{=\!=}\lim_{x\to+\infty}\frac{100x^{99}}{\mathrm{e}^x}\overset{(\frac{\infty}{\infty})}{=\!=}\lim_{x\to+\infty}\frac{100\times 99x^{98}}{\mathrm{e}^x}\\&=\cdots=\lim_{x\to+\infty}\frac{100!}{\mathrm{e}^x}=0.\end{aligned}$$

例 4.2.7　求极限 $\lim\limits_{x\to\frac{\pi}{2}}\dfrac{\tan x}{\tan 3x}$.

解

$$\begin{aligned}\lim_{x\to\frac{\pi}{2}}\frac{\tan x}{\tan 3x}&\overset{(\frac{\infty}{\infty})}{=\!=}\lim_{x\to\frac{\pi}{2}}\frac{\sec^2 x}{3\sec^2 3x}=\frac{1}{3}\lim_{x\to\frac{\pi}{2}}\frac{\cos^2 3x}{\cos^2 x}\\&\overset{(\frac{0}{0})}{=\!=}\frac{1}{3}\lim_{x\to\frac{\pi}{2}}\frac{2\cos 3x(-3\sin 3x)}{2\cos x(-\sin x)}\\&=\lim_{x\to\frac{\pi}{2}}\frac{\sin 6x}{\sin 2x}\overset{(\frac{0}{0})}{=\!=}\lim_{x\to\frac{\pi}{2}}\frac{6\cos 6x}{2\cos 2x}\\&=3.\end{aligned}$$

其中 $\lim\limits_{x\to\frac{\pi}{2}}\dfrac{\cos^2 3x}{\cos^2 x}$ 及 $\lim\limits_{x\to\frac{\pi}{2}}\dfrac{\sin 6x}{\sin 2x}$ 都是 $\dfrac{0}{0}$ 型未定式.

当然，本题也可以这样计算

$$\begin{aligned}\lim_{x\to\frac{\pi}{2}}\frac{\tan x}{\tan 3x}&=\lim_{x\to\frac{\pi}{2}}\frac{\sin x}{\sin 3x}\cdot\frac{\cos 3x}{\cos x}\\&=\lim_{x\to\frac{\pi}{2}}\frac{\sin x}{\sin 3x}\cdot\lim_{x\to\frac{\pi}{2}}\frac{\cos 3x}{\cos x}\end{aligned}$$

$$\overset{\left(\frac{0}{0}\right)}{=}(-1)\cdot\lim_{x\to\frac{\pi}{2}}\frac{-3\sin 3x}{-\sin x}=3.$$

这个例子说明，在使用 L′Hospital 法则时，$\dfrac{0}{0}$ 型未定式与 $\dfrac{\infty}{\infty}$ 型未定式可能交替出现.

例 4.2.8 求极限 $\lim\limits_{x\to 0}\dfrac{x^2\sin\dfrac{1}{x}}{\sin x}$.

解 这是一个 $\dfrac{0}{0}$ 型未定式，可是极限

$$\lim_{x\to 0}\frac{\left(x^2\sin\dfrac{1}{x}\right)'}{(\sin x)'}=\lim_{x\to 0}\frac{2x\sin\dfrac{1}{x}-\cos\dfrac{1}{x}}{\cos x}$$

不存在 $\left(\text{因为 }\lim\limits_{x\to 0}\cos\dfrac{1}{x}\text{ 不存在}\right)$，不满足定理 4.2.1 中条件 (iii)，因而不能使用 L′Hospital 法则. 但也不能由此得出原极限不存在的结论. 事实上，经过适当变形整理，用其他办法可求出它的极限：

$$\begin{aligned}\lim_{x\to 0}\frac{x^2\sin\dfrac{1}{x}}{\sin x}&=\lim_{x\to 0}\left(\frac{x}{\sin x}\right)\left(x\sin\frac{1}{x}\right)\\&=\lim_{x\to 0}\frac{x}{\sin x}\cdot\lim_{x\to 0}\left(x\sin\frac{1}{x}\right)=1\times 0=0.\end{aligned}$$

此例说明，对于未定式求极限问题，L′Hospital 法则并不是万能的.

4.2.3 其他未定式定值法

除了 $\dfrac{0}{0}$ 型和 $\dfrac{\infty}{\infty}$ 型未定式外，还有以下五种未定式：

$$0\cdot\infty;\ \infty-\infty;\ 1^{\infty};\ 0^0;\ \infty^0.$$

设函数 $f(x),g(x)$ 在自变量某一变化过程中，有 $f(x)\to 0$, $g(x)\to\infty$, 则称 $\lim f(x)g(x)$ 为 $0\cdot\infty$ **型未定式**; 若 $f(x)\to\infty$, $g(x)\to\infty$, 则称 $\lim[f(x)-g(x)]$ 为 $\infty-\infty$ **型未定式**; 若 $f(x)\to 1$, $g(x)\to\infty$, 则称 $\lim f(x)^{g(x)}$ 为 1^{∞} **型未定式**; 若 $f(x)\to 0^+$, $g(x)\to 0$, 则称 $\lim f(x)^{g(x)}$ 为 0^0 **型未定式**; 若 $f(x)\to+\infty$, $g(x)\to 0$, 则称 $\lim f(x)^{g(x)}$ 为 ∞^0 **型未定式**. 这些未定式也可用 L′Hospital 法则来求极限.

对于 $0\cdot\infty$ 型和 $\infty-\infty$ 型未定式，通常是用代数方法将它化成 $\dfrac{0}{0}$ 型或 $\dfrac{\infty}{\infty}$ 型未定式；对于 1^{∞} 型、0^0 型和 ∞^0 型未定式，都是先将函数 $f(x)^{g(x)}$ 化为 $\mathrm{e}^{g(x)\ln f(x)}$, 即为 $0\cdot\infty$ 型未定式，再化为 $\dfrac{0}{0}$ 型或 $\dfrac{\infty}{\infty}$ 型未定式，利用 L′Hospital 法则求出极限值.

例 4.2.9 求极限 $\lim\limits_{x\to 1^-}\ln x\ln(1-x)$.

解 这是 $0\cdot\infty$ 型未定式. 先将它变换成 $\dfrac{\infty}{\infty}$ 型未定式, 再反复应用 L'Hospital 法则，有

$$\begin{aligned}\lim_{x\to 1^-}\ln x\ln(1-x) &= \lim_{x\to 1^-}\frac{\ln(1-x)}{\dfrac{1}{\ln x}}\\ &\overset{(\frac{\infty}{\infty})}{=\!=}\lim_{x\to 1^-}\frac{\dfrac{-1}{1-x}}{\dfrac{-1}{x(\ln x)^2}}=\lim_{x\to 1^-}\frac{x(\ln x)^2}{1-x}\\ &\overset{(\frac{0}{0})}{=\!=}\lim_{x\to 1^-}\frac{(\ln x)^2+2\ln x}{-1}=0.\end{aligned}$$

例 4.2.10 求极限 $\lim\limits_{x\to 0}\left(\dfrac{1}{x^2}-\cot^2 x\right)$.

解 这是 $\infty-\infty$ 型未定式. 将它变换成 $\dfrac{0}{0}$ 型未定式, 再反复应用 L'Hospital 法则，有

$$\begin{aligned}\lim_{x\to 0}\left(\frac{1}{x^2}-\cot^2 x\right) &= \lim_{x\to 0}\frac{\sin^2 x-x^2\cos^2 x}{x^2\sin^2 x}\\ &=\lim_{x\to 0}\frac{\sin^2 x-x^2\cos^2 x}{x^4}\\ &\overset{(\frac{0}{0})}{=\!=}\lim_{x\to 0}\frac{2\cos x(\sin x-x\cos x+x^2\sin x)}{4x^3}\\ &=\frac{1}{2}\lim_{x\to 0}\frac{\sin x-x\cos x+x^2\sin x}{x^3}\\ &\overset{(\frac{0}{0})}{=\!=}\frac{1}{6}\lim_{x\to 0}\frac{3x\sin x+x^2\cos x}{x^2}\\ &=\frac{1}{6}\lim_{x\to 0}\left(\frac{3\sin x}{x}+\cos x\right)=\frac{2}{3}.\end{aligned}$$

在计算的第二步，把分母中的因子 $\sin^2 x$ 换成等价无穷小因子 x^2(当 $x\to 0$ 时), 可使计算得到简化.

例 4.2.11 求极限 $\lim\limits_{x\to 0^+}x^x$.

解 这是 0^0 型未定式，由

$$\lim_{x\to 0^+}x^x=\lim_{x\to 0^+}\mathrm{e}^{x\ln x}=\mathrm{e}^{\lim\limits_{x\to 0^+}x\ln x},$$

而

$$\lim_{x\to0^+} x\ln x \overset{(0\cdot\infty)}{=\!=} \lim_{x\to0^+}\frac{\ln x}{\dfrac{1}{x}} \overset{(\frac{\infty}{\infty})}{=\!=} \lim_{x\to0^+}\frac{\dfrac{1}{x}}{-\dfrac{1}{x^2}}$$
$$=\lim_{x\to0^+}(-x)=0,$$

所以 $\lim\limits_{x\to0^+} x^x=\mathrm{e}^0=1.$

例 4.2.12 求极限 $\lim\limits_{x\to\mathrm{e}}(\ln x)^{\frac{1}{1-\ln x}}$.

解 这是 1^∞ 型未定式，由

$$\lim_{x\to\mathrm{e}}(\ln x)^{\frac{1}{1-\ln x}}=\lim_{x\to\mathrm{e}}\mathrm{e}^{\frac{\ln\ln x}{1-\ln x}}=\mathrm{e}^{\lim\limits_{x\to\mathrm{e}}\frac{\ln\ln x}{1-\ln x}},$$

而

$$\lim_{x\to\mathrm{e}}\frac{\ln\ln x}{1-\ln x}\overset{(\frac{0}{0})}{=\!=}\lim_{x\to\mathrm{e}}\frac{\dfrac{1}{x\ln x}}{-\dfrac{1}{x}}=\lim_{x\to\mathrm{e}}\frac{-1}{\ln x}=-1,$$

所以

$$\lim_{x\to\mathrm{e}}(\ln x)^{\frac{1}{1-\ln x}}=\mathrm{e}^{-1}.$$

例 4.2.13 求数列极限 $\lim\limits_{n\to\infty}\sqrt[n]{n}$.

解 这是数列极限的问题，由于 n 不是连续型变量，不能直接用 L'Hospital 法则. 我们先考虑 $\lim\limits_{x\to+\infty}x^{\frac{1}{x}}$(可以证明，若 $\lim\limits_{x\to+\infty}f(x)=A$, 则 $\lim\limits_{n\to\infty}f(n)=A$, 这里不详细讨论，直接用该结论), 由

$$\lim_{x\to+\infty}x^{\frac{1}{x}}=\lim_{x\to+\infty}\mathrm{e}^{\frac{\ln x}{x}}=\mathrm{e}^{\lim\limits_{x\to+\infty}\frac{\ln x}{x}}$$
$$=\mathrm{e}^{\lim\limits_{x\to+\infty}\frac{\frac{1}{x}}{1}}=\mathrm{e}^0=1,$$

所以

$$\lim_{n\to\infty}\sqrt[n]{n}=\lim_{x\to+\infty}x^{\frac{1}{x}}=1.$$

习　题　4.2

1. 用 L'Hospital 法则求下列各极限：

(1) $\lim\limits_{x\to0}\dfrac{\ln(1+x)}{x}$;　　(2) $\lim\limits_{x\to0}\dfrac{\mathrm{e}^x-\mathrm{e}^{-x}}{\sin x}$;

(3) $\lim\limits_{x\to a}\dfrac{\cos x-\cos a}{x-a}$;

(4) $\lim\limits_{x\to 0}\dfrac{\sin ax}{\tan bx}\quad(b\neq 0)$;

(5) $\lim\limits_{x\to\frac{\pi}{2}}\dfrac{\ln\sin x}{(\pi-2x)^2}$;

(6) $\lim\limits_{x\to a}\dfrac{x^7-a^7}{x^3-a^3}\quad(a\neq 0)$;

(7) $\lim\limits_{x\to 0^+}\dfrac{\ln\tan 3x}{\ln\tan 4x}$;

(8) $\lim\limits_{x\to 0}x^2\mathrm{e}^{\frac{1}{x^2}}$;

(9) $\lim\limits_{x\to 0}\left(\dfrac{1}{\sin x}-\dfrac{1}{\mathrm{e}^x-1}\right)$;

(10) $\lim\limits_{x\to 0^+}\left(\dfrac{1}{\sin x}\right)^{\tan x}$;

(11) $\lim\limits_{x\to 0}x\cot 2x$;

(12) $\lim\limits_{x\to\infty}\left(1+\dfrac{a}{x}\right)^x$.

2. 验证极限 $\lim\limits_{x\to+\infty}\dfrac{\mathrm{e}^x-\mathrm{e}^{-x}}{\mathrm{e}^x+\mathrm{e}^{-x}}$ 存在，但不能用 L'Hospital 法则得出.

3. 试确定常数 a,b, 使极限 $\lim\limits_{x\to 0}\dfrac{\ln(1+x)-(ax+bx^2)}{x^2}=2$ 成立.

4. 设 $f(x)$ 在 $x=0$ 点的某邻域内有一阶连续的导数，且 $f(x)>0, f(0)=1$, 求 $\lim\limits_{x\to 0}[f(x)]^{\frac{1}{x}}$.

4.3 Taylor 公式

无论是理论分析还是实际计算，我们总是希望用一个结构简单并且计算容易的函数来近似代替一个比较复杂的函数. 实际上，多项式是最简单的一类函数，它具有任意阶导数，并且运算时只涉及加、减、乘的运算. 我们自然想到用多项式近似代替其他较复杂的函数. 那么，应该用什么样的多项式？它的误差怎样？这一节就来讨论这个问题.

由第 3 章知道，如果函数 $f(x)$ 在点 x_0 处可导，当 $|x-x_0|$ 很小时，有

$$f(x)\approx f(x_0)+f'(x_0)(x-x_0),$$

即式 (3.5.3), 这实际上就是用一次多项式

$$P_1(x)=f(x_0)+f'(x_0)(x-x_0)$$

来近似表示 $f(x)$, 即在点 x_0 附近，有

$$f(x)\approx P_1(x),$$

并且满足条件

$$P_1(x_0)=f(x_0),\quad P_1'(x_0)=f'(x_0).$$

从几何直观来讲, 就是在点 $(x_0,f(x_0))$ 附近, 用曲线 $y=f(x)$ 在点 $(x_0,f(x_0))$ 处的切线来近似代替曲线.

为了减少误差，提高精确度，设想用高次多项式 (一般为 n 次多项式)

$$P_n(x)=a_0+a_1(x-x_0)+\cdots+a_n(x-x_0)^n \tag{4.3.1}$$

在点 x_0 附近来近似代替 $f(x)$. 它应该满足下列条件:

$$P_n(x_0)=f(x_0), P_n'(x_0)=f'(x_0),$$

$$P_n''(x_0)=f''(x_0),\cdots,P_n^{(n)}(x_0)=f^{(n)}(x_0). \tag{4.3.2}$$

这里假设 $f(x)$ 在点 x_0 处至少有 n 阶导数.

下面根据这些条件来确定多项式 $P_n(x)$ 的系数 $a_0,a_1,a_2,\cdots,a_n$ 的值.

将式 (4.3.1) 对 x 求各阶导数，得

$$\begin{aligned}
&P_n'(x)=a_1+2a_2(x-x_0)+\cdots+na_n\,(x-x_0)^{n-1};\\
&P_n''(x)=2!a_2+3\cdot2\cdot(x-x_0)+\cdots+n(n-1)a_n\,(x-x_0)^{n-2};\\
&\qquad\vdots\\
&P_n^{(n)}(x)=n!a_n.
\end{aligned}$$

令 $x=x_0$, 并将它们代入式 (4.3.2), 得

$$a_0=f(x_0),\quad a_1=f'(x_0),$$
$$2!a_2=f''(x_0),\cdots,n!a_n=f^{(n)}(x_0).$$

从而

$$a_0=f(x_0),\quad a_1=f'(x_0),\quad a_2=\frac{1}{2!}f''(x_0),\quad \cdots,\quad a_n=\frac{1}{n!}f^{(n)}(x_0).$$

代入式 (4.3.1), 得

$$\begin{aligned}
P_n(x)=f(x_0)+f'(x_0)(x-x_0)+\frac{f''(x_0)}{2!}(x-x_0)^2\\
+\cdots+\frac{f^{(n)}(x_0)}{n!}(x-x_0)^n.
\end{aligned}$$

上式称为函数 $f(x)$ 在点 x_0 处关于 $(x-x_0)$ 的 n 次 **Taylor (泰勒) 多项式**.

记函数 $f(x)$ 与 n 次 Taylor 多项式的差函数为

$$R_n(x)=f(x)-P_n(x),$$

则有

$$f(x)=f(x_0)+f'(x_0)(x-x_0)+\frac{f''(x_0)}{2!}(x-x_0)^2$$

$$+\cdots+\frac{f^{(n)}(x_0)}{n!}(x-x_0)^n+R_n(x), \tag{4.3.3}$$

式 (4.3.3) 称为函数 $f(x)$ 在点 x_0 处展开的 n 阶 **Taylor 公式** 或 **Taylor展开式**, 其中 $R_n(x)$ 称为 n 阶 **Taylor 公式的余项**.

从式 (4.3.3) 可以看出，函数 $f(x)$ 能否用多项式 $P_n(x)$ 近似代替，关键是看 Taylor 公式的余项 $R_n(x)$ 的取值情况. 关于 $R_n(x)$, 我们有下面的两个结论.

定理 4.3.1 设函数 $f(x)$ 在含有 x_0 的区间 (a,b) 内有 n 阶导数, 并且 $f^{(n)}(x)$ 在 (a,b) 内连续, 则 n 阶 Taylor 公式 (4.3.3) 的余项为

$$R_n(x)=o\left((x-x_0)^n\right) \quad (\text{当} x\to x_0),$$

即

$$f(x)=P_n(x)+o\left((x-x_0)^n\right) \quad (\text{当} x\to x_0). \tag{4.3.4}$$

式 (4.3.4) 称为 $f(x)$ 在 x_0 处具有 **Peano(佩亚诺) 型余项的 Taylor 公式**.

定理 4.3.2 (Taylor 中值定理) 设函数 $f(x)$ 在含有 x_0 的某开区间 (a,b) 内具有 $n+1$ 阶导数, 则对 (a,b) 内的任一点 x, 有

$$f(x)=P_n(x)+R_n(x),$$

其中 $P_n(x)$ 是 $f(x)$ 在点 x_0 关于 $(x-x_0)$ 的 n 次 Taylor 多项式,

$$R_n(x)=\frac{f^{(n+1)}(\xi)}{(n+1)!}(x-x_0)^{n+1} \quad (\xi \text{ 介于} x \text{与} x_0 \text{之间}).$$

即

$$f(x)=P_n(x)+\frac{f^{(n+1)}(\xi)}{(n+1)!}(x-x_0)^{n+1} \quad (\text{其中 } \xi \text{ 介于 } x \text{ 与 } x_0 \text{ 之间}). \tag{4.3.5}$$

式 (4.3.5) 称为 $f(x)$ 在 x_0 处具有 **Lagrange型余项的 Taylor 公式**.

这两个定理都可以利用 Cauchy 中值定理给出证明，建议有兴趣的读者可以参看其他教科书.

函数 $f(x)$ 带有 Peano 型余项与带有 Lagrange 型余项的两种 Taylor 公式共同解决了一个重要的理论问题, 即具有 n 阶导数的函数可以展开成 Taylor 公式. 这两种 Taylor 公式的应用各有侧重. 前者有利于研究函数在一点 (局部性) 的性态，后者有利于研究函数在区间 (大范围) 上的性态， Peano 型余项是对 $R_n(x)$ 的定性的描述，没有给出定量估计； Lagrange 型余项给出了 $R_n(x)$ 的具体表达式，可以定量地估计误差.

当 $n=0$ 时， Taylor 公式就是 Lagrange 中值公式：

$$f(x)=f(x_0)+f'(\xi)(x-x_0) \quad (\xi \text{ 在 } x_0 \text{ 与 } x \text{ 之间}).$$

因此 Taylor 中值定理是 Lagrange 中值定理的推广.

特别地，当 $x_0 = 0$ 时， Taylor 公式又称为 **Maclaurin (麦克劳林) 公式**：

$$f(x) = f(0) + f'(0)x + \frac{f''(0)}{2!}x^2 + \cdots + \frac{f^{(n)}(0)}{n!}x^n + R_n(x),$$

其中 $R_n(x)$ 为余项. 此时 Lagrange 型余项为

$$R_n(x) = \frac{f^{(n+1)}(\xi)}{(n+1)!}x^{n+1} \quad (\xi \text{ 在 } 0 \text{ 与 } x \text{ 之间}),$$

Peano 型余项为

$$R_n(x) = o(x^n) \quad (x \to 0).$$

例 4.3.1 将函数 $f(x) = \mathrm{e}^x$ 展开为 n 阶 Maclaurin 公式.

解 因为 $f(0) = \mathrm{e}^0 = 1$, 又

$$f^{(k)}(x) = \mathrm{e}^x, \quad f^{(k)}(0) = \mathrm{e}^0 = 1, \quad k = 1, 2, \cdots,$$

故

$$\mathrm{e}^x = 1 + x + \frac{x^2}{2!} + \cdots + \frac{x^n}{n!} + R_n(x),$$

Peano 型余项为

$$R_n(x) = o(x^n) \quad (\text{当 } x \to 0),$$

Lagrange 型余项为

$$R_n(x) = \frac{\mathrm{e}^\xi}{(n+1)!}x^{n+1} \quad (\xi \text{ 介于 } x \text{ 与 } 0 \text{ 之间}).$$

由此可知，当 $|x|$ 较小时,

$$\mathrm{e}^x \approx 1 + x + \frac{x^2}{2!} + \cdots + \frac{x^n}{n!}.$$

如果令 $x = 1$, 则有

$$\mathrm{e} \approx 1 + 1 + \frac{1}{2!} + \cdots + \frac{1}{n!},$$

其误差

$$|R_n| < \frac{\mathrm{e}}{(n+1)!} < \frac{3}{(n+1)!}.$$

当 $n = 10$ 时，可计算出 $\mathrm{e} \approx 2.71828$, 其误差不超过 $\dfrac{3}{11!} < 10^{-6}$.

例 4.3.2 求 $f(x) = \sin x$ 的 n 阶 Maclaurin 公式.

解 因为

$$f^{(k)}(x)=\sin\left(x+\frac{k\pi}{2}\right)\quad(k=1,2,\cdots),$$

故

$$f^{(k)}(0)=\begin{cases}0, & k=2m,\\ (-1)^{m-1}, & k=2m-1\end{cases}\quad(m=1,2,\cdots).$$

所以 $f(x)=\sin x$ 的 $n(n=2m)$ 阶 Maclaurin 公式为

$$\sin x=x-\frac{x^3}{3!}+\frac{x^5}{5!}-\cdots+(-1)^{m-1}\frac{x^{2m-1}}{(2m-1)!}+R_{2m}(x),$$

Peano 型余项为

$$R_{2m}(x)=o\left(x^{2m}\right)\quad(x\to 0),$$

Lagrange 型余项为

$$R_{2m}(x)=\frac{\sin\left[\xi+(2m+1)\dfrac{\pi}{2}\right]}{(2m+1)!}x^{2m+1}\quad(\xi\text{ 介于 }x\text{ 与 }0\text{ 之间}).$$

类似地，还可以得到其他几个函数的 n 阶 Maclaurin 公式.

$$\cos x=1-\frac{1}{2!}x^2+\frac{1}{4!}x^4-\cdots+(-1)^m\frac{1}{(2m)!}x^{2m}+R_{2m+1}(x),$$

其中， Peano 型余项为

$$R_{2m+1}(x)=o\left(x^{2m+1}\right)\quad(x\to 0),$$

Lagrange 型余项为

$$R_{2m+1}(x)=\frac{\cos[\xi+(m+1)\pi]}{(2m+2)!}x^{2m+2}\quad(\xi\text{ 介于 }x\text{ 与 }0\text{ 之间}).$$

$$\ln(1+x)=x-\frac{1}{2}x^2+\frac{1}{3}x^3-\cdots+(-1)^{n-1}\frac{1}{n}x^n+R_n(x),$$

其中， Peano 型余项为

$$R_n(x)=o\left(x^n\right)\quad(x\to 0),$$

Lagrange 型余项为

$$R_n(x)=\frac{(-1)^n}{(n+1)(1+\xi)^{n+1}}x^{n+1}\quad(\xi\text{ 介于 }x\text{ 与 }0\text{ 之间}).$$

$$(1+x)^\alpha=1+\alpha x+\frac{\alpha(\alpha-1)}{2!}x^2+\cdots+\frac{\alpha(\alpha-1)\cdots(\alpha-n+1)}{n!}x^n+R_n(x),$$

其中， Peano 型余项为

$$R_n(x) = o(x^n) \quad (x \to 0),$$

Lagrange 型余项为

$$R_n(x) = \frac{\alpha(\alpha-1)\cdots(\alpha-n+1)(\alpha-n)}{(n+1)!}(1+\xi)^{\alpha-n-1}x^{n+1}$$

(ξ 介于 x 与 0 之间， α 为常数).

例 4.3.3 求极限 $\lim\limits_{x\to 0}\dfrac{\cos x - \mathrm{e}^{-\frac{x^2}{2}}}{x^4}$.

解 由 $\mathrm{e}^x, \cos x$ 的 Maclaurin 公式，当 $x \to 0$ 时，有

$$\cos x = 1 - \frac{x^2}{2!} + \frac{x^4}{4!} + o(x^4),$$

$$\mathrm{e}^{-\frac{x^2}{2}} = 1 + \left(-\frac{x^2}{2}\right) + \frac{1}{2!}\left(-\frac{x^2}{2}\right)^2 + o(x^4),$$

所以

$$\cos x - \mathrm{e}^{-\frac{x^2}{2}} = -\frac{x^4}{12} + o(x^4).$$

于是

$$\begin{aligned}\lim_{x\to 0}\frac{\cos x - \mathrm{e}^{-\frac{x^2}{2}}}{x^4} &= \lim_{x\to 0}\frac{-\dfrac{x^4}{12} + o(x^4)}{x^4}\\ &= \lim_{x\to 0}\left(-\frac{1}{12} + \frac{o(x^4)}{x^4}\right)\\ &= -\frac{1}{12}.\end{aligned}$$

习 题 4.3

1. 写出 $f(x) = \sqrt{x}$ 在 $x_0 = 9$ 点的三次 Taylor 多项式.
2. 求函数 $f(x) = \tan x$ 的二阶 Maclaurin 公式.
3. 求函数 $f(x) = x\mathrm{e}^x$ 的 n 阶 Maclaurin 公式.
4. 利用 Taylor 公式求下列极限：

(1) $\lim\limits_{x\to 0}\dfrac{\mathrm{e}^x - 1 - x - \dfrac{x^2}{2} - \dfrac{x^3}{6}}{x^4}$;

(2) $\lim\limits_{x\to 0}\dfrac{\mathrm{e}^x + \mathrm{e}^{-x} - 2\cos x - 2x^2}{x^6}$.

4.4 函数的单调性与极值

4.4.1 函数的单调性的判别法

函数的单调性是函数的一个重要特性. 对于简单的函数, 我们可以直接用定义来判断它的单调性; 对于稍复杂的函数, 用定义来判别单调性就不容易了. 这里, 我们根据微分中值定理建立一种利用函数的导数的符号来判断函数单调性的方法, 从而解决了确定函数单调性的问题.

定理 4.4.1 设函数 $y=f(x)$ 在闭区间 $[a,b]$ 上连续, 在开区间 (a,b) 内可导.

(i) 如果在 (a,b) 内 $f'(x)>0$, 则函数 $y=f(x)$ 在 $[a,b]$ 上单调增加;

(ii) 如果在 (a,b) 内 $f'(x)<0$, 则函数 $y=f(x)$ 在 $[a,b]$ 上单调减少.

证明 在 $[a,b]$ 上任取两点 x_1,x_2(不妨设 $x_1<x_2$), 在区间 $[x_1,x_2]$ 上应用 Lagrange 中值定理, 存在 $\xi\in(x_1,x_2)$, 使得

$$f(x_2)-f(x_1)=f'(\xi)(x_2-x_1) \qquad (x_1<\xi<x_2).$$

(i) 若在 (a,b) 内 $f'(x)>0$, 则 $f'(\xi)>0$, 于是有

$$f(x_2)-f(x_1)=f'(\xi)(x_2-x_1)>0,$$

从而 $f(x_1)<f(x_2)$, 即函数 $y=f(x)$ 在 $[a,b]$ 上单调增加.

(ii) 在 (a,b) 内 $f'(x)<0$, 则 $f'(\xi)<0$, 于是有

$$f(x_2)-f(x_1)=f'(\xi)(x_2-x_1)<0,$$

从而 $f(x_1)>f(x_2)$, 即函数 $y=f(x)$ 在 $[a,b]$ 上单调减少. □

如果把定理 4.4.1 中的闭区间换成其他各种区间 (包括无穷区间), 定理的结论也成立.

例 4.4.1 线性需求函数 $Q=a-bP(a>0,b>0)$ 的导数

$$\frac{\mathrm{d}Q}{\mathrm{d}P}=-b<0,$$

由定理 4.4.1 知, 它是单调减少的.

例 4.4.2 讨论函数 $y=\ln\left(1-x^2\right)$ 的单调性.

解 函数 $y=\ln\left(1-x^2\right)$ 的定义域为 $(-1,1)$, 由

$$y'=-\frac{2x}{1-x^2}$$

知, 当 $x\in(-1,0)$ 时, $y'>0$, 故 $y=\ln\left(1-x^2\right)$ 在 $(-1,0)$ 内单调增加; 当 $x\in(0,1)$ 时, $y'<0$, 故 $y=\ln\left(1-x^2\right)$ 在 $(0,1)$ 内单调减少.

例 4.4.3 讨论函数 $y = \arctan x - x$ 的单调性.

解 函数 $y = \arctan x - x$ 的定义域是 $(-\infty, +\infty)$, 由于

$$y' = \frac{1}{1+x^2} - 1 = -\frac{x^2}{1+x^2},$$

故在 $(-\infty, +\infty)$ 内, 除点 $x = 0$ 外总有 $y' < 0$, 因此 $y = \arctan x - x$ 在 $(-\infty, +\infty)$ 内是单调减少的.

例 4.4.4 讨论函数 $y = x^{\frac{2}{3}}$ 的单调性.

解 函数 $y = x^{\frac{2}{3}}$ 的定义域为 $(-\infty, +\infty)$,

$$y' = \frac{2}{3}x^{-\frac{1}{3}}.$$

故当 $x \in (-\infty, 0)$ 时, $y' < 0$, 函数单调减少; 当 $x \in (0, +\infty)$ 时, $y' > 0$, 函数单调增加; 当 $x = 0$ 时, y' 不存在.

从以上几个例子可以看出, 有些函数在它的整个定义区间内并不是一直单调增加 (减少) 的, 而是在各个部分区间上的单调性可能不同, 如果用函数导数为零的点来划分定义区间, 就可以使函数在各个部分区间上有确定的单调性. 这一点对于在定义区间上有连续导数的函数都是成立的. 从例 4.4.4 可以看出, 如果函数有导数不存在的点, 在这样的点的两端, 单调性可能不同, 所以, 划分定义区间的点除了导数为零的点还应包括导数不存在的点.

例 4.4.5 确定函数 $f(x) = \dfrac{x^3}{(x-1)^2}$ 的单调性.

解 函数 $f(x)$ 的定义域为 $(-\infty, 1)$ 及 $(1, +\infty)$, 且

$$f'(x) = \frac{x^2(x-3)}{(x-1)^3}.$$

令 $f'(x) = 0$, 解得实根 $x_1 = 0, x_2 = 3$. 列表如下:

x	$(-\infty, 0)$	0	$(0, 1)$	$(1, 3)$	3	$(3, +\infty)$
$f'(x)$	$+$	0	$+$	$-$	0	$+$
$f(x)$	$\nearrow$		$\nearrow$	$\searrow$		$\nearrow$

表中 + 和 − 表示 $f'(x)$ 在相应区间内的符号, $\nearrow$ 和 $\searrow$ 分别表示 $f(x)$ 单调增加及单调减少. 由表可知, $f(x)$ 在区间 $(-\infty, 1) \bigcup (3, +\infty)$ 是单调增加的; 在 $(1, 3)$ 内是单调减少的.

例 4.4.6 证明当 $x > 1$ 时, $2\sqrt{x} > 3 - \dfrac{1}{x}$.

证明　考虑函数 $f(x)=2\sqrt{x}-3+\dfrac{1}{x}$, 只需证明 $f(x)>0\ (x>1)$ 即可. 由于 $f(x)$ 在 $[1,+\infty)$ 上连续，在 $(1,+\infty)$ 可导，且当 $x>1$ 时,

$$f'(x)=\frac{1}{\sqrt{x}}-\frac{1}{x^2}=\frac{x^{\frac{3}{2}}-1}{x^2}>0,$$

所以， $f(x)$ 在 $[1,+\infty)$ 上是单调增加的，于是当 $x>1$ 时， $f(x)>f(1)=0$, 即

$$2\sqrt{x}>3-\frac{1}{x}.$$

□

例 4.4.7　证明：方程 $x^3+x^2+2x-1=0$ 在区间 $(0,1)$ 内有且仅有一个实根.

证明　设 $f(x)=x^3+x^2+2x-1$, 则函数 $f(x)$ 在闭区间 $[0,1]$ 上连续. 因为

$$f(0)=-1, f(1)=3,$$

根据零点定理可知，在开区间 $(0,1)$ 内至少有一点 ξ, 使 $f(\xi)=0$, 即方程

$$x^3+x^2+2x-1=0$$

在 $(0,1)$ 内至少有一个实根 $x=\xi$.

由于当 $x\in(0,1)$ 时，有

$$f'(x)=3x^2+2x+2>0,$$

所以函数 $f(x)$ 在 $[0,1]$ 上单调增加，即在 $(0,1)$ 内最多在一点处的函数值为零，亦即方程

$$x^3+x^2+2x-1=0$$

在 $(0,1)$ 内最多有一个实根.

综上所述，方程

$$x^3+x^2+2x-1=0$$

在区间 $(0,1)$ 内有且仅有一个实根，即 $x=\xi$.

□

4.4.2　函数的极值

设函数 $f(x)$ 在区间 $[a,b]$ 上连续，其图形如图 4.6 所示.

我们注意到直观上，在 $x=x_1$ 处的函数值 $f(x_1)$ 与附近的点 (x_1 的某邻域内) 的函数值比起来， $f(x_1)$ 是最大的，将它称为函数的极大值. 而在点 $x=x_2$ 处，与点 $x=x_1$ 处的情形恰好相反， $f(x_2)$ 与附近的点的函数值比起来是最小的，就将它称为函数的极小值.

一般地，有如下的定义.

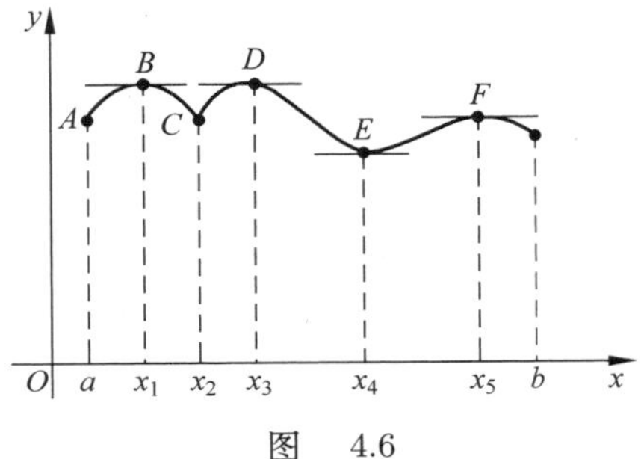

图 4.6

定义 4.4.1 设函数 $f(x)$ 在点 x_0 的某邻域内有定义. 如果对该邻域内一切异于 x_0 的 x, 恒有

$$f(x) < f(x_0),$$

则称 $f(x_0)$ 是函数 $f(x)$ 的一个 **极大值**, 点 x_0 称为函数 $f(x)$ 的一个 **极大值点**; 如果对该邻域内一切异于 x_0 的 x, 恒有

$$f(x) > f(x_0),$$

则称 $f(x_0)$ 是函数 $f(x)$ 的一个 **极小值**, 点 x_0 称为函数 $f(x)$ 的一个 **极小值点**.

极大值和极小值统称为 **极值**, 极大值点和极小值点统称为 **极值点**.

由定义可知, 函数的极值是一个局部性概念, 它只是在极值点附近的所有点的函数值相比较而言的. 因此, 函数的一个极大 (小) 值未必是函数在某一区间的最大 (小) 值, 函数的一个极大 (小) 值也有可能小 (大) 于这一函数的某一个极小 (大) 值. 另外, 由极值点的定义可知, 区间端点不能是极值点.

从图 4.6 还可以看出, 点 x_1, x_2, x_3, x_4, x_5 都是函数 $f(x)$ 的极值点, 曲线 $y = f(x)$ 在点 B, D, E, F 处都有不垂直于 x 轴的切线, 这些切线都平行于 x 轴. 这就意味着, 若 $f(x)$ 可导, 在其极值点处的导数一定为零. 这是函数取得极值的必要条件.

定理 4.4.2 (必要条件) 设函数 $f(x)$ 在点 x_0 处具有导数, 且 x_0 是极值点, 则必有

$$f'(x_0) = 0.$$

证明 设函数 $f(x)$ 在点 x_0 处可导, x_0 为 $f(x)$ 的极大值点, 则在点 x_0 的某邻域内恒有

$$f(x) < f(x_0),$$

因此

$$f'_-(x_0) = \lim_{x \to x_0^-} \frac{f(x) - f(x_0)}{x - x_0} \geqslant 0;$$

$$f'_+(x_0) = \lim_{x \to x_0^+} \frac{f(x) - f(x_0)}{x - x_0} \leqslant 0.$$

由于 $f'_-(x_0) = f'_+(x_0) = f'(x_0)$, 所以必有

$$f'(x_0) = 0.$$

同理可证得 x_0 为 $f(x)$ 的极小值点的情形. □

通常, 将使 $f(x)$ 的导数为零的点, 即方程 (也叫驻点方程)

$$f'(x) = 0$$

的实根称为函数 $f(x)$ 的 **驻点**.

定理 4.4.2 指出: 如果 $f'(x_0)$ 存在, 则函数 $f(x)$ 在 x_0 处取得极值的必要条件是 x_0 为 $f(x)$ 的驻点. 因此, 寻求可导函数 $f(x)$ 的极值点, 应该从驻点中挑选. 但是, 函数的驻点不一定是函数的极值点. 例如, $x = 0$ 是函数 $f(x) = x^3$ 的驻点, 但由于 $f(x) = x^3$ 在 $(-\infty, +\infty)$ 内单调增加, 因而 $x = 0$ 不是 $f(x)$ 的极值点.

另外, 连续函数的极值点也可能是导数不存在的点. 比如, 图 4.6 中的点 C. 函数 $f(x) = |x|$ 在点 $x = 0$ 处不可导, $x = 0$ 是 $f(x)$ 的极小值点 (图 4.7). 当然, 在导数不存在的点, 也可能不是极值点. 例如, $f(x) = \sqrt[3]{x}$ 在点 $x = 0$ 处不可导, 而 $x = 0$ 不是 $f(x) = \sqrt[3]{x}$ 的极值点 (图 4.8). 因此, 对于连续函数而言, 我们将驻点和导数不存在的点统称为可能极值点.

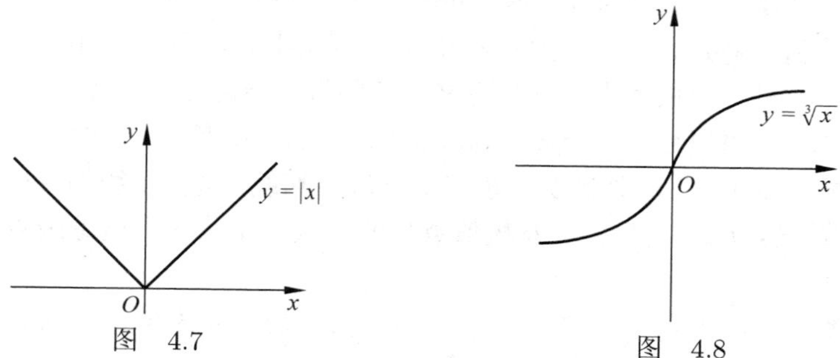

图 4.7 图 4.8

那么, 对于函数 $f(x)$, 如何断定那些可能极值点是否为极值点呢? 从直观上, 我们不难看出下面的结论:

定理 4.4.3 (函数取得极值的一阶充分条件) 设函数 $f(x)$ 在 x_0 处连续, 在点 x_0 的去心邻域内可导且 $f(x)$ 在点 x_0 处的导数为零或不存在, 那么:

(i) 如果当 $x < x_0$ 时 $f'(x) > 0$, 而当 $x > x_0$ 时 $f'(x) < 0$, 则 $f(x_0)$ 是函数 $f(x)$ 的极大值;

(ii) 如果当 $x < x_0$ 时 $f'(x) < 0$, 而当 $x > x_0$ 时 $f'(x) > 0$, 则 $f(x_0)$ 是函数 $f(x)$ 的极小值;

(iii) 如果不论 $x < x_0$ 还是 $x > x_0$ 时, 总有 $f'(x) > 0$(或 $f'(x) < 0$), 则 $f(x_0)$ 不是函数 $f(x)$ 的极值.

由定理 4.4.2 及定理 4.4.3, 求函数 $f(x)$ 的极值点或极值可按下面步骤进行：

(1) 求出函数 $f(x)$ 在其定义区间内的所有驻点或导数不存在的点；

(2) 确定 $f'(x)$ 在上述各点两侧邻近的符号；

(3) 应用定理 4.4.3 判定上述各点是不是函数 $f(x)$ 的极值点，是极大值点还是极小值点，计算出极值点的函数值，就得到函数 $f(x)$ 的极值.

例 4.4.8 求函数 $f(x)=2x^3+3x^2-12x+10$ 的极值.

解 函数 $f(x)=2x^3+3x^2-12x+10$ 的定义域为 $(-\infty,+\infty)$, 由于

$$\begin{aligned} f'(x) &= 6x^2+6x-12 \\ &= 6\left(x^2+x-2\right) \\ &= 6(x+2)(x-1), \end{aligned}$$

令 $f'(x)=6(x+2)(x-1)=0$, 解得驻点为 $x_1=-2, x_2=1$.

当 $x<-2$ 时，$f'(x)>0$; 当 $-2<x<1$ 时，$f'(x)<0$, 根据定理 4.4.3,$f(-2)=30$ 为函数 $f(x)$ 的极大值.

当 $-2<x<1$ 时，$f'(x)<0$; 当 $x>1$ 时，$f'(x)>0$, 根据定理 4.4.3, $f(1)=3$ 为函数 $f(x)$ 的极小值.

例 4.4.9 求函数 $f(x)=\sqrt[3]{\left(2x-x^2\right)^2}$ 的极值.

解 $f(x)=\sqrt[3]{\left(2x-x^2\right)^2}$ 的定义域为 $(-\infty,+\infty)$.

$$f'(x)=\frac{2}{3}\cdot\frac{2-2x}{\sqrt[3]{2x-x^2}}=\frac{4(1-x)}{3\sqrt[3]{x(2-x)}},$$

$f'(x)$ 等于零的点为 $x_1=1, f'(x)$ 不存在的点为 $x_2=0, x_3=2$. 这些点把定义域分成四个区间，其讨论结果列表如下：

x	$(-\infty,0)$	0	$(0,1)$	1	$(1,2)$	2	$(2,+\infty)$
$f'(x)$	$-$	∞	$+$	0	$-$	∞	$+$
$f(x)$	$\searrow$	极小值 0	$\nearrow$	极大值 1	$\searrow$	极小值 0	$\nearrow$

由表可见，$f(x)$ 在 $x=0$ 和 $x=2$ 点取极小值 0, 在 $x=1$ 点取极大值 1.

上述判别法是根据导数 $f'(x)$ 在点 x_0 附近的符号来判断的，如果函数 $f(x)$ 在点 x_0 附近不仅有一阶导数，而且在点 x_0 处有二阶导数，则可用下述的极值存在的二阶充分条件判断.

定理 4.4.4 (函数取得极值的二阶充分条件) 设函数 $f(x)$ 在点 x_0 处具有二阶导数，且 $f'(x_0)=0, f''(x_0)\neq 0$, 那么：

(i) 若 $f''(x_0)>0$, 则 x_0 是函数 $f(x)$ 的极小值点；

(ii) 若 $f''(x_0)<0$, 则 x_0 是函数 $f(x)$ 的极大值点.

证明 由导数定义、 $f'(x_0)=0$ 及 $f''(x_0)>0$ 得

$$f''(x_0)=\lim_{x\to x_0}\frac{f'(x)-f'(x_0)}{x-x_0}=\lim_{x\to x_0}\frac{f'(x)}{x-x_0}>0.$$

根据极限的保号性，存在 x_0 的某一邻域，恒有

$$\frac{f'(x)}{x-x_0}>0 \qquad (x\neq x_0).$$

因此，当 $x<x_0$ 时， $f'(x)<0$; 当 $x>x_0$ 时， $f'(x)>0$. 由定理 4.4.3 便知 x_0 是 $f(x)$ 的极小值点.

同理可证定理中的结论 (ii). □

需要注意的是，当 $f''(x_0)=0$ 时，则 $f(x_0)$ 是否为极值尚待进一步判定，此时，函数 $f(x)$ 在 x_0 点可能有极大值，也可能有极小值，也可能没有极值. 读者可通过函数 $y=x^4, y=x^3, y=-x^4$ 在点 $x=0$ 的情形分别说明.

例 4.4.10 求函数 $f(x)=x^2(x-1)^3$ 的极值.

解 函数 $f(x)=x^2(x-1)^3$ 的定义域为 $(-\infty,+\infty)$. 因为

$$f'(x)=x(5x-2)(x-1)^2,$$

$$f''(x)=2(x-1)\left(10x^2-8x+1\right),$$

令 $f'(x)=0$, 解得驻点 $x_1=0, x_2=\dfrac{2}{5}, x_3=1$. 而

$$\begin{aligned} f''(0)&=-2<0,\\ f''\left(\frac{2}{5}\right)&=2\left(\frac{2}{5}-1\right)\left(10\times\frac{4}{25}-8\times\frac{2}{5}+1\right)\\ &=2\left(-\frac{3}{5}\right)\left(-\frac{3}{5}\right)>0, \end{aligned}$$

根据定理 4.4.4, $f(0)=0$ 为函数 $f(x)$ 的极大值， $f\left(\dfrac{2}{5}\right)=-\dfrac{108}{3125}$ 为函数 $f(x)$ 的极小值.

由于 $f''(1)=0$, 函数取得极值的二阶充分条件失效，但可用一阶充分条件来判断. 注意到当 $\dfrac{2}{5}<x<1$ 或 $x>1$ 时，均有 $f'(x)>0$, 根据定理 4.4.3 可知 $f(1)$ 不是函数 $f(x)$ 的极值.

习 题 4.4

1. 确定下列函数的单调区间:

(1) $y=\arctan x-x$; (2) $y=x+\sin x$;

(3) $y=x^2\mathrm{e}^x$; (4) $y=\ln(x+\sqrt{4+x^2})$;

(5) $y=2x^2-\ln x$; (6) $y=\dfrac{x}{1+x^2}$;

(7) $y=2x+\dfrac{8}{x}(x>0)$; (8) $y=x^2-\ln x$.

2. 证明下列不等式:

(1) 当 $x>0$ 时, $\dfrac{x}{1+x}<\ln(1+x)<x$;

(2) $x>0$ 时, $\mathrm{e}^x>1+x+\dfrac{x^2}{2}$;

(3) $0<x<\dfrac{\pi}{2}$ 时, $\sin x+\tan x>2x$;

(4) $0<x<\dfrac{\pi}{2}$ 时, $\sin x>x-\dfrac{x^3}{6}$;

(5) 当 $a>b>\mathrm{e}$ 时, $b^a>a^b$.

3. 讨论方程 $\ln x=\dfrac{1}{3}x$ 的根的情况.

4. 设 $f(x)$ 在 $[0,+\infty)$ 上连续, 在 $(0,+\infty)$ 内可导, 且 $f(0)=0$, $f'(x)$ 在 $(0,+\infty)$ 内单调减少, 证明 $\varphi(x)=\dfrac{f(x)}{x}$ 在 $(0,+\infty)$ 内单调减少.

5. 求下列函数的极值:

(1) $y=x^3-3x^2+7$; (2) $y=\dfrac{2x}{1+x^2}$;

(3) $y=\sqrt{2+x-x^2}$; (4) $y=x^2\mathrm{e}^{-x}$;

(5) $y=\dfrac{1+3x}{\sqrt{4+5x^2}}$; (6) $y=x-\ln(1+x)$;

(7) $y=2-(x-1)^{\frac{2}{3}}$; (8) $y=x^{\frac{1}{x}}$.

6. 利用二阶导数, 判断下列函数的极值:

(1) $y=x^3-3x^2-9x-5$; (2) $y=(x-3)^2(x-2)$;

(3) $y=2x-\ln(4x)^2$; (4) $y=2\mathrm{e}^x+\mathrm{e}^{-x}$.

7. 试问 a 为何值时, 函数 $f(x)=a\sin x+\dfrac{1}{3}\sin 3x$ 在 $x=\dfrac{\pi}{3}$ 处取得极值? 是极大值还是极小值?

4.5　函数的凸性与拐点

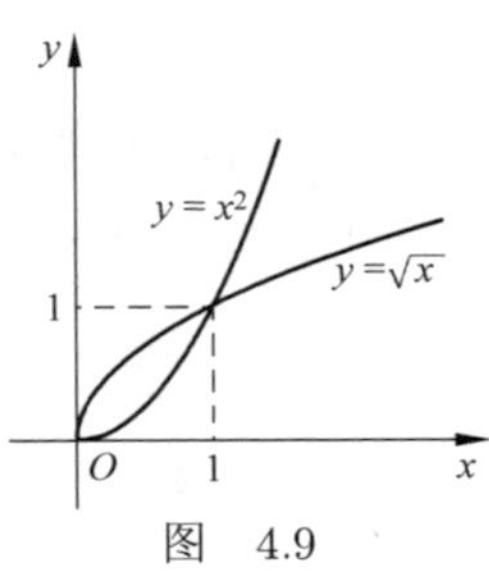

图　4.9

研究了函数的单调性和极值，还不能完全了解函数的特性，不能准确地反映出函数图形的特点. 例如，函数 $y=x^2$ 与函数 $y=\sqrt{x}$ 在闭区间 $[0,1]$ 上都是单调增加的，并且有相同的最小值 0 和最大值 1, 但它们的图形却有明显的区别，它们有着完全相反的弯曲方向 (图 4.9). 曲线 $y=x^2$ 是向上弯曲的，连续曲线上任意两点的弦都在曲线的上方. 这样的曲线称为下凸曲线，相应的函数称为下凸函数. 相反，向下弯曲的曲线称为上凸曲线，相应的函数称为上凸函数. 可见，研究函数的特征，仅考虑单调性是不够的，还需研究它的凸性.

为了研究函数的这类特性，我们先从几何直观上进行分析.

由图 4.10(a) 可以看出，曲线 $y=f(x)$ 向上弯曲. 在曲线 $y=f(x)$ 上任取两点 $A(x_1,f(x_1))$ 和 $B(x_2,f(x_2))$, 曲线弧段 $\overset{\frown}{AB}$ 位于弦 AB 之下. 易见

$$f\left(\frac{x_1+x_2}{2}\right)<\frac{1}{2}\left[f(x_1)+f(x_2)\right].$$

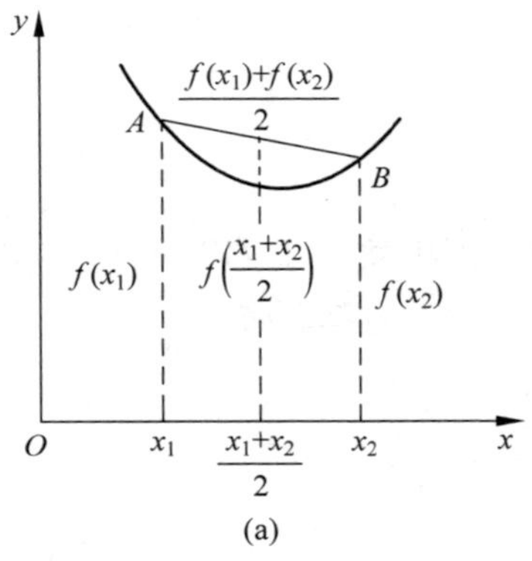

(a)

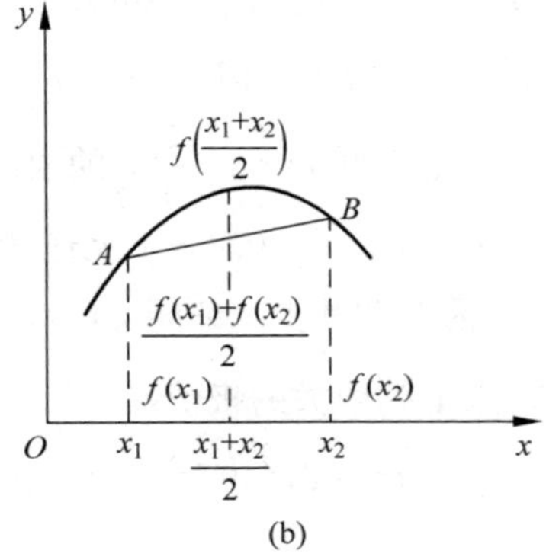

(b)

图　4.10

由图 4.10(b) 可以看出，曲线 $y=f(x)$ 向下弯曲. 在这条曲线上任取两点 $A(x_1,f(x_1))$ 和 $B(x_2,f(x_2))$, 曲线弧段 $\overset{\frown}{AB}$ 位于弦 AB 之上，即有

$$f\left(\frac{x_1+x_2}{2}\right)>\frac{1}{2}\left[f(x_1)+f(x_2)\right].$$

因此，我们给出下面的定义.

定义 4.5.1　设函数 $f(x)$ 在区间 (a,b) 内连续，如果对 (a,b) 内任意两点 x_1,x_2, 恒有

$$f\left(\frac{x_1+x_2}{2}\right)<\frac{1}{2}\left[f(x_1)+f(x_2)\right],$$

则称函数 $f(x)$ 在 (a,b) 内是 **下凸函数**, 曲线 $y=f(x)$ 称为 **下凸曲线**; 如果对区间 (a,b) 内任意两点 x_1, x_2, 恒有

$$f\left(\frac{x_1+x_2}{2}\right) > \frac{1}{2}\left[f(x_1)+f(x_2)\right],$$

则称函数 $f(x)$ 在 (a,b) 内是 **上凸函数**, 曲线 $y=f(x)$ 称为 **上凸曲线**.

显然，若 $f(x)$ 是上凸函数，则 $-f(x)$ 是下凸函数，反之亦然.

从图 4.11 中我们不难看出，如果函数 $y=f(x)$ 可导且是下凸 (上凸) 的，那么曲线 $y=f(x)$ 上的点的切线斜率随着 x 的增加而增加 (减少), 即 $f'(x)$ 是单调增加 (减少) 函数.

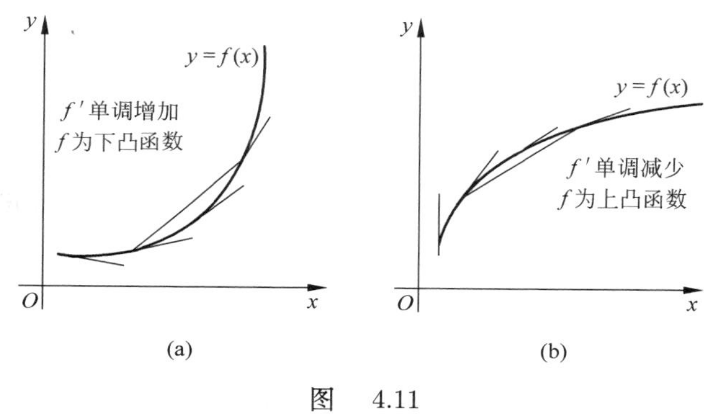

图 4.11

定理 4.5.1 设函数 $f(x)$ 在 (a,b) 可导，若 $f'(x)$ 在 (a,b) 单调增加 (减少), 则函数 $f(x)$ 在 (a,b) 内是下凸 (上凸) 函数.

定理 4.5.1 的严格证明从略.

如果函数 $f(x)$ 有二阶导数，由定理 4.5.1 及函数单调性判别法 (定理 4.4.1) 可以得到函数的凸性判别法则.

定理 4.5.2 设函数 $f(x)$ 在区间 (a,b) 内具有二阶导数.

(i) 若在 (a,b) 内 $f''(x)>0$, 则 $f(x)$ 为 (a,b) 内的下凸函数;

(ii) 若在 (a,b) 内 $f''(x)<0$, 则 $f(x)$ 为 (a,b) 内的上凸函数.

例 4.5.1 讨论函数 $f(x)=\sin x$ 在 $(0,2\pi)$ 内的凸性.

解 由于

$$f'(x)=\cos x, \quad f''(x)=-\sin x,$$

因此，在 $(0,\pi)$ 内 $f''(x)<0, f(x)$ 在 $(0,\pi)$ 内是上凸函数，在 $(\pi,2\pi)$ 内， $f''(x)>0, f(x)$ 在 $(\pi,2\pi)$ 内是下凸函数.

这里，点 $(\pi,0)$ 是曲线 $y=\sin x$ 在 $[0,2\pi]$ 上的上凸部分和下凸部分的分界点.

定义 4.5.2 连续曲线的上凸部分和下凸部分的分界点，称为曲线的 **拐点**.

设点 $(x_0, f(x_0))$ 为连续曲线 $y=f(x)$ 的拐点，可以证明，如果 $f''(x_0)$ 存在，则必有 $f''(x_0)=0$. 即点 $(x_0, f(x_0))$ 为连续曲线 $y=f(x)(f(x)$ 二阶可导) 的拐点的必要条件是 $f''(x_0)$ 为零. 此外，拐点也有可能出现在二阶导数不存在的点处.

据此，确定连续曲线 $y=f(x)$ 的凸性和拐点可按下列步骤进行：

(1) 求出 $f''(x)$ 在定义区间内所有的零点和不存在的点；

(2) 确定 $f''(x)$ 在上述各点两侧附近的符号；

(3) 根据定理 4.5.2 判断在上述各点两侧附近 $y=f(x)$ 的凸性. 如果凸性相反，则 $(x_0, f(x_0))$ 为曲线 $y=f(x)$ 的拐点；如果凸性相同，则 $(x_0, f(x_0))$ 不是曲线的拐点.

例 4.5.2 确定曲线 $y=(x-1)\sqrt[3]{x^2}$ 的凸性和拐点.

4-2 凸凹性

解 函数的定义域为 $(-\infty,+\infty)$, 且

$$y'=\frac{5x-2}{3x^{\frac{1}{3}}},\quad y''=\frac{2(5x+1)}{9x^{\frac{2}{3}}}.$$

令 $y''=0$, 解得 $x=-\dfrac{1}{5}$; 当 $x=0$ 时， y'' 不存在，列表讨论如下：

x	$\left(-\infty,-\frac{1}{5}\right)$	$-\frac{1}{5}$	$\left(-\frac{1}{5},0\right)$	0	$(0,+\infty)$
y''	$-$	0	$+$	不存在	$+$
y	上凸	拐点 $\left(-\frac{1}{5},-\frac{6}{5}\sqrt[3]{\frac{1}{25}}\right)$	下凸	无拐点	下凸

习 题 4.5

1. 求下列曲线的凸性和拐点：

(1) $y=1+\dfrac{1}{x}(x>0)$; (2) $y=x^3-6x^2+3x$;

(3) $y=\ln(1+x^2)-2x\arctan x$; (4) $y=(x-1)x^{\frac{2}{3}}$.

2. 问 a,b 为何值时，点 $(1,3)$ 为曲线 $y=ax^3+bx^2$ 的拐点.

3. 已知函数 $y=ax^3+bx^2+cx+d$ 在 $x=-2$ 处有极值 44, 点 $(1,-10)$ 为曲线 $y=f(x)$ 上的拐点，求常数 a,b,c,d.

4. 试证明曲线 $y=\dfrac{x-1}{x^2+1}$ 有三个拐点位于同一直线上.

5. 求曲线 $\begin{cases} x = t^2, \\ y = 3t + t^3 \end{cases}$ 的拐点.

6. 利用函数的凸性，证明不等式：

$$\frac{1}{2}(x^n + y^n) > \left(\frac{x+y}{2}\right)^n \quad (x > 0, y > 0, x \neq y, n > 1).$$

7. 试确定 $y = R(x^2 - 3)^2$ 中 R 的值，使曲线的拐点处的法线通过原点.

4.6 函数的最值及其在经济分析中的应用

4.6.1 函数的最值

根据闭区间上连续函数的最值定理，如果函数 $f(x)$ 在闭区间 $[a, b]$ 上连续，则 $f(x)$ 在 $[a, b]$ 上必有最大值和最小值. 为了能够运用微分学的方法求得函数 $f(x)$ 的最值，我们总假设所讨论的函数 $f(x)$ 在 $[a, b]$ 上连续，在 (a, b) 内可导或者除去个别点外可导.

假如使 $f(x)$ 取得最值的点在开区间 (a, b) 的内部，则这些点一定是 $f(x)$ 的极值点. 然而， $f(x)$ 的最值也可能在区间的端点 a 或 b 上取得，于是由求极值的方法，便得到求函数 $f(x)$ 在闭区间 $[a, b]$ 上的最值的方法：

(1) 求出 $f'(x)$ 在 (a, b) 内的零点和不存在的点，设其个数为有限个，得到可能极值点 $x_1, x_2, \cdots, x_n$.

(2) 计算出函数值 $f(x_1), f(x_2), \cdots, f(x_n)$ 以及 $f(a), f(b)$.

(3) 比较 (2) 中所有函数值的大小，其中最大者即为最大值，最小者即为最小值.

这里不必讨论 $x_1, x_2, \cdots, x_n$ 是否为极值点.

例 4.6.1 求函数 $f(x) = x^4 - 2x^2 + 5$ 在区间 $[-2, 3]$ 上的最大值和最小值.

解 由于

$$f'(x) = 4x^3 - 4x,$$

令 $f'(x) = 0$, 得驻点 $x_1 = -1, x_2 = 0, x_3 = 1$. 在驻点处函数值为

$$f(-1) = f(1) = 4, \quad f(0) = 5,$$

在端点处函数值为

$$f(-2) = 13, \quad f(3) = 68.$$

比较上述几个数值的大小，可得 $f(x)$ 在 $[-2, 3]$ 上的最大值为 $f(3) = 68$, 最小值为 $f(-1) = f(1) = 4$.

在下面 3 种特殊情况下，能比较简便地确定出函数的最大值和最小值：

(1) 如果函数 $f(x)$ 在 $[a,b]$ 上单调增加，则 $f(a)$ 和 $f(b)$ 分别是 $f(x)$ 的最小值和最大值；如果 $f(x)$ 在 $[a,b]$ 上单调减少，则 $f(a)$ 和 $f(b)$ 分别是 $f(x)$ 的最大值和最小值.

(2) 如果函数 $f(x)$ 在某区间 (可以是开区间，也可以是闭区间) 内可导且有唯一驻点 x_0, 则当 $f(x_0)$ 是 $f(x)$ 的极大 (小) 值时， $f(x_0)$ 是函数 $f(x)$ 在该区间内 (可以是有限区间，也可以是无限区间) 的最大 (小) 值.

(3) 在某些实际问题中，往往可以根据问题的实际意义确定可导函数 $f(x)$ 的最值一定在定义区间内部取得. 这时，如果 $f(x)$ 在定义区间内只有唯一的驻点 x_0, 则不必讨论该驻点是否为极值点，可直接断定 $f(x_0)$ 是 $f(x)$ 的最值.

例 4.6.2　今欲生产一个容积为 V 的有盖圆柱形铁桶，问桶的高和底面半径为何值时，用料最省？

解　用料最省就是铁桶的表面面积最小，这一最小值是一定存在的.

设圆柱形铁桶底圆半径为 x, 高为 h, 则其容积为

$$V = \pi x^2 h.$$

因此 $h = \dfrac{V}{\pi x^2}$. 这个铁桶的表面面积为

$$\begin{aligned} y &= 2\pi x^2 + 2\pi x h \\ &= 2\pi x^2 + \frac{2V}{x} \qquad (x > 0). \end{aligned}$$

因为

$$y' = 4\pi x - \frac{2V}{x^2} = \frac{4\pi x^3 - 2V}{x^2},$$

令 $y' = 0$, 解得唯一驻点 $x_0 = \sqrt[3]{\dfrac{V}{2\pi}}$. 所以当桶的底圆半径为 $x_0 = \sqrt[3]{\dfrac{V}{2\pi}}$, 桶高为 $h_0 = \dfrac{V}{\pi x_0^2} = 2\sqrt[3]{\dfrac{V}{2\pi}} = 2x_0$(即桶高为底圆直径) 时，桶的表面积最小，从而用料最省.

例 4.6.3　设 $p > 1$, 证明不等式

$$\frac{1}{2^{p-1}} \leqslant x^p + (1-x)^p \leqslant 1, \quad x \in [0,1].$$

证明　设 $f(x) = x^p + (1-x)^p \quad (0 \leqslant x \leqslant 1)$, 则

$$f'(x) = p\left[x^{p-1} - (1-x)^{p-1}\right].$$

令 $f'(x) = 0$, 解得 $f(x)$ 在 $(0,1)$ 内的驻点 $x = \dfrac{1}{2}$, 比较函数值

$$f\left(\frac{1}{2}\right)=\frac{1}{2^{p-1}},\ f(0)=1,\ f(1)=1,$$

知 $f(x)$ 在 $[0,1]$ 上的最小值为 $\dfrac{1}{2^{p-1}}$, 最大值为 1, 从而有

$$\frac{1}{2^{p-1}} \leqslant x^p+(1-x)^p \leqslant 1, \quad x \in [0,1]. \qquad \square$$

4.6.2 函数最值在经济分析中的应用举例

例 4.6.4 某商品每月销售 q 件时, 总收入函数 (单位: 元) 为

$$R(q)=1000q\mathrm{e}^{-\frac{q}{100}} \qquad (q>0).$$

问每月销售多少件商品时, 总收入最大? 总收入是多少?

解 该问题归结为 q 在 $(0,+\infty)$ 内取何值时, 函数 $R(q)$ 的值最大.

$$\begin{aligned}R'(q)&=1000\left[\mathrm{e}^{-\frac{q}{100}}-\frac{q}{100}\mathrm{e}^{-\frac{q}{100}}\right]\\&=1000\mathrm{e}^{-\frac{q}{100}}\left(1-\frac{q}{100}\right).\end{aligned}$$

令 $R'(q)=0$, 解得 $q=100$. 函数 $R(q)$ 仅有一个驻点. 又由实际问题可断定, $R(q)$ 有最大值. 故当 $q=100$ 时, $R(100)=\dfrac{100000}{\mathrm{e}}$ 的值最大, 即每月销售 100 件商品时, 可使总收入最大, 约为 36788 元.

例 4.6.5 某企业每月生产 q 吨产品的成本 (单位: 元) 为

$$C(q)=\frac{1}{100}q^2+30q+900 \qquad (q>0).$$

求其最低平均成本.

解 平均成本函数为

$$\overline{C}(q)=\frac{C(q)}{q}=\frac{1}{100}q+30+\frac{900}{q},$$

现在问题归结为求 $q\in(0,+\infty)$, 使函数 $\overline{C}(q)$ 的值最小.

$$\overline{C}'(q)=\frac{1}{100}-\frac{900}{q^2},$$

令 $\overline{C}'(q)=0$, 解得 $q=\pm300$. 因此 $\overline{C}(q)$ 在 $(0,+\infty)$ 内仅有一个驻点 $q=300$. 又由实际问题本身可知 $\overline{C}(q)$ 有最小值, 则 $\overline{C}(300)=36$ 为最小值, 即该企业每月生产 300 吨产品时, 平均成本最低为 36 元 / 吨.

例 4.6.6 某企业生产一种产品时固定成本为 5000 元, 但每生产 100 台产品时直接消耗成本要增加 2500 元. 市场对此商品的年需求量最高为 500 台, 在此

范围内产品能全部售出，销售的收入函数为 $5x-\frac{1}{2}x^2$(单位：万元), 其中 x 是产品售出数量 (单位：百台). 若超出此范围，产品就会积压. 问该产品年产多少台时，才能使年利润最大，从而提高该企业的经济效益？

解　设该产品年产量为 x(单位：百台), 且当 $x\leqslant 5$ 时，产品能全部售出；当 $x>5$ 时，只能销售 500 台，其余产品积压. 于是利润函数为

$$\begin{aligned}L(x)&=R(x)-C(x)\\&=\begin{cases}\left(5x-\dfrac{1}{2}x^2\right)-(0.5+0.25x), & 0\leqslant x\leqslant 5,\\ \left(5\times 5-\dfrac{1}{2}\times 5^2\right)-(0.5+0.25x), & x>5.\end{cases}\end{aligned}$$

即 $L(x)=\begin{cases}4.75x-\dfrac{1}{2}x^2-0.25, & 0\leqslant x\leqslant 5,\\ 12-0.25x, & x>5.\end{cases}$ 这样，该问题就归结为 x 取何值时，函数 $L(x)$ 取得最大值.

当 $0\leqslant x<5$ 时，有 $L'(x)=4.75-x$;

当 $x>5$ 时，有 $L'(x)=-0.25$ (可以证明在 $x=5$ 时， $L'(5)=-0.25$).

令 $L'(x)=0$, 解得 $x=4.75$ 是唯一的驻点，则当 $x=4.75$ 时， $L(x)$ 取得最大值，即该产品年产量为 475 台时，可使年利润达到最大值.

例 4.6.7　某工厂每年需要某种原料 100 万吨，且对该种原料消耗是均匀的. 已知该原料每吨年库存费是 0.05 元，分期分批均匀进货，每次进货费用为 1000 元，试求最经济的订货批量和年订货次数.

解　设每次订货批量为 x(单位：万吨), 则平均库存量为 $\frac{x}{2}$, 库存费用 (单位：元) 为

$$E_1(x)=0.05\times\frac{x}{2}\times 10000=\frac{500}{2}x.$$

每年采购费用 (单位：元) 为

$$E_2(x)=\frac{100}{x}\times 1000=\frac{100000}{x}.$$

一年内的库存费与采购费之和为

$$E(x)=E_1(x)+E_2(x)=250x+\frac{100000}{x}.$$

而

$$E'(x)=250-\frac{100000}{x^2},$$

令 $E'(x)=0$, 得 $x_1=20$, $x_2=-20$(舍去). 又由 $E''(x)=\dfrac{200000}{x^3}$, $E''(20)=25>0$, 故 $x=20$ 是函数的唯一极小值点，也是最小值点.

所以，每批进货 20 万吨，可使总费用最小. 此时，每年进货次数为

$$n=\frac{100}{20}=5.$$

习 题 4.6

1. 求下列函数的最大值、最小值:

(1) $y=x^4-2x^2+5 \quad [-2,2]$;

(2) $y=\ln(x^2+1) \quad [-1,2]$;

(3) $y=\dfrac{x^2}{1+x} \quad \left[-\dfrac{1}{2},1\right]$;

(4) $y=x+\sqrt{x} \quad [0,4]$.

2. 下列函数是否存在最大值、最小值？若存在，试求出其值.

(1) $y=2x-5x^2, \quad -\infty<x<+\infty$;

(2) $y=x^2-\dfrac{54}{x}, \quad x<0$.

3. 欲做一个底为正方形、容积为 108m^3 的长方体无盖容器，怎样做法使所用材料最省？

4. 求第 1 章例 1.5.8 中总运费函数的最小值.

5. 甲船以每小时 20n mile (即 20 海里，1n mile≈ 1852 m) 的速度向东行驶，同一时间乙船在甲船正北 82n mile 处以每小时 16n mile 的速度向南行驶，问经过多少时间两船距离最近？

6. 假设某种产品的需求量 Q(单位：元) 是单价 P(单位：元) 的函数，即 $Q=12000-80P$; 又知商品的总成本 C(单位：元) 是需求量 Q 的函数，即 $C=25000+50Q$. 若每单位产品需纳税 2 元，试求使销售利润最大的商品价格和最大利润.

7. 某厂每批生产某种商品 x 单位的费用 (单位：元) 为

$$C(x)=5x+200.$$

得到的利益 (单位：元) 是

$$R(x)=10x-0.01x^2.$$

问每批生产多少单位时才能使利润最大？

8. 某商品的价格 P 与需求量 Q 的关系为 $P=10-\dfrac{Q}{5}$,

(1) 求需求量为 20 及 30 时的总收益 R 、平均收益 $\overline{R}$ 及边际收益.

(2) Q 为多少时总收益最大？

9. 设某企业生产一种商品 x 件时的总收益为 $R(x)=100x-x^2$, 总成本函数为 $C(x)=200+50x+x^2$, 问：政府对每件商品征收货物税为多少时，在企业获得最大利润的情况下，总税额最大？

10. 设生产某商品的总成本为 $C(x)=10000+50x+x^2$(x 为产量), 问：产量为多少时，每件产品的平均成本最低？

4-3 第 4 章小结

总 习 题 4

A　题

1. 填空题

(1) 当 $x=$ ______ 时，函数 $y=x2^x$ 取得极小值.

(2) 曲线 $y=\mathrm{e}^{-x^2}$ 的上凸区间是 ______.

(3) 设商品的需求函数 $Q=100-5P$, 其中 Q,P 分别表示需求量和价格，如果商品需求弹性的绝对值大于 1, 则商品价格的取值范围是 ______.

(4) 设生产函数 $Q=AL^{\alpha}K^{\beta}$, 其中 Q 是产出量， L 是劳动投入量， K 是资本投入量，而 A,α,β 均为大于 0 的参数，则 $Q=1$ 时 K 关于 L 的弹性为 ______.

2. 选择题

(1) 设 $f(x)$ 的导数在 $x=a$ 处连续，又 $\lim\limits_{x\to a}\dfrac{f'(x)}{x-a}=-1$, 则 (　　).

(A) $x=a$ 是 $f(x)$ 的极小值点

(B) $x=a$ 是 $f(x)$ 的极大值点

(C) $(a,f(a))$ 是曲线 $y=f(x)$ 的拐点

(D) $x=a$ 不是 $f(x)$ 的极值点， $(a,f(a))$ 也不是曲线的拐点

(2) 曲线 $y=(x-1)^2(x-2)^2$ 的拐点个数为 (　　).

(A) 0　　(B) 1　　(C) 2　　(D) 3

(3) 设常数 $k>0$, 函数 $f(x)=\ln x-\dfrac{x}{\mathrm{e}}+k$ 在 $(0,+\infty)$ 内零点的个数为 (　　).

(A) 3　　(B) 2　　(C) 1　　(D) 0

(4) 若 $f(x)$ 存在二阶导数，且 $f''(x)>0$, 则 $F(x)=\dfrac{f(x)-f(a)}{x-a}$ 在 (a,b) 内必定 (　　).

(A) 严格单调增加　　(B) 严格单调减少

(C) 有极大值　　(D) 有极小值

3. 求下列极限：

(1) $\lim\limits_{x\to 0}\dfrac{\mathrm{e}^{2x}-2\mathrm{e}^{x}+1}{x^2\cos x}$;　　(2) $\lim\limits_{x\to 0}\dfrac{(1+x)^{\frac{1}{x}}-\mathrm{e}}{x}$;

(3) $\lim\limits_{x\to+\infty}\left(\dfrac{2}{\pi}\arctan x\right)^{2x}$;　　(4) $\lim\limits_{x\to\infty}\left[\dfrac{1+2^{\frac{1}{x}}+3^{\frac{1}{x}}+\cdots+100^{\frac{1}{x}}}{100}\right]^{100x}$.

4. 试用 Lagrange 中值定理证明：当 $n>1, 0<a<b$, 不等式

$$na^{n-1}(b-a)<b^n-a^n<nb^{n-1}(b-a)$$

成立.

5. 证明：当 $x>0$ 时， $\ln(x+1)>\dfrac{\arctan x}{1+x}$.

6. 已知曲线 $y=ax^3+bx^2+cx$ 在点 $(1,2)$ 处有水平切线，且原点为该曲线的拐点，求 a,b,c 的值，并写出曲线的方程.

7. 设 $a_0+\dfrac{a_1}{2}+\cdots+\dfrac{a_n}{n+1}=0$. 证明方程 $a_0+a_1x+\cdots+a_nx^n=0$ 在 $(0,1)$ 内至少有一根.

8. 设 $f(x)$ 在 $[0,a]$ 上连续，在 $(0,a)$ 内可导，且 $f(a)=0$, 证明：存在一点 $\xi\in(0,a)$, 使得

$$3f(\xi)+\xi f'(\xi)=0.$$

9. 某商场一年内要分批购进某商品 2400 件，每件商品批发价为 6 元 (购进), 每件商品每年占用银行资金利率为 10%, 每批商品的采购费用为 160 元，问分几批购进时，才能使上述两项开支之和最小 (不包括商品批发价).

10. 某商品的需求函数为 $Q=Q(P)=75-P^2$,

(1) 求 $P=4$ 时的边际需求及需求弹性，并说明其经济意义.

(2) 当 $P=4$ 时，若价格 P 上涨 1%, 总收益将变化百分之几？是增加还是减少？

(3) 当 $P=6$ 时，若价格 P 上涨 1%, 总收益将变化百分之几？是增加还是减少？

(4) P 为多少时，总收益最大？

B　题

1. 求下列函数的极限:

(1) $\lim\limits_{x\to+\infty}\left(x^{\frac{1}{x}}-1\right)^{\frac{1}{\ln x}}$;

(2) $\lim\limits_{x\to 0}\left(\dfrac{a^x+b^x+c^x}{3}\right)^{\dfrac{1}{x}}$　(a,b,c 均为正数);

(3) $\lim\limits_{x\to\infty}\left[x-x^2\ln\left(1+\dfrac{1}{x}\right)\right]$;

(4) $\lim\limits_{x\to 0}\left(\dfrac{\sin x}{x}\right)^{\frac{1}{1-\cos x}}$.

2. 已知 $\lim\limits_{x\to 0}(1+ax-x^2)^{\frac{1}{\ln(1+x)}}=\mathrm{e}^{-2}$, 试求常数 a.

3. 设 $f(x)$ 在 $(-\infty,+\infty)$ 内有连续的二阶导数, $f(0)=0$, 令

$$g(x)=\begin{cases}\dfrac{f(x)}{x}, & x\neq 0,\\ f'(0)=0, & x=0.\end{cases}$$

求 $g'(x)$, 并讨论 $g'(x)$ 在 $(-\infty,+\infty)$ 内的连续性.

4. 讨论函数

$$f(x)=\begin{cases}\left[\dfrac{(1+x)^{\frac{1}{x}}}{\mathrm{e}}\right]^{\frac{1}{x}}, & x>0,\\ \mathrm{e}^{-\frac{1}{2}}, & x\leqslant 0\end{cases}$$

在 $x=0$ 处的连续性.

5. 设函数 $f(x)$ 在 $[a,b]$ 上有二阶导数, $a<x_1<x_2<x_3<b$, 且 $f(x_1)=f(x_2)=f(x_3)$, 证明方程 $f''(x)=0$ 在 (a,b) 内至少有一个实根.

6. 设 $f(x)$ 在 $[0,1]$ 上连续, $(0,1)$ 内可微, 且 $f(1)=1,f(0)=0$, 证明: 在 $(0,1)$ 内至少存在一点 ξ, 使

$$\mathrm{e}^{\xi-1}[f(\xi)+f'(\xi)]=1.$$

7. 求下列函数的极值:

(1) $f(x)=\begin{cases}x^{3x}, & x>0,\\ x+2, & x\leqslant 0;\end{cases}$　(2) $f(x)=|x|\mathrm{e}^{-x}$.

8. 写出 $f(x)=\ln x$ 在 $x=2$ 处的 n 阶 Taylor 公式.

9. 设函数 $f(x)$ 在 $[a,+\infty)$ 上连续，在 $(a,+\infty)$ 内可导，且 $f(a)<0, f'(x)>k>0$, 其中 k 为常数，证明方程 $f(x)=0$ 在 $\left[a, a-\dfrac{1}{k}f(a)\right]$ 上有且仅有一个实根.

10. 讨论方程 $\ln x=ax$(其中 $a>0$) 有几个实根.

11. 设 $f(x)$ 具有二阶连续的导数， $f'(x_0)=0$, 且

$$\lim_{x\to x_0}\frac{f''(x)}{(x-x_0)^2}=1,$$

证明 $f(x_0)$ 是 $f(x)$ 的极小值.

12. 证明下列不等式：

(1) $x>0$ 时， $\mathrm{e}^x-1-x>1-\cos x$;

(2) $0<x<\dfrac{\pi}{2}$ 时， $\sin x+\tan x>2x$;

(3) $2x\arctan x\geqslant\ln(1+x^2)$.

13. 在某产品的制造过程中，次品率 y 依赖于日产量 x, 即 $y=y(x)$. 已知

$$y(x)=\begin{cases}\dfrac{1}{101-x}, & 0\leqslant x\leqslant 100,\\ 1, & x>100,\end{cases}$$

其中 x 为整数, 又知该厂每生产出一件产品可盈利 A 元, 但每生产出一件次品就要损失 $\dfrac{A}{3}$ 元. 问为了获得最大利润，该厂的日产量应为多少？

第 4 章自测题

第 5 章　不定积分

前面讨论了如何求一个函数的导函数问题. 本章讨论它的相反问题, 即要寻求一个可导函数, 使它的导函数等于已知函数, 这是积分学的主要问题之一.

5-1 不定积分导言

5.1　不定积分的概念和性质

在微分学中, 讨论了求已知函数的导数 (或微分) 的问题. 例如质点作变速直线运动, 已知其运动规律 (即路程函数) 为

$$s = s(t),$$

则质点在时刻 t 的瞬时速度为

$$v = s'(t).$$

实际上, 在运动学中我们也常常遇到相反的问题, 即已知作变速直线运动的质点在时刻 t 的瞬时速度

$$v = v(t),$$

而要求出其运动规律 (即路程 s 与时间 t 的关系)

$$s = s(t).$$

这个相反问题实际上是: 所求的函数 $s = s(t)$ 应满足

$$s'(t) = v(t).$$

上述问题在自然科学、工程技术及经济分析中是普遍存在的, 即已知一个函数的导数或微分, 去寻求原来的函数. 为了便于研究这类问题, 首先引入原函数与不定积分的概念.

5.1.1　原函数与不定积分

1. 原函数的概念

定义 5.1.1　设 $f(x)$ 在某区间 I 上有定义, 如果对任意的 $x \in I$, 都有

$$F'(x) = f(x) \quad 或 \quad \mathrm{d}F(x) = f(x)\mathrm{d}x,$$

则称 $F(x)$ 为 $f(x)$ 在区间 I 上的一个 **原函数**.

5-2 原函数与不定积分

例如，因为 $(\sin x)' = \cos x$, 故 $\sin x$ 是函数 $\cos x$ 在 $(-\infty, +\infty)$ 上的一个原函数. 又如，当 $x \in (1, +\infty)$ 时，

$$
\begin{aligned}
&\left[\ln(x+\sqrt{x^2-1})\right]' \\
&= \frac{1}{x+\sqrt{x^2-1}}\left(1+\frac{x}{\sqrt{x^2-1}}\right) \\
&= \frac{1}{\sqrt{x^2-1}},
\end{aligned}
$$

故 $\ln\left(x+\sqrt{x^2-1}\right)$ 是 $\dfrac{1}{\sqrt{x^2-1}}$ 在区间 $(1, +\infty)$ 内的一个原函数.

关于原函数，我们首先要问：一个函数具备什么条件，能保证它的原函数一定存在？并且如果 $f(x)$ 的原函数存在，那么它的原函数是否唯一？

对于第一个问题先介绍一个结论，其证明将在第 6 章中给出.

定理 5.1.1 （原函数存在定理） *如果函数 $f(x)$ 在区间 I 上连续，那么在区间 I 上存在可导函数 $F(x)$, 使对任意 $x \in I$ 都有*

$$F'(x) = f(x),$$

即连续函数一定有原函数.

第二个问题实际上就是原函数的结构问题，注意到对任何常数 C, 其导数为 0. 因此，若 $F(x)$ 是 $f(x)$ 在区间 I 上的一个原函数，则 $F(x)+C$ 也是 $f(x)$ 在 I 上的一个原函数.

另一方面，若 $G(x)$ 是 $f(x)$ 在 I 上的另一个原函数，由原函数的定义知

$$G'(x) = F'(x) = f(x), \quad x \in I,$$

即 $(G(x) - F(x))' = 0, x \in I$.

由 Lagrange 中值定理，存在常数 C, 使得

$$G(x) - F(x) = C,$$

即

$$G(x) = F(x) + C.$$

上式表明，若 $f(x)$ 有原函数，则它的原函数有无穷多个，且上式就是它的全体原函数.

2. 不定积分的概念

定义 5.1.2 *设函数 $F(x)$ 是 $f(x)$ 的一个原函数，C 为任意常数，称 $F(x)+C$ 为 $f(x)$ 的不定积分，记作*

$$\int f(x)\mathrm{d}x,$$

即

$$\int f(x)\mathrm{d}x = F(x) + C,$$

其中符号“$\int$”称为**积分号**, $f(x)$ 称为**被积函数**, $f(x)\mathrm{d}x$ 称为**被积表达式**, 简称为**被积式**, x 称为**积分变量**, C 称为**积分常数**.

这里, 被积表达式 $f(x)\mathrm{d}x$ 就是 $\mathrm{d}F(x)$. 因此,

$$\int f(x)\mathrm{d}x = \int \mathrm{d}F(x) = F(x) + C.$$

由于函数 $f(x)$ 的不定积分表示 $f(x)$ 的全体原函数, 因此不定积分必须加积分常数.

例 5.1.1 求不定积分 $\int 3x^2\mathrm{d}x$.

解 由于 $(x^3)' = 3x^2$, 故 x^3 是 $3x^2$ 的一个原函数, 所以

$$\int 3x^2\mathrm{d}x = x^3 + C.$$

例 5.1.2 求不定积分 $\int \frac{1}{x}\mathrm{d}x$.

解 由例 3.2.15 知

$$(\ln|x|)' = \frac{1}{x},$$

故

$$\int \frac{1}{x}\mathrm{d}x = \ln|x| + C \quad (x \neq 0).$$

例 5.1.3 某商品的边际成本为 $100 - 2x$, 求总成本函数 $C(x)$.

解 由于 $C'(x) = 100 - 2x$, 故

$$C(x) = \int (100 - 2x)\mathrm{d}x = 100x - x^2 + C,$$

其中的任意常数 C 可能为固定成本.

例 5.1.4 设曲线通过点 $(1,2)$, 且其上任一点处的切线斜率等于这点横坐标的两倍, 求此曲线的方程.

解 设所求的曲线方程为 $y = f(x)$, 由已知, 曲线上任一点 (x,y) 处的切线斜率为

$$\frac{\mathrm{d}y}{\mathrm{d}x} = 2x,$$

即 $f(x)$ 是 $2x$ 的一个原函数.

而

$$\int 2x\mathrm{d}x = x^2 + C,$$

故必有某个常数 C 使 $f(x) = x^2 + C$.

因为所求曲线通过点 $(1,2)$, 故

$$2 = 1 + C, \quad C = 1,$$

于是所求曲线方程为

$$y = x^2 + 1.$$

3. 不定积分的几何意义

设函数 $f(x)$ 在某区间上的一个原函数为 $F(x)$, 在几何上将曲线 $y = F(x)$ 称为 $f(x)$ 的一条积分曲线，这条曲线上点 x 处的切线斜率等于 $f(x)$, 即满足 $F'(x) = f(x)$.

由于函数 $f(x)$ 的不定积分是 $f(x)$ 的全体原函数 $F(x) + C$(C 为任意常数), 对于每一个给定的 C 的值，都有一条确定的积分曲线. 当 C 取不同值时，就得到不同的积分曲线，所有的积分曲线组成了积分曲线族. 由于积分曲线族中每一条积分曲线在横坐标相同的点 x 处的切线斜率都等于 $f(x)$, 因此它们在横坐标相同的点 x 处的切线相互平行. 因为任意两条积分曲线的纵坐标之间只相差一个常数，所以积分曲线族可由曲线 $y = F(x)$ 沿纵坐标轴方向上下平行移动而得到(图 5.1).

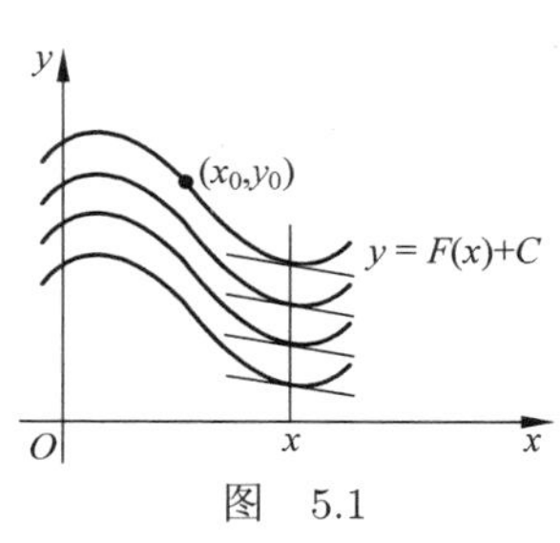

图 5.1

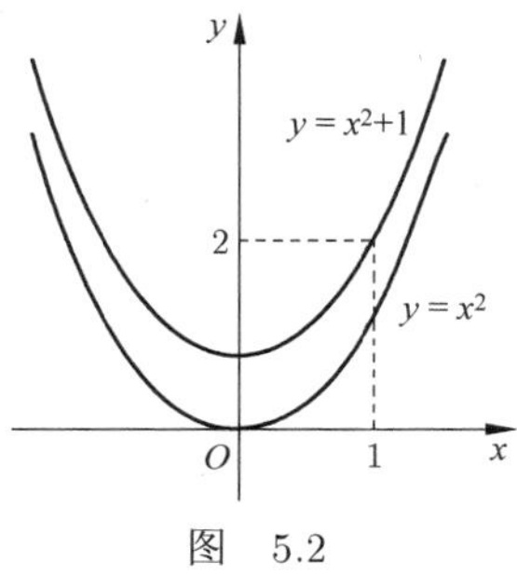

图 5.2

如果已知 $f(x)$ 的原函数满足条件：在点 x_0 处原函数的值为 y_0, 就可以确定积分常数 C 的值，从而找到一个特定的原函数. 在几何上它就是过点 (x_0, y_0) 的那一条积分曲线. 例 5.1.4 即是求函数 $2x$ 的通过点 $(1,2)$ 的那条积分曲线，显然，这条积分曲线可以由另一条积分曲线 (例如 $y = x^2$) 经 y 轴方向平移而得(图 5.2), 其中 $x = 1, y = 2$ 又称为曲线的初始条件.

5.1.2 不定积分的性质

根据不定积分的定义，不定积分有以下性质 (假定以下所涉及的函数的原函数都存在).

性质 5.1.1 微分运算与积分运算互为逆运算.

(1) $\left[\int f(x)\mathrm{d}x\right]' = f(x)$ 或 $\mathrm{d}\int f(x)\mathrm{d}x = f(x)\mathrm{d}x$;

(2) $\int F'(x)\mathrm{d}x = F(x) + C$ 或 $\int \mathrm{d}F(x) = F(x) + C$.

即若先积分后求导，则两者的作用互相抵消. 反之，若先求导后积分，则抵消后要多一个任意常数项.

性质 5.1.2 两个函数的代数和的不定积分等于各函数不定积分的代数和，即

$$\int [f(x) \pm g(x)]\mathrm{d}x = \int f(x)\mathrm{d}x \pm \int g(x)\mathrm{d}x.$$

此性质对于有限个函数也成立.

性质 5.1.3 被积函数中不为零的常数因子可以移到积分号的前面，即

$$\int kf(x)\mathrm{d}x = k\int f(x)\mathrm{d}x \quad (k\text{是常数，} k \neq 0).$$

事实上，根据导数运算法则，很容易验证性质 5.1.2 与性质 5.1.3 中等式右端的导数等于左端不定积分的被积函数，且都包含任意常数.

5.1.3 基本积分公式

根据积分运算与微分运算之间的关系，由不定积分的定义及基本初等函数的微分公式，易得基本积分公式：

(1) $\int k\mathrm{d}x = kx + C \quad (k\text{为常数})$;

(2) $\int x^{\mu}\mathrm{d}x = \dfrac{1}{\mu+1}x^{\mu+1} + C \quad (\mu \neq -1)$;

(3) $\int \dfrac{1}{x}\mathrm{d}x = \ln|x| + C$;

(4) $\int \mathrm{e}^x\mathrm{d}x = \mathrm{e}^x + C$;

(5) $\int a^x\mathrm{d}x = \dfrac{a^x}{\ln a} + C$;

(6) $\int \cos x\mathrm{d}x = \sin x + C$;

(7) $\int \sin x\mathrm{d}x = -\cos x + C$;

(8) $\int \dfrac{1}{\cos^2 x}\mathrm{d}x = \int \sec^2 x\mathrm{d}x = \tan x + C$;

(9) $\int \frac{1}{\sin^2 x}\mathrm{d}x = \int \csc^2 x\mathrm{d}x = -\cot x + C$;

(10) $\int \sec x \tan x\mathrm{d}x = \sec x + C$;

(11) $\int \csc x \cot x\mathrm{d}x = -\csc x + C$;

(12) $\int \frac{1}{1+x^2}\mathrm{d}x = \arctan x + C$;

(13) $\int \frac{1}{\sqrt{1-x^2}}\mathrm{d}x = \arcsin x + C$.

以上 13 个基本积分公式组成基本积分表，基本积分公式是计算不定积分的基础，必须牢记.

利用不定积分的性质和基本积分公式可以直接计算一些简单函数的不定积分.

例 5.1.5 求不定积分 $\int \left(3x^3 - 4x^2 + 2x - 5\right)\mathrm{d}x$.

解
$$\begin{aligned}&\int \left(3x^3 - 4x^2 + 2x - 5\right)\mathrm{d}x\\=&\int 3x^3\mathrm{d}x - \int 4x^2\mathrm{d}x + \int 2x\mathrm{d}x - \int 5\mathrm{d}x\\=&3\int x^3\mathrm{d}x - 4\int x^2\mathrm{d}x + 2\int x\mathrm{d}x - 5\int \mathrm{d}x\\=&\frac{3}{4}x^4 - \frac{4}{3}x^3 + x^2 - 5x + C.\end{aligned}$$

式中相加的几个不定积分都含有一个任意常数，但由于任意常数相加仍为任意常数，所以结果只需加一个任意常数.

例 5.1.6 求不定积分 $\int (x+\sqrt{x})^2\mathrm{d}x$.

解
$$\begin{aligned}\int (x+\sqrt{x})^2\mathrm{d}x &= \int (x^2 + 2x\sqrt{x} + x)\mathrm{d}x\\&= \int x^2\mathrm{d}x + \int 2x^{\frac{3}{2}}\mathrm{d}x + \int x\mathrm{d}x\\&= \frac{1}{3}x^3 + \frac{4}{5}x^{\frac{5}{2}} + \frac{1}{2}x^2 + C.\end{aligned}$$

例 5.1.7 求不定积分 $\int (3\mathrm{e}^x + 4^x - 2\sin x)\mathrm{d}x$.

解
$$\begin{aligned}\int (3\mathrm{e}^x + 4^x - 2\sin x)\mathrm{d}x &= 3\int \mathrm{e}^x\mathrm{d}x + \int 4^x\mathrm{d}x - 2\int \sin x\mathrm{d}x\\&= 3\mathrm{e}^x + \frac{4^x}{\ln 4} + 2\cos x + C.\end{aligned}$$

计算不定积分所得结果是否正确，可以进行检验，检验的方法很简单，只需看所得结果的导数是否等于被积函数即可．例如例 5.1.7 中，因为有

$$\begin{aligned}\left(3\mathrm{e}^x+\frac{4^x}{\ln 4}+2\cos x+C\right)'&=(3\mathrm{e}^x)'+\left(\frac{4^x}{\ln 4}\right)'+(2\cos x+C)'\\&=3\mathrm{e}^x+4^x-2\sin x,\end{aligned}$$

所以所求结果是正确的．

有些不定积分虽然不能直接使用基本积分公式，但只需对被积函数进行适当的变形，便可以利用不定积分的性质及基本积分公式计算不定积分．

例 5.1.8　求不定积分 $\int \sin^2\frac{x}{2}\mathrm{d}x$.

解
$$\begin{aligned}\int \sin^2\frac{x}{2}\mathrm{d}x&=\int\frac{1-\cos x}{2}\mathrm{d}x\\&=\frac{1}{2}\left(\int\mathrm{d}x-\int\cos x\mathrm{d}x\right)\\&=\frac{1}{2}(x-\sin x)+C.\end{aligned}$$

例 5.1.9　求不定积分 $\int\tan^2 x\mathrm{d}x$.

解
$$\begin{aligned}\int\tan^2 x\mathrm{d}x&=\int(\sec^2 x-1)\mathrm{d}x\\&=\int\sec^2 x\mathrm{d}x-\int\mathrm{d}x\\&=\tan x-x+C.\end{aligned}$$

例 5.1.10　求不定积分 $\int\frac{\sin x}{\cos^2 x}\mathrm{d}x$.

解
$$\int\frac{\sin x}{\cos^2 x}\mathrm{d}x=\int\sec x\tan x\mathrm{d}x=\sec x+C.$$

例 5.1.11　求不定积分 $\int\frac{2+x+x^3}{1+x^2}\mathrm{d}x$.

解
$$\begin{aligned}\int\frac{2+x+x^3}{1+x^2}\mathrm{d}x&=2\int\frac{1}{1+x^2}\mathrm{d}x+\int x\mathrm{d}x\\&=2\arctan x+\frac{1}{2}x^2+C.\end{aligned}$$

例 5.1.12　求不定积分 $\int\frac{\mathrm{d}x}{1+\cos 2x}$.

解
$$\begin{aligned}\int\frac{\mathrm{d}x}{1+\cos 2x}&=\int\frac{1}{2\cos^2 x}\mathrm{d}x\\&=\frac{1}{2}\int\sec^2 x\mathrm{d}x\end{aligned}$$

$$= \frac{1}{2}\tan x + C.$$

例 5.1.13 求不定积分 $\int \frac{(1+x)^2}{x(1+x^2)}\mathrm{d}x$.

解 $$\int \frac{(1+x)^2}{x(1+x^2)}\mathrm{d}x = \int \frac{1+x^2+2x}{x(1+x^2)}\mathrm{d}x$$
$$= \int \left(\frac{1}{x} + \frac{2}{1+x^2}\right)\mathrm{d}x$$
$$= \ln|x| + 2\arctan x + C.$$

例 5.1.14 一物体由静止开始运动，在 t(单位： s) 末的速度是 $3t^2$(单位：m/s), 问在 10s 末物体经过的路程是多少？

解 由于路程函数 $s(t)$ 对时间 t 的导数为速度函数 $v(t)$, 因此路程函数是速度函数的原函数，这里 $v(t) = 3t^2$, 故

$$s(t) = \int 3t^2\mathrm{d}t = t^3 + C.$$

由 $s(0) = 0$, 得 $C = 0$, 于是 $s(t) = t^3$, 所以， 10s 末时，

$$s(10) = 10^3 = 1000,$$

即 10s 末物体经过的路程为 1000m.

习 题 5.1

1. 求下列不定积分：

(1) $\int \frac{\mathrm{d}x}{x^2\sqrt{x}}$;　　(2) $\int (x+1)^3\mathrm{d}x$;

(3) $\int \frac{\sqrt{x} - 2\sqrt[3]{x^2} + 1}{\sqrt[4]{x}}\mathrm{d}x$;　　(4) $\int \frac{3x^4+3x^2+1}{x^2+1}\mathrm{d}x$;

(5) $\int (\sqrt{x}+1)\sqrt{x^3}\mathrm{d}x$;　　(6) $\int \frac{(t+1)^2}{t^2}\mathrm{d}t$;

(7) $\int \sqrt{x\sqrt{x\sqrt{x}}}\mathrm{d}x$;　　(8) $\int \frac{\mathrm{d}h}{\sqrt{2h}}$;

(9) $\int \frac{x^2}{1+x^2}\mathrm{d}x$;　　(10) $\int \frac{3x^4+3x^2+2}{x^2+1}\mathrm{d}x$;

(11) $\int (\sin\frac{x}{2} + \cos\frac{x}{2})^2\mathrm{d}x$;　　(12) $\int \frac{\mathrm{d}x}{1+\cos 2x}$;

(13) $\int \frac{\cos 2x}{\cos x-\sin x}\mathrm{d}x$;　　(14) $\int(3^x+\frac{3}{x})\mathrm{d}x$;

(15) $\int 3^x\mathrm{e}^{2x}\mathrm{d}x$;　　(16) $\int \mathrm{e}^{x-2}\mathrm{d}x$;

(17) $\int \frac{2\times 3^x-5\times 2^x}{3^x}\mathrm{d}x$;　　(18) $\int\left(\frac{a}{1+x^2}-\frac{b}{\sqrt{1-x^2}}\right)\mathrm{d}x$;

(19) $\int \frac{3-2\cot^2 x}{\cos^2 x}\mathrm{d}x$;　　(20) $\int \sec x(\sec x-\tan x)\mathrm{d}x$.

2. 设曲线经过点 $(\mathrm{e}^3, 3)$, 且在任一点处的切线斜率等于该点横坐标的倒数, 求该曲线的方程.

3. 一质点由静止开始作直线运动, 已知其速度 (单位: m/s) 为 $v=4t^3$, 求质点运动的路程与时间的关系及质点走完 625m 所需要的时间.

5.2 换元积分法

5.1 节中介绍了不定积分的概念、性质及基本积分公式, 并介绍了利用不定积分的性质与基本积分公式计算不定积分的直接积分法. 但能直接积分的简单函数是很有限的, 下面介绍计算不定积分的两个基本技巧之一 —— 换元积分法, 简称换元法.

5.2.1 第一类换元积分法

利用复合函数的求导法则, 可以得到下述换元积分公式.

定理 5.2.1 设 $f(u)$ 有原函数, 且 $u=\varphi(x)$ 具有连续的导数, 则 $f[\varphi(x)]\varphi'(x)$ 有原函数, 并且

$$\int f[\varphi(x)]\varphi'(x)\mathrm{d}x=\left[\int f(u)\mathrm{d}u\right]_{u=\varphi(x)}. \tag{5.2.1}$$

证明 设 $F(u)$ 是 $f(u)$ 的原函数, 即

$$\int f(u)\mathrm{d}u=F(u)+C,$$

5-3 不定积分的第一换元积分法

于是

$$\begin{aligned}\left[\int f(u)\mathrm{d}u\right]_{u=\varphi(x)}&=[F(u)+C]_{u=\varphi(x)}\\&=F[\varphi(x)]+C.\end{aligned} \tag{5.2.2}$$

根据复合函数求导法则得

$$\frac{\mathrm{d}F[\varphi(x)]}{\mathrm{d}x}=F'(u)\varphi'(x)=f[\varphi(x)]\varphi'(x),$$

从而

$$\int f[\varphi(x)]\varphi'(x)\mathrm{d}x = F[\varphi(x)] + C. \tag{5.2.3}$$

由式 (5.2.2) 、式 (5.2.3) 得

$$\int f[\varphi(x)]\varphi'(x)\mathrm{d}x = \left[\int f(u)\mathrm{d}u\right]_{u=\varphi(x)}. \qquad \square$$

上式表明, 求函数 $f[\varphi(x)]\varphi'(x)$ 的不定积分, 可以通过作变量替换: 令 $\varphi(x) = u$, 将之转换成求函数 $f(u)$ 的不定积分, 求出后再把 u 换成 $\varphi(x)$.

公式 (5.2.1) 称为第一类换元积分公式.

例如利用第一类换元积分法计算 $\int \cos 2x\mathrm{d}x$ 时, 考虑 $u = 2x$, 而 $\mathrm{d}x = \frac{1}{2}\mathrm{d}u$, 则

$$\int \cos 2x\mathrm{d}x = \left[\frac{1}{2}\int \cos u\mathrm{d}u\right]_{u=2x} = \frac{1}{2}\sin u + C = \frac{1}{2}\sin 2x + C.$$

由此看来通常给出的不定积分并不一定恰好是 $f[\varphi(x)]\varphi'(x)\mathrm{d}x$ 的形式, 所以利用这个公式的关键是选择好 $\varphi(x)$, 使被积式中一部分因式为 $\varphi(x)$ 的函数, 而剩下的部分因式恰好可以凑成 $\varphi(x)$ 的微分. 为此首先要熟悉常见函数的微分公式, 常用的有 $a\mathrm{d}x = \mathrm{d}(ax+b), nx^{n-1}\mathrm{d}x = \mathrm{d}(x^n), \mathrm{e}^x\mathrm{d}x = \mathrm{d}(\mathrm{e}^x), \sin x\mathrm{d}x = -\mathrm{d}(\cos x)$ 等, 因此有时也称第一类换元积分法为凑微分法.

例 5.2.1 求不定积分 $\int (2x+3)^5\mathrm{d}x$.

解

$$\begin{aligned}\int (2x+3)^5\mathrm{d}x &= \frac{1}{2}\int (2x+3)^5(2x+3)'\mathrm{d}x\\ &= \frac{1}{2}\int (2x+3)^5\mathrm{d}(2x+3)\\ &= \left[\frac{1}{2}\int u^5\mathrm{d}u\right]_{u=2x+3}\\ &= \left[\frac{1}{12}u^6 + C\right]_{u=2x+3}\\ &= \frac{1}{12}(2x+3)^6 + C.\end{aligned}$$

例 5.2.2 求不定积分 $\int \frac{\ln^2 x}{x}\mathrm{d}x$.

解

$$\begin{aligned}\int \frac{\ln^2 x}{x}\mathrm{d}x &= \int \ln^2 x(\ln x)'\mathrm{d}x = \int \ln^2 x\mathrm{d}\ln x\\ &= \left[\int u^2\mathrm{d}u\right]_{u=\ln x} = \left[\frac{1}{3}u^3 + C\right]_{u=\ln x}\end{aligned}$$

$$= \frac{1}{3}\ln^3 x + C.$$

例 5.2.3 求不定积分 $\int x\mathrm{e}^{x^2}\mathrm{d}x$.

解 $$\int x\mathrm{e}^{x^2}\mathrm{d}x = \frac{1}{2}\int \mathrm{e}^{x^2}\mathrm{d}(x^2) = \left[\frac{1}{2}\int \mathrm{e}^u\mathrm{d}u\right]_{u=x^2}$$
$$= \left[\frac{1}{2}\mathrm{e}^u + C\right]_{u=x^2} = \frac{1}{2}\mathrm{e}^{x^2} + C.$$

例 5.2.4 求不定积分 $\int x\sqrt{1-x^2}\mathrm{d}x$.

解 $$\int x\sqrt{1-x^2}\mathrm{d}x = -\frac{1}{2}\int (1-x^2)^{\frac{1}{2}}(-2x)\mathrm{d}x$$
$$= -\frac{1}{2}\int (1-x^2)^{\frac{1}{2}}\mathrm{d}(1-x^2)$$
$$= \left[-\frac{1}{2}\int u^{\frac{1}{2}}\mathrm{d}u\right]_{u=1-x^2}$$
$$= \left[-\frac{1}{2}\times\frac{2}{3}u^{\frac{3}{2}} + C\right]_{u=1-x^2}$$
$$= -\frac{1}{3}(1-x^2)^{\frac{3}{2}} + C.$$

例 5.2.5 求不定积分 $\int \tan x\mathrm{d}x$.

解 $$\int \tan x\mathrm{d}x = \int \frac{\sin x}{\cos x}\mathrm{d}x = -\int \frac{1}{\cos x}\mathrm{d}\cos x$$
$$= -\left[\int \frac{1}{u}\mathrm{d}u\right]_{u=\cos x} = [-\ln|u| + C]_{u=\cos x}$$
$$= -\ln|\cos x| + C.$$

同理可得
$$\int \cot x\mathrm{d}x = \ln|\sin x| + C.$$

例 5.2.6 求不定积分 $\int \frac{\mathrm{d}x}{a^2+x^2}$.

解 $$\int \frac{\mathrm{d}x}{a^2+x^2} = \int \frac{1}{a}\cdot\frac{1}{1+\left(\frac{x}{a}\right)^2}\cdot\frac{1}{a}\mathrm{d}x$$
$$= \frac{1}{a}\int \frac{1}{1+\left(\frac{x}{a}\right)^2}\mathrm{d}\left(\frac{x}{a}\right)$$

$$= \left[\frac{1}{a}\int\frac{\mathrm{d}u}{1+u^2}\right]_{u=\frac{x}{a}}$$

$$= \left[\frac{1}{a}\arctan u + C\right]_{u=\frac{x}{a}}$$

$$= \frac{1}{a}\arctan\frac{x}{a} + C.$$

对换元积分比较熟悉以后，就不一定要写出变量代换过程 $u=\varphi(x)$, 只需将 $\varphi(x)$ 看作一个变量再用基本积分公式即可.

例 5.2.7 求不定积分 $\displaystyle\int\frac{\mathrm{d}x}{x^2-a^2}$.

解 因为

$$\frac{1}{x^2-a^2} = \frac{1}{2a}\left(\frac{1}{x-a}-\frac{1}{x+a}\right),$$

所以

$$\begin{aligned}\int\frac{\mathrm{d}x}{x^2-a^2} &= \frac{1}{2a}\int\left(\frac{1}{x-a}-\frac{1}{x+a}\right)\mathrm{d}x\\ &= \frac{1}{2a}\left(\int\frac{1}{x-a}\mathrm{d}x-\int\frac{1}{x+a}\mathrm{d}x\right)\\ &= \frac{1}{2a}\left(\int\frac{\mathrm{d}(x-a)}{x-a}-\int\frac{\mathrm{d}(x+a)}{x+a}\right)\\ &= \frac{1}{2a}(\ln|x-a|-\ln|x+a|)+C\\ &= \frac{1}{2a}\ln\left|\frac{x-a}{x+a}\right|+C.\end{aligned}$$

例 5.2.8 求不定积分 $\displaystyle\int\frac{\mathrm{d}x}{\sqrt{a^2-x^2}}\ (a>0)$.

解 $$\begin{aligned}\int\frac{\mathrm{d}x}{\sqrt{a^2-x^2}} &= \int\frac{1}{\sqrt{1-\left(\frac{x}{a}\right)^2}}\cdot\frac{1}{a}\mathrm{d}x\\ &= \int\frac{1}{\sqrt{1-\left(\frac{x}{a}\right)^2}}\mathrm{d}\left(\frac{x}{a}\right)\\ &= \arcsin\frac{x}{a}+C.\end{aligned}$$

例 5.2.5 ~ 例 5.2.8 的结果以后要经常用到，都可当做基本积分公式直接引用.

例 5.2.9 求不定积分 $\int \frac{\cos\sqrt{x}}{\sqrt{x}}\mathrm{d}x$.

解
$$\begin{aligned}\int \frac{\cos\sqrt{x}}{\sqrt{x}}\mathrm{d}x &= 2\int \cos\sqrt{x}\frac{1}{2\sqrt{x}}\mathrm{d}x\\ &= 2\int \cos\sqrt{x}\mathrm{d}\sqrt{x}\\ &= 2\sin\sqrt{x}+C.\end{aligned}$$

例 5.2.10 求不定积分 $\int \frac{\cos x}{\tan^4 x}\mathrm{d}x$.

解
$$\begin{aligned}\int \frac{\cos x}{\tan^4 x}\mathrm{d}x &= \int \frac{\cos^4 x}{\sin^4 x}\cos x\mathrm{d}x\\ &= \int \frac{(1-\sin^2 x)^2}{\sin^4 x}\mathrm{d}\sin x\\ &= \int \frac{1-2\sin^2 x+\sin^4 x}{\sin^4 x}\mathrm{d}\sin x\\ &= \int \frac{1}{\sin^4 x}\mathrm{d}\sin x - 2\int \frac{1}{\sin^2 x}\mathrm{d}\sin x + \int \mathrm{d}\sin x\\ &= -\frac{1}{3\sin^3 x}+\frac{2}{\sin x}+\sin x + C.\end{aligned}$$

例 5.2.11 求不定积分 $\int \cos^2 x\mathrm{d}x$.

解 由三角恒等式 $\cos^2 x = \frac{1+\cos 2x}{2}$ 可得

$$\begin{aligned}\int \cos^2 x\mathrm{d}x &= \int \frac{1+\cos 2x}{2}\mathrm{d}x\\ &= \frac{1}{2}\int \mathrm{d}x + \frac{1}{4}\int \cos 2x\mathrm{d}(2x)\\ &= \frac{1}{2}x+\frac{1}{4}\sin 2x + C.\end{aligned}$$

例 5.2.12 求不定积分 $\int \sin 3x\cos 2x\mathrm{d}x$.

解 由三角函数的积化和差公式得

$$\sin 3x\cos 2x = \frac{1}{2}(\sin 5x+\sin x),$$

于是

$$\int \sin 3x\cos 2x\mathrm{d}x = \frac{1}{2}\int (\sin 5x+\sin x)\mathrm{d}x$$

$$= \frac{1}{10}\int \sin 5x\mathrm{d}(5x) + \frac{1}{2}\int \sin x\mathrm{d}x$$

$$= -\frac{1}{10}\cos 5x - \frac{1}{2}\cos x + C.$$

例 5.2.13 求不定积分 $\int \csc x\mathrm{d}x$.

解 $\int \csc x\mathrm{d}x = \int \frac{1}{\sin x}\mathrm{d}x = \int \frac{\mathrm{d}x}{2\sin\frac{x}{2}\cos\frac{x}{2}}$

$$= \int \frac{1}{\tan\frac{x}{2}}\sec^2\frac{x}{2}\mathrm{d}\left(\frac{x}{2}\right)$$

$$= \int \frac{1}{\tan\frac{x}{2}}\mathrm{d}\tan\frac{x}{2}$$

$$= \ln\left|\tan\frac{x}{2}\right| + C.$$

根据

$$\tan\frac{x}{2} = \frac{1-\cos x}{\sin x} = \csc x - \cot x$$

可得

$$\int \csc x\mathrm{d}x = \ln|\csc x - \cot x| + C.$$

同理可得

$$\int \sec x\mathrm{d}x = \ln|\sec x + \tan x| + C.$$

以上两个结果可当做基本积分公式直接引用.

5.2.2 第二类换元积分法

定理 5.2.2 设 $f(x)$ 连续, $x=\varphi(t)$ 具有连续的导函数, 且 $\varphi'(t)\neq 0$, 则

$$\int f(x)\mathrm{d}x = \left[\int f[\varphi(t)]\varphi'(t)\mathrm{d}t\right]_{t=\varphi^{-1}(x)}, \tag{5.2.4}$$

其中 $t=\varphi^{-1}(x)$ 是 $x=\varphi(t)$ 的反函数.

证明 由假设条件可知, $f[\varphi(t)],\varphi'(t)$ 连续, 从而存在函数 $F(t)$, 于是

$$\int f[\varphi(t)]\varphi'(t)\mathrm{d}t = F(t) + C.$$

由于 $t=\varphi^{-1}(x)$, 则

$$\left[\int f[\varphi(t)]\varphi'(t)\mathrm{d}t\right]_{t=\varphi^{-1}(x)} = F\left[\varphi^{-1}(x)\right] + C. \tag{5.2.5}$$

注意到

$$\frac{\mathrm{d}F\left[\varphi^{-1}(x)\right]}{\mathrm{d}x}=\frac{\mathrm{d}F(t)}{\mathrm{d}t}\cdot\frac{\mathrm{d}t}{\mathrm{d}x}=f\left[\varphi(t)\right]\varphi'(t)\frac{1}{\varphi'(t)}$$

$$=f[\varphi(t)]=f(x), \tag{5.2.6}$$

故

$$\int f(x)\mathrm{d}x=F(\varphi^{-1}(x))+C=\left[\int f[\varphi(t)]\varphi'(t)\mathrm{d}t\right]_{t=\varphi^{-1}(x)}. \qquad \square$$

式 (5.2.4) 表明，左边的积分可通过选择适当的变换 $x=\varphi(t)$ 简化被积表达式，使得积分易于计算.

式 (5.2.4) 称为第二类换元积分公式.

例 5.2.14 求不定积分 $\displaystyle\int\sqrt{a^2-x^2}\mathrm{d}x\ (a>0)$.

解 令 $x=a\sin t\left(-\dfrac{\pi}{2}<t<\dfrac{\pi}{2}\right)$, 则 $\mathrm{d}x=a\cos t\mathrm{d}t$, 于是

$$\begin{aligned}\int\sqrt{a^2-x^2}\mathrm{d}x&=\int\sqrt{a^2-a^2\sin^2 t}\cdot a\cos t\mathrm{d}t\\&=a^2\int\cos^2 t\mathrm{d}t\\&=\frac{a^2}{2}\int(1+\cos 2t)\mathrm{d}t\\&=\frac{a^2}{2}\left(t+\frac{1}{2}\sin 2t\right)+C\\&=\frac{a^2}{2}t+\frac{a^2}{2}\sin t\cos t+C.\end{aligned}$$

由 $x=a\sin t$, 得

$$\sin t=\frac{x}{a},t=\arcsin\frac{x}{a},$$

$$\cos t=\sqrt{1-\sin^2 t}=\sqrt{1-\left(\frac{x}{a}\right)^2}=\frac{\sqrt{a^2-x^2}}{a},$$

于是

$$\int\sqrt{a^2-x^2}\mathrm{d}x=\frac{a^2}{2}\arcsin\frac{x}{a}+\frac{x}{2}\sqrt{a^2-x^2}+C.$$

例 5.2.15 求不定积分 $\displaystyle\int\frac{\mathrm{d}x}{\sqrt{x^2+a^2}}\ (a>0)$.

解 令 $x=a\tan t\left(-\dfrac{\pi}{2}<t<\dfrac{\pi}{2}\right)$, 则 $\mathrm{d}x=a\sec^2 t\mathrm{d}t$, 于是

$$\int\frac{1}{\sqrt{x^2+a^2}}\mathrm{d}x=\int\frac{a\sec^2 t}{\sqrt{a^2\tan^2 t+a^2}}\mathrm{d}t=\int\sec t\mathrm{d}t$$
$$=\ln|\sec t+\tan t|+C.$$

由 $x=a\tan t$, 得 $\tan t=\dfrac{x}{a}$, 从而

$$\sec t=\sqrt{\tan^2 t+1}=\frac{\sqrt{x^2+a^2}}{a},$$

于是

$$\int\frac{1}{\sqrt{x^2+a^2}}\mathrm{d}x=\ln\left(\frac{\sqrt{x^2+a^2}}{a}+\frac{x}{a}\right)+C_1$$
$$=\ln\left(\sqrt{x^2+a^2}+x\right)+C,$$

其中 $C=C_1-\ln a$.

例 5.2.16 求不定积分 $\displaystyle\int\frac{1}{\sqrt{x^2-a^2}}\mathrm{d}x$.

解 被积函数 $\dfrac{1}{\sqrt{x^2-a^2}}$ 有两个连续区间 $(-\infty,-a)$ 和 $(a,+\infty)$. 在 $(a,+\infty)$ 上，令 $x=a\sec t\left(0<t<\dfrac{\pi}{2}\right)$, 则 $\mathrm{d}x=a\sec t\tan t\mathrm{d}t$, 于是

$$\int\frac{1}{\sqrt{x^2-a^2}}\mathrm{d}x=\int\frac{a\sec t\tan t}{\sqrt{a^2\sec^2 t-a^2}}\mathrm{d}t$$
$$=\int\frac{a\sec t\tan t}{a\tan t}\mathrm{d}t=\int\sec t\mathrm{d}t$$
$$=\ln|\sec t+\tan t|+C_1.$$

由 $x=a\sec t$, 得 $\sec t=\dfrac{x}{a}$, $\tan t=\sqrt{\sec^2 t-1}=\dfrac{\sqrt{x^2-a^2}}{a}$, 于是

$$\int\frac{1}{\sqrt{x^2-a^2}}\mathrm{d}x=\ln\left|\frac{x}{a}+\frac{\sqrt{x^2-a^2}}{a}\right|+C_1$$
$$=\ln\left|\sqrt{x^2-a^2}+x\right|+C,$$

其中 $C=C_1-\ln a$.

在 $(-\infty,-a)$ 上，令 $x=a\sec t\left(-\dfrac{\pi}{2}<t<0\right)$，可得同样的结果.

以上三例所做的变量替换都是令积分变量 x 为另一个变量 t 的三角函数，使被积函数中不再含有根式，以便求出积分. 一般地，当被积函数中含有根式 $\sqrt{a^2-x^2}$ 时，可作变换 $x=a\sin t$; 当被积函数中含有根式 $\sqrt{x^2+a^2}$ 时，可作变换 $x=a\tan t$; 当被积函数中含有 $\sqrt{x^2-a^2}$ 时，可作变换 $x=a\sec t$. 这三种变换称为三角函数代换，应注意三者的区别，不要混淆.

本节的例题中，有几个函数的不定积分结果是以后经常会用到的，所以它们通常也被当作基本积分公式使用，将它们继基本积分表之后排列如下：

(14) $\displaystyle\int\tan x\mathrm{d}x=-\ln|\cos x|+C$;

(15) $\displaystyle\int\cot x\mathrm{d}x=\ln|\sin x|+C$;

(16) $\displaystyle\int\sec x\mathrm{d}x=\ln|\sec x+\tan x|+C$;

(17) $\displaystyle\int\csc x\mathrm{d}x=\ln|\csc x-\cot x|+C$;

(18) $\displaystyle\int\frac{1}{x^2+a^2}\mathrm{d}x=\frac{1}{a}\arctan\frac{x}{a}+C$;

(19) $\displaystyle\int\frac{1}{x^2-a^2}\mathrm{d}x=\frac{1}{2a}\ln\left|\frac{x-a}{x+a}\right|+C$;

(20) $\displaystyle\int\frac{1}{\sqrt{a^2-x^2}}\mathrm{d}x=\arcsin\frac{x}{a}+C$;

(21) $\displaystyle\int\frac{1}{\sqrt{x^2\pm a^2}}\mathrm{d}x=\ln\left|\sqrt{x^2\pm a^2}+x\right|+C$.

下面再举例说明基本积分表中公式 (18)～(21) 的应用.

例 5.2.17　求不定积分 $\displaystyle\int\frac{\mathrm{d}x}{x^2+2x+3}$.

解　$\displaystyle\int\frac{\mathrm{d}x}{x^2+2x+3}=\int\frac{\mathrm{d}(x+1)}{(x+1)^2+(\sqrt{2})^2}$,

根据积分公式 (18) 得

$$\int\frac{\mathrm{d}x}{x^2+2x+3}=\frac{1}{\sqrt{2}}\arctan\frac{x+1}{\sqrt{2}}+C.$$

例 5.2.18　求不定积分 $\displaystyle\int\frac{\mathrm{d}x}{\sqrt{3+2x-x^2}}$.

解　$\displaystyle\int\frac{\mathrm{d}x}{\sqrt{3+2x-x^2}}=\int\frac{\mathrm{d}(x-1)}{\sqrt{2^2-(x-1)^2}}$,

根据积分公式 (20) 得

$$\int \frac{\mathrm{d}x}{\sqrt{3+2x-x^2}} = \arcsin \frac{x-1}{2} + C.$$

例 5.2.19 求不定积分 $\displaystyle\int \frac{x+1}{\sqrt{x^2-2x-3}}\mathrm{d}x$.

解
$$\begin{aligned}\int \frac{x+1}{\sqrt{x^2-2x-3}}\mathrm{d}x &= \frac{1}{2}\int \frac{(2x-2)+4}{\sqrt{x^2-2x-3}}\mathrm{d}x \\ &= \frac{1}{2}\int \frac{\mathrm{d}(x^2-2x-3)}{\sqrt{x^2-2x-3}} + 2\int \frac{\mathrm{d}x}{\sqrt{x^2-2x-3}} \\ &= \sqrt{x^2-2x-3} + 2\int \frac{\mathrm{d}(x-1)}{\sqrt{(x-1)^2-4}},\end{aligned}$$

根据积分公式 (21) 得

$$\int \frac{x+1}{\sqrt{x^2-2x-3}}\mathrm{d}x = \sqrt{x^2-2x-3} + 2\ln(\sqrt{x^2-2x-3}+x-1) + C.$$

例 5.2.20 求不定积分 $\displaystyle\int \frac{\mathrm{d}x}{x\sqrt{4x^2+2x+1}}$.

解 令 $x = \dfrac{1}{t}$, 则 $\mathrm{d}x = -\dfrac{1}{t^2}\mathrm{d}t$, 于是当 $x > 0$ 时,

$$\begin{aligned}\int \frac{\mathrm{d}x}{x\sqrt{4x^2+2x+1}} &= \int \frac{-\dfrac{1}{t^2}\mathrm{d}t}{\dfrac{1}{t}\sqrt{\dfrac{4}{t^2}+\dfrac{2}{t}+1}} \\ &= -\int \frac{\mathrm{d}t}{\sqrt{t^2+2t+4}} \\ &= -\int \frac{\mathrm{d}(t+1)}{\sqrt{(t+1)^2+(\sqrt{3})^2}}.\end{aligned}$$

根据公式 (21) 得

$$\begin{aligned}\int \frac{\mathrm{d}x}{x\sqrt{4x^2+2x+1}} &= -\ln(\sqrt{(t+1)^2+3}+t+1) + C \\ &= -\ln\left(\frac{\sqrt{4x^2+2x+1}+1}{x}+1\right) + C.\end{aligned}$$

类似地，当 $x < 0$ 时，可得

$$\int \frac{\mathrm{d}x}{x\sqrt{4x^2+2x+1}} = -\ln\left(\frac{\sqrt{4x^2+2x+1}+1}{x}+1\right) + C.$$

例 5.2.21 求不定积分 $\int \frac{\mathrm{d}x}{x(x^n+1)}$ (n 为正整数).

解 令 $x=\frac{1}{t}$, 则 $\mathrm{d}x=-\frac{1}{t^2}\mathrm{d}t$, 于是

$$\begin{aligned}\int \frac{\mathrm{d}x}{x(x^n+1)} &= \int \frac{-\frac{1}{t^2}\mathrm{d}t}{\frac{1}{t}\left(\frac{1}{t^n}+1\right)} = -\int \frac{t^{n-1}}{1+t^n}\mathrm{d}t \\ &= -\frac{1}{n}\int \frac{1}{1+t^n}\mathrm{d}(1+t^n) \\ &= -\frac{1}{n}\ln|1+t^n|+C \\ &= -\frac{1}{n}\ln\left|1+\frac{1}{x^n}\right|+C.\end{aligned}$$

例 5.2.20 与例 5.2.21 中所作的变换称为倒代换. 一般地, 对于形如 $\frac{1}{x\sqrt{ax^2+bx+c}}$ 的被积函数都可以通过倒代换法消去分母中根号外的因子 x, 求出不定积分. 另外, 如被积函数中含有根式 $\sqrt[n]{ax+b}$ 或 $\sqrt[n]{\frac{ax+b}{cx+d}}$, 可直接令根式为 t, 以达到去掉根号的目的.

例 5.2.22 求不定积分 $\int \frac{\sqrt{x-1}}{x}\mathrm{d}x$.

解 令 $t=\sqrt{x-1}$, 则 $x=t^2+1, \mathrm{d}x=2t\mathrm{d}t$, 于是

$$\begin{aligned}\int \frac{\sqrt{x-1}}{x}\mathrm{d}x &= \int \frac{t}{t^2+1}\cdot 2t\mathrm{d}t = 2\int \frac{t^2}{t^2+1}\mathrm{d}t \\ &= 2\int \left(1-\frac{1}{t^2+1}\right)\mathrm{d}t \\ &= 2t-2\arctan t+C \\ &= 2\sqrt{x-1}-2\arctan\sqrt{x-1}+C.\end{aligned}$$

例 5.2.23 求不定积分 $\int \frac{\mathrm{d}x}{(1+\sqrt[3]{x})\sqrt{x}}$.

解 令 $t=\sqrt[6]{x}$, 则 $x=t^6, \mathrm{d}x=6t^5\mathrm{d}t$, 于是

$$\begin{aligned}\int \frac{\mathrm{d}x}{(1+\sqrt[3]{x})\sqrt{x}} &= \int \frac{6t^5}{(1+t^2)t^3}\mathrm{d}t = 6\int \frac{t^2}{1+t^2}\mathrm{d}t \\ &= 6(t-\arctan t)+C \\ &= 6\left(\sqrt[6]{x}-\arctan\sqrt[6]{x}\right)+C.\end{aligned}$$

例 5.2.24 求不定积分 $\int \frac{1}{x}\sqrt{\frac{1+x}{x}}\mathrm{d}x$.

解 令 $t=\sqrt{\frac{1+x}{x}}$, 即 $t^2=\frac{1+x}{x}$, 则 $x=\frac{1}{t^2-1}, \mathrm{d}x=\frac{2t}{(t^2-1)^2}\mathrm{d}t$, 于是

$$
\begin{aligned}
\int \frac{1}{x}\sqrt{\frac{1+x}{x}}\mathrm{d}x &= \int \frac{1}{\frac{1}{t^2-1}} t \frac{-2t}{(t^2-1)^2}\mathrm{d}t = -2\int \frac{t^2}{t^2-1}\mathrm{d}t \\
&= -2\int\left(1+\frac{1}{t^2-1}\right)\mathrm{d}t = -2\left(t+\frac{1}{2}\ln\left|\frac{t-1}{t+1}\right|\right)+C \\
&= -2\sqrt{\frac{1+x}{x}}-\ln\left|\frac{\sqrt{\frac{x+1}{x}}-1}{\sqrt{\frac{x+1}{x}}+1}\right|+C \\
&= -2\sqrt{\frac{1+x}{x}}-\ln\left|\frac{\sqrt{x+1}-\sqrt{x}}{\sqrt{x+1}+\sqrt{x}}\right|+C \\
&= -2\sqrt{\frac{1+x}{x}}-2\ln\left(\sqrt{\frac{x+1}{x}}-1\right)-\ln|x|+C.
\end{aligned}
$$

习 题 5.2

1. 求下列不定积分:

(1) $\int (2x-3)^{10}\mathrm{d}x$;　　(2) $\int \frac{1}{2x+5}\mathrm{d}x$;

(3) $\int \frac{\mathrm{d}x}{\sqrt[3]{2-3x}}$;　　(4) $\int \mathrm{e}^{3x}\mathrm{d}x$;

(5) $\int 3\mathrm{e}^{-2x}\mathrm{d}x$;　　(6) $\int \sin ax\mathrm{d}x$;

(7) $\int x^3\cos x^4\mathrm{d}x$;　　(8) $\int \sin^5 x\cos x\mathrm{d}x$;

(9) $\int \mathrm{e}^{-x^2}x\mathrm{d}x$;　　(10) $\int \mathrm{e}^{\sqrt{x}}\frac{1}{\sqrt{x}}\mathrm{d}x$;

(11) $\int \sin\frac{1}{x}\cdot\frac{1}{x^2}\mathrm{d}x$;　　(12) $\int \mathrm{e}^x\cos \mathrm{e}^x\mathrm{d}x$;

(13) $\int \tan^{10}x\sec^2 x\mathrm{d}x$;　　(14) $\int \cos^2 3x\mathrm{d}x$;

(15) $\int \frac{\ln^3 x}{x}\mathrm{d}x$; (16) $\int x\sqrt{x^2+1}\mathrm{d}x$;

(17) $\int \frac{3x^3}{1-x^4}\mathrm{d}x$; (18) $\int \frac{x^2}{\sqrt{x^3+1}}\mathrm{d}x$;

(19) $\int \frac{1}{x\ln x}\mathrm{d}x$; (20) $\int \frac{\arctan x}{1+x^2}\mathrm{d}x$;

(21) $\int \frac{x}{1+x^4}\mathrm{d}x$; (22) $\int \frac{x^2}{\sqrt{1-x^6}}\mathrm{d}x$;

(23) $\int \frac{\sin x+\cos x}{\sqrt[3]{\sin x-\cos x}}\mathrm{d}x$; (24) $\int \frac{\mathrm{e}^x}{1+\mathrm{e}^x}\mathrm{d}x$;

(25) $\int \frac{2x-1}{\sqrt{1-x^2}}\mathrm{d}x$; (26) $\int \frac{1-x}{\sqrt{9-4x^2}}\mathrm{d}x$;

(27) $\int \frac{\mathrm{d}x}{(x+1)(x-2)}$; (28) $\int \frac{1+x}{1-x}\mathrm{d}x$;

(29) $\int \frac{x^2}{1+x}\mathrm{d}x$; (30) $\int \frac{\mathrm{d}x}{x^2+2x+2}$;

(31) $\int \frac{\mathrm{d}x}{\sqrt{4x^2+9}}$; (32) $\int \frac{\mathrm{d}x}{\sqrt{1+x-x^2}}$;

(33) $\int \cos^3 x\mathrm{d}x$; (34) $\int \frac{\mathrm{d}x}{\sqrt{1+\mathrm{e}^x}}$;

(35) $\int \sin 2x\cos 3x\mathrm{d}x$; (36) $\int \cos x\cos\frac{x}{2}\mathrm{d}x$;

(37) $\int \frac{x^2}{\sqrt{1-x^2}}\mathrm{d}x$; (38) $\int \frac{\mathrm{d}x}{x\sqrt{x^2-1}}$;

(39) $\int \frac{\mathrm{d}x}{(x^2+4)^{\frac{3}{2}}}$; (40) $\int \frac{\mathrm{d}x}{x^2\sqrt{a^2-x^2}}$.

2. 计算下列不定积分:

(1) $\int \frac{\mathrm{d}x}{1+\sqrt[3]{x+1}}$; (2) $\int \frac{\sqrt{x}}{1+\sqrt[3]{x}}\mathrm{d}x$.

5.3 分部积分法

设函数 $u(x)$ 和 $v(x)$ 具有连续的导数, 根据两个函数乘积的导数公式

$$(uv)'=u'v+uv',$$

移项得

$$uv'=(uv)'-u'v.$$

5-4 不定积分的分部积分法

两边求不定积分，得

$$\int uv'\mathrm{d}x=\int(uv)'\mathrm{d}x-\int u'v\mathrm{d}x=uv-\int u'v\mathrm{d}x. \tag{5.3.1}$$

或写成

$$\int u\mathrm{d}v=uv-\int v\mathrm{d}u. \tag{5.3.2}$$

式 (5.3.1) 或式 (5.3.2) 被称为分部积分公式，实际应用时用公式 (5.3.2) 较方便.

下面举例说明分部积分公式的用法.

例 5.3.1 求不定积分 $\int x\cos x\mathrm{d}x$.

解 设 $u=x,\mathrm{d}v=\cos x\mathrm{d}x=\mathrm{d}\sin x$, 则 $\mathrm{d}u=\mathrm{d}x,v=\sin x$, 于是

$$\begin{aligned}\int x\cos x\mathrm{d}x&=x\sin x-\int\sin x\mathrm{d}x\\&=x\sin x+\cos x+C.\end{aligned}$$

分部积分公式把计算 $\int u\mathrm{d}v$ 转化成计算 $\int v\mathrm{d}u$. 这两个积分从形式上看没有多大区别；但是，在使用这个公式时，如果 u 和 $\mathrm{d}v$ 取得恰当，可以使右端的积分比左端的积分容易计算，从而可以求左端的不定积分；否则就不能起到化难为易的作用，反而越算越繁，所以用分部积分公式求不定积分时，关键是在被积式中正确地选取某个函数为 u(剩下部分为 $\mathrm{d}v$).

在例 5.3.1 中，若设 $u=\cos x,\mathrm{d}v=x\mathrm{d}x$. 则 $\mathrm{d}u=-\sin x\mathrm{d}x,v=\dfrac{1}{2}x^2$, 于是有

$$\int x\cos x\mathrm{d}x=\frac{1}{2}x^2\cos x+\int\frac{1}{2}x^2\sin x\mathrm{d}x,$$

这样，把计算 $\int x\cos x\mathrm{d}x$ 转化为计算 $\int x^2\sin x\mathrm{d}x$, 积分更不容易计算了，由此可见正确选取 u 的重要性.

例 5.3.2 求不定积分 $\int x\mathrm{e}^x\mathrm{d}x$.

解 令 $u=x,\mathrm{d}v=\mathrm{e}^x\mathrm{d}x$, 则 $\mathrm{d}u=\mathrm{d}x,v=\mathrm{e}^x$, 于是

$$\begin{aligned}\int x\mathrm{e}^x\mathrm{d}x&=x\mathrm{e}^x-\int\mathrm{e}^x\mathrm{d}x\\&=x\mathrm{e}^x-\mathrm{e}^x+C\\&=(x-1)\mathrm{e}^x+C.\end{aligned}$$

例 5.3.3 求不定积分 $\int x^2\mathrm{e}^x\mathrm{d}x$.

解 令 $u=x^2, \mathrm{d}v=\mathrm{e}^x\mathrm{d}x$, 则 $\mathrm{d}u=2x\mathrm{d}x, v=\mathrm{e}^x$, 于是

$$\int x^2\mathrm{e}^x\mathrm{d}x = x^2\mathrm{e}^x - 2\int x\mathrm{e}^x\mathrm{d}x.$$

由例 5.3.2 对 $\int x\mathrm{e}^x\mathrm{d}x$ 再用分部积分法，得

$$\begin{aligned}\int x^2\mathrm{e}^x\mathrm{d}x &= x^2\mathrm{e}^x - 2(x\mathrm{e}^x-\mathrm{e}^x)+C\\ &=(x^2-2x+2)\mathrm{e}^x+C.\end{aligned}$$

从以上几个题可以看出当被积函数是幂函数与三角函数的正、余弦函数或指数函数乘积时, 应该取幂函数为 u. 另外由例 5.3.3 可以看到分部积分法可重复使用. 还有当计算比较熟练以后，可以不写出 u 和 $\mathrm{d}v$, 把积分写成 $\int u\mathrm{d}v$ 的形式后，默认哪个函数是 u, 哪个函数是 v, 直接利用公式即可.

例 5.3.4 求不定积分 $\int x\ln x\mathrm{d}x$.

解

$$\begin{aligned}\int x\ln x\mathrm{d}x &= \int \ln x\mathrm{d}\left(\frac{x^2}{2}\right)\\ &=\frac{x^2}{2}\ln x-\int\frac{x^2}{2}\mathrm{d}\ln x\\ &=\frac{x^2}{2}\ln x-\frac{1}{2}\int x^2\cdot\frac{1}{x}\mathrm{d}x\\ &=\frac{x^2}{2}\ln x-\frac{x^2}{4}+C.\end{aligned}$$

例 5.3.5 求不定积分 $\int x\arctan x\mathrm{d}x$.

解

$$\begin{aligned}\int x\arctan x\mathrm{d}x &= \int\arctan x\mathrm{d}\left(\frac{x^2+1}{2}\right)\\ &=\frac{x^2+1}{2}\arctan x-\int\frac{x^2+1}{2}\mathrm{d}(\arctan x)\\ &=\frac{x^2+1}{2}\arctan x-\int\frac{x^2+1}{2}\cdot\frac{\mathrm{d}x}{x^2+1}\\ &=\frac{x^2+1}{2}\arctan x-\frac{x}{2}+C.\end{aligned}$$

例 5.3.6 求不定积分 $\int\arcsin x\mathrm{d}x$.

解 这里被积函数只有 $\arcsin x$, 我们就把 $\mathrm{d}x$ 直接看成 $\mathrm{d}v$, 公式中的 v 即为 x. 于是

$$\begin{aligned}\int \arcsin x\mathrm{d}x &= x\arcsin x - \int x\mathrm{d}(\arcsin x)\\ &= x\arcsin x - \int \frac{x}{\sqrt{1-x^2}}\mathrm{d}x\\ &= x\arcsin x + \frac{1}{2}\int \frac{\mathrm{d}(1-x^2)}{\sqrt{1-x^2}}\\ &= x\arcsin x + \sqrt{1-x^2} + C.\end{aligned}$$

当被积函数是幂函数与对数函数或者反三角函数乘积时，应该取对数函数或反三角函数为 u.

例 5.3.7 *求不定积分* $\int \mathrm{e}^{2x}\cos x\mathrm{d}x$.

解 $$\begin{aligned}\int \mathrm{e}^{2x}\cos x\mathrm{d}x &= \int \mathrm{e}^{2x}\mathrm{d}\sin x\\ &= \mathrm{e}^{2x}\sin x - \int \sin x\mathrm{d}\mathrm{e}^{2x}\\ &= \mathrm{e}^{2x}\sin x - 2\int \sin x\cdot \mathrm{e}^{2x}\mathrm{d}x.\end{aligned}$$

上式右端的积分与左端的积分是同一类型，并不比左端的积分简单，对右端的积分再用分部积分公式，得

$$\begin{aligned}\int \mathrm{e}^{2x}\sin x\mathrm{d}x &= -\int \mathrm{e}^{2x}\mathrm{d}\cos x\\ &= -\mathrm{e}^{2x}\cos x + \int \cos x\mathrm{d}\mathrm{e}^{2x}\\ &= -\mathrm{e}^{2x}\cos x + 2\int \mathrm{e}^{2x}\cos x\mathrm{d}x.\end{aligned}$$

即

$$\begin{aligned}\int \mathrm{e}^{2x}\cos x\mathrm{d}x &= \mathrm{e}^{2x}\sin x - 2\left[-\mathrm{e}^{2x}\cos x + 2\int \mathrm{e}^{2x}\cos x\mathrm{d}x\right]\\ &= \mathrm{e}^{2x}\sin x + 2\mathrm{e}^{2x}\cos x - 4\int \mathrm{e}^{2x}\cos x\mathrm{d}x,\end{aligned}$$

移项，便得到

$$\int \mathrm{e}^{2x}\cos x\mathrm{d}x = \frac{1}{5}\mathrm{e}^{2x}(\sin x + 2\cos x) + C.$$

在解题过程中，两次用分部积分法都是取 $u=\mathrm{e}^{2x}$, 如果第一次取 $u=\mathrm{e}^{2x}$, 而第二次取 $u=\sin x$, 将得到恒等式，从而无法得到结果.

上题还可以这样解：

$$
\begin{aligned}
\int \mathrm{e}^{2x}\cos x\mathrm{d}x &= \frac{1}{2}\int \cos x\mathrm{d}\mathrm{e}^{2x} \\
&= \frac{1}{2}\left(\mathrm{e}^{2x}\cos x - \int \mathrm{e}^{2x}\mathrm{d}\cos x\right) \\
&= \frac{1}{2}\left(\mathrm{e}^{2x}\cos x + \int \sin x\mathrm{e}^{2x}\mathrm{d}x\right) \\
&= \frac{1}{2}\left(\mathrm{e}^{2x}\cos x + \frac{1}{2}\int \sin x\mathrm{d}\mathrm{e}^{2x}\right) \\
&= \frac{1}{2}\mathrm{e}^{2x}\cos x + \frac{1}{4}\left(\mathrm{e}^{2x}\sin x - \int \mathrm{e}^{2x}\mathrm{d}\sin x\right) \\
&= \frac{1}{2}\mathrm{e}^{2x}\cos x + \frac{1}{4}\mathrm{e}^{2x}\sin x - \frac{1}{4}\int \mathrm{e}^{2x}\cos x\mathrm{d}x,
\end{aligned}
$$

移项得

$$\int \mathrm{e}^{2x}\cos x\mathrm{d}x = \frac{1}{5}\mathrm{e}^{2x}(\sin x + 2\cos x) + C.$$

例 5.3.8 求不定积分 $\int \sec^3 x\mathrm{d}x$.

解

$$
\begin{aligned}
\int \sec^3 x\mathrm{d}x = \int \sec x\sec^2 x\mathrm{d}x &= \int \sec x\mathrm{d}\tan x \\
&= \sec x\tan x - \int \tan x\mathrm{d}\sec x \\
&= \sec x\tan x - \int \sec x\tan^2 x\mathrm{d}x \\
&= \sec x\tan x - \int \sec x(\sec^2 x - 1)\mathrm{d}x \\
&= \sec x\tan x - \int \sec^3 x\mathrm{d}x + \int \sec x\mathrm{d}x \\
&= \sec x\tan x + \ln|\sec x + \tan x| - \int \sec^3 x\mathrm{d}x,
\end{aligned}
$$

移项得

$$\int \sec^3 x\mathrm{d}x = \frac{1}{2}(\sec x\tan x + \ln|\sec x + \tan x|) + C.$$

另外，在求积分的过程中，有时既要使用换元法，又要使用分部积分法.

例 5.3.9 求不定积分 $\int \sqrt{x}\ln\sqrt{x}\mathrm{d}x$.

解 令 $\sqrt{x}=t$, 则 $x=t^2, \mathrm{d}x=2t\mathrm{d}t$, 于是

$$\begin{aligned}\int\sqrt{x}\ln\sqrt{x}\mathrm{d}x&=\int t\ln t\cdot 2t\mathrm{d}t=2\int t^2\ln t\mathrm{d}t\\&=\frac{2}{3}\int\ln t\mathrm{d}t^3=\frac{2}{3}t^3\ln t-\frac{2}{3}\int t^3\mathrm{d}\ln t\\&=\frac{2}{3}t^3\ln t-\frac{2}{3}\int t^2\mathrm{d}t\\&=\frac{2}{3}t^3\ln t-\frac{2}{9}t^3+C\\&=\frac{2}{3}x\sqrt{x}\ln\sqrt{x}-\frac{2}{9}x\sqrt{x}+C.\end{aligned}$$

当被积函数是某一简单函数的高次幂函数时，我们可以适当选取 u,v, 通过分部积分后，得到该函数的高次幂积分与低次幂积分的关系，即所谓递推公式，此方法又称为递推法.

例 5.3.10 求不定积分 $\displaystyle\int\frac{\mathrm{d}x}{(x^2+a^2)^n}$ (n是正整数).

解 令 $u=\dfrac{1}{(x^2+a^2)^n}, \mathrm{d}v=\mathrm{d}x$, 则 $\mathrm{d}u=\dfrac{-2nx}{(x^2+a^2)^{n+1}}\mathrm{d}x, v=x$, 于是

$$\begin{aligned}\int\frac{\mathrm{d}x}{(x^2+a^2)^n}&=\frac{x}{(x^2+a^2)^n}+2n\int\frac{x^2}{(x^2+a^2)^{n+1}}\mathrm{d}x\\&=\frac{x}{(x^2+a^2)^n}+2n\int\frac{(x^2+a^2)-a^2}{(x^2+a^2)^{n+1}}\mathrm{d}x\\&=\frac{x}{(x^2+a^2)^n}+2n\int\frac{1}{(x^2+a^2)^n}\mathrm{d}x\\&\quad-2na^2\int\frac{1}{(x^2+a^2)^{n+1}}\mathrm{d}x,\end{aligned}$$

记 $I_n=\displaystyle\int\frac{\mathrm{d}x}{(x^2+a^2)^n}$, 则上式写成

$$I_n=\frac{x}{(x^2+a^2)^n}+2nI_n-2na^2I_{n+1}.$$

于是有

$$I_{n+1}=\frac{1}{2na^2}\frac{x}{(x^2+a^2)^n}+\frac{2n-1}{2na^2}I_n.$$

每利用一次上式，就可以使被积函数中 x^2+a^2 的指数降低一次，这个公式即为递推公式. 由于

$$I_1=\int\frac{1}{x^2+a^2}\mathrm{d}x=\frac{1}{a}\arctan\frac{x}{a}+C,$$

可得

$$I_2 = I_{1+1} = \frac{1}{2a^2}\frac{x}{x^2+a^2} + \frac{1}{2a^2}\left(\frac{1}{a}\arctan\frac{x}{a} + C\right)$$
$$= \frac{1}{2a^2}\frac{x}{x^2+a^2} + \frac{1}{2a^3}\arctan\frac{x}{a} + C_1,$$

其中 $C_1 = \dfrac{C}{2a^2}$.

逐次应用公式即可求出所有的 I_n.

习 题 5.3

1. 用分部积分法求下列不定积分:

(1) $\int x\sin x\mathrm{d}x$;　　(2) $\int x\mathrm{e}^{-x}\mathrm{d}x$;

(3) $\int \arctan x\mathrm{d}x$;　　(4) $\int \ln x\mathrm{d}x$;

(5) $\int \arccos x\mathrm{d}x$;　　(6) $\int x^2\arctan x\mathrm{d}x$;

(7) $\int x^2\sin 2x\mathrm{d}x$;　　(8) $\int \ln^2 x\mathrm{d}x$;

(9) $\int xa^x\mathrm{d}x$;　　(10) $\int x^2\ln x\mathrm{d}x$;

(11) $\int \mathrm{e}^{2x}\sin x\mathrm{d}x$;　　(12) $\int x\tan^2 x\mathrm{d}x$;

(13) $\int x\ln(x+1)\mathrm{d}x$;　　(14) $\int \mathrm{e}^{\sqrt{x}}\mathrm{d}x$;

(15) $\int x(\arctan x)^2\mathrm{d}x$;　　(16) $\int (\arcsin x)^2\mathrm{d}x$;

(17) $\int \dfrac{x\arcsin x}{\sqrt{1-x^2}}\mathrm{d}x$;　　(18) $\int \sin\sqrt{x}\mathrm{d}x$;

(19) $\int x^3\ln x\mathrm{d}x$;　　(20) $\int \dfrac{\ln^2 x}{x^2}\mathrm{d}x$.

2. 设 $f(x)$ 的一个原函数为 $(1+\sin x)\ln x$, 求 $\int xf'(x)\mathrm{d}x$.

3. 已知 $f'(\mathrm{e}^x) = 1 + x$, 求 $f(x)$.

5.4 有理函数的积分

5.4.1 简单有理函数的积分

设

$$P(x) = a_0x^n + a_1x^{n-1} + \cdots + a_{n-1}x + a_n,$$

$$Q(x) = b_0x^m + b_1x^{m-1} + \cdots + b_{m-1}x + b_m,$$

其中 m 和 n 都是自然数， $a_i(i=0,1,2,\cdots,n), b_j(j=0,1,2,\cdots,m)$ 都是实数，并且 $a_0 \neq 0, b_0 \neq 0$. 由 $P(x)$ 与 $Q(x)$ 的商构成的函数

$$R(x) = \frac{P(x)}{Q(x)} = \frac{a_0x^n + a_1x^{n-1} + \cdots + a_{n-1}x + a_n}{b_0x^m + b_1x^{m-1} + \cdots + b_{m-1}x + b_m}$$

称为 **有理函数**.

如果 $P(x)$ 与 $Q(x)$ 无公因式，当上式中 $n < m$ 时称为真分式；当 $n \geqslant m$ 时称为假分式，当 $m = 0$, 而 $n \neq 0$ 时， $\dfrac{P(x)}{Q(x)}$ 成为多项式，称为 **有理整式**.

因为利用多项式的除法，总可以把一个假分式化成一个多项式与一个真分式之和，所以讨论有理式的积分只需讨论真分式的积分.

讨论真分式的积分时，要用到代数学中有关结论，这里我们直接引用而不加证明.

根据代数理论，每个真分式可被表示成如下形式的分式之和：

$$\frac{A}{x-a}, \quad \frac{B}{(x-a)^k}, \quad \frac{Cx+D}{x^2+px+q}, \quad \frac{Cx+D}{(x^2+px+q)^l}.$$

其中 $k = 2, 3, \cdots$, $l = 2, 3, \cdots$, A, B, C, D 及 a, p, q 都是实数，并且 $p^2 - 4q < 0$, 以上四种类型的分式称为 **最简分式**.

把真分式 $\dfrac{P(x)}{Q(x)}$ 表示成最简分式之和时，其中所包含的最简分式称为真分式 $\dfrac{P(x)}{Q(x)}$ 的 **部分分式**.

为了把真分式分解为部分分式之和，首先要把分式的分母 $Q(x)$ 分解因式，根据代数理论可知，每个实系数多项式可以唯一地分解成形如 $x - a$ 和 $x^2 + px + q(p^2 - 4q < 0)$ 的一次式与二次式的乘积 (如果有相同因式要写成幂的形式). 为简单起见，假设多项式 $Q(x)$ 的最高次项的系数为 1, 可把 $Q(x)$ 写成如下形式：

$$Q(x) = (x-a)^k \cdots (x^2+px+q)^l \cdots,$$

其中 $k \cdots, l \cdots$ 是正整数.

再把分式写成具有待定系数的部分分式之和，由代数理论可知：

若 $Q(x)$ 的分解式中含有因式 $(x-a)^k$, 那么，真分式 $\dfrac{P(x)}{Q(x)}$ 的分解式中必含有下列 k 个部分分式：

$$\frac{A_1}{x-a},\quad \frac{A_2}{(x-a)^2},\cdots,\quad \frac{A_k}{(x-a)^k},$$

其中 $A_1, A_2, \cdots, A_k$ 都是唯一确定的常数.

若 $Q(x)$ 的分解式中含有因式 $(x^2+px+q)^l$, 那么，真分式 $\dfrac{P(x)}{Q(x)}$ 的分解式中必含有下列 l 个部分分式：

$$\frac{C_1x+D_1}{x^2+px+q},\quad \frac{C_2x+D_2}{(x^2+px+q)^2},\cdots,\quad \frac{C_lx+D_l}{(x^2+px+q)^l},$$

其中 $C_i, D_i, (i=1,2,\cdots,l)$ 都是唯一确定的常数.

根据上述理论可以把分式写成具有待定常数的部分分式之和形式，再用待定系数法确定各部分分式中待定的系数 $A_i(i=1,2,\cdots,k), C_i, D_i(i=1,2,\cdots,l)$, 于是就把真分式写成了部分分式之和.

把真分式分解成部分分式之和以后，求真分式的积分就转化为求各部分分式的积分，因此，求有理函数的不定积分就归结为以下四种积分：

(1) $\displaystyle\int \frac{1}{x-a}\mathrm{d}x$;

(2) $\displaystyle\int \frac{1}{(x-a)^k}\mathrm{d}x$;

(3) $\displaystyle\int \frac{Cx+D}{x^2+px+q}\mathrm{d}x$;

(4) $\displaystyle\int \frac{Cx+D}{(x^2+px+q)^k}\mathrm{d}x$.

其中 k 为正整数. 前三种类型的积分利用已经学过的方法都可以求出来，最后一种类型的积分可用下面方法求出.

$$\begin{aligned}
&\int \frac{Cx+D}{(x^2+px+q)^k}\mathrm{d}x\\
=&\frac{C}{2}\int \frac{2x+p}{(x^2+px+q)^k}\mathrm{d}x+\left(D-\frac{Cp}{2}\right)\int \frac{\mathrm{d}x}{(x^2+px+q)^k}\\
=&\frac{C}{2}\frac{(x^2+px+q)^{-k+1}}{-k+1}+\left(D-\frac{Cp}{2}\right)\int \frac{\mathrm{d}(x+\frac{p}{2})}{\left[\left(x+\dfrac{p}{2}\right)^2+\dfrac{4q-p^2}{4}\right]^k}.
\end{aligned}$$

令 $x+\dfrac{p}{2}=t$, 并记 $\dfrac{4q-p^2}{4}=a^2$, 则上式右端的积分化成为 $\displaystyle\int \frac{1}{(t^2+a^2)^k}\mathrm{d}t$, 这个积分可由例 5.3.10 所得递推公式求得，但一般不要求掌握.

下面通过例子说明有理函数不定积分的计算方法.

例 5.4.1 求不定积分 $\displaystyle\int \frac{x+1}{x^2-3x+2}\mathrm{d}x$.

解 由于 $x^2-3x+2=(x-2)(x-1)$, 因此可设

$$\frac{x+1}{x^2-3x+2}=\frac{A}{x-2}+\frac{B}{x-1},$$

将上式右端通分，然后两端去分母，得

$$x+1=A(x-1)+B(x-2).$$

根据等式两端 x 同次幂的系数应该相等，故得线性方程组

$$\begin{cases}A+B=1,\\ A+2B=-1,\end{cases}$$

解此方程组得 $A=3,B=-2$. 于是

$$\frac{x+1}{x^2-3x+2}=\frac{3}{x-2}-\frac{2}{x-1},$$

故

$$\begin{aligned}\int \frac{x+1}{x^2-3x+2}\mathrm{d}x&=\int \frac{3}{x-2}\mathrm{d}x-\int \frac{2}{x-1}\mathrm{d}x\\ &=3\ln|x-2|-2\ln|x-1|+C.\end{aligned}$$

例 5.4.2 求不定积分 $\displaystyle\int \frac{2x^2+1}{x^3-2x^2+x}\mathrm{d}x$.

解 由于 $x^3-2x^2+x=x(x^2-2x+1)=x(x-1)^2$, 因此可设

$$\frac{2x^2+1}{x^3-2x^2+x}=\frac{A}{x}+\frac{B}{x-1}+\frac{C}{(x-1)^2},$$

则

$$2x^2+1=A(x-1)^2+Bx(x-1)+Cx.$$

比较两端 x 同次幂的系数. 得线性方程组

$$\begin{cases}A+B=2,\\ -2A-B+C=0,\\ A=1,\end{cases}$$

解得 $A=1,B=1,C=3$, 于是

$$\frac{2x^2+1}{x^3-2x^2+x}=\frac{1}{x}+\frac{1}{x-1}+\frac{3}{(x-1)^2},$$

从而

$$\int \frac{2x^2+1}{x^3-2x^2+x}\mathrm{d}x = \int \frac{1}{x}\mathrm{d}x + \int \frac{1}{x-1}\mathrm{d}x + \int \frac{3}{(x-1)^2}\mathrm{d}x$$
$$= \ln|x| + \ln|x-1| - \frac{3}{x-1} + C.$$

确定待定系数 A, B, C 还可以用另一种方法，由于式

$$2x^2+1 = A(x-1)^2 + Bx(x-1) + Cx$$

是对任何 x 都成立的恒等式，所以可取 x 的 3 个特殊值代入式中，得到含 3 个待定系数的线性方程组，解此方程组便可求出 A, B, C.

例如，取 $x=0, x=1, x=2$, 分别代入上式中，得到线性方程组

$$\begin{cases} A = 1, \\ C = 3, \\ A + 2B + 2C = 9, \end{cases}$$

解此方程组得 $A=1, B=1, C=3$.

例 5.4.3 求不定积分 $\displaystyle\int \frac{\mathrm{d}x}{x^3-1}$.

解 由于 $x^3-1=(x-1)(x^2+x+1)$, 因此设

$$\frac{1}{x^3-1} = \frac{A}{x-1} + \frac{Bx+C}{x^2+x+1},$$

通分去分母得

$$1 = A(x^2+x+1) + (Bx+C)(x-1).$$

比较两端 x 同次幂的系数，得线性方程组

$$\begin{cases} A + B = 0, \\ A - B + C = 0, \\ A - C = 1, \end{cases}$$

解得 $A=\dfrac{1}{3}, B=-\dfrac{1}{3}, C=-\dfrac{2}{3}$, 于是

$$\frac{1}{x^3-1} = \frac{\frac{1}{3}}{x-1} - \frac{\frac{1}{3}x+\frac{2}{3}}{x^2+x+1},$$

从而

$$\int \frac{\mathrm{d}x}{x^3-1} = \frac{1}{3}\int \frac{\mathrm{d}x}{x-1} - \frac{1}{3}\int \frac{x+2}{x^2+x+1}\mathrm{d}x$$

$$
\begin{aligned}
&= \frac{1}{3}\ln|x-1| - \frac{1}{6}\int \frac{(2x+1)+3}{x^2+x+1}\mathrm{d}x \\
&= \frac{1}{3}\ln|x-1| - \frac{1}{6}\ln\left(x^2+x+1\right) - \frac{1}{2}\int \frac{\mathrm{d}x}{x^2+x+1} \\
&= \frac{1}{3}\ln|x-1| - \frac{1}{6}\ln\left(x^2+x+1\right) - \frac{1}{2}\int \frac{\mathrm{d}x}{\left(x+\dfrac{1}{2}\right)^2+\dfrac{3}{4}} \\
&= \frac{1}{3}\ln|x-1| - \frac{1}{6}\ln\left(x^2+x+1\right) - \frac{1}{\sqrt{3}}\arctan\frac{2x+1}{\sqrt{3}} + C.
\end{aligned}
$$

根据代数理论，每个有理函数都可以表示成整式与真分式之和，真分式又能表示成部分分式之和，而整式及各部分分式的不定积分都是初等函数，因此，有以下结论：每个有理函数的原函数都是初等函数.

5.4.2 三角函数有理式的积分

三角函数有理式 是指由三角函数及常数经有限次四则运算而得到的式子，由于任何三角函数都可以用 $\sin x$ 和 $\cos x$ 表示出来，因此只需讨论关于 $\sin x$ 和 $\cos x$ 的有理式的积分，记成

$$\int f(\sin x, \cos x)\mathrm{d}x.$$

上述积分只要作“万能变换” $\tan\dfrac{x}{2}=u$, 便可化成有理函数的积分. 事实上，由于

$$
\begin{aligned}
\sin x &= 2\sin\frac{x}{2}\cos\frac{x}{2} = \frac{2\tan\dfrac{x}{2}}{\sec^2\dfrac{x}{2}} \\
&= \frac{2\tan\dfrac{x}{2}}{1+\tan^2\dfrac{x}{2}} = \frac{2u}{1+u^2}, \\
\cos x &= \cos^2\frac{x}{2} - \sin^2\frac{x}{2} = \frac{1-\tan^2\dfrac{x}{2}}{\sec^2\dfrac{x}{2}} \\
&= \frac{1-\tan^2\dfrac{x}{2}}{1+\tan^2\dfrac{x}{2}} = \frac{1-u^2}{1+u^2},
\end{aligned}
$$

又 $x=2\arctan u$, 则 $\mathrm{d}x=\dfrac{2}{1+u^2}\mathrm{d}u$, 于是

$$\int f(\sin x, \cos x)\mathrm{d}x = \int f\left(\frac{2u}{1+u^2}, \frac{1-u^2}{1+u^2}\right)\frac{2}{1+u^2}\mathrm{d}u.$$

上式右端即为有理函数的积分，再利用有理函数的积分方法，三角函数有理式的不定积分总是可以计算出来的.

例 5.4.4 求不定积分 $\int \dfrac{\mathrm{d}x}{\cos x + 2}$.

解 令 $\tan \dfrac{x}{2} = u$, 则 $\cos x = \dfrac{1-u^2}{1+u^2}, \mathrm{d}x = \dfrac{2}{1+u^2}\mathrm{d}u$, 于是

$$
\begin{aligned}
\int \frac{\mathrm{d}x}{\cos x + 2} &= \int \frac{1}{\dfrac{1-u^2}{1+u^2}+2} \frac{2}{1+u^2}\mathrm{d}u \\
&= \int \frac{2}{u^2+3}\mathrm{d}u \\
&= \frac{2}{\sqrt{3}} \arctan \frac{u}{\sqrt{3}} + C \\
&= \frac{2}{\sqrt{3}} \arctan \frac{\tan \dfrac{x}{2}}{\sqrt{3}} + C.
\end{aligned}
$$

例 5.4.5 求不定积分 $\int \dfrac{\mathrm{d}x}{\sin x + 2\cos x + 1}$.

解 令 $\tan \dfrac{x}{2} = u$, 则 $\sin x = \dfrac{2u}{1+u^2}, \cos x = \dfrac{1-u^2}{1+u^2}, \mathrm{d}x = \dfrac{2}{1+u^2}\mathrm{d}u$, 于是

$$
\begin{aligned}
\int \frac{\mathrm{d}x}{\sin x + 2\cos x + 1} &= \int \frac{1}{\dfrac{2u}{1+u^2} + 2\dfrac{1-u^2}{1+u^2} + 1} \frac{2}{1+u^2}\mathrm{d}u \\
&= \int \frac{-2}{u^2-2u-3}\mathrm{d}u \\
&= \int \frac{-2}{(u-1)^2-4}\mathrm{d}u \\
&= -\frac{1}{2}\ln\left|\frac{u-1-2}{u-1+2}\right| + C \\
&= -\frac{1}{2}\ln\left|\frac{\tan \dfrac{x}{2} - 3}{\tan \dfrac{x}{2} + 1}\right| + C.
\end{aligned}
$$

虽然“万能代换”总能把三角函数有理式的积分转化为有理函数的积分，但是这种代换不一定是最简便的代换，因此对某些积分作相应的特殊代换，可以简化计算步骤.

例 5.4.6 求不定积分 $\int \dfrac{\cos^3 x}{2+\sin x}\mathrm{d}x$.

解 $$\int \frac{\cos^3 x}{2+\sin x}\mathrm{d}x = \int \frac{\cos^2 x}{2+\sin x}\mathrm{d}\sin x = \int \frac{1-\sin^2 x}{2+\sin x}\mathrm{d}\sin x$$

$$= \int \frac{-\sin x(2+\sin x)+2(\sin x+2)-3}{2+\sin x}\mathrm{d}\sin x$$

$$= -\int \sin x \mathrm{d}\sin x + \int 2\mathrm{d}\sin x - 3\int \frac{1}{2+\sin x}\mathrm{d}\sin x$$

$$= -\frac{\sin^2 x}{2} + 2\sin x - 3\ln(2+\sin x) + C.$$

在本章的最后需要说明的是，初等函数在其定义区间上连续，从而一定存在原函数，但原函数却不一定都是初等函数，有些初等函数的原函数无法用初等函数表示．如

$$\int \mathrm{e}^{-x^2}\mathrm{d}x, \quad \int \sin x^2 \mathrm{d}x, \quad \int \frac{\sin x}{x}\mathrm{d}x,$$

$$\int \frac{\mathrm{d}x}{\sqrt{1+x^4}}, \quad \int \frac{1}{\ln x}\mathrm{d}x$$

等．习惯上将这些不定积分称为“积不出”的不定积分．

习 题 5.4

求下列不定积分：

(1) $\displaystyle\int \frac{x^3}{x+2}\mathrm{d}x$; (2) $\displaystyle\int \frac{3x+1}{x^2+3x-10}\mathrm{d}x$;

(3) $\displaystyle\int \frac{(1-x)\mathrm{d}x}{(x+1)(x^2+1)}$; (4) $\displaystyle\int \frac{x^2+1}{(x+1)^2(x-1)}\mathrm{d}x$;

(5) $\displaystyle\int \frac{\mathrm{d}x}{4+5\cos x}$; (6) $\displaystyle\int \frac{1+\sin x}{\sin x(1+\cos x)}\mathrm{d}x$;

(7) $\displaystyle\int \frac{\mathrm{d}x}{2+\sin x}$; (8) $\displaystyle\int \frac{\sin^3 x}{\cos^4 x}\mathrm{d}x$.

5-5 第 5 章小结

总习题 5

A 题

1. 选择题

(1) 若 $f(x)$ 的一个原函数为 $\dfrac{\ln x}{x}$, 则 $\int xf'(x)\mathrm{d}x = (\quad)$.

(A) $\dfrac{\ln x}{x}+C$ (B) $\dfrac{1+\ln x}{x^2}+C$ (C) $\dfrac{1}{x}+C$ (D) $\dfrac{1}{x}-\dfrac{2\ln x}{x}+C$

(2) 要使 $\int \dfrac{\ln kx}{x}\mathrm{d}x = \ln|x| + \dfrac{1}{2}\ln^2|x| + C$, 则 $k = (\quad)$.

(A) 1 (B) 10 (C) e (D) 任意实数

(3) 已知 $\int f(\dfrac{1}{\sqrt{x}})\mathrm{d}x = x^2 + C$, 则 $\int f(x)\mathrm{d}x = (\quad)$.

(A) $\dfrac{2}{\sqrt{x}}+C$ (B) $-\dfrac{2}{\sqrt{x}}+C$ (C) $-\dfrac{2}{x}+C$ (D) $\dfrac{2}{x}+C$

(4) 若 $\int f(x)\mathrm{d}x = x^2\mathrm{e}^{2x} + C$, 则 $f(x) = (\quad)$.

(A) $2x\mathrm{e}^{2x}$ (B) $2x^2\mathrm{e}^{2x}$ (C) $x\mathrm{e}^{2x}$ (D) $2x\mathrm{e}^{2x}(1+x)$

2. 求下列不定积分:

(1) $\int \mathrm{e}^{ax}\mathrm{d}x$; (2) $\int (3-2x)^3\mathrm{d}x$;

(3) $\int \cos^2 x\mathrm{d}x$; (4) $\int \dfrac{\mathrm{e}^{\sqrt{x}}}{\sqrt{x}}\mathrm{d}x$;

(5) $\int \dfrac{(\arctan x)^2}{1+x^2}\mathrm{d}x$; (6) $\int \tan^3 x\sec x\mathrm{d}x$;

(7) $\int \dfrac{1}{1-\mathrm{e}^x}\mathrm{d}x$; (8) $\int \tan\sqrt{1+x^2}\dfrac{x\mathrm{d}x}{\sqrt{1+x^2}}$;

(9) $\int \dfrac{\mathrm{d}x}{\sin^2 x + 5\cos^2 x}$; (10) $\int \dfrac{\sin 2x}{1+\sin^4 x}\mathrm{d}x$;

(11) $\int \dfrac{\mathrm{d}x}{\sqrt{(x^2+1)^3}}$; (12) $\int \dfrac{1}{1+\sqrt{1-x^2}}\mathrm{d}x$;

(13) $\int \ln(x^2+1)\mathrm{d}x$; (14) $\int \mathrm{e}^{\sqrt[3]{x}}\mathrm{d}x$.

3. 已知 $\dfrac{\sin x}{x}$ 是 $f(x)$ 的一个原函数, 求 $\int x^3 f'(x)\mathrm{d}x$.

4. 设 $f(x)$ 的一个原函数为 $\ln(x+\sqrt{1+x^2})$, 求 $\int xf'(x)\mathrm{d}x$.

5. 设 $f(x^2-1) = \ln\dfrac{x^2}{x^2-2}$, 且 $f[\varphi(x)] = \ln x$, 求 $\int \varphi(x)\mathrm{d}x$.

6. 已知某产品产量的变化率是时间 t 的函数 $f(t)=at+b(a,b$ 为常数). 设此产品的产量为函数 $P(t)$, 且 $P(0)=0$, 求 $P(t)$.

7. 设某商品的需求量 Q 是价格 P 的函数，该商品的最大需求量为 1000(即 $P=0$ 时， $Q=1000$). 已知需求量的变化率 (边际需求) 为

$$Q'(P)=-1000\ln 3\times\left(\frac{1}{3}\right)^{P},$$

求需求量关于价格的弹性.

B 题

1. 求下列不定积分：

(1) $\displaystyle\int\frac{\sqrt{1+x^2}+\sqrt{1-x^2}}{\sqrt{1-x^4}}\mathrm{d}x$;　　(2) $\displaystyle\int\frac{\mathrm{e}^{3x}+1}{\mathrm{e}^x+1}\mathrm{d}x$;

(3) $\displaystyle\int\frac{1+\sin^2 x}{1+\cos 2x}\mathrm{d}x$;　　(4) $\displaystyle\int\frac{1}{\sin^2\dfrac{x}{2}\cos^2\dfrac{x}{2}}\mathrm{d}x$;

(5) $\displaystyle\int x^3\sqrt{4-x^2}\mathrm{d}x$;　　(6) $\displaystyle\int\frac{\mathrm{e}^x}{\mathrm{e}^x+2+3\mathrm{e}^{-x}}\mathrm{d}x$;

(7) $\displaystyle\int\frac{x\mathrm{d}x}{(x^2+1)\sqrt{1-x^2}}$;　　(8) $\displaystyle\int\frac{\sqrt{x}}{\sqrt{x}-\sqrt[3]{x}}\mathrm{d}x$;

(9) $\displaystyle\int\frac{\ln x}{(1-x)^2}\mathrm{d}x$;　　(10) $\displaystyle\int\mathrm{e}^{\sin x}\sin 2x\mathrm{d}x$.

2. 求下列不定积分：

(1) $\displaystyle\int[f(x)]^3 f'(x)\mathrm{d}x$;　　(2) $\displaystyle\int\frac{f'(x)}{1+f^2(x)}\mathrm{d}x$;

(3) $\displaystyle\int\frac{f'(x)}{f(x)}\mathrm{d}x$;　　(4) $\displaystyle\int\mathrm{e}^{f(x)}f'(x)\mathrm{d}x$.

3. 选取适当的方法求下列不定积分：

(1) $\displaystyle\int\frac{\ln(\ln x)}{x\ln x}\mathrm{d}x$;　　(2) $\displaystyle\int\frac{\ln\tan x}{\sin x\cos x}\mathrm{d}x$;

(3) $\displaystyle\int\frac{1}{1+\sqrt{2x}}\mathrm{d}x$;　　(4) $\displaystyle\int\frac{\mathrm{e}^x}{\sqrt{1+\mathrm{e}^{2x}}}\mathrm{d}x$.

第 5 章自测题

第 6 章　定积分及其应用

定积分是一元函数积分学中的基本概念，它是从大量的实际问题中抽象出来的，在自然科学与工程技术中有着广泛的应用．本章将从几何学、物理学、经济学问题出发引进定积分的定义，然后讨论它的性质、计算方法及其应用．在这一章内，我们会学到一个重要定理 —— 微积分基本定理，即 Newton-Leibniz(牛顿 – 莱布尼茨) 公式．这个公式建立了定积分与原函数的重要关系，使得我们在第 5 章中所学的不定积分具有实质性的意义．

6-1 定积分导言

6.1　定积分的概念

6.1.1　面积、路程和收益问题

1. 曲边梯形的面积

所谓曲边梯形，是指由直线 $x=a$, $x=b(a<b)$, x 轴及连续曲线 $y=f(x)(f(x)\geqslant 0)$ 所围成的图形 (图 6.1).

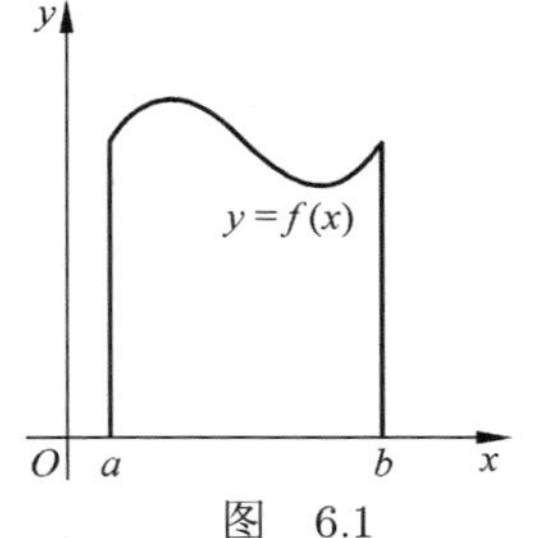

图　6.1

其中 x 轴上的区间 $[a,b]$ 称为底边, 曲线 $y=f(x)(a\leqslant x\leqslant b)$ 称为曲边.

如果 $f(x)$ 恒等于常数, 那么这个曲边梯形实际上是个矩形，而矩形的面积可以按公式：

$$\text{矩形面积} = \text{底} \times \text{高}$$

来计算．由于曲边梯形在底边上各点处的高 $f(x)$ 在区间 $[a,b]$ 上是变动的，故它的面积不能直接按上述公式来计算.

但是，由于曲边梯形的高 $f(x)$ 在区间 $[a,b]$ 上是连续变化的，在很小一段区间上它的变化很小，近似于不变，因此，如果把区间 $[a,b]$ 划分为许多小区间，在每个小区间上用其中某一点处的高来近似代替同一个小区间上各点处的窄曲边梯形的高，那么，每个窄曲边梯形就可近似地看成窄矩形．我们把所有这些窄矩形面积之和作为曲边梯形面积的近似值 (图 6.2), 并把区间 $[a,b]$ 无限细分下去，即令每个小区间的长度都趋于零，这时得到所有窄矩形面积之和的极限，把它定义为曲边梯形的面积．这个定义同时也给出了计算曲边梯形面积的方法，具体作法如下：

在区间 $[a,b]$ 内任意插入 $n-1$ 个分点：

$$a=x_0<x_1<\cdots<x_{n-1}<x_n=b,$$

把 $[a,b]$ 分成 n 个小区间

$$[x_0,\ x_1],\quad [x_1,\ x_2],\quad \cdots,\quad [x_{n-1},\ x_n].$$

它们的长度依次为

$$\Delta x_1=x_1-x_0,\quad \Delta x_2=x_2-x_1,\quad \cdots,\quad \Delta x_n=x_n-x_{n-1}.$$

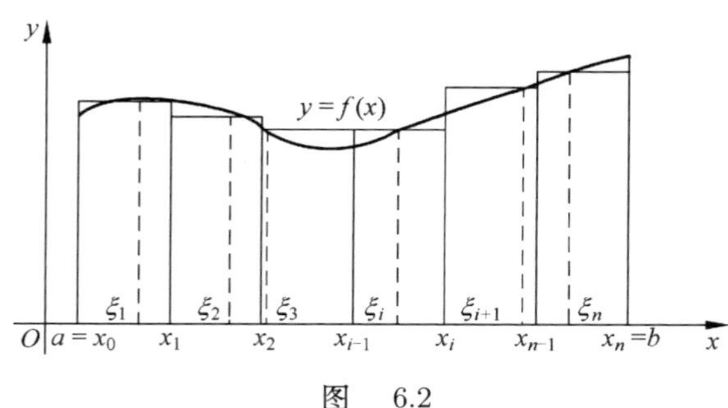

图 6.2

经过每一个分点作平行于 y 轴的直线段, 把曲边梯形分成 n 个窄曲边梯形. 在每个小区间 $[x_{i-1},x_i]$ 上任取一点 ξ_i, 以 $[x_{i-1},x_i]$ 为底、 $f(\xi_i)$ 为高的窄矩形近似代替第 i 个窄曲边梯形 $(i=1,2,\cdots,n)$, 把这样得到的 n 个窄矩形面积之和作为所求曲边梯形面积 A 的近似值，即

$$A\approx f(\xi_1)\Delta x_1+f(\xi_2)\Delta x_2+\cdots+f(\xi_n)\Delta x_n=\sum_{i=1}^{n}f(\xi_i)\Delta x_i.$$

为了求曲边梯形的面积 A 的值，我们记 $\lambda=\max\{\Delta x_1,\Delta x_2,\cdots,\Delta x_n\}$, 并令 $\lambda\to 0$(这时分段数 n 无限增多，即 $n\to\infty$). 如果上述和式的极限存在，则此极限便是曲边梯形的面积，即

$$A=\lim_{\lambda\to 0}\sum_{i=1}^{n}f(\xi_i)\Delta x_i.$$

2. 变速直线运动的路程

设某物体作直线运动，已知速度 $v=v(t)$ 是时间间隔 $[T_1,T_2]$ 上的连续函数，且 $v(t)\geqslant 0$, 计算在这段时间内物体所通过的路程 s.

如果物体作匀速直线运动，即速度是常量，则有公式：

$$\text{路程}=\text{速度}\times\text{时间},$$

这里速度是确定的. 由于变速直线运动在 $[T_1, T_2]$ 这段时间内速度是变量, 因此在 $[T_1, T_2]$ 内物体经过的路程不能用上述公式计算. 然而, 由于速度函数是连续变化的, 因此在很短一段时间内, 速度的变化很小, 可以近似地把物体看成是作匀速运动. 如果把时间间隔分成很短的若干段, 在每小段时间内, 以某一时刻的速度代替这一小段时间内的速度, 就可算出各时间段所经过的路程的近似值. 将各小段时间内经过的路程的近似值求和, 便得到整个路程的近似值. 最后, 通过对时间间隔无限细分的极限过程, 得到上述和式的极限, 就是所求变速直线运动的路程的精确值.

具体计算步骤如下:

在时间间隔 $[T_1, T_2]$ 内任意插入 $n-1$ 个分点:

$$T_1 = t_0 < t_1 < \cdots < t_{n-1} < t_n = T_2,$$

把 $[T_1, T_2]$ 分成 n 个小段

$$[t_0,\ t_1],\quad [t_1,\ t_2],\quad \cdots,\quad [t_{n-1},\ t_n],$$

各小段的时间长依次为

$$\Delta t_1 = t_1 - t_0,\quad \Delta t_2 = t_2 - t_1,\quad \cdots,\quad \Delta t_n = t_n - t_{n-1},$$

相应地, 在各段时间内物体经过的路程依次为

$$\Delta s_1,\quad \Delta s_2,\quad \cdots,\quad \Delta s_n.$$

在 $[t_{i-1}, t_i]$ 上任取一个时刻 $\tau_i(t_{i-1} \leqslant \tau_i \leqslant t_i)$, 以时刻 τ_i 的速度 $v(\tau_i)$ 来代替 $[t_{i-1}, t_i]$ 上各个时刻的速度, 得到 Δs_i 的近似值, 即

$$\Delta s_i \approx v(\tau_i)\Delta t_i,\quad i = 1, 2, \cdots, n.$$

于是所求变速直线运动路程 s 的近似值为

$$s \approx v(\tau_1)\Delta t_1 + v(\tau_2)\Delta t_2 + \cdots + v(\tau_n)\Delta t_n = \sum_{i=1}^{n} v(\tau_i)\Delta t_i.$$

记 $\lambda = \max\{\Delta t_1, \Delta t_2, \cdots, \Delta t_n\}$, 当 $\lambda \to 0$ 时, 取上述和式的极限, 即得变速直线运动的路程

$$s = \lim_{\lambda \to 0} \sum_{i=1}^{n} v(\tau_i)\Delta t_i.$$

3. 收益问题

设某商品的价格 P 是销售量 x 的函数 $P=P(x)$, 设 x 为连续变量, 我们来计算：当销售量从 a 变动到 b 时的收益 R.

由于价格随销售量的变动而变动, 我们不能直接用销售量乘以价格计算收益, 仿照上面的两个例子, 我们有相类似的计算方法.

在 $[a,b]$ 内任意插入 $n-1$ 个分点,

$$a=x_0<x_1<\cdots<x_{n-1}<x_n=b,$$

每个销售量段 $[x_{i-1},x_i]$ 的销售量为

$$\Delta x_i=x_i-x_{i-1},$$

同时, 各段上的收益为 $\Delta R_i(i=1,2,\cdots,n)$, 在每个销售量段 $[x_{i-1},x_i]$ 上任取一点 ξ_i, 把 $P(\xi_i)$ 作为该段的近似价格, 收益近似为

$$\Delta R_i\approx P(\xi_i)\Delta x_i,\quad i=1,2,\cdots,n.$$

把 n 段的收益的近似值相加, 得收益的近似值：

$$R\approx\sum_{i=1}^{n}P(\xi_i)\Delta x_i.$$

记 $\lambda=\max\{\Delta x_1,\Delta x_2,\cdots,\Delta x_n\}$, 则所求的收益为

$$R=\lim_{\lambda\to 0}\sum_{i=1}^{n}P(\xi_i)\Delta x_i.$$

6.1.2 定积分的定义

前面讨论的几个实际问题, 一个是几何问题, 一个是物理问题, 一个是经济应用问题. 几个问题的性质不同, 但解决的方法是相同的, 都归结为对定义在某区间上的函数构造出一种结构完全相同的和式, 再求和式的极限. 这种解决问题的方法可广泛应用于各个领域, 许多量的计算都要归结到计算这种类型的和式的极限. 因此, 我们把这种相同结构的特定和的极限抽象为一个一般的数学概念——定积分, 并且使 $f(x)$ 不再局限于非负连续函数, 而是更为广泛的有界函数.

定义 6.1.1 设函数 $f(x)$ 在区间 $[a,b]$ 上有界, 在 $[a,b]$ 内任意插入 $n-1$ 个分点

$$a=x_0<x_1<x_2<\cdots<x_{i-1}<x_i<\cdots<x_{n-1}<x_n=b,$$

把 $[a,b]$ 分成 n 个小区间 $[x_{i-1},x_i](i=1,2,\cdots,n)$. 记 $\Delta x_i=x_i-x_{i-1}$, 在第 i 个小区间上任取一点 $\xi_i(x_{i-1}\leqslant\xi_i\leqslant x_i)$, 用点 ξ_i 的函数值 $f(\xi_i)$ 乘上小区间的长度 Δx_i, 即

$$f(\xi_i)\Delta x_i,\quad i=1,2,\cdots,n,$$

并作和

$$\sum_{i=1}^{n} f(\xi_i)\Delta x_i. \tag{6.1.1}$$

记 $\lambda = \max\{\Delta x_1, \Delta x_2, \cdots, \Delta x_n\}$, 如果不论对 $[a,b]$ 怎样分割, 也不论 ξ_i 在 $[x_{i-1}, x_i]$ $(i = 1, 2, \cdots, n)$ 上怎样取法, 如果当 $\lambda \to 0$ 时, 和式 $\sum\limits_{i=1}^{n} f(\xi_i)\Delta x_i$ 总趋于同一极限, 则称此极限为函数 $f(x)$ 在区间 $[a,b]$ 上的 **定积分**, 记作 $\int_a^b f(x)\mathrm{d}x$, 即

$$\int_a^b f(x)\mathrm{d}x = \lim_{\lambda\to 0}\sum_{i=1}^{n} f(\xi_i)\Delta x_i, \tag{6.1.2}$$

其中符号 $\int$ 称为 **积分号**, $f(x)$ 称为 **被积函数**, $f(x)\mathrm{d}x$ 称为 **被积表达式**, x 称为 **积分变量**, a 称为 **积分下限**, b 称为 **积分上限**, $[a,b]$ 称为 **积分区间**.

和式 $\sum\limits_{i=1}^{n} f(\xi_i)\Delta x_i$ 称为 **积分和**, 当积分和的极限存在时, 也称 $f(x)$ 在 $[a,b]$ 上 **可积**, 或称 $f(x)$ 在区间 $[a,b]$ 上的 **定积分** $\int_a^b f(x)\mathrm{d}x$**存在**.

按照定积分的定义, 前面所举的例子可以分别表示如下:

由曲线 $y = f(x) \geqslant 0$ 与直线 $y = 0$, $x = a, x = b$ 所围成的曲边梯形的面积

$$A = \int_a^b f(x)\mathrm{d}x.$$

质点以速度 $v = v(t)$ 作直线运动, 从时刻 $t = T_1$ 到时刻 $t = T_2$ 通过的路程

$$s = \int_{T_1}^{T_2} v(t)\mathrm{d}t.$$

价格为 $P = P(x)$(x为销售量) 的商品, 销售量从 $x = a$ 增长到 $x = b$ 所得的收益

$$R = \int_a^b P(x)\mathrm{d}x.$$

从定义 6.1.1 可以看出积分和与区间 $[a,b]$ 的分法及 ξ_i 的取法有关, 但定积分 $\int_a^b f(x)\mathrm{d}x$ 作为和的极限与 $[a,b]$ 的分法及 ξ_i 的取法都无关, 它是一个确定的值, 这个值只取决于被积函数和积分区间. 另外, 由于一个函数的自变量用什么字母表示都可以, 故积分变量换成另外的字母也不会改变积分值, 即

$$\int_a^b f(x)\mathrm{d}x = \int_a^b f(t)\mathrm{d}t.$$

在定积分 $\int_a^b f(x)\mathrm{d}x$ 的定义中，总是假设 $a < b$, 为了今后使用方便，对于 $a = b$, $a > b$ 的情况，作如下规定：

(1) 当 $a = b$ 时，$\int_a^b f(x)\mathrm{d}x = 0$.

(2) 当 $a > b$ 时，$\int_a^b f(x)\mathrm{d}x = -\int_b^a f(x)\mathrm{d}x$.

由定积分的定义可知，若和式 (6.1.1) 的极限存在，则 $f(x)$ 在 $[a,b]$ 上可积，那么 $f(x)$ 在 $[a,b]$ 上满足什么条件，和式 (6.1.1) 的极限才能存在呢？关于这个问题，我们给出定积分存在的充分条件而不加证明.

定理 6.1.1 设 $f(x)$ 在区间 $[a,b]$ 上连续，则 $f(x)$ 在 $[a,b]$ 上可积.

定理 6.1.2 设 $f(x)$ 在区间 $[a,b]$ 上有界，且只有有限个第一类间断点，则 $f(x)$ 在 $[a,b]$ 上可积.

定理 6.1.3 若 $f(x)$ 在区间 $[a,b]$ 上单调有界，则 $f(x)$ 在 $[a,b]$ 上可积.

下面讨论定积分的几何意义：显然当 $f(x) \geqslant 0$ 时，定积分 $\int_a^b f(x)\mathrm{d}x$ 表示由 $y = f(x), y = 0, x = a, x = b$ 所围成曲边梯形的面积；如果 $f(x) \leqslant 0$, 由 $y = f(x)$, $y = 0$,$x = a$, $x = b$ 所围成的曲边梯形在 x 轴下方，定积分 $\int_a^b f(x)\mathrm{d}x$ 的值是曲边梯形面积的负值；如果 $f(x)$ 在 $[a,b]$ 上的某一些区间取正，另一些区间取负，我们就将所围的面积按上述规律相应地赋予正、负号，则定积分 $\int_a^b f(x)\mathrm{d}x$ 的值是这些面积的代数和 (图 6.3).

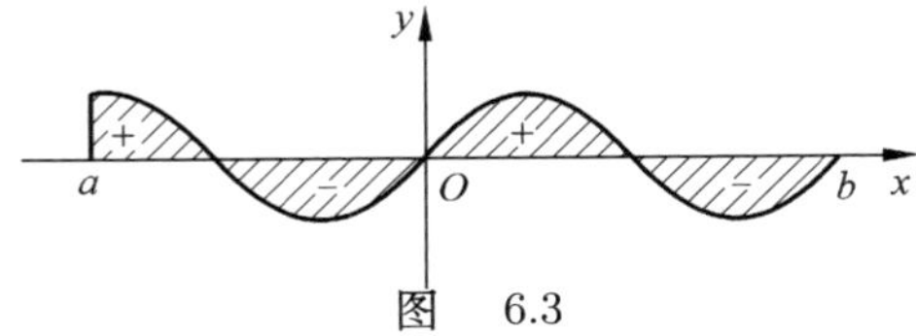

图 6.3

最后，我们举例说明如何用定义计算定积分.

例 6.1.1 利用定义计算定积分 $\int_0^1 x^2\mathrm{d}x$.

解 因为被积函数 $f(x) = x^2$ 在积分区间 $[0,1]$ 上连续，而连续函数是可积的，又因为积分与区间 $[0,1]$ 的分法及点 ξ_i 的取法无关，因此，为了便于计算，不妨把区间 $[0,1]$ 分成 n 等份，分点为 $x_i = \dfrac{i}{n}$, 每个小区间 $[x_{i-1}, x_i]$ 的长度 $\Delta x_i = \dfrac{1}{n}$, 取 $\xi_i = x_i = \dfrac{i}{n}$, $(i = 1, 2, \cdots, n)$, 于是得和式

$$\begin{aligned}\sum_{i=1}^{n} f(\xi_i)\Delta x_i &= \sum_{i=1}^{n} \xi_i^2 \Delta x_i = \sum_{i=1}^{n} x_i^2 \Delta x_i \\ &= \sum_{i=1}^{n} \left(\frac{i}{n}\right)^2 \cdot \frac{1}{n} = \frac{1}{n^3}\sum_{i=1}^{n} i^2 \\ &= \frac{1}{n^3} \cdot \frac{1}{6} n(n+1)(2n+1) \\ &= \frac{1}{6}\left(1+\frac{1}{n}\right)\left(2+\frac{1}{n}\right).\end{aligned}$$

当 $\lambda \to 0$ 即 $n \to \infty$ 时，取上式右端的极限，由定积分的定义得所要计算的积分为

$$\int_0^1 x^2 \mathrm{d}x = \lim_{x\to 0}\sum_{i=1}^{n} \xi_i^2 \Delta x_i = \lim_{n\to\infty} \frac{1}{6}\left(1+\frac{1}{n}\right)\left(2+\frac{1}{n}\right) = \frac{1}{3}.$$

习 题 6.1

1. 利用定积分定义计算：

(1) $\displaystyle\int_0^2 (2x+1)\mathrm{d}x$;　(2) $\displaystyle\int_0^1 \mathrm{e}^x \mathrm{d}x$.

2. 利用定积分表示下列的几何量或物理量：

(1) 曲边梯形是由抛物线 $y = x^2 (x \geqslant 0)$ 、直线 $y = 4 - 3x$ 和 Ox 轴所围成的，则曲边梯形的面积为 $A =$ ____.

(2) 一质点作直线运动，其速度为 $v = 4 + t^2$, 则从 $t = 0$ 到 $t = 3$ 的时间内，该质点所走的路程 $s =$ ____.

3. 利用定积分的几何意义求下列定积分：

(1) $\displaystyle\int_1^3 |x-2|\mathrm{d}x$;　(2) $\displaystyle\int_0^a \sqrt{a^2 - x^2}\mathrm{d}x$.

4. 利用定积分的定义计算下列极限：

(1) $\displaystyle\lim_{n\to\infty} \frac{1}{n}\left(1 + \cos\frac{1}{n} + \cos\frac{2}{n} + \cdots + \cos\frac{n-1}{n}\right)$;

(2) $\displaystyle\lim_{n\to\infty} \left(\frac{1}{n+1} + \frac{1}{n+2} + \cdots + \frac{1}{n+n}\right)$.

6.2 定积分的性质

本节讨论定积分的基本性质，假定性质中所涉及的定积分都是存在的.

性质 6.2.1 被积函数中的常数因子可以提到积分号前面去，即

$$\int_a^b kf(x)\mathrm{d}x = k\int_a^b f(x)\mathrm{d}x \quad (k\text{为常数}).$$

证明 $$\int_a^b kf(x)\mathrm{d}x = \lim_{\lambda\to 0}\sum_{i=1}^n kf(\xi_i)\Delta x_i = k\lim_{\lambda\to 0}\sum_{i=1}^n f(\xi_i)\Delta x_i$$

$$= k\int_a^b f(x)\mathrm{d}x.$$ □

性质 6.2.2 两个函数和或差的定积分等于它们定积分的和或差，即

$$\int_a^b [f(x)\pm g(x)]\mathrm{d}x = \int_a^b f(x)\mathrm{d}x \pm \int_a^b g(x)\mathrm{d}x.$$

证明 $$\int_a^b [f(x)\pm g(x)]\mathrm{d}x = \lim_{\lambda\to 0}\sum_{i=1}^n [f(\xi_i)\pm g(\xi_i)]\Delta x_i$$

$$= \lim_{\lambda\to 0}\sum_{i=1}^n f(\xi_i)\Delta x_i \pm \lim_{\lambda\to 0}\sum_{i=1}^n g(\xi_i)\Delta x_i$$

$$= \int_a^b f(x)\mathrm{d}x \pm \int_a^b g(x)\mathrm{d}x.$$ □

性质 6.2.3 (区间可加性)

$$\int_a^b f(x)\mathrm{d}x = \int_a^c f(x)\mathrm{d}x + \int_c^b f(x)\mathrm{d}x. \tag{6.2.1}$$

证明 先假设 $a<c<b$, 由于 $f(x)$ 在区间 $[a,b]$ 上满足定积分存在定理的条件，因此 $f(x)$ 在 $[a,c]$ 和 $[c,b]$ 上也满足定积分存在定理的条件，故式 (6.2.1) 中的三个积分都存在.

因为 $f(x)$ 在 $[a,b]$ 上可积，据定积分的定义可知，积分和的极限与 $[a,b]$ 的分法无关，因此，在把 $[a,b]$ 分成小区间时，我们总取 c 为分点，把 $[a,b]$ 上的积分和分成 $[a,c]$ 和 $[c,b]$ 上对应的两个积分和，即

$$\sum_{[a,b]} f(\xi_i)\Delta x_i = \sum_{[a,c]} f(\xi_i)\Delta x_i + \sum_{[c,b]} f(\xi_i)\Delta x_i.$$

令 $\lambda\to 0$, 对上式两端取极限，即得

$$\int_a^b f(x)\mathrm{d}x = \int_a^c f(x)\mathrm{d}x + \int_c^b f(x)\mathrm{d}x.$$

其次，假设 $a<b<c$, 由上面已证的结论:

$$\int_a^c f(x)\mathrm{d}x = \int_a^b f(x)\mathrm{d}x + \int_b^c f(x)\mathrm{d}x,$$

移项得

$$\int_a^b f(x)\mathrm{d}x = \int_a^c f(x)\mathrm{d}x - \int_b^c f(x)\mathrm{d}x$$
$$= \int_a^c f(x)\mathrm{d}x + \int_c^b f(x)\mathrm{d}x.$$

故
$$\int_a^b f(x)\mathrm{d}x = \int_a^c f(x)\mathrm{d}x + \int_c^b f(x)\mathrm{d}x.$$

对于 $c < a < b$ 的情形可类似证明. □

性质 6.2.4 如果在区间 $[a,b]$ 上 $f(x) = C$(图 6.4), 则

$$\int_a^b f(x)\mathrm{d}x = (b-a)C.$$

证明
$$\int_a^b f(x)\mathrm{d}x = \lim_{\lambda\to 0}\sum_{i=1}^{n} f(\xi_i)\Delta x_i$$
$$= \lim_{\lambda\to 0}\sum_{i=1}^{n} C\Delta x_i$$
$$= C\lim_{\lambda\to 0}(b-a)$$
$$= (b-a)C.$$

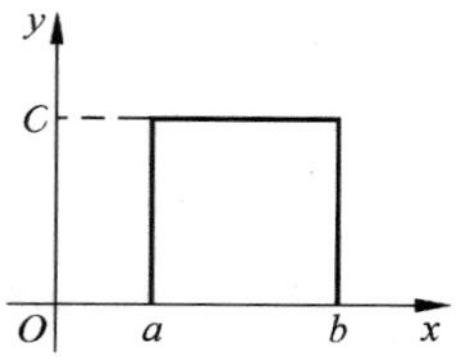

图 6.4

□

性质 6.2.5 (保号性质) 如果在区间 $[a,b]$ 上, $f(x) \geqslant 0$, 则 $\int_a^b f(x)\mathrm{d}x \geqslant 0$.

证明 因为 $f(x) \geqslant 0$, 所以 $f(\xi_i) \geqslant 0$. 由于 $\Delta x_i > 0$, 于是 $f(\xi_i)\Delta x_i \geqslant 0$, 因此 $\sum_{i=1}^{n} f(\xi_i)\Delta x_i \geqslant 0$. 令 $\lambda \to 0$ 取极限, 根据极限的保号性可得 $\int_a^b f(x)\mathrm{d}x \geqslant 0$.□

性质 6.2.6 (单调性质) 如果在区间 $[a,b]$ 上 $f(x) \geqslant g(x)$, 则

$$\int_a^b f(x)\mathrm{d}x \geqslant \int_a^b g(x)\mathrm{d}x.$$

证明 因为在 $[a,b]$ 上 $f(x) - g(x) \geqslant 0$, 根据性质 6.2.5 有

$$\int_a^b [f(x) - g(x)]\mathrm{d}x \geqslant 0.$$

由性质 6.2.2 得

$$\int_a^b f(x)\mathrm{d}x - \int_a^b g(x)\mathrm{d}x \geqslant 0,$$

即

$$\int_a^b f(x)\mathrm{d}x \geqslant \int_a^b g(x)\mathrm{d}x.$$

□

推论 6.2.1 $\left|\int_a^b f(x)\mathrm{d}x\right| \leqslant \int_a^b |f(x)|\,\mathrm{d}x.$

证明 在 $[a,b]$ 上总有

$$-|f(x)| \leqslant f(x) \leqslant |f(x)|,$$

由性质 6.2.1 及性质 6.2.6 有

$$-\int_a^b |f(x)|\,\mathrm{d}x \leqslant \int_a^b f(x)\mathrm{d}x \leqslant \int_a^b |f(x)|\,\mathrm{d}x,$$

即

$$\left|\int_a^b f(x)\mathrm{d}x\right| \leqslant \int_a^b |f(x)|\,\mathrm{d}x.$$

□

性质 6.2.7 (估值性质) 设 M 及 m 分别是函数 $f(x)$ 在 $[a,b]$ 上的最大值与最小值，则

$$m(b-a) \leqslant \int_a^b f(x)\mathrm{d}x \leqslant M(b-a). \tag{6.2.2}$$

证明 因为在区间 $[a,b]$ 上，有

$$m \leqslant f(x) \leqslant M.$$

根据性质 6.2.6 有

$$\int_a^b m\mathrm{d}x \leqslant \int_a^b f(x)\mathrm{d}x \leqslant \int_a^b M\mathrm{d}x.$$

又根据性质 6.2.1 和性质 6.2.4 得

$$\int_a^b m\mathrm{d}x = m(b-a), \quad \int_a^b M\mathrm{d}x = M(b-a).$$

从而式 (6.2.2) 成立. □

当 $f(x) \geqslant 0$ 时，性质 6.2.7 的几何意义是：曲线 $y=f(x)$ 与直线 $x=a$, $x=b$ 及 x 轴所围成的曲边梯形的面积介于以 $[a,b]$ 为底，分别以 $f(x)$ 在 $[a,b]$ 上的最小值 m 和最大值 M 为高的矩形面积之间 (图 6.5).

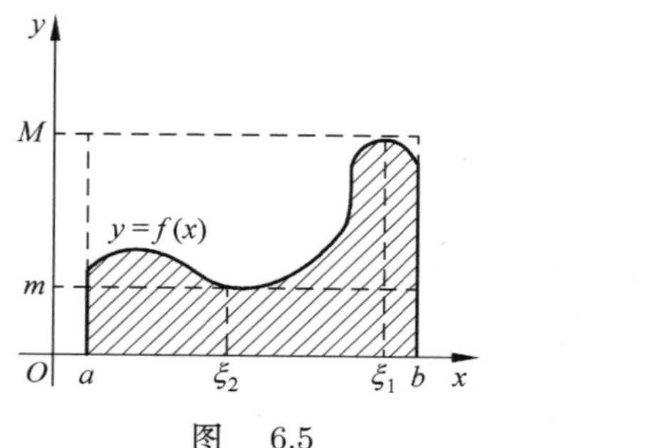

图　6.5

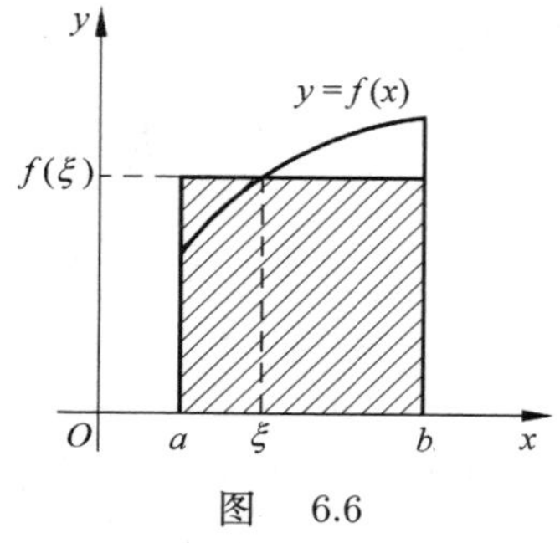

图　6.6

性质 6.2.8 (定积分中值定理)　如果 $f(x)$ 在区间 $[a,b]$ 上连续，则在区间 $[a,b]$ 上至少存在一点 ξ, 使下式成立：

$$\int_a^b f(x)\mathrm{d}x = f(\xi)(b-a). \tag{6.2.3}$$

证明　由于 $f(x)$ 在 $[a,b]$ 上连续，所以 $f(x)$ 在 $[a,b]$ 上有最大值 M 和最小值 m, 将性质 6.2.7 中式 (6.2.2) 各项都除以 $b-a$, 得到

$$m \leqslant \frac{1}{b-a}\int_a^b f(x)\mathrm{d}x \leqslant M.$$

上式表明，数值 $\dfrac{1}{b-a}\displaystyle\int_a^b f(x)\mathrm{d}x$ 介于函数 $f(x)$ 在 $[a,b]$ 上的最小值 m 及最大值 M 之间. 根据闭区间上连续函数的介值定理，在 $[a,b]$ 上至少存在一点 ξ, 使得函数 $f(x)$ 在 ξ 点的值与 $\dfrac{1}{b-a}\displaystyle\int_a^b f(x)\mathrm{d}x$ 相等，即有

$$\frac{1}{b-a}\int_a^b f(x)\mathrm{d}x = f(\xi) \quad (a \leqslant \xi \leqslant b),$$

即

$$\int_a^b f(x)\mathrm{d}x = f(\xi)(b-a).$$

□

上式称为 **积分中值公式**.

当 $f(x) \geqslant 0$ 时，积分中值公式的几何意义如下：在 $[a,b]$ 上至少存在一点 ξ, 使以 $[a,b]$ 为底、以 $f(\xi)$ 为高的矩形面积，恰好等于曲线 $y=f(x)$ 与直线 $x=a, x=b$ 及 x 轴所围成的曲边梯形的面积 (图 6.6).

如果函数 $f(x)$ 在闭区间 $[a,b]$ 上连续，称 $\dfrac{1}{b-a}\displaystyle\int_a^b f(x)\mathrm{d}x$ 为 $f(x)$ 在 $[a,b]$ 上的 **平均值**.

如果已知某地某日自 0 时至 24 时的气温曲线为 $T=f(t)$, 其中 t 为时间，则

$\dfrac{1}{24}\displaystyle\int_0^{24} f(t)\mathrm{d}t$ 表示该地该日的平均气温.

函数的平均值的概念在工程技术中是有广泛用途的，有许多变量，如变电流的强度、电动势、气温与气压、速度等往往需要用平均值来表示.

例 6.2.1 比较定积分 $\displaystyle\int_0^2 \mathrm{e}^x\mathrm{d}x$ 与 $\displaystyle\int_0^2 (1+x)\mathrm{d}x$ 的大小.

解 因为在积分区间 $[0,2]$ 上 $\mathrm{e}^x \geqslant 1+x$, 由性质 6.2.6 得

$$\int_0^2 \mathrm{e}^x\mathrm{d}x \geqslant \int_0^2 (1+x)\mathrm{d}x.$$

例 6.2.2 试估计积分 $\displaystyle\int_0^2 \mathrm{e}^{x^2}\mathrm{d}x$ 的值.

解 设 $f(x)=\mathrm{e}^{x^2}$, 因为当 $x\in(0,2)$, $f'(x)=2x\mathrm{e}^{x^2}>0$, 所以 $f(x)$ 在 $[0,2]$ 上单调增加，于是 $1\leqslant \mathrm{e}^{x^2}\leqslant \mathrm{e}^4$, 由性质 6.2.7 得

$$2\leqslant \int_0^2 \mathrm{e}^{x^2}\mathrm{d}x \leqslant 2\mathrm{e}^4.$$

例 6.2.3 设函数 $f(x)$ 在 $[a,c]$ 上可导，且满足

$$\int_a^b f(x)\mathrm{d}x=\int_b^c f(x)\mathrm{d}x=0 \quad (a<b<c).$$

证明：至少存在一点 $\xi\in(a,c)$, 使得 $f'(\xi)=0$.

证明 因为 $f(x)$ 在 $[a,c]$ 上可导，所以 $f(x)$ 在 $[a,c]$ 上连续，根据定积分中值定理可知：存在 $\xi_1\in[a,b]$, 使得

$$f(\xi_1)=\frac{1}{b-a}\int_a^b f(x)\mathrm{d}x=0.$$

存在 $\xi_2\in[b,c]$, 使得

$$f(\xi_2)=\frac{1}{c-b}\int_b^c f(x)\mathrm{d}x=0.$$

因为 $f(x)$ 在 $[\xi_1,\xi_2]$ 上连续，在 (ξ_1,ξ_2) 内可导， $f(\xi_1)=f(\xi_2)=0$, 根据 Rolle 中值定理可知，至少存在一点 $\xi\in(\xi_1,\xi_2)\subset(a,c)$, 使得

$$f'(\xi)=0.$$

□

例 6.2.4 求函数 $y=\sqrt{a^2-x^2}$ 在区间 $[-a,a]$ 上的平均值 $\overline{y}$.

解

$$\overline{y}=\frac{1}{a-(-a)}\int_{-a}^a \sqrt{a^2-x^2}\mathrm{d}x,$$

而根据定积分的几何意义可知，积分 $\int_{-a}^{a}\sqrt{a^2-x^2}\mathrm{d}x$ 的值等于以 a 为半径的半圆的面积，即 $\frac{1}{2}\pi a^2$, 所以

$$\overline{y}=\frac{1}{2a}\cdot\frac{1}{2}\pi a^2=\frac{\pi a}{4}.$$

习　题　6.2

1. 利用定积分的性质比较下列定积分大小：

(1) $\int_0^1 x^2\mathrm{d}x$与$\int_0^1 x^3\mathrm{d}x$;　　(2) $\int_1^2 x^2\mathrm{d}x$与$\int_1^2 x^3\mathrm{d}x$;

(3) $\int_3^4 \ln x\mathrm{d}x$与$\int_3^4 \ln^2 x\mathrm{d}x$;　　(4) $\int_0^1 \mathrm{e}^{-x}\mathrm{d}x$与$\int_0^1 \mathrm{e}^{-x^2}\mathrm{d}x$.

2. 估计下列各积分的值：

(1) $\int_1^4 (x^2+1)\mathrm{d}x$;　　(2) $\int_{\frac{\pi}{4}}^{\frac{5}{4}\pi}(1+\sin^2 x)\mathrm{d}x$;

(3) $\int_{\frac{1}{\sqrt{3}}}^{\sqrt{3}} x\arctan x\mathrm{d}x$;　(4) $\int_{-1}^{2}\mathrm{e}^{-x^2}\mathrm{d}x$.

3. 设 $f(x)$ 及 $g(x)$ 在 $[a,b]$ 上连续，证明：

(1) 若在 $[a,b]$ 上， $f(x)\geqslant 0$, 且 $\int_a^b f(x)\mathrm{d}x=0$, 则在 $[a,b]$ 上， $f(x)\equiv 0$;

(2) 若在 $[a,b]$ 上， $f(x)\geqslant 0$, 且 $f(x)\neq 0$, 则 $\int_a^b f(x)\mathrm{d}x>0$;

(3) 若在 $[a,b]$ 上， $f(x)\leqslant g(x)$, 且 $\int_a^b f(x)\mathrm{d}x=\int_a^b g(x)\mathrm{d}x$, 则在 $[a,b]$ 上， $f(x)\equiv g(x)$.

4. 利用定积分的性质，证明下列不等式：

(1) $0\leqslant\int_1^2(2x^3-x^4)\mathrm{d}x\leqslant\frac{27}{16}$;

(2) $2\mathrm{e}^{-\frac{1}{4}}\leqslant\int_0^2\mathrm{e}^{x^2-x}\mathrm{d}x\leqslant 2\mathrm{e}^2$.

6.3　微积分学基本定理

在 6.1 节中，我们讲过应用定积分的定义计算定积分的例子，从这个例子我

们看到，被积函数虽然是简单的二次幂函数 $f(x)=x^2$, 积分区间是最简单的 $[0,1]$ 区间，但直接按定义来计算定积分 $\int_0^1 x^2\mathrm{d}x$ 已经不是很容易的事，如果被积函数是其他复杂的函数，计算困难就更大了，因此，我们必须寻求计算定积分的新方法.

另外，不定积分与定积分是从两个完全不同的角度引进的，它们之间是否有什么关系？下面我们先从实际问题中寻找答案.

6.3.1 变速直线运动中位置函数与速度函数之间的联系

有一物体在一直线上运动，在这直线上取定原点、正向及长度单位，使它成一数轴，设时刻 t 物体所在位置为 $s(t)$, 速度为 $v(t)$(其中$v(t)\geqslant 0$).

从 6.1 节知道：物体在时间间隔 $[T_1,T_2]$ 内通过的路程可以用速度函数 $v(t)$ 在 $[T_1,T_2]$ 上的定积分

$$\int_{T_1}^{T_2} v(t)\mathrm{d}t$$

来表达；另一方面，这段路程又可以通过位置函数 $s(t)$ 在区间 $[T_1,T_2]$ 上的增量

$$s(T_2)-s(T_1)$$

来表达，由此可见，位置函数 $s(t)$ 与速度函数 $v(t)$ 之间有如下关系：

$$\int_{T_1}^{T_2} v(t)\mathrm{d}t=s(T_2)-s(T_1).$$

上式表明，速度函数 $v(t)$ 在区间 $[T_1,T_2]$ 上的定积分等于 $v(t)$ 的原函数 $s(t)$ 在区间 $[T_1,T_2]$ 上的增量 $s(T_2)-s(T_1)$.

以上结论在一定条件下具有普遍性，即如果函数 $f(x)$ 在区间 $[a,b]$ 上连续，那么， $f(x)$ 在区间 $[a,b]$ 上的定积分就等于 $f(x)$ 的原函数 $F(x)$ 在区间 $[a,b]$ 上的增量 $F(b)-F(a)$, 即

$$\int_a^b f(x)\mathrm{d}x=F(b)-F(a).$$

下面我们讨论该结论的证明.

6.3.2 积分上限的函数与原函数存在定理

为了证明上面的结论，我们先引进一个新的函数 —— 积分上限的函数.

设函数 $f(x)$ 在区间 $[a,b]$ 上连续，则定积分 $\int_a^b f(x)\mathrm{d}x$ 存在，对区间 $[a,b]$ 上任意确定的一点 x, $f(t)$ 在 $[a,x]$ 上连续，由定积分存在定理，则 $\int_a^x f(t)\mathrm{d}t$ 也

存在 (因为定积分与积分变量用什么字母表示无关，所以这里把积分变量写成 t. 其目的是为了把它与积分上限区别开). 因为 a 是固定的，所以定积分 $\int_a^x f(t)\mathrm{d}t$ 的值与 x 有关. 对区间 $[a,b]$ 上每个确定的 x, 这个定积分都有一个确定的值与之对应，是上限 x 的函数，它的定义域是区间 $[a,b]$, 把它记为 $\Phi(x)$, 即

$$\Phi(x)=\int_a^x f(t)\mathrm{d}t,\quad a\leqslant x\leqslant b.$$

函数 $\Phi(x)$ 是通过 $f(x)$ 作变上限定积分所确定的函数，称为**积分上限的函数**(也称为变上限定积分). 这个函数具有下面的重要性质.

6-2 积分上限函数与原函数存在定理

定理 6.3.1 如果函数 $f(x)$ 在区间 $[a,b]$ 上连续，则积分上限的函数

$$\Phi(x)=\int_a^x f(t)\mathrm{d}t$$

在 $[a,b]$ 上可导，并且

$$\Phi'(x)=\frac{\mathrm{d}}{\mathrm{d}x}\int_a^x f(t)\mathrm{d}t=f(x),\quad a\leqslant x\leqslant b.$$

证明 对函数 $\Phi(x)$ 用导数定义求导数，给自变量 x 一个增量 Δx, 这时函数 $\Phi(x)$ 相应的增量为

$$\begin{aligned}\Delta\Phi(x)&=\Phi(x+\Delta x)-\Phi(x)\\&=\int_a^{x+\Delta x} f(t)\mathrm{d}t-\int_a^x f(t)\mathrm{d}t\\&=\int_a^x f(t)\mathrm{d}t+\int_x^{x+\Delta x} f(t)\mathrm{d}t-\int_a^x f(t)\mathrm{d}t\\&=\int_x^{x+\Delta x} f(t)\mathrm{d}t,\end{aligned}$$

由积分中值定理得

$$\Delta\Phi(x)=\int_x^{x+\Delta x} f(t)\mathrm{d}t=f(\xi)\Delta x,$$

其中 ξ介于x与$x+\Delta x$ 之间. 于是

$$\frac{\Delta\Phi(x)}{\Delta x}=\frac{f(\xi)\Delta x}{\Delta x}=f(\xi).$$

令 $\Delta x\to 0$, 对上式两端取极限，有

$$\lim_{\Delta x\to 0}\frac{\Delta\Phi(x)}{\Delta x}=\lim_{\Delta x\to 0}f(\xi),$$

因为 $\Delta x \to 0$ 时，有 $\xi \to x$, 再由 $f(x)$ 的连续性，可知

$$\lim_{\Delta x \to 0} f(\xi) = f(x),$$

从而有

$$\varPhi'(x) = \frac{\mathrm{d}}{\mathrm{d}x}\int_a^x f(t)\mathrm{d}t = \lim_{\Delta x \to 0}\frac{\Delta\varPhi(x)}{\Delta x} = f(x). \qquad \square$$

由定理 6.3.1 可得出所有连续函数都存在原函数，而且一个连续函数作变上限积分所确定的函数就是它的一个原函数，即有如下定理：

定理 6.3.2 (原函数存在定理) 如果函数 $f(x)$ 在区间 $[a,b]$ 上连续，则函数

$$\varPhi(x) = \int_a^x f(t)\mathrm{d}t$$

就是 $f(x)$ 在 $[a,b]$ 上的一个原函数.

这个定理一方面肯定了连续函数的原函数是存在的，另一方面初步揭示了定积分与原函数之间的联系. 因此，有可能利用原函数来计算定积分.

例 6.3.1 求下列函数的导数：

(1) $\displaystyle\int_0^x \frac{1}{\sqrt{1+t^3}}\mathrm{d}t$;

(2) $\displaystyle\int_0^{x^3} \sin t^2 \mathrm{d}t$;

(3) $\displaystyle\int_{\sin x}^2 t^3\mathrm{e}^{t^2}\mathrm{d}t$.

解 (1) $\displaystyle\frac{\mathrm{d}}{\mathrm{d}x}\int_0^x \frac{1}{\sqrt{1+t^3}}\mathrm{d}t = \frac{1}{\sqrt{1+x^3}}$.

(2) 函数 $\displaystyle\int_0^{x^3}\sin t^2\mathrm{d}t$ 是由函数 $f(u) = \displaystyle\int_0^u \sin t^2\mathrm{d}t$ 和函数 $u = \varphi(x) = x^3$ 复合而成的函数，利用复合函数求导法得

$$\frac{\mathrm{d}}{\mathrm{d}x}\int_0^{x^3}\sin t^2\mathrm{d}t = \frac{\mathrm{d}}{\mathrm{d}u}\int_0^u \sin t^2\mathrm{d}t \cdot \frac{\mathrm{d}u}{\mathrm{d}x} = \sin(x^3)^2 3x^2 = 3x^2\sin x^6.$$

(3) 由于

$$\int_{\sin x}^2 t^3\mathrm{e}^{t^2}\mathrm{d}t = -\int_2^{\sin x} t^3\mathrm{e}^{t^2}\mathrm{d}t,$$

因此

$$\frac{\mathrm{d}}{\mathrm{d}x}\int_{\sin x}^2 t^3\mathrm{e}^{t^2}\mathrm{d}t = -\sin^3 x\mathrm{e}^{\sin^2 x}\cos x.$$

例 6.3.2 求 $\displaystyle\lim_{x\to 0}\frac{\displaystyle\int_{\cos x}^1 \mathrm{e}^{-t^2}\mathrm{d}t}{x^2}$.

解 当 $x \to 0$ 时, $x^2 \to 0$, $\cos x \to 1$, 于是 $\int_{\cos x}^{1} \mathrm{e}^{-t^2}\mathrm{d}t \to 0$, 因此这是一个 $\frac{0}{0}$ 型未定式, 从而由 L'Hospital 法则有

$$\lim_{x\to 0} \frac{\int_{\cos x}^{1} \mathrm{e}^{-t^2}\mathrm{d}t}{x^2} = \lim_{x\to 0} \frac{-\int_{1}^{\cos x} \mathrm{e}^{-t^2}\mathrm{d}t}{x^2}$$

$$= \lim_{x\to 0} \frac{\mathrm{e}^{-\cos^2 x}\sin x}{2x} = \frac{1}{2\mathrm{e}}.$$

6.3.3 Newton-Leibniz 公式

下面根据原函数存在定理来证明一个解决定积分计算问题的重要结论——微积分基本定理, 也就是 Newton-Leibniz(牛顿－莱布尼茨) 公式.

6-3 微积分学基本定理

定理 6.3.3 (微积分基本定理) 设函数 $f(x)$ 在区间 $[a,b]$ 上连续, 函数 $F(x)$ 是 $f(x)$ 在 $[a,b]$ 上的一个原函数, 则

$$\int_a^b f(x)\mathrm{d}x = F(b) - F(a).$$

证明 因为函数 $f(x)$ 在区间 $[a,b]$ 上连续, 由定理 6.3.2 可知, 函数 $\Phi(x) = \int_a^x f(t)\mathrm{d}t$ 是 $f(x)$ 在 $[a,b]$ 上的一个原函数. 又已知 $F(x)$ 也是 $f(x)$ 在 $[a,b]$ 上的一个原函数, 而一个函数的两个原函数之差是一个常数, 故

$$\Phi(x) = F(x) + C, \quad a \leqslant x \leqslant b,$$

其中 C 为常数, 即

$$\int_a^x f(t)\mathrm{d}t = F(x) + C, \quad a \leqslant x \leqslant b.$$

在上式中令 $x = a$, 得

$$\int_a^a f(t)\mathrm{d}t = F(a) + C,$$

而 $\int_a^a f(t)\mathrm{d}t = 0$, 可得 $C = -F(a)$, 因此

$$\int_a^x f(t)\mathrm{d}t = F(x) - F(a), \quad a \leqslant x \leqslant b.$$

在上式中令 $x = b$, 即得

$$\int_a^b f(t)\mathrm{d}t = F(b) - F(a),$$

再把上式左端的积分变量写成 x, 便得

$$\int_a^b f(x)\mathrm{d}x = F(b) - F(a). \qquad \square$$

为了方便, $F(b) - F(a)$ 可以记为

$$F(x)\big|_a^b \quad 或 \quad [F(x)]_a^b.$$

上式称为 **Newton-Leibniz 公式**, 也称为 **微积分基本公式**. 它给出了计算定积分的一个有效的简便算法: 即当计算连续函数 $f(x)$ 在 $[a,b]$ 上的定积分时, 只要求出被积函数 $f(x)$ 的任一原函数 $F(x)$, 然后计算 $F(x)$ 在积分区间 $[a,b]$ 上的增量 $F(b) - F(a)$ 即可. 该公式把定积分的计算归结为求原函数的问题, 揭示了积分与微分的内在联系.

例 6.3.3 求 $\displaystyle\int_0^1 x^2\mathrm{d}x$.

解 因为 $\frac{x^3}{3}$ 是 x^2 的一个原函数, 所以

$$\int_0^1 x^2\mathrm{d}x = \left.\frac{x^3}{3}\right|_0^1 = \frac{1}{3} - 0 = \frac{1}{3}.$$

在 6.1 节中曾利用定义计算 $\displaystyle\int_0^1 x^2\mathrm{d}x$ 的值, 两者相比, 其难易程度显而易见.

例 6.3.4 求 $\displaystyle\int_{-1}^1 \frac{1}{1+x^2}\mathrm{d}x$.

解
$$\begin{aligned}\int_{-1}^1 \frac{1}{1+x^2}\mathrm{d}x &= \arctan x\Big|_{-1}^1 \\ &= \arctan 1 - \arctan(-1) \\ &= \frac{\pi}{4} - \left(-\frac{\pi}{4}\right) \\ &= \frac{\pi}{2}.\end{aligned}$$

例 6.3.5 求 $\displaystyle\int_{-2}^{-1} \frac{\mathrm{d}x}{x}$.

解
$$\int_{-2}^{-1} \frac{1}{x}\mathrm{d}x = \ln|x|\Big|_{-2}^{-1} = \ln|-1| - \ln|-2| = -\ln 2.$$

应当注意，利用 Newton-Leibniz 公式计算定积分时，要求被积函数在积分区间上连续，例如，下面的计算：

$$\int_{-1}^{1}\frac{1}{x^2}\mathrm{d}x=-\frac{1}{x}\bigg|_{-1}^{1}=-[1-(-1)]=-2$$

是错误的. 这是因为在积分区间 $[-1,1]$ 内，点 $x=0$ 是被积函数 $\dfrac{1}{x^2}$ 的无穷间断点，被积函数不满足连续的条件.

另外，对于分段函数的积分，只要满足定积分存在的充分条件，则可根据定积分对区间的可加性，把它拆成几个积分之和，并且使每个积分都满足 Newton-Leibniz 公式的条件.

例 6.3.6 求 $\displaystyle\int_{-1}^{3}|2-x|\,\mathrm{d}x$.

解 因为 $|2-x|=\begin{cases}2-x, & x\leqslant 2,\\ x-2, & x>2,\end{cases}$ 函数 $|2-x|$ 在 $[-1,3]$ 上连续，所以

$$\begin{aligned}\int_{-1}^{3}|2-x|\,\mathrm{d}x&=\int_{-1}^{2}(2-x)\,\mathrm{d}x+\int_{2}^{3}(x-2)\,\mathrm{d}x\\&=\left[2x-\frac{x^2}{2}\right]_{-1}^{2}+\left[\frac{x^2}{2}-2x\right]_{2}^{3}\\&=\frac{9}{2}+\frac{1}{2}=5.\end{aligned}$$

例 6.3.7 求 $\displaystyle\int_{-1}^{2}f(x)\mathrm{d}x$, 其中

$$f(x)=\begin{cases}\mathrm{e}^x, & -1\leqslant x<0,\\ x^2, & 0\leqslant x\leqslant 2.\end{cases}$$

解 因为 $f(x)$ 在区间 $[-1,2]$ 上不连续，不能直接应用 Newton–Leibniz 公式. 利用定积分的区间可加性把在区间 $[-1,2]$ 上的积分分成在两个区间 $[-1,0]$ 和 $[0,2]$ 上的积分. 在积分 $\displaystyle\int_{-1}^{0}f(x)\mathrm{d}x=\int_{-1}^{0}\mathrm{e}^x\mathrm{d}x$ 时相当于定义 $f(0)=1$, 而题中 $f(0)=0$, 这并不改变积分值. 事实上，可以证明，改变被积函数在有限个点上的函数值都不会改变积分值. 因此

$$\begin{aligned}\int_{-1}^{2}f(x)\mathrm{d}x&=\int_{-1}^{0}f(x)\mathrm{d}x+\int_{0}^{2}f(x)\mathrm{d}x\\&=\int_{-1}^{0}\mathrm{e}^x\mathrm{d}x+\int_{0}^{2}x^2\mathrm{d}x\end{aligned}$$

$$= \mathrm{e}^x \Big|_{-1}^{0} + \frac{x^3}{3}\Big|_0^2$$

$$= \frac{11}{3} - \frac{1}{\mathrm{e}}.$$

例 6.3.8 求 $\int_{-\pi}^{\pi} \sqrt{1-\cos 2x}\mathrm{d}x$.

解
$$\int_{-\pi}^{\pi} \sqrt{1-\cos 2x}\mathrm{d}x = \int_{-\pi}^{\pi} \sqrt{2\sin^2 x}\mathrm{d}x = \sqrt{2}\int_{-\pi}^{\pi} |\sin x|\mathrm{d}x$$

$$= \sqrt{2}\int_{-\pi}^{0} (-\sin x)\mathrm{d}x + \sqrt{2}\int_{0}^{\pi} \sin x\mathrm{d}x$$

$$= \sqrt{2}\,[\cos x]_{-\pi}^{0} - \sqrt{2}\,[\cos x]_{0}^{\pi}$$

$$= 4\sqrt{2}.$$

例 6.3.9 一列客车以 72km/h 的速度行驶，进站前需要减速停车，设客车以等加速度 $a = -0.5\mathrm{m/s}^2$ 刹车，问客车距离站台多远时开始刹车能恰好停在站台上？

解 先求从开始刹车到停车时所经过的时间. 当 $t = 0$ 时，客车的速度

$$v_0 = 72\mathrm{km/h} = \frac{72 \times 1000}{3600}\mathrm{m/s} = 20\mathrm{m/s},$$

刹车后客车的速度为

$$v(t) = v_0 + at = 20 - 0.5t,$$

当客车停住时，速度 $v(t) = 0$, 故有

$$v(t) = 20 - 0.5t = 0,$$

得 $t = 40\mathrm{s}$. 于是从刹车到停车这段时间内，客车所走过的距离为

$$s = \int_0^{40} v(t)\mathrm{d}t = \int_0^{40} (20 - 0.5t)\mathrm{d}t = 400,$$

即客车距离站台 400m 时开始刹车能恰好停在站台上.

例 6.3.10 设函数 $f(x)$ 在区间 $[a,b]$ 上连续，在 (a,b) 内可导，且 $f'(x) \leqslant 0$, 记

$$F(x) = \frac{1}{x-a}\int_a^x f(t)\mathrm{d}t,$$

证明在开区间 (a,b) 内有 $F'(x) \leqslant 0$.

证明 由商的求导法则得

$$F'(x)=\frac{f(x)(x-a)-\displaystyle\int_a^x f(t)\mathrm{d}t}{(x-a)^2},$$

而由积分中值定理得

$$\int_a^x f(t)\mathrm{d}t=f(\xi)(x-a),\quad a\leqslant\xi\leqslant x,$$

因此

$$F'(x)=\frac{[f(x)-f(\xi)]\,(x-a)}{(x-a)^2},\quad a\leqslant\xi\leqslant x.$$

因为 $f'(x)\leqslant 0$, 即 $f(x)$ 单调不增，则当 $a\leqslant\xi\leqslant x$ 时，有

$$f(x)-f(\xi)\leqslant 0,$$

而 $x-a>0$, 所以

$$F'(x)\leqslant 0.$$ □

习　题　6.3

1. 求下列函数的导数 (其中 $f(x)$ 为连续函数)：

(1) $\dfrac{\mathrm{d}}{\mathrm{d}x}\displaystyle\int_x^0 t^2\sin 3t\mathrm{d}t$;

(2) $\dfrac{\mathrm{d}}{\mathrm{d}x}\displaystyle\int_1^{x^2} xf(t)\mathrm{d}t$;

(3) $\dfrac{\mathrm{d}}{\mathrm{d}x}\displaystyle\int_{-x^2}^0 f(t^2)\mathrm{d}t$;

(4) $\dfrac{\mathrm{d}}{\mathrm{d}x}\displaystyle\int_{\cos x}^{\sin x}\sin t^2\mathrm{d}t$.

2. 求下列极限：

(1) $\displaystyle\lim_{x\to 0}\frac{\displaystyle\int_0^{x^2}\sin t\mathrm{d}t}{x^4}$;

(2) $\displaystyle\lim_{x\to 0^+}\frac{\displaystyle\int_0^{x^2}\sin^{\frac{3}{2}} t\mathrm{d}t}{\displaystyle\int_0^x t(t-\sin t)\mathrm{d}t}$;

(3) $\lim\limits_{x\to 0}\dfrac{\displaystyle\int_0^x (\mathrm{e}^t+\mathrm{e}^{-t}-2)\mathrm{d}t}{1-\cos x}$;

(4) $\lim\limits_{x\to 0}\dfrac{\displaystyle\int_0^x \left(\sqrt{1+t^2}-\sqrt{1-t^2}\right)\mathrm{d}t}{x^3}$.

3. 计算下列定积分：

(1) $\displaystyle\int_0^a (3x^2-x+1)\mathrm{d}x$;　　(2) $\displaystyle\int_1^2 \left(x^2+\frac{1}{x^4}\right)\mathrm{d}x$;

(3) $\displaystyle\int_4^9 \sqrt{x}(1+\sqrt{x})\mathrm{d}x$;　　(4) $\displaystyle\int_{\frac{1}{\sqrt{3}}}^{\sqrt{3}} \frac{\mathrm{d}x}{1+x^2}$;

(5) $\displaystyle\int_{\frac{-1}{2}}^{\frac{1}{2}} \frac{\mathrm{d}x}{\sqrt{1-x^2}}$;　　(6) $\displaystyle\int_0^{\sqrt{3}a} \frac{\mathrm{d}x}{a^2+x^2}$;

(7) $\displaystyle\int_0^1 \frac{\mathrm{d}x}{\sqrt{4-x^2}}$;　　(8) $\displaystyle\int_{-1}^0 \frac{3x^4+3x^2+1}{x^2+1}\mathrm{d}x$;

(9) $\displaystyle\int_{-\mathrm{e}-1}^{-2} \frac{\mathrm{d}x}{1+x}$;　　(10) $\displaystyle\int_0^{\frac{\pi}{4}} \tan^2\theta\mathrm{d}\theta$;

(11) $\displaystyle\int_0^{2\pi} |\sin x|\mathrm{d}x$;

(12) 设$f(x)=\begin{cases} x+1, & x\leqslant 1, \\ \dfrac{1}{2}x^2, & x>1, \end{cases}$ 求 $\displaystyle\int_0^2 f(x)\mathrm{d}x$.

4. 设 $f(x)=\displaystyle\int_0^x \sin t\mathrm{d}t$, 求 $f'(0), f'\left(\dfrac{\pi}{4}\right)$.

5. 求由方程 $\displaystyle\int_0^y \mathrm{e}^t\mathrm{d}t+\int_0^x \cos t\mathrm{d}t=0$ 所确定的隐函数 $y=y(x)$ 的导数 $\dfrac{\mathrm{d}y}{\mathrm{d}x}$.

6. 求函数 $f(x)=\displaystyle\int_0^x t\mathrm{e}^{-t^2}\mathrm{d}t$ 的极值.

6.4 定积分的换元积分法

应用 Newton-Leibniz 公式计算定积分，首先要求出被积函数的原函数. 求原函数时经常要用换元积分法和分部积分法，这节和 6.5 节讨论如何把这两种方法直接用于定积分的计算.

定理 6.4.1 设函数 $f(x)$ 在闭区间 $[a,b]$ 上连续，函数 $x=\varphi(t)$ 满足下列条件：

(1) $\varphi(t)$ 在 $[\alpha,\beta]$(或 $[\beta,\alpha]$) 上单调，$\varphi(t)$ 的值域为 $[a,b]$, 且 $\varphi(\alpha)=a, \varphi(\beta)=b$;

(2) $\varphi(t)$ 在 $[\alpha,\beta]$(或 $[\beta,\alpha]$) 上具有连续导数，则有

$$\int_a^b f(x)\mathrm{d}x = \int_\alpha^\beta f[\varphi(t)]\varphi'(t)\mathrm{d}t. \tag{6.4.1}$$

证明 式 (6.4.1) 两端被积函数都在各自的积分区间上连续，因此都存在原函数. 若设

$$\int f(x)\mathrm{d}x = F(x) + C,$$

则

$$\int f\left[\varphi(t)\right]\varphi'(t)\mathrm{d}t = F[\varphi(t)] + C,$$

于是有

$$\begin{aligned}\int_a^b f(x)\mathrm{d}x &= F(b) - F(a)\\ &= F(\varphi(\beta)) - F(\varphi(\alpha))\\ &= \int_\alpha^\beta f(\varphi(t))\varphi'(t)\mathrm{d}t.\end{aligned}$$

□

式 (6.4.1) 称为 **定积分的换元积分公式**, 它把函数 $f(x)$ 对 x 在 $[a,b]$ 上的定积分转化成了函数 $f\left[\varphi(t)\right]$ 对 t 在区间 $[\alpha,\beta]$ (或 $[\beta,\alpha]$) 上的定积分，积分变量改变了，积分上限和下限也作了相应的改变，因此，在式 (6.4.1) 右端的原函数求出后，不必再换成原来的积分变量 x 的函数，可以直接使用 Newton-Leibniz 公式代入上限和下限，求出定积分的值. 特别是当需要作几次换元才可求出原函数时，更能体现定积分的换元积分公式的优越性. 另外，在用换元法计算定积分时所使用的变换与计算相应的不定积分使用的变换完全相同.

式 (6.4.1) 也可以倒过来使用，写成

$$\int_a^b f[\varphi(x)]\varphi'(x)\mathrm{d}x = \int_\alpha^\beta f(u)\mathrm{d}u,$$

其中 $u=\varphi(x)$, $\varphi(a)=\alpha$, $\varphi(b)=\beta$.

例 6.4.1 求 $\displaystyle\int_0^a \sqrt{a^2-x^2}\mathrm{d}x$.

解 令 $x = a\sin t$, 则 $\mathrm{d}x = a\cos t\mathrm{d}t$, 且当 $x=0$ 时， $t=0$; 当 $x=a$ 时，$t=\dfrac{\pi}{2}$. 所以

$$\begin{aligned}\int_0^a \sqrt{a^2-x^2}\mathrm{d}x &= \int_0^{\frac{\pi}{2}} a\cos t\cdot a\cos t\mathrm{d}t\\ &= \frac{a^2}{2}\int_0^{\frac{\pi}{2}}(1+\cos 2t)\mathrm{d}t\end{aligned}$$

$$= \frac{a^2}{2}\left[t + \frac{1}{2}\sin 2t\right]_0^{\frac{\pi}{2}}$$
$$= \frac{\pi}{4}a^2.$$

例 6.4.2 求 $\int_0^4 \frac{1}{1+\sqrt{x}}\mathrm{d}x$.

解 令 $u=\sqrt{x}$, 则 $x=u^2, \mathrm{d}x = 2u\mathrm{d}u$. 当 $x=0$ 时, $u=0$; 当 $x=4$ 时, $u=2$. 于是

$$\begin{aligned}\int_0^4 \frac{1}{1+\sqrt{x}}\mathrm{d}x &= \int_0^2 \frac{2u}{1+u}\mathrm{d}u \\ &= 2\int_0^2 \left(1-\frac{1}{u+1}\right)\mathrm{d}u \\ &= 2\left[u-\ln(1+u)\right]_0^2 \\ &= 4-2\ln 3.\end{aligned}$$

例 6.4.3 求 $\int_1^2 \frac{\sqrt{x^2-1}}{x^4}\mathrm{d}x$.

解 令 $x=\sec t$, 则 $\mathrm{d}x = \sec t\cdot\tan t\mathrm{d}t$. 当 $x=1$ 时, $t=0$; 当 $x=2$ 时, $t=\frac{\pi}{3}$. 于是

$$\begin{aligned}\int_1^2 \frac{\sqrt{x^2-1}}{x^4}\mathrm{d}x &= \int_0^{\frac{\pi}{3}} \frac{\sqrt{\sec^2 t-1}}{\sec^4 t}\cdot\sec t\cdot\tan t\mathrm{d}t \\ &= \int_0^{\frac{\pi}{3}} \frac{\tan^2 t}{\sec^3 t}\mathrm{d}t \\ &= \int_0^{\frac{\pi}{3}} \sin^2 t\cos t\mathrm{d}t.\end{aligned}$$

在计算这个积分时，我们可不引入新的变量，也不改变积分限，有

$$\begin{aligned}\int_0^{\frac{\pi}{3}} \sin^2 t\cos t\mathrm{d}t &= \int_0^{\frac{\pi}{3}} \sin^2 t\mathrm{d}(\sin t) \\ &= \left[\frac{1}{3}\sin^3 t\right]_0^{\frac{\pi}{3}} \\ &= \frac{\sqrt{3}}{8},\end{aligned}$$

故

$$\int_1^2 \frac{\sqrt{x^2-1}}{x^4}\mathrm{d}x = \frac{\sqrt{3}}{8}.$$

另外，也可利用倒代换.

令 $x=\dfrac{1}{t}, \mathrm{d}x=-\dfrac{1}{t^2}\mathrm{d}t$. 当 $x=1$ 时， $t=1$; 当 $x=2$ 时， $t=\dfrac{1}{2}$.

$$\begin{aligned}\int_1^2 \frac{\sqrt{x^2-1}}{x^4}\mathrm{d}x &= \int_1^{\frac{1}{2}} \frac{\sqrt{\dfrac{1}{t^2}-1}}{\dfrac{1}{t^4}}\left(-\frac{1}{t^2}\right)\mathrm{d}t \\ &= \int_{\frac{1}{2}}^1 t\sqrt{1-t^2}\mathrm{d}t \\ &= -\frac{1}{2}\cdot\frac{2}{3}\left[(1-t^2)^{\frac{3}{2}}\right]_{\frac{1}{2}}^1 \\ &= \frac{\sqrt{3}}{8}.\end{aligned}$$

例 6.4.4 求 $\displaystyle\int_1^4 \frac{\mathrm{e}^{\sqrt{x}}}{\sqrt{x}}\mathrm{d}x$.

解 计算这个积分我们也不引入新的积分变量，因而也不改变积分上限和下限，有

$$\begin{aligned}\int_1^4 \frac{\mathrm{e}^{\sqrt{x}}}{\sqrt{x}}\mathrm{d}x &= 2\int_1^4 \mathrm{e}^{\sqrt{x}}\mathrm{d}(\sqrt{x}) \\ &= 2\left[\mathrm{e}^{\sqrt{x}}\right]_1^4 \\ &= 2\left(\mathrm{e}^2-\mathrm{e}\right).\end{aligned}$$

例 6.4.5 求 $\displaystyle\int_0^{\pi} \sqrt{\sin^3 x-\sin^5 x}\mathrm{d}x$.

解

$$\begin{aligned}\int_0^{\pi} \sqrt{\sin^3 x-\sin^5 x}\mathrm{d}x &= \int_0^{\pi} \sin^{\frac{3}{2}} x\left|\cos x\right|\mathrm{d}x \\ &= \int_0^{\frac{\pi}{2}} \sin^{\frac{3}{2}} x\cos x\mathrm{d}x-\int_{\frac{\pi}{2}}^{\pi} \sin^{\frac{3}{2}} x\cos x\mathrm{d}x \\ &= \int_0^{\frac{\pi}{2}} \sin^{\frac{3}{2}} x\mathrm{d}\sin x-\int_{\frac{\pi}{2}}^{\pi} \sin^{\frac{3}{2}} x\mathrm{d}\sin x \\ &= \frac{2}{5}\sin^{\frac{5}{2}} x\Big|_0^{\frac{\pi}{2}}-\frac{2}{5}\sin^{\frac{5}{2}} x\Big|_{\frac{\pi}{2}}^{\pi} \\ &= \frac{2}{5}-\left(-\frac{2}{5}\right) \\ &= \frac{4}{5}.\end{aligned}$$

例 6.4.6 证明:

(1) 若 $f(x)$ 是 $[-a,a]$ 上连续的偶函数, 则

$$\int_{-a}^{a} f(x)\mathrm{d}x = 2\int_{0}^{a} f(x)\mathrm{d}x;$$

(2) 若 $f(x)$ 是 $[-a,a]$ 上连续的奇函数, 则

$$\int_{-a}^{a} f(x)\mathrm{d}x = 0.$$

证明 (1) 因为

$$\int_{-a}^{a} f(x)\mathrm{d}x = \int_{-a}^{0} f(x)\mathrm{d}x + \int_{0}^{a} f(x)\mathrm{d}x,$$

对积分 $\int_{-a}^{0} f(x)\mathrm{d}x$ 作变换 $x=-t$, 得

$$\int_{-a}^{0} f(x)\mathrm{d}x = \int_{a}^{0} f(-t)(-\mathrm{d}t) = \int_{0}^{a} f(t)\mathrm{d}t = \int_{0}^{a} f(x)\mathrm{d}x,$$

从而

$$\int_{-a}^{a} f(x)\mathrm{d}x = 2\int_{0}^{a} f(x)\mathrm{d}x.$$

(2) 令 $x=-t$, 得

$$\begin{aligned}\int_{-a}^{a} f(x)\mathrm{d}x &= \int_{a}^{-a} f(-t)(-\mathrm{d}t) = -\int_{-a}^{a} [-f(t)]\,(-\mathrm{d}t)\\ &= -\int_{-a}^{a} f(t)\mathrm{d}t = -\int_{-a}^{a} f(x)\mathrm{d}x,\end{aligned}$$

从而

$$\int_{-a}^{a} f(x)\mathrm{d}x = 0.$$ □

利用此结论, 我们可以简化奇函数、偶函数在关于原点对称的区间的积分.

例如, 在计算积分 $\int_{-\pi}^{\pi} \frac{x+\sin x}{x^2+1}\mathrm{d}x$ 时, 虽然被积函数较复杂, 但它是奇函数, 积分区间又是关于原点对称的区间, 故 $\int_{-\pi}^{\pi} \frac{x+\sin x}{x^2+1}\mathrm{d}x = 0$.

又如, 在计算积分 $\int_{-\frac{\pi}{2}}^{\frac{\pi}{2}} \sqrt{\cos x - \cos^3 x}\mathrm{d}x$ 时, 由于被积函数是偶函数, 积分区间是关于原点对称的区间, 则有

$$\int_{-\frac{\pi}{2}}^{\frac{\pi}{2}} \sqrt{\cos x - \cos^3 x}\mathrm{d}x = 2\int_{0}^{\frac{\pi}{2}} \sqrt{\cos x - \cos^3 x}\mathrm{d}x$$

$$
\begin{aligned}
&= 2\int_0^{\frac{\pi}{2}} \sqrt{\cos x}\cdot\sin x\mathrm{d}x \\
&= -2\int_0^{\frac{\pi}{2}} \sqrt{\cos x}\mathrm{d}\cos x \\
&= -2\cdot\frac{2}{3}\cos^{\frac{3}{2}} x\Big|_0^{\frac{\pi}{2}} \\
&= \frac{4}{3}.
\end{aligned}
$$

例 6.4.7 若 $f(x)$ 在 $[0,1]$ 上连续，证明：

(1) $\displaystyle\int_0^{\frac{\pi}{2}} f(\sin x)\mathrm{d}x = \int_0^{\frac{\pi}{2}} f(\cos x)\mathrm{d}x$;

(2) $\displaystyle\int_0^{\pi} xf(\sin x)\mathrm{d}x = \frac{\pi}{2}\int_0^{\pi} f(\sin x)\mathrm{d}x$, 由此计算

$$\int_0^{\pi} \frac{x\sin x}{1+\cos^2 x}\mathrm{d}x.$$

证明 (1) 设 $x=\frac{\pi}{2}-t$, 则 $\mathrm{d}x=-\mathrm{d}t$, 且当 $x=0$ 时， $t=\frac{\pi}{2}$; 当 $x=\frac{\pi}{2}$ 时， $t=0$. 于是

$$
\begin{aligned}
\int_0^{\frac{\pi}{2}} f(\sin x)\mathrm{d}x &= -\int_{\frac{\pi}{2}}^0 f\left[\sin\left(\frac{\pi}{2}-t\right)\right]\mathrm{d}t \\
&= \int_0^{\frac{\pi}{2}} f(\cos t)\mathrm{d}t \\
&= \int_0^{\frac{\pi}{2}} f(\cos x)\mathrm{d}x.
\end{aligned}
$$

(2) 设 $x=\pi-t$, 则 $\mathrm{d}x=-\mathrm{d}t$, 且当 $x=0$ 时， $t=\pi$; 当 $x=\pi$ 时， $t=0$. 于是

$$
\begin{aligned}
\int_0^{\pi} xf(\sin x)\mathrm{d}x &= -\int_{\pi}^0 (\pi-t)f\left[\sin(\pi-t)\right]\mathrm{d}t \\
&= \int_0^{\pi}(\pi-t)f(\sin t)\mathrm{d}t \\
&= \pi\int_0^{\pi} f(\sin t)\mathrm{d}t - \int_0^{\pi} tf(\sin t)\mathrm{d}t \\
&= \pi\int_0^{\pi} f(\sin x)\mathrm{d}x - \int_0^{\pi} xf(\sin x)\mathrm{d}x,
\end{aligned}
$$

所以

$$\int_0^{\pi} xf(\sin x)\mathrm{d}x = \frac{\pi}{2}\int_0^{\pi} f(\sin x)\mathrm{d}x.$$

利用上述结论，有

$$\int_0^{\pi}\frac{x\sin x}{1+\cos^2 x}\mathrm{d}x=\frac{\pi}{2}\int_0^{\pi}\frac{\sin x}{1+\cos^2 x}\mathrm{d}x$$
$$=-\frac{\pi}{2}\int_0^{\pi}\frac{\mathrm{d}(\cos x)}{1+\cos^2 x}$$
$$=-\frac{\pi}{2}\arctan(\cos x)\Big|_0^{\pi}$$
$$=-\frac{\pi}{2}\left(-\frac{\pi}{4}-\frac{\pi}{4}\right)$$
$$=\frac{\pi^2}{4}.$$ □

例 6.4.8 设 $f(x)$ 是以 T 为周期的连续函数，试证：对任何常数 a, 有

$$\int_a^{a+T}f(x)\mathrm{d}x=\int_0^T f(x)\mathrm{d}x.$$

证明 因为对任何常数 a, 有

$$\int_a^{a+T}f(x)\mathrm{d}x=\int_a^0 f(x)\mathrm{d}x+\int_0^T f(x)\mathrm{d}x+\int_T^{a+T}f(x)\mathrm{d}x,$$

对 $\int_T^{a+T}f(x)\mathrm{d}x$, 令 $x=t+T$, 并利用 $f(x)$ 的周期性，得

$$\int_T^{a+T}f(x)\mathrm{d}x=\int_0^a f(t+T)\mathrm{d}t=\int_0^a f(t)\mathrm{d}t=-\int_a^0 f(x)\mathrm{d}x.$$

从而得

$$\int_a^{a+T}f(x)\mathrm{d}x=\int_a^0 f(x)\mathrm{d}x+\int_0^T f(x)\mathrm{d}x-\int_a^0 f(x)\mathrm{d}x=\int_0^T f(x)\mathrm{d}x.$$ □

例 6.4.9 设函数

$$f(x)=\begin{cases}x\mathrm{e}^{-x^2}, & x\geqslant 0,\\ \dfrac{1}{1+\cos x}, & -1\leqslant x<0,\end{cases}$$

计算 $\int_1^4 f(x-2)\mathrm{d}x$.

解 令 $x-2=t$, 则 $\mathrm{d}x=\mathrm{d}t$, 且当 $x=1$ 时， $t=-1$; 当 $x=4$ 时， $t=2$. 于是

$$\int_1^4 f(x-2)\mathrm{d}x=\int_{-1}^2 f(t)\mathrm{d}t$$

$$
\begin{aligned}
&= \int_{-1}^{0} \frac{\mathrm{d}t}{1+\cos t} + \int_{0}^{2} t\mathrm{e}^{-t^2}\mathrm{d}t \\
&= \left[\tan\frac{t}{2}\right]_{-1}^{0} - \left[\frac{1}{2}\mathrm{e}^{-t^2}\right]_{0}^{2} \\
&= \tan\frac{1}{2} - \frac{1}{2}\mathrm{e}^{-4} + \frac{1}{2}.
\end{aligned}
$$

此题也可先求出

$$
f(x-2) = \begin{cases} (x-2)\mathrm{e}^{-(x-2)^2}, & x \geqslant 2, \\ \dfrac{1}{1+\cos(x-2)}, & 1 \leqslant x < 2, \end{cases}
$$

然后再分区间进行积分，但计算起来比较麻烦.

习 题 6.4

1. 计算下列定积分：

(1) $\displaystyle\int_0^a \sqrt{a^2-x^2}\mathrm{d}x$; (2) $\displaystyle\int_0^4 \frac{x+2}{\sqrt{2x+1}}\mathrm{d}x$;

(3) $\displaystyle\int_0^{\frac{\pi}{2}} \sin^2 x\cos x\mathrm{d}x$; (4) $\displaystyle\int_{-2}^1 \frac{\mathrm{d}x}{(11+5x)^3}$;

(5) $\displaystyle\int_{\frac{1}{\sqrt{2}}}^1 \frac{\sqrt{1-x^2}}{x^2}\mathrm{d}x$; (6) $\displaystyle\int_0^a x^2\sqrt{a^2-x^2}\mathrm{d}x$;

(7) $\displaystyle\int_1^{\sqrt{3}} \frac{\mathrm{d}x}{x^2\sqrt{1+x^2}}$; (8) $\displaystyle\int_0^1 t\mathrm{e}^{-t^2}\mathrm{d}t$;

(9) $\displaystyle\int_{\frac{3}{4}}^1 \frac{\mathrm{d}x}{\sqrt{1-x}-1}$; (10) $\displaystyle\int_{-2}^{-1} \frac{\mathrm{d}x}{x^2+4x+5}$;

(11) $\displaystyle\int_1^2 \frac{\mathrm{d}x}{x\sqrt{1+\ln x}}$;

(12) 设函数 $f(x) = \begin{cases} 3\mathrm{e}^x, & x > 0, \\ 4x^3+3, & x \leqslant 0, \end{cases}$ 求 $\displaystyle\int_{-2}^1 f(x)\mathrm{d}x$.

2. 利用函数奇偶性计算下列积分：

(1) $\displaystyle\int_{-\frac{1}{2}}^{\frac{1}{2}} \frac{(\arcsin x)^2}{\sqrt{1-x^2}}\mathrm{d}x$; (2) $\displaystyle\int_{-5}^5 \frac{x^2\sin x}{x^4+2x^2+1}\mathrm{d}x$.

3. 证明下列各题：

(1) $\displaystyle\int_0^1 x^m(1-x)^n\mathrm{d}x = \int_0^1 x^n(1-x)^m\mathrm{d}x$;

(2) $\int_0^{\pi} \cos^{10} x \mathrm{d}x = 2\int_0^{\frac{\pi}{2}} \cos^{10} x \mathrm{d}x$.

4. 设 $f(x) = \begin{cases} x+1, & x<0, \\ x, & x \geqslant 0, \end{cases}$ $F(x) = \int_{-1}^{x} f(t)\mathrm{d}t, -1 \leqslant x \leqslant 1$, 试讨论 $F(x)$ 在 $x=0$ 点的连续性.

5. 设 $f(x)$ 是连续函数，证明：

$$\int_0^{2a} f(x)\mathrm{d}x = \int_0^{a} [f(x)+f(2a-x)]\mathrm{d}x.$$

6. 若 $f(x)$ 是连续的奇函数，证明 $F(x) = \int_0^x f(t)\mathrm{d}t$ 是偶函数；若 $f(x)$ 是连续的偶函数，证明 $F(x) = \int_0^x f(t)\mathrm{d}t$ 是奇函数.

6.5 定积分的分部积分法

求两个函数乘积的不定积分时，可用分部积分法；求两个函数乘积的定积分，可用下面的定积分分部积分法.

定理 6.5.1 设函数 $u(x)$, $v(x)$ 在 $[a,b]$ 上可导，且导数 $u'(x)$ 和 $v'(x)$ 连续，则

$$\int_a^b u(x)v'(x)\mathrm{d}x = [u(x)v(x)]_a^b - \int_a^b v(x)u'(x)\mathrm{d}x. \tag{6.5.1}$$

或写成

$$\int_a^b u\mathrm{d}v = [uv]_a^b - \int_a^b v\mathrm{d}u. \tag{6.5.2}$$

证明 根据两个函数的乘积的导数公式得

$$(uv)' = u'v + uv',$$

对上式两端分别求在区间 $[a,b]$ 上的定积分，得到

$$\int_a^b (uv)'\mathrm{d}x = \int_a^b u'v\mathrm{d}x + \int_a^b uv'\mathrm{d}x,$$

移项得

$$\begin{aligned}\int_a^b u'v\mathrm{d}x &= \int_a^b (uv)'\mathrm{d}x - \int_a^b uv'\mathrm{d}x \\ &= [uv]_a^b - \int_a^b v\mathrm{d}u.\end{aligned}$$

□

公式 (6.5.1) 和公式 (6.5.2) 称为 **定积分的分部积分公式**，应用这个公式时，在被积表达式中选取哪一部分因式为 u(剩下部分为 $\mathrm{d}v$) 与用分部积分法计算相应的不定积分时选取 u,v 的方法相同.

例 6.5.1　求 $\int_0^{\frac{\sqrt{2}}{2}} \arcsin x\mathrm{d}x$.

解　令 $u=\arcsin x, \mathrm{d}v=\mathrm{d}x$, 则 $\mathrm{d}u=\dfrac{1}{\sqrt{1-x^2}}\mathrm{d}x, v=x$. 于是

$$\begin{aligned}\int_0^{\frac{\sqrt{2}}{2}} \arcsin x\mathrm{d}x &= x\arcsin x\Big|_0^{\frac{\sqrt{2}}{2}} - \int_0^{\frac{\sqrt{2}}{2}} \frac{x}{\sqrt{1-x^2}}\mathrm{d}x \\ &= \frac{\sqrt{2}}{2}\cdot\frac{\pi}{4} + \frac{1}{2}\int_0^{\frac{\sqrt{2}}{2}} \frac{1}{\sqrt{1-x^2}}\mathrm{d}(1-x^2) \\ &= \frac{\sqrt{2}}{8}\pi + \sqrt{1-x^2}\Big|_0^{\frac{\sqrt{2}}{2}} \\ &= \frac{\sqrt{2}}{8}\pi + \frac{\sqrt{2}}{2} - 1.\end{aligned}$$

例 6.5.2　求 $\int_1^{\mathrm{e}} \sqrt{x}\ln x\mathrm{d}x$.

解　令 $u=\ln x, \mathrm{d}v=\sqrt{x}\mathrm{d}x$, 则 $\mathrm{d}u=\dfrac{1}{x}\mathrm{d}x, v=\dfrac{2}{3}x^{\frac{3}{2}}$. 于是

$$\begin{aligned}\int_1^{\mathrm{e}} \sqrt{x}\ln x\mathrm{d}x &= \left[\frac{2}{3}x^{\frac{3}{2}}\ln x\right]_1^{\mathrm{e}} - \frac{2}{3}\int_1^{\mathrm{e}}\sqrt{x}\mathrm{d}x \\ &= \frac{2}{3}\mathrm{e}^{\frac{3}{2}} - \left[\frac{4}{9}x^{\frac{3}{2}}\right]_1^{\mathrm{e}} \\ &= \frac{2}{3}\mathrm{e}^{\frac{3}{2}} - \frac{4}{9}\mathrm{e}^{\frac{3}{2}} + \frac{4}{9} \\ &= \frac{2}{9}\left(\mathrm{e}^{\frac{3}{2}}+2\right).\end{aligned}$$

与计算不定积分一样，当我们熟练时，在计算过程中可不写出设 u 和 v 的过程，另外，定积分的分部积分法也可以接连使用.

例 6.5.3　求 $\int_0^1 x^2\mathrm{e}^x\mathrm{d}x$.

解

$$\begin{aligned}\int_0^1 x^2\mathrm{e}^x\mathrm{d}x = \int_0^1 x^2\mathrm{d}(\mathrm{e}^x) &= x^2\mathrm{e}^x\big|_0^1 - 2\int_0^1 \mathrm{e}^x x\mathrm{d}x \\ &= \mathrm{e} - 2\int_0^1 x\mathrm{d}(\mathrm{e}^x)\end{aligned}$$

$$
\begin{aligned}
&= \mathrm{e} - 2\left(x\mathrm{e}^x\Big|_0^1 - \int_0^1 \mathrm{e}^x \mathrm{d}x\right) \\
&= \mathrm{e} - 2\left(\mathrm{e} - \mathrm{e}^x\Big|_0^1\right) \\
&= \mathrm{e} - 2.
\end{aligned}
$$

例 6.5.4 求 $\int_0^1 \mathrm{e}^x \cos x \mathrm{d}x$.

解

$$
\begin{aligned}
\int_0^1 \mathrm{e}^x \cos x \mathrm{d}x &= \int_0^1 \mathrm{e}^x \mathrm{d}\sin x \\
&= [\mathrm{e}^x \sin x]\Big|_0^1 - \int_0^1 \sin x \cdot \mathrm{e}^x \mathrm{d}x \\
&= \mathrm{e}\sin 1 + \int_0^1 \mathrm{e}^x \mathrm{d}\cos x \\
&= \mathrm{e}\sin 1 + [\mathrm{e}^x \cos x]\Big|_0^1 - \int_0^1 \mathrm{e}^x \cos x \mathrm{d}x \\
&= \mathrm{e}\sin 1 + \mathrm{e}\cos 1 - 1 - \int_0^1 \mathrm{e}^x \cos x \mathrm{d}x,
\end{aligned}
$$

移项整理得

$$
\int_0^1 \mathrm{e}^x \cos x \mathrm{d}x = \frac{\mathrm{e}}{2}(\sin 1 + \cos 1) - \frac{1}{2}.
$$

例 6.5.5 求 $\int_0^1 \mathrm{e}^{\sqrt{x}} \mathrm{d}x$.

解 令 $t = \sqrt{x}$, 则 $x = t^2$, $\mathrm{d}x = 2t\mathrm{d}t$. 当 $x = 0$ 时, $t = 0$; 当 $x = 1$ 时, $t = 1$. 于是

$$
\begin{aligned}
\int_0^1 \mathrm{e}^{\sqrt{x}} \mathrm{d}x = \int_0^1 2t\mathrm{e}^t \mathrm{d}t &= 2\int_0^1 t\mathrm{d}\mathrm{e}^t \\
&= 2\left[t\mathrm{e}^t\right]_0^1 - 2\int_0^1 \mathrm{e}^t \mathrm{d}t \\
&= 2\mathrm{e} - 2\,\mathrm{e}^t\Big|_0^1 \\
&= 2.
\end{aligned}
$$

此例说明, 定积分的换元积分法和分部积分法可同时使用, 且一般先换元后分部积分.

例 6.5.6 证明:

(1) $\int_0^{\frac{\pi}{2}} \sin^n x\mathrm{d}x = \int_0^{\frac{\pi}{2}} \cos^n x\mathrm{d}x$;

(2) 记 $I_n = \int_0^{\frac{\pi}{2}} \sin^n x\mathrm{d}x$, 则

$$I_n = \begin{cases} \dfrac{n-1}{n}\cdot\dfrac{n-3}{n-2}\cdots\dfrac{3}{4}\cdot\dfrac{1}{2}\cdot\dfrac{\pi}{2}, & n\text{为正偶数},\\ \dfrac{n-1}{n}\cdot\dfrac{n-3}{n-2}\cdots\dfrac{4}{5}\cdot\dfrac{2}{3}, & n\text{为大于 1 的正奇数}. \end{cases}$$

证明 (1) 由例 6.4.7 可得证.

(2) 由于

$$\begin{aligned} I_n &= \int_0^{\frac{\pi}{2}} \sin^{n-1} x\mathrm{d}(-\cos x)\\ &= \left[-\cos x\sin^{n-1} x\right]_0^{\frac{\pi}{2}} + \int_0^{\frac{\pi}{2}} \cos x\mathrm{d}(\sin^{n-1} x)\\ &= (n-1)\int_0^{\frac{\pi}{2}} \cos^2 x\sin^{n-2} x\mathrm{d}x\\ &= (n-1)\int_0^{\frac{\pi}{2}} (1-\sin^2 x)\sin^{n-2} x\mathrm{d}x\\ &= (n-1)\int_0^{\frac{\pi}{2}} \sin^{n-2} x\mathrm{d}x - (n-1)\int_0^{\frac{\pi}{2}} \sin^n x\mathrm{d}x\\ &= (n-1)I_{n-2} - (n-1)I_n, \end{aligned}$$

因此

$$I_n = \frac{n-1}{n}I_{n-2}.$$

上式为积分 I_n 的递推公式，如果把 n 换成 $n-2$, 就有

$$I_{n-2} = \frac{n-3}{n-2}I_{n-4},$$

于是我们就一直递推到下标为 0 或 1, 当 $n=2m$ 及 $n=2m+1$ $(m=1,2,\cdots)$ 时，依次有

$$I_n = \frac{n-1}{n}\cdot\frac{n-3}{n-2}\cdots\frac{3}{4}\cdot\frac{1}{2}I_0,$$

$$I_n = \frac{n-1}{n}\cdot\frac{n-3}{n-2}\cdots\frac{4}{5}\cdot\frac{2}{3}I_1.$$

又

$$I_0=\int_0^{\frac{\pi}{2}}\mathrm{d}x=\frac{\pi}{2},$$

$$I_1=\int_0^{\frac{\pi}{2}}\sin x\mathrm{d}x=1,$$

所以

$$I_n=\begin{cases}\dfrac{n-1}{n}\cdot\dfrac{n-3}{n-2}\cdots\dfrac{3}{4}\cdot\dfrac{1}{2}\cdot\dfrac{\pi}{2}, & n\text{为正偶数},\\ \dfrac{n-1}{n}\cdot\dfrac{n-3}{n-2}\cdots\dfrac{4}{5}\cdot\dfrac{2}{3}, & n\text{为正奇数}.\end{cases}$$ □

习 题 6.5

1. 计算下列定积分:

(1) $\int_0^4 \mathrm{e}^{\sqrt{2x+1}}\mathrm{d}x$; (2) $\int_1^2 \ln x\mathrm{d}x$;

(3) $\int_0^{2\pi} x\sin x\mathrm{d}x$; (4) $\int_0^{\frac{2\pi}{\omega}} t\sin\omega t\mathrm{d}t$;

(5) $\int_0^{\frac{\pi}{3}} \frac{x}{\cos^2 x}\mathrm{d}x$; (6) $\int_0^3 \arcsin\sqrt{\frac{x}{x+1}}\mathrm{d}x$;

(7) $\int_{\frac{1}{2}}^2 \left(1+x-\frac{1}{x}\right)\mathrm{e}^{x+\frac{1}{x}}\mathrm{d}x$; (8) $\int_0^1 x\arctan x\mathrm{d}x$;

(9) $\int_1^2 x\log_2 x\mathrm{d}x$; (10) $\int_0^{\pi^2} \sin\sqrt{x}\mathrm{d}x$;

(11) $\int_0^{\frac{\pi}{2}} \mathrm{e}^{2x}\cos x\mathrm{d}x$; (12) $\int_0^1 (1-x^2)^{\frac{m}{2}}\mathrm{d}x$($m$为自然数).

2. 已知 $f(0)=1, f(2)=3, f'(2)=5$, 求 $\int_0^1 xf''(2x)\mathrm{d}x$.

6.6 广义积分

定积分的积分区间是有限区间, 被积函数是有界函数, 而在实际问题中常常会遇到在无限区间上积分的情形, 或者积分区间为有限区间, 但在此区间上被积函数有无穷间断点的情形, 这两种情形都不属于定积分的范围. 此时把定积分概念加以推广, 便得到下面两种广义积分.

6.6.1 无穷区间上的广义积分

定义 6.6.1 设函数 $f(x)$ 在 $[a,+\infty)$ 上连续，任取 $b>a$, 若极限

$$\lim_{b\to+\infty}\int_a^b f(x)\mathrm{d}x \tag{6.6.1}$$

存在，则称此极限为函数 $f(x)$ 在无穷区间 $[a,+\infty)$ 上的 **广义积分**(也称为 **反常积分**), 记为 $\int_a^{+\infty} f(x)\mathrm{d}x$, 即

$$\int_a^{+\infty} f(x)\mathrm{d}x=\lim_{b\to+\infty}\int_a^b f(x)\mathrm{d}x.$$

这时称广义积分 $\int_a^{+\infty} f(x)\mathrm{d}x$ **收敛**; 如果上述极限不存在，则称广义积分 $\int_a^{+\infty} f(x)\mathrm{d}x$ **发散**, 此时 $\int_a^{+\infty} f(x)\mathrm{d}x$ 不代表确定的数，只是一种记号.

类似地，设函数 $f(x)$ 在区间 $(-\infty,b]$ 上连续，任取 $a<b$, 如果极限 $\lim\limits_{a\to-\infty}\int_a^b f(x)\mathrm{d}x$ 存在，则称此极限为函数 $f(x)$ 在无穷区间 $(-\infty,b]$ 上的 **广义积分**, 记为 $\int_{-\infty}^b f(x)\mathrm{d}x$, 即

$$\int_{-\infty}^b f(x)\mathrm{d}x=\lim_{a\to-\infty}\int_a^b f(x)\mathrm{d}x \tag{6.6.2}$$

这时也称广义积分 $\int_{-\infty}^b f(x)\mathrm{d}x$ **收敛**, 如果上述极限不存在，就称广义积分 $\int_{-\infty}^b f(x)\mathrm{d}x$ **发散**, 此时 $\int_{-\infty}^b f(x)\mathrm{d}x$ 也同样只是一个记号.

设函数 $f(x)$ 在区间 $(-\infty,+\infty)$ 上连续，如果广义积分

$$\int_{-\infty}^0 f(x)\mathrm{d}x \quad 和 \quad \int_0^{+\infty} f(x)\mathrm{d}x$$

都收敛，则称上述两个广义积分之和为函数 $f(x)$ 在无穷区间 $(-\infty,+\infty)$ 上的 **广义积分**, 记为 $\int_{-\infty}^{+\infty} f(x)\mathrm{d}x$, 即

$$\begin{aligned}\int_{-\infty}^{+\infty} f(x)\mathrm{d}x&=\int_{-\infty}^0 f(x)\mathrm{d}x+\int_0^{+\infty} f(x)\mathrm{d}x\\&=\lim_{a\to-\infty}\int_a^0 f(x)\mathrm{d}x+\lim_{b\to+\infty}\int_0^b f(x)\mathrm{d}x.\end{aligned} \tag{6.6.3}$$

这时，也称广义积分 $\int_{-\infty}^{+\infty} f(x)\mathrm{d}x$ **收敛**，否则就称广义积分 $\int_{-\infty}^{+\infty} f(x)\mathrm{d}x$ **发散**.

上述广义积分统称为 **无穷区间上的广义积分**.

根据上述定义，设 $F(x)$ 为 $f(x)$ 在 $(-\infty,+\infty)$ 上的原函数，如果当 $x\to+\infty$ 及 $x\to-\infty$ 时 $F(x)$ 的极限存在，记为

$$\lim_{x\to+\infty} F(x)=F(+\infty),\qquad \lim_{x\to-\infty} F(x)=F(-\infty),$$

则

$$\begin{aligned}\int_a^{+\infty} f(x)\mathrm{d}x &= \lim_{b\to+\infty}\int_a^b f(x)\mathrm{d}x = \lim_{b\to+\infty}[F(b)-F(a)]\\ &= F(+\infty)-F(a)=F(x)|_a^{+\infty},\\ \int_{-\infty}^{b} f(x)\mathrm{d}x &= \lim_{a\to-\infty}\int_a^b f(x)\mathrm{d}x = \lim_{a\to-\infty}[F(b)-F(a)]\\ &= F(b)-F(-\infty)=F(x)|_{-\infty}^{b}.\end{aligned}$$

这是 Newton-Leibniz 公式对于在无穷区间上的广义积分的推广.

这里 $F(x)|_a^{+\infty}$ 只是极限 $\lim\limits_{b\to+\infty}[F(b)-F(a)]$ 的记号，同样， $F(x)|_{-\infty}^{b}$ 只是极限 $\lim\limits_{a\to-\infty}[F(b)-F(a)]$ 的记号.

如果 $x\to+\infty$ 或 $x\to-\infty$ 时， $F(x)$ 的极限不存在，则相应的广义积分发散.

例 6.6.1 求 $\int_0^{+\infty} x\mathrm{e}^{-\lambda x}\mathrm{d}x\ \ (\lambda>0)$.

解
$$\begin{aligned}&\int_0^{+\infty} x\mathrm{e}^{-\lambda x}\mathrm{d}x\\ &= \lim_{b\to+\infty}\int_0^b x\mathrm{e}^{-\lambda x}\mathrm{d}x = \lim_{b\to+\infty}\frac{-1}{\lambda}\int_0^b x\mathrm{d}\left(\mathrm{e}^{-\lambda x}\right)\\ &= \lim_{b\to+\infty}\frac{-1}{\lambda}\left[b\mathrm{e}^{-\lambda b}+\frac{1}{\lambda}\mathrm{e}^{-\lambda b}-\frac{1}{\lambda}\right]\\ &= \frac{1}{\lambda^2}.\end{aligned}$$

例 6.6.2 判断广义积分 $\int_{-\infty}^{+\infty}\frac{2x}{1+x^2}\mathrm{d}x$ 的收敛性.

解 由于

$$\int_{-\infty}^{+\infty}\frac{2x}{1+x^2}\mathrm{d}x=\int_{-\infty}^{0}\frac{2x}{1+x^2}\mathrm{d}x+\int_{0}^{+\infty}\frac{2x}{1+x^2}\mathrm{d}x,$$

而

$$\int_0^{+\infty}\frac{2x}{1+x^2}\mathrm{d}x=\lim_{b\to+\infty}\int_0^b\frac{2x}{1+x^2}\mathrm{d}x$$
$$=\lim_{b\to+\infty}\ln\left(1+x^2\right)\Big|_0^b$$
$$=\lim_{b\to+\infty}\ln\left(1+b^2\right)$$
$$=+\infty,$$

所以广义积分 $\displaystyle\int_{-\infty}^{+\infty}\frac{2x}{1+x^2}\mathrm{d}x$ 发散.

例 6.6.3　求广义积分 $\displaystyle\int_{-\infty}^{+\infty}\frac{1}{1+x^2}\mathrm{d}x$.

解

$$\int_{-\infty}^{+\infty}\frac{\mathrm{d}x}{1+x^2}=\int_{-\infty}^{0}\frac{\mathrm{d}x}{1+x^2}+\int_{0}^{+\infty}\frac{\mathrm{d}x}{1+x^2}$$
$$=\lim_{a\to-\infty}\int_a^0\frac{\mathrm{d}x}{1+x^2}+\lim_{b\to+\infty}\int_0^b\frac{\mathrm{d}x}{1+x^2}$$
$$=\lim_{a\to-\infty}\arctan x\Big|_a^0+\lim_{b\to+\infty}\arctan x\Big|_0^b$$
$$=-\lim_{a\to-\infty}\arctan a+\lim_{b\to+\infty}\arctan b$$
$$=-\frac{-\pi}{2}+\frac{\pi}{2}=\pi.$$

例 6.6.4　证明：广义积分 $\displaystyle\int_a^{+\infty}\frac{\mathrm{d}x}{x^p}$ $(a>0)$ 当 $p>1$ 时收敛，当 $p\leqslant 1$ 时发散.

证明　当 $p=1$ 时，有

$$\int_a^{+\infty}\frac{\mathrm{d}x}{x^p}=\int_a^{+\infty}\frac{\mathrm{d}x}{x}=\ln x|_a^{+\infty}=+\infty.$$

当 $p\neq 1$ 时，

$$\int_a^{+\infty}\frac{\mathrm{d}x}{x^p}=\left[\frac{x^{1-p}}{1-p}\right]_a^{+\infty}=\begin{cases}+\infty, & p<1,\\ \dfrac{a^{1-p}}{p-1}, & p>1.\end{cases}$$

因此，当 $p>1$ 时，这个广义积分收敛，其值为 $\dfrac{a^{1-p}}{p-1}$，当 $p\leqslant 1$ 时，这个广义积分发散. □

6.6.2 无界函数的广义积分

现将定积分推广到被积函数为无界函数的情形.

定义 6.6.2 设函数 $f(x)$ 在 $(a,b]$ 上连续, 而 $\lim\limits_{x\to a^+} f(x)=\infty$, 取 $\varepsilon>0$, 如果极限

$$\lim_{\varepsilon\to 0^+}\int_{a+\varepsilon}^{b} f(x)\mathrm{d}x$$

存在, 则称此极限为函数 $f(x)$ 在 $(a,b]$ 上的 **广义积分**, 仍记为 $\displaystyle\int_a^b f(x)\mathrm{d}x$, 即

$$\int_a^b f(x)\mathrm{d}x=\lim_{\varepsilon\to 0^+}\int_{a+\varepsilon}^{b} f(x)\mathrm{d}x,$$

这时也称广义积分 $\displaystyle\int_a^b f(x)\mathrm{d}x$ **收敛**. 如果上述极限不存在, 就称广义积分 $\displaystyle\int_a^b f(x)\mathrm{d}x$ **发散**.

类似地, 设函数 $f(x)$ 在 $[a,b)$ 上连续, 而 $\lim\limits_{x\to b^-} f(x)=\infty$, 取 $\varepsilon>0$, 如果极限

$$\lim_{\varepsilon\to 0^+}\int_{a}^{b-\varepsilon} f(x)\mathrm{d}x$$

存在, 则称此极限为函数 $f(x)$ 在 $[a,b)$ 上的 **广义积分**, 仍记为 $\displaystyle\int_a^b f(x)\mathrm{d}x$, 即

$$\int_a^b f(x)\mathrm{d}x=\lim_{\varepsilon\to 0^+}\int_{a}^{b-\varepsilon} f(x)\mathrm{d}x,$$

这时也称广义积分 $\displaystyle\int_a^b f(x)\mathrm{d}x$ **收敛**, 否则称广义积分 $\displaystyle\int_a^b f(x)\mathrm{d}x$ **发散**.

设函数 $f(x)$ 在 $[a,b]$ 上除点 $c\ (a<c<b)$ 处连续, 且 $\lim\limits_{x\to c} f(x)=\infty$, 如果两个广义积分

$$\int_a^c f(x)\mathrm{d}x,\quad \int_c^b f(x)\mathrm{d}x$$

都收敛, 则有

$$\begin{aligned}\int_a^b f(x)\mathrm{d}x&=\int_a^c f(x)\mathrm{d}x+\int_c^b f(x)\mathrm{d}x\\&=\lim_{\varepsilon\to 0^+}\int_a^{c-\varepsilon} f(x)\mathrm{d}x+\lim_{\eta\to 0^+}\int_{c+\eta}^{b} f(x)\mathrm{d}x,\end{aligned}$$

此时称该广义积分 $\displaystyle\int_a^b f(x)\mathrm{d}x$ **收敛**. 若在两个广义积分 $\displaystyle\int_a^c f(x)\mathrm{d}x$, $\displaystyle\int_c^b f(x)\mathrm{d}x$ 中至少有一个发散, 则称广义积分 $\displaystyle\int_a^b f(x)\mathrm{d}x$ **发散**.

例 6.6.5 求 $\int_0^a \frac{\mathrm{d}x}{\sqrt{a^2-x^2}}\ (a>0)$.

解 因为

$$\lim_{x\to a^-}\frac{1}{\sqrt{a^2-x^2}}=+\infty,$$

所以 $x=a$ 为被积函数的无穷间断点，于是

$$\begin{aligned}\int_0^a \frac{\mathrm{d}x}{\sqrt{a^2-x^2}}&=\lim_{\varepsilon\to 0^+}\int_0^{a-\varepsilon}\frac{\mathrm{d}x}{\sqrt{a^2-x^2}}\\&=\lim_{\varepsilon\to 0^+}\arcsin\frac{x}{a}\Big|_0^{a-\varepsilon}\\&=\lim_{\varepsilon\to 0^+}\arcsin\frac{a-\varepsilon}{a}\\&=\arcsin 1=\frac{\pi}{2}.\end{aligned}$$

例 6.6.6 讨论广义积分 $\int_{-1}^1 \frac{\mathrm{d}x}{x^2}$ 的收敛性.

解 因为 $\lim\limits_{x\to 0}\frac{1}{x^2}=\infty$, 所以 $x=0$ 为被积函数的无穷间断点. 由于

$$\int_{-1}^1 \frac{\mathrm{d}x}{x^2}=\int_{-1}^0 \frac{\mathrm{d}x}{x^2}+\int_0^1 \frac{\mathrm{d}x}{x^2},$$

而

$$\begin{aligned}\int_0^1 \frac{\mathrm{d}x}{x^2}&=\lim_{\varepsilon\to 0^+}\int_\varepsilon^1 \frac{\mathrm{d}x}{x^2}=\lim_{\varepsilon\to 0^+}\left[-\frac{1}{x}\right]_\varepsilon^1\\&=\lim_{\varepsilon\to 0^+}\left(-1+\frac{1}{\varepsilon}\right)=+\infty,\end{aligned}$$

即广义积分 $\int_0^1 \frac{\mathrm{d}x}{x^2}$ 发散，从而 $\int_{-1}^1 \frac{1}{x^2}\mathrm{d}x$ 发散.

此题千万要注意 $\lim\limits_{x\to 0}\frac{1}{x^2}=\infty$, 如果疏忽了这一点而直接计算，就会出现在 6.3 节中讲述过的错误：

$$\int_{-1}^1 \frac{1}{x^2}\mathrm{d}x=\left[-\frac{1}{x}\right]_{-1}^1=-1-\left(-\frac{1}{-1}\right)=-2.$$

例 6.6.7 讨论广义积分 $\int_0^a \frac{\mathrm{d}x}{x^q}\ (a>0)$ 的敛散性.

解 当 $q=1$ 时，有

$$\int_0^a \frac{\mathrm{d}x}{x^q}=\int_0^a \frac{1}{x}\mathrm{d}x=\lim_{\varepsilon\to 0^+}\int_\varepsilon^a \frac{\mathrm{d}x}{x}$$
$$=\lim_{\varepsilon\to 0^+}[\ln x]_\varepsilon^a=\lim_{\varepsilon\to 0^+}(\ln a-\ln\varepsilon)=+\infty.$$

当 $q\neq 1$ 时，有

$$\int_0^a \frac{\mathrm{d}x}{x^q}=\lim_{\varepsilon\to 0^+}\int_\varepsilon^a \frac{\mathrm{d}x}{x^q}$$
$$=\lim_{\varepsilon\to 0^+}\left[\frac{1}{1-q}x^{1-q}\right]_\varepsilon^a$$
$$=\lim_{\varepsilon\to 0^+}\left(\frac{a^{1-q}}{1-q}-\frac{\varepsilon^{1-q}}{1-q}\right)=\begin{cases}\dfrac{a^{1-q}}{1-q}, & q<1,\\ +\infty, & q>1.\end{cases}$$

综上所述，当 $q<1$ 时，这个广义积分收敛，其值为 $\dfrac{a^{1-q}}{1-q}$；当 $q\geqslant 1$ 时，这个广义积分发散.

6.6.3 Γ 函数

定义 6.6.3 含参变量 $s\ (s>0)$ 的广义积分：

$$\Gamma(s)=\int_0^{+\infty} x^{s-1}\mathrm{e}^{-x}\mathrm{d}x$$

称为 **Γ 函数**.

Γ 函数是一个重要的广义积分，它是一个无穷区间上的广义积分，同时当 $s<1$ 时，它又是一个无界函数的广义积分，可以证明它是收敛的. 下面我们介绍它的几个重要性质.

1. 递推公式 $\Gamma(s+1)=s\Gamma(s)\ (s>0)$.

证明 $\Gamma(s+1)=\displaystyle\int_0^{+\infty}\mathrm{e}^{-x}x^s\mathrm{d}x=\lim_{b\to+\infty}\lim_{\varepsilon\to+0}\int_\varepsilon^b \mathrm{e}^{-x}x^s\mathrm{d}x$,

应用分部积分得

$$\int_\varepsilon^b \mathrm{e}^{-x}x^s\mathrm{d}x=\left[-\mathrm{e}^{-x}x^s\right]\Big|_\varepsilon^b+s\int_\varepsilon^b \mathrm{e}^{-x}x^{s-1}\mathrm{d}x.$$

而 $\displaystyle\lim_{b\to+\infty}\lim_{\varepsilon\to+0}\left[\mathrm{e}^{-x}x^s\right]_\varepsilon^b=0$, 所以

$$\Gamma(s+1)=\lim_{b\to+\infty}\lim_{\varepsilon\to+0}s\int_\varepsilon^b \mathrm{e}^{-x}x^{s-1}\mathrm{d}x=s\int_0^{+\infty}\mathrm{e}^{-x}x^{s-1}\mathrm{d}x$$

$$= s\Gamma(s).$$

□

显然，$\Gamma(1)=\int_0^{+\infty}\mathrm{e}^{-x}\mathrm{d}x=1.$

反复运用递推公式，便有

$$\Gamma(2)=1\times\Gamma(1)=1,$$

$$\Gamma(3)=2\times\Gamma(2)=2!,$$

$$\Gamma(4)=3\times\Gamma(3)=3!,$$

$$\vdots$$

一般地，对任何正整数 n, 有

$$\Gamma(n+1)=n!.$$

所以，我们可以把 Γ 函数看成是阶乘的推广.

2. 当 $s\to 0^+$, $\Gamma(s)\to+\infty$.

因为 $\Gamma(s)=\dfrac{\Gamma(s+1)}{s}$, $\Gamma(1)=1$, 所以当 $s\to 0^+,\Gamma(s)\to+\infty$ (Γ 函数在 $s>0$ 时连续).

3. $\Gamma(s)\Gamma(1-s)=\dfrac{\pi}{\sin\pi s}$ $(0<s<1)$.

这个公式称为**余元公式**, 证明从略. 当 $s=\dfrac{1}{2}$ 时，由余元公式可得

$$\Gamma\left(\frac{1}{2}\right)=\sqrt{\pi}.$$

4. 在 $\Gamma(s)=\int_0^{+\infty}\mathrm{e}^{-x}x^{s-1}\mathrm{d}x$ 中，作代换 $x=u^2$, 有

$$\Gamma(s)=2\int_0^{+\infty}\mathrm{e}^{-u^2}u^{2s-1}\mathrm{d}u.$$

再令 $2s-1=t$, 或 $s=\dfrac{1+t}{2}$, 即有

$$\int_0^{+\infty}\mathrm{e}^{-u^2}u^t\mathrm{d}u=\frac{1}{2}\Gamma\left(\frac{1+t}{2}\right),\quad t>-1.$$

上式左端是应用上常见的积分，它的值可以用 Γ 函数计算出来.

对 $\Gamma(s)=2\int_0^{+\infty}\mathrm{e}^{-u^2}u^{2s-1}\mathrm{d}u$, 令 $s=\dfrac{1}{2}$, 得

$$2\int_0^{+\infty}\mathrm{e}^{-u^2}\mathrm{d}u=\Gamma\left(\frac{1}{2}\right)=\sqrt{\pi}.$$

从而

$$\int_0^{+\infty}\mathrm{e}^{-u^2}\mathrm{d}u=\frac{\sqrt{\pi}}{2}.$$

这个积分是在概率论中常用的积分.

例 6.6.8 计算下列各值:

(1) $\dfrac{\Gamma(6)}{2\Gamma(3)}$; (2) $\dfrac{\Gamma\left(\frac{5}{2}\right)}{\Gamma\left(\frac{1}{2}\right)}$.

解 (1) $\dfrac{\Gamma(6)}{2\Gamma(3)}=\dfrac{5!}{2\cdot 2!}=30.$

(2) $$\frac{\Gamma\left(\frac{5}{2}\right)}{\Gamma\left(\frac{1}{2}\right)}=\frac{\frac{3}{2}\Gamma\left(\frac{3}{2}\right)}{\Gamma\left(\frac{1}{2}\right)}=\frac{\frac{3}{2}\cdot\frac{1}{2}\Gamma\left(\frac{1}{2}\right)}{\Gamma\left(\frac{1}{2}\right)}=\frac{3}{4}.$$

例 6.6.9 求 $\int_0^{+\infty}x^3\mathrm{e}^{-x}\mathrm{d}x$.

解 $\int_0^{+\infty}x^3\mathrm{e}^{-x}\mathrm{d}x=\Gamma(4)=3!=6.$

习 题 6.6

1. 判别下列各广义积分的收敛性, 如果收敛, 计算广义积分的值:

(1) $\int_a^{+\infty}\dfrac{1}{x^2}\mathrm{d}x\ (a>0)$; (2) $\int_1^{+\infty}\dfrac{\mathrm{d}x}{\sqrt{x}}$;

(3) $\int_0^{+\infty}\mathrm{e}^{-4x}\mathrm{d}x$; (4) $\int_0^{+\infty}\mathrm{e}^{-x}\sin x\mathrm{d}x$;

(5) $\int_0^{+\infty}\mathrm{e}^{-pt}\sin\omega t\mathrm{d}t\ (p>0,\omega>0)$; (6) $\int_2^{+\infty}\dfrac{1}{x^2+2x-3}\mathrm{d}x$;

(7) $\int_0^{1}\ln x\mathrm{d}x$; (8) $\int_1^{2}\dfrac{1}{\sqrt{x-1}}\mathrm{d}x$.

2. 当 k 为何值时，广义积分 $\int_2^{+\infty}\frac{\mathrm{d}x}{x(\ln x)^k}$ 收敛？当 k 为何值时，这个广义积分发散？当 k 为何值时，这个广义 积分取得最小值？

3. 已知 $\lim\limits_{x\to\infty}\left(\frac{x+c}{x-c}\right)^x=\int_{-\infty}^{c}t\mathrm{e}^{2t}\mathrm{d}t$, 求 c 值.

4. 用 Γ 函数表示下列积分，并计算积分值 $\left(\text{已知 }\Gamma\left(\frac{1}{2}\right)=\sqrt{\pi}\right)$：

(1) $\int_0^{+\infty}\sqrt{x}\mathrm{e}^{-x}\mathrm{d}x$;

(2) $\int_0^{+\infty}x^m\mathrm{e}^{-x}\mathrm{d}x$ (m 为自然数).

6.7 定积分的几何应用

6.7.1 定积分的元素法

在定积分的应用中，经常采用所谓元素法，为了说明这种方法，我们先回顾一下 6.1 节中讨论的求曲边梯形的面积问题.

设 $f(x)$ 在区间 $[a,b]$ 上连续且 $f(x)\geqslant 0$, 求以曲线 $y=f(x)$ 为曲边、以 $[a,b]$ 为底的曲边梯形的面积 A 的步骤是：

(1) 用任意一组分点把区间 $[a,b]$ 分成长度为 $\Delta x_i(i=1,2,\cdots,n)$ 的几个小区间，相应地把曲边梯形分成 n 个窄曲边梯形，第 i 个窄曲边梯形的面积设为 ΔA_i, 于是有

$$A=\sum_{i=1}^{n}\Delta A_i;$$

(2) 在第 i 个小区间 $[x_{i-1},x_i]$ 上任取一点 ξ_i, 以 $f(\xi_i)\Delta x_i$ 作为 ΔA_i 的近似值，即

$$\Delta A_i\approx f(\xi_i)\Delta x_i\quad(x_{i-1}\leqslant\xi_i\leqslant x_i);$$

(3) 作和，得 A 的近似值：

$$A\approx\sum_{i=1}^{n}f(\xi_i)\Delta x_i;$$

(4) 求极限，即

$$A=\lim_{\lambda\to 0}\sum_{i=1}^{n}f(\xi_i)\Delta x_i=\int_a^b f(x)\mathrm{d}x,$$

其中 $\lambda=\max\{\Delta x_1,\Delta x_2,\cdots,\Delta x_i,\cdots,\Delta x_n\}$.

在上述问题中，所求量 (面积 A) 与区间 $[a,b]$ 有关，如果把区间 $[a,b]$ 分成许多部分区间，则所求量相应地分成许多部分量 (即 ΔA_i)，而所求量等于所有部分量之和 $\left(\text{即 } A=\sum\limits_{i=1}^{n}\Delta A_i\right)$，这一性质称为所求量对于积分区间 $[a,b]$ 具有 **可加性**.

在引出 A 的积分表达式的四个步骤中，最关键的是第二步，即确定 ΔA_i 的近似值 $\Delta A_i \approx f(\xi_i)\Delta x_i$，以 $f(\xi_i)\Delta x_i$ 近似代替部分量 ΔA_i 时，它们只相差一个比 Δx_i 高阶的无穷小，因此和式 $\sum\limits_{i=1}^{n} f(\xi_i)\Delta x_i$ 的极限是 A 的精确值，而 A 可以表示为定积分 $A=\int_a^b f(x)\mathrm{d}x$.

如果我们考虑省略下标 i，用 ΔA 表示任一小区间 $[x, x+\mathrm{d}x]$ 上的窄曲边梯形的面积，这样

$$A=\sum \Delta A.$$

取 $[x, x+\mathrm{d}x]$ 的左端点 x 为 ξ(ξ 的取值是任意的)，以点 x 处的函数值 $f(x)$ 为高、以 $\mathrm{d}x$ 为底的矩形面积 $f(x)\mathrm{d}x$ 为 ΔA 的近似值，即

$$\Delta A \approx f(x)\mathrm{d}x,$$

上式右端 $f(x)\mathrm{d}x$ 称为 **面积元素**，记为 $\mathrm{d}A=f(x)\mathrm{d}x$，于是

$$A \approx \sum f(x)\mathrm{d}x,$$

则

$$A=\lim \sum f(x)\mathrm{d}x=\int_a^b f(x)\mathrm{d}x.$$

一般地，如果某一实际问题中所求的量 Q 符合下列条件：(1)Q 是与一个变量 x 的变化区间 $[a,b]$ 有关的量；(2)Q 对于区间 $[a,b]$ 具有可加性，即若把区间 $[a,b]$ 分成许多部分区间，则 Q 相应地分成许多部分量，而 Q 等于所有部分量之和.

那么就可考虑用定积分来计算这个量，其步骤如下：

(1) 根据问题的具体情况，选取一个变量为积分变量，并确定它的变化区间. (假设选取 x 为积分变量，区间为 $[a,b]$)；

(2) 在 $[a,b]$ 上取其中任一小区间并记为 $[x, x+\mathrm{d}x]$，求出相应于这个小区间的部分量 ΔQ 的近似值. 根据前面讨论，可以把 ΔQ 近似地表示为 $[a,b]$ 上的一个连续函数在 x 处的值 $f(x)$ 与 $\mathrm{d}x$ 之积，即 $\Delta Q \approx f(x)\mathrm{d}x$ (这里 ΔQ 与 $f(x)\mathrm{d}x$ 相差一个比 $\mathrm{d}x$ 高阶的无穷小)，则把 $f(x)\mathrm{d}x$ 称为 Q 的 **元素**，记为 $\mathrm{d}Q$，即

$$\mathrm{d}Q=f(x)\mathrm{d}x;$$

(3) 以所求量 Q 的元素 $f(x)\mathrm{d}x$ 为被积表达式，在区间 $[a,b]$ 上作定积分，得

$$Q=\int_a^b f(x)\mathrm{d}x.$$

这就是所求量 Q 的积分表达式.

这种方法通常称为 **定积分的元素法**.

6.7.2　平面图形的面积

根据前面介绍的定积分的几何定义，我们知道，当 $f(x)\geqslant 0$ 时，$\displaystyle\int_a^b f(x)\mathrm{d}x$ 的值等于由曲线 $y=f(x), x=a, x=b$ 与 x 轴所围成的曲边梯形的面积，即

$$A=\int_a^b f(x)\mathrm{d}x.$$

若 $f(x)\leqslant 0$, 也称由直线 $x=a, x=b$ 与 x 轴、曲线 $y=f(x)$ 所围成的平面图形为曲边梯形，这曲边梯形位于 x 轴下方 (图 6.7), 此时

$$A=\left|\int_a^b f(x)\mathrm{d}x\right|=-\int_a^b f(x)\mathrm{d}x.$$

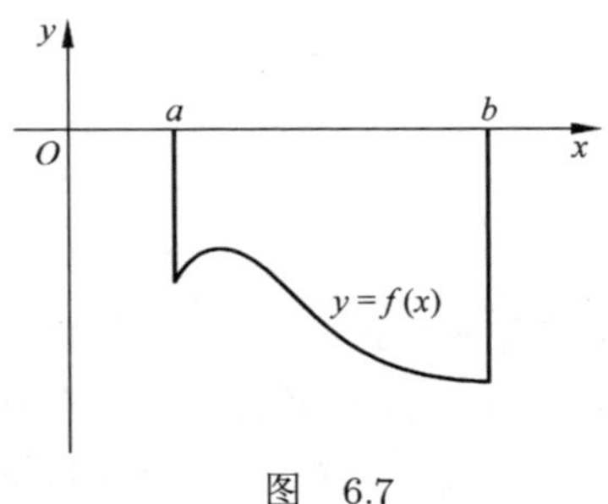

图　6.7

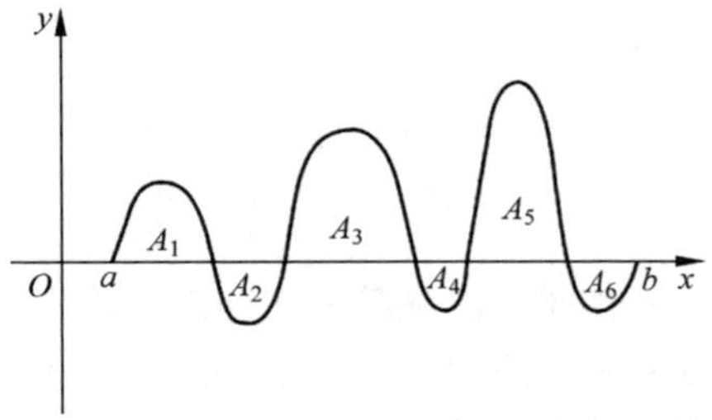

图　6.8

若 $f(x)$ 在 $[a,b]$ 上连续且只有有限次变号 (图 6.8), 则积分 $\displaystyle\int_a^b f(x)\mathrm{d}x$ 的值表示位于 x 轴上方的图形面积与位于 x 轴下方的图形面积之差. 即

$$A=\int_a^b f(x)\mathrm{d}x=A_1+A_3+A_5-A_2-A_4-A_6.$$

此时由曲线 $y=f(x)$ 与直线 $x=a, x=b$, 以及 x 轴所围成图形的面积应为

$$A=\int_a^b |f(x)|\,\mathrm{d}x.$$

因此，对任意的 $f(x)$，由 $y=f(x), x=a, x=b$，以及 x 轴所围成平面图形的面积

$$A=\int_a^b |f(x)|\,\mathrm{d}x. \tag{6.7.1}$$

例 6.7.1 求在 $[0,2\pi]$ 上由正弦曲线 $y=\sin x$ 与 x 轴所围成图形的面积 (图 6.9).

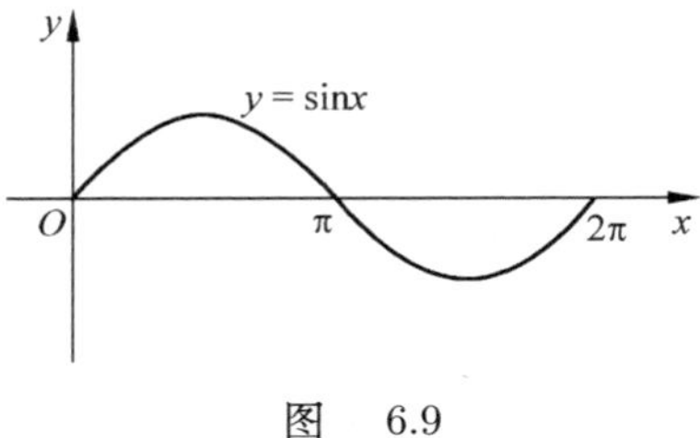

图 6.9

解 由于

$$|\sin x|=\begin{cases}\sin x, & 0\leqslant x\leqslant \pi,\\ -\sin x, & \pi< x\leqslant 2\pi,\end{cases}$$

故

$$\begin{aligned}A&=\int_0^{2\pi}|\sin x|\,\mathrm{d}x\\&=\int_0^{\pi}\sin x\mathrm{d}x-\int_{\pi}^{2\pi}\sin x\mathrm{d}x\\&=(-\cos x)\Big|_0^{\pi}-(-\cos x)\Big|_{\pi}^{2\pi}\\&=2-(-2)=4.\end{aligned}$$

下面考虑更一般的情形.

求由连续曲线 $y=f(x)$ 与 $y=g(x)$ $(f(x)\geqslant g(x))$，以及直线 $x=a, x=b$ 所围成的图形的面积 (图 6.10).

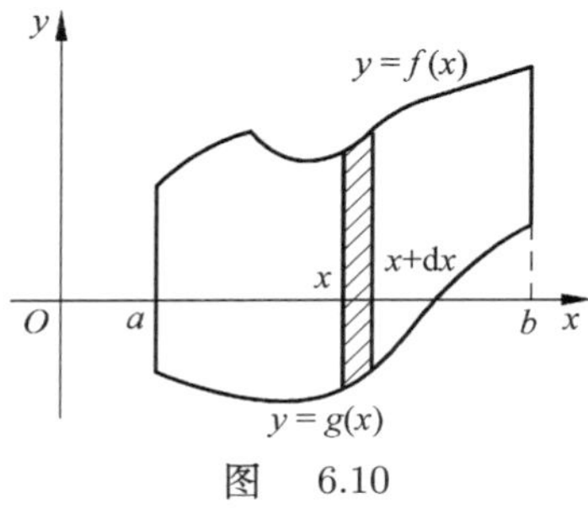

图 6.10

利用定积分的元素法，任取区间 $[a,b]$ 上的一个小区间 $[x,x+\mathrm{d}x]$，对应的面积 (图 6.10 中小窄条阴影部分的面积) 用窄矩形面积代替，得面积元素

$$\mathrm{d}A=[f(x)-g(x)]\,\mathrm{d}x.$$

因此

$$A=\int_a^b[f(x)-g(x)]\,\mathrm{d}x. \tag{6.7.2}$$

类似地，可得由连续曲线 $x=\varphi(y),x=\psi(y)$ $(\varphi(y)\geqslant\psi(y))$ 与直线 $y=c,y=d$ $(c\leqslant y\leqslant d)$ 所围成的图形 (图 6.11) 的面积

$$A=\int_c^d[\varphi(y)-\psi(y)]\,\mathrm{d}y. \tag{6.7.3}$$

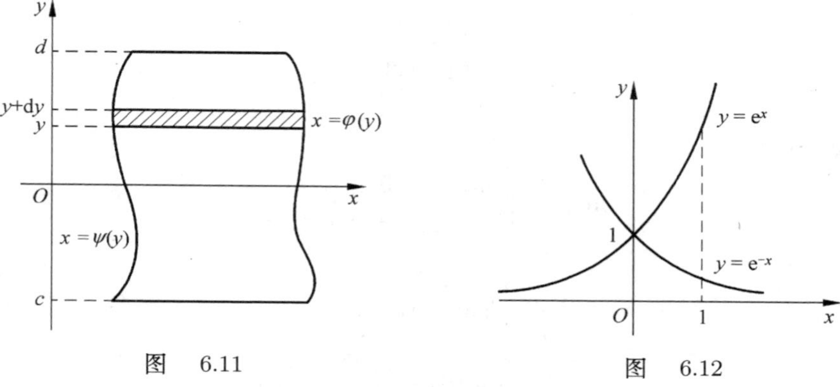

图 6.11　　图 6.12

例 6.7.2 求由曲线 $y=\mathrm{e}^x,y=\mathrm{e}^{-x}$ 与直线 $x=1$ 所围成的图形的面积.

解 如图 6.12 所示，由公式 (6.7.2) 得

$$A=\int_0^1\left(\mathrm{e}^x-\mathrm{e}^{-x}\right)\mathrm{d}x=\mathrm{e}+\frac{1}{\mathrm{e}}-2.$$

此题若以 y 为积分变量，需分两块求面积，请读者自行练习.

例 6.7.3 求由抛物线 $y^2=2x$ 与直线 $y=x-4$ 所围成的图形的面积.

先解方程组 $\begin{cases}y^2=2x,\\ y=x-4,\end{cases}$ 求出抛物线与直线的交点为 $M(2,-2)$ 和 $N(8,4)$ (图 6.13). 所求面积可以看成与 x 的变化区间 $[0,8]$ 有关，也可以看成与 y 的变化区间 $[-2,4]$ 有关，因此有两种计算方法.

解 方法 1 由公式 (6.7.2) 得

$$A=\int_0^2\left[\sqrt{2x}-\left(-\sqrt{2x}\right)\right]\mathrm{d}x+\int_2^8\left[\sqrt{2x}-(x-4)\right]\mathrm{d}x=18.$$

方法 2 由公式 (6.7.3) 得

$$A=\int_{-2}^{4}\left[(y+4)-\frac{y^2}{2}\right]\mathrm{d}y=18.$$

显然，方法 2 比较简单 (不用分块计算面积). 由以上例题可知，计算平面图形面积，一般可分为以下步骤:

(1) 画边界曲线草图，并求出曲线的交点坐标;

(2) 选择适当的积分变量并确定积分区间;

(3) 代入相应计算公式，应尽量避免分块运算.

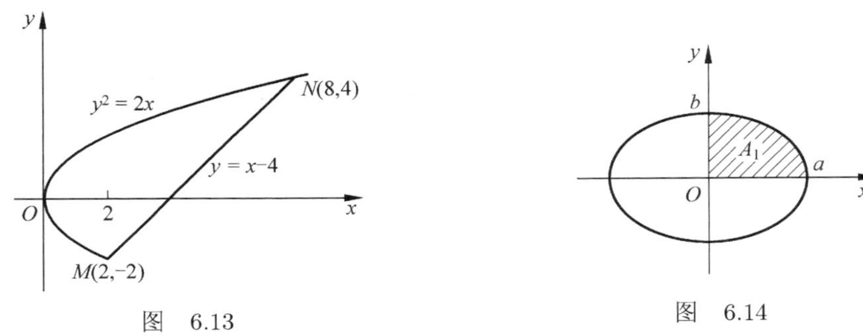

图 6.13　　图 6.14

例 6.7.4 求椭圆 $\dfrac{x^2}{a^2}+\dfrac{y^2}{b^2}\leqslant 1$ 的面积.

解 这个椭圆关于两坐标轴都对称 (图 6.14). 设椭圆第一象限面积为 A_1, 则椭圆面积为 $4A_1$, 利用式 (6.7.1) 有

$$\begin{aligned}A=4A_1&=4\int_0^a y\mathrm{d}x\\&=4\int_0^a\frac{b}{a}\sqrt{a^2-x^2}\mathrm{d}x=\pi ab.\end{aligned}$$

注 积分可用代换 $x=a\sin t$ 求出.

另一种方法是，利用椭圆的参数方程 $\begin{cases}x=a\cos t,\\y=b\sin t,\end{cases}$ 应用定积分换元法，令 $x=a\cos t$, 则

$$y=b\sin t,\quad \mathrm{d}x=-a\sin t\mathrm{d}t.$$

当 x 由 0 变到 a 时， t 由 $\dfrac{\pi}{2}$ 变到 0, 所以

$$A=4\int_0^a y\mathrm{d}x=4\int_{\frac{\pi}{2}}^{0}b\sin t(-a\sin t)\mathrm{d}t$$

$$= -4ab\int_{\frac{\pi}{2}}^{0}\sin^2 t\mathrm{d}t = 4ab\int_{0}^{\frac{\pi}{2}}\sin^2 t\mathrm{d}t$$
$$= 4ab\cdot\frac{1}{2}\cdot\frac{\pi}{2} = \pi ab.$$

例 6.7.5 求由摆线 $x = a(t-\sin t), y = a(1-\cos t)$ $(a>0)$ 的第一摆与 x 轴所围成的图形的面积.

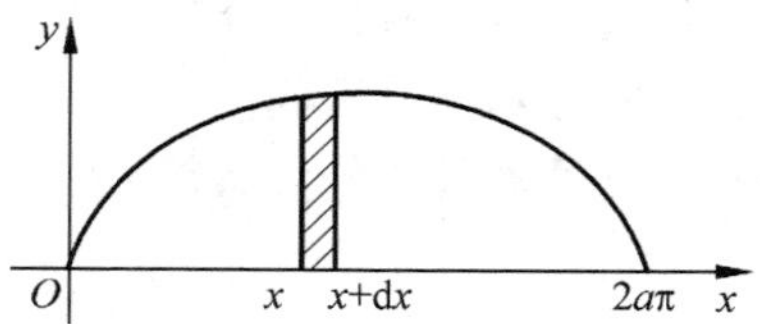

图 6.15

解 如图 6.15 所示，由式 (6.7.2) 得

$$A = \int_0^{2a\pi} y\mathrm{d}x.$$

作变量替换，令 $x = a(t-\sin t)$, 当 $x=0$ 时， $t=0$; 当 $x = 2\pi a$ 时， $t = 2\pi$. 从而 $\mathrm{d}x = a(1-\cos t)\,\mathrm{d}t$, 于是

$$\begin{aligned}
A &= \int_0^{2\pi} a(1-\cos t)\cdot a(1-\cos t)\,\mathrm{d}t \\
&= a^2\int_0^{2\pi}(1-\cos t)^2\,\mathrm{d}t \\
&= a^2\int_0^{2\pi}\left(\frac{3}{2}-2\cos t+\frac{1}{2}\cos 2t\right)\mathrm{d}t \\
&= a^2\left[\frac{3}{2}t-2\sin t+\frac{1}{4}\sin 2t\right]_0^{2\pi} \\
&= 3\pi a^2.
\end{aligned}$$

一般来说，设曲边梯形的曲边 $y = f(x)$ $(f(x)\geqslant 0,\ a\leqslant x\leqslant b)$ 由参数方程 $x=\varphi(t)$, $y=\psi(t)$ 给出， $\varphi(\alpha)=a, \varphi(\beta)=b$, 且 $\psi(t)$ 与 $\varphi'(t)$ 在 $[\alpha,\beta]$ (或 $[\beta,\alpha]$) 上连续，则曲边梯形的面积为

$$A = \int_a^b f(x)\mathrm{d}x = \int_\alpha^\beta \psi(t)\varphi'(t)\mathrm{d}t. \tag{6.7.4}$$

有些时候，利用极坐标计算平面图形的面积较为方便.

例 6.7.6 计算心形线 $r = a(1+\cos\theta)$ 所围图形 (图 6.16) 的面积.

解 心形线所围成的图形对称于极轴，因此所求图形的面积 A 是极轴以上部分图形面积 A_1 的 2 倍.

对于极轴以上部分的图形，θ 的变化区间为 $[0,\pi]$, 相应于 $[0,\pi]$ 上任一小区间 $[\theta,\theta+\mathrm{d}\theta]$ 的窄曲边扇形的面积近似于半径为 $a(1+\cos\theta)$ 、中心角为 $\mathrm{d}\theta$ 的圆扇形的面积，从而得到面积元素

$$\mathrm{d}A=\frac{1}{2}a^2(1+\cos\theta)^2\,\mathrm{d}\theta.$$

于是

$$\begin{aligned}
A=2A_1&=2\int_0^{\pi}\frac{1}{2}a^2(1+\cos\theta)^2\,\mathrm{d}\theta\\
&=a^2\int_0^{\pi}\left(1+2\cos\theta+\cos^2\theta\right)\mathrm{d}\theta\\
&=a^2\int_0^{\pi}\left(\frac{3}{2}+2\cos\theta+\frac{1}{2}\cos2\theta\right)\mathrm{d}\theta\\
&=a^2\left[\frac{3}{2}\theta+2\sin\theta+\frac{1}{4}\sin2\theta\right]_0^{\pi}\\
&=\frac{3}{2}\pi a^2.
\end{aligned}$$

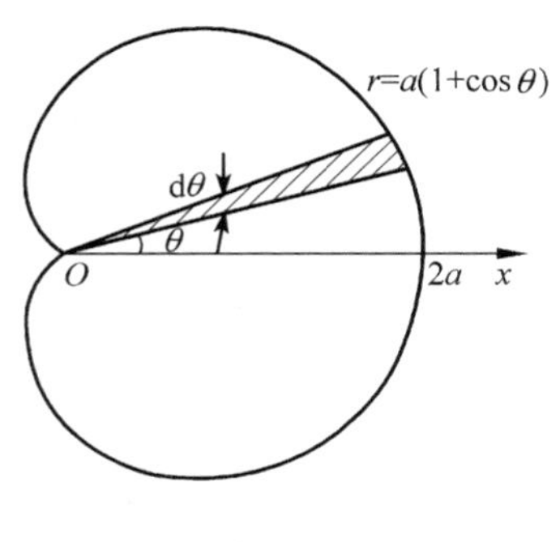

图 6.16

6.7.3 立体的体积

1. 旋转体的体积

旋转体 是由一个平面图形绕这个平面内一条直线旋转一周而成的立体，这直线叫做 **旋转轴**. 常见的圆柱、圆锥、球等都是旋转体.

设一立体是以连续曲线 $y=f(x)$ 与直线 $x=a,x=b\ (a<b)$, 以及 x 轴所围成的平面图形绕 x 轴旋转而成的旋转体 (图 6.17), 下面求其体积.

首先，所求体积与变量 x 的变化区间 $[a,b]$ 有关，同时，它在区间 $[a,b]$ 上具有可加性，因此考虑用定积分的元素法.

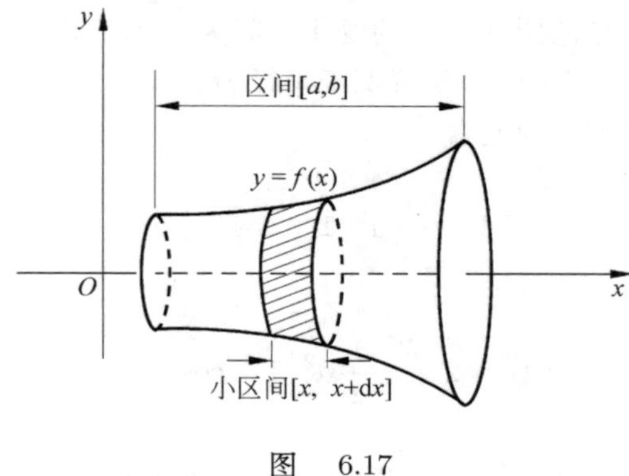

图 6.17

在 $[a,b]$ 上任取小区间 $[x,x+\mathrm{d}x]$, 相应的窄曲边梯形绕 x 轴旋转而成的薄片的体积近似于以 $f(x)$ 为底半径、以 $\mathrm{d}x$ 为高的扁圆柱体的体积，即体积元素

$$\mathrm{d}V=\pi\left[f(x)\right]^2\mathrm{d}x,$$

以 $\pi\left[f(x)\right]^2\mathrm{d}x$ 为被积表达式，在闭区间 $[a,b]$ 上作定积分，便得所求旋转体体积为

$$V=\int_a^b\pi\left[f(x)\right]^2\mathrm{d}x. \tag{6.7.5}$$

同理，由曲线 $x=\varphi(y)$ 与直线 $y=c,y=d\ (c<d)$, 以及 y 轴所围成的曲边梯形绕 y 轴旋转一周而成的旋转体的体积为

$$V=\pi\int_c^d\left[\varphi(y)\right]^2\mathrm{d}y. \tag{6.7.6}$$

例 6.7.7 求由曲线 $y=\sin x\ (0\leqslant x\leqslant\pi)$ 与 x 轴所围成的平面图形绕 x 轴旋转所成的旋转体的体积.

解 由式 (6.7.5) 得

$$\begin{aligned}V&=\int_0^\pi\pi\sin^2x\mathrm{d}x=\pi\int_0^\pi\frac{1-\cos 2x}{2}\mathrm{d}x\\&=\frac{\pi}{2}\left[x-\frac{1}{2}\sin 2x\right]_0^\pi=\frac{\pi^2}{2}.\end{aligned}$$

例 6.7.8 求由曲线 $y=\mathrm{e}^x,y=\mathrm{e}^{-x}$ 与直线 $x=1$ 所围成的平面图形绕 x 轴旋转所成的旋转体的体积.

解 这个旋转体体积 V 可看成两个旋转体体积之差：一个是由曲线 $y=\mathrm{e}^x$, 直线 $x=0,x=1$ 与 x 轴所围成的曲边梯形绕 x 轴旋转所成的旋转体的体积，记

为 V_1; 另一个是由曲线 $y=\mathrm{e}^{-x}$ 与直线 $x=0,x=1$, 以及 x 轴所围成的曲边梯形绕 x 轴旋转所成的旋转体的体积，记为 V_2. 由式 (6.7.5) 有

$$V_1=\int_0^1 \pi\mathrm{e}^{2x}\mathrm{d}x=\frac{1}{2}\pi\left(\mathrm{e}^2-1\right),$$

$$V_2=\int_0^1 \pi\mathrm{e}^{-2x}\mathrm{d}x=\frac{1}{2}\pi\left(1-\mathrm{e}^{-2}\right).$$

于是，所求的旋转体的体积为

$$\begin{aligned}V&=V_1-V_2=\frac{\pi}{2}\left(\mathrm{e}^2-1\right)-\frac{\pi}{2}\left(1-\mathrm{e}^{-2}\right)\\&=\frac{\pi}{2}\left(\mathrm{e}^2+\frac{1}{\mathrm{e}^2}-2\right).\end{aligned}$$

例 6.7.9 求由椭圆 $\dfrac{x^2}{a^2}+\dfrac{y^2}{b^2}\leqslant 1$ 分别绕 x 轴和 y 轴旋转而成的旋转体的体积.

解 由于该平面图形分别关于 x 轴和 y 轴对称 (图 6.18), 只需求出 x 轴上方的半个椭圆绕 x 轴旋转而成的旋转体的体积 V_x 和在 y 轴右方的半个椭圆绕 y 轴旋转所得的旋转体的体积 V_y.

已知在 x 轴上方的半个椭圆的方程为

$$y=\frac{b}{a}\sqrt{a^2-x^2}.$$

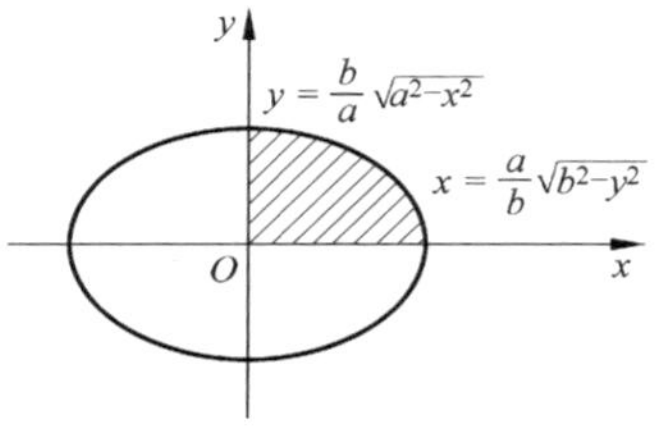

根据式 (6.7.5) 得

$$V_x=\int_{-a}^{a}\pi\frac{a^2}{b^2}\left(a^2-x^2\right)\mathrm{d}x=\frac{4}{3}\pi ab^2.$$

图 6.18

在 y 轴右方的半个椭圆的方程为

$$x=\frac{a}{b}\sqrt{b^2-y^2}.$$

根据式 (6.7.6) 得

$$V_y=\int_{-b}^{b}\pi\frac{a^2}{b^2}\left(b^2-y^2\right)\mathrm{d}y=\frac{4}{3}\pi a^2b.$$

特别地，当 $a=b$ 时，旋转体称为球体，其体积为

$$V_{\text{球}}=V_x=V_y=\frac{4}{3}\pi a^3.$$

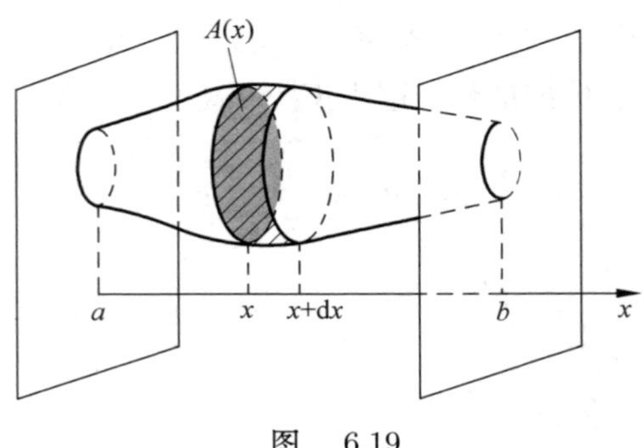

图 6.19

2. 平行截面面积为已知的立体的体积

设有一空间立体 (图 6.19) 位于垂直于 x 轴的两平面 $x=a$ 与 $x=b$ $(a<b)$ 之间, 且该立体被垂直于 x 轴的平面所截的截面面积为 x 的已知函数 $A(x)$ $(a \leqslant x \leqslant b)$, 这个立体的体积与 x 的变化区间 $[a,b]$ 有关, 且在 $[a,b]$ 上具有可加性, 可通过定积分的元素法求出.

在 $[a,b]$ 上任取 $[x,x+\mathrm{d}x]$, 截得的薄片可近似看成一个底面积为 $A(x)$ 、高为 $\mathrm{d}x$ 的小柱体, 其体积为

$$\Delta V \approx A(x)\mathrm{d}x.$$

即体积 **元素**$\mathrm{d}V=A(x)\mathrm{d}x$. 从而得体积的计算公式为

$$V=\int_a^b A(x)\mathrm{d}x. \tag{6.7.7}$$

回忆前面的旋转体体积计算公式, 其中的 $\pi f^2(x)$ 或 $\pi\varphi^2(y)$ 正是所截得的圆的面积, 它们就是式 (6.7.7) 中的 $A(x)$, 因此可知旋转体是平行截面面积为已知的立体的一种特例.

例 6.7.10 一平面经过半径为 R 的圆柱体的底圆中心, 并与底面的夹角为 α (图 6.20), 计算这个平面截圆柱体所得部分立体的体积.

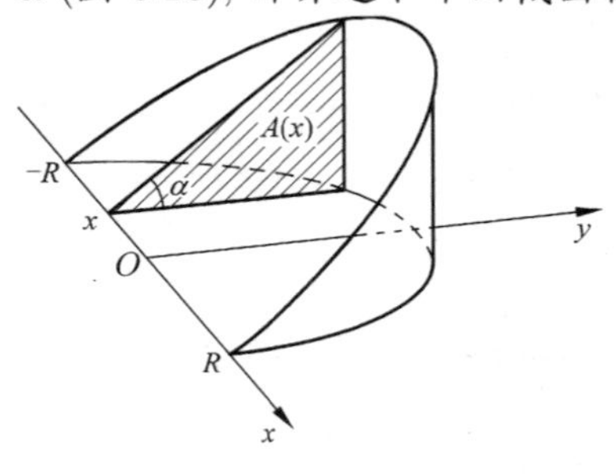

图 6.20

解 建立如图所示的坐标系, 则底圆方程为 $x^2+y^2=R^2$, x 的变化区间为 $[-R,R]$. 在 $[-R,R]$ 上任取一点 x, 作与 x 轴垂直的平面, 截得一直角三角形, 它的两条直角边分别为 y 和 $y\tan\alpha$, 面积为

$$A(x)=\frac{1}{2}y^2\tan\alpha=\frac{1}{2}\left(R^2-x^2\right)\tan\alpha,$$

代入式 (6.7.7) 得体积

$$V=\frac{1}{2}\int_{-R}^{R}\left(R^2-x^2\right)\tan\alpha\mathrm{d}x$$

$$= \frac{2}{3}R^3 \tan\alpha.$$

6.7.4 平面曲线的弧长

设曲线方程为

$$y = f(x)\ (a \leqslant x \leqslant b),$$

函数 $f(x)$ 在区间 $[a,b]$ 上有一阶连续导数，我们来求此曲线弧的长度 (图 6.21).

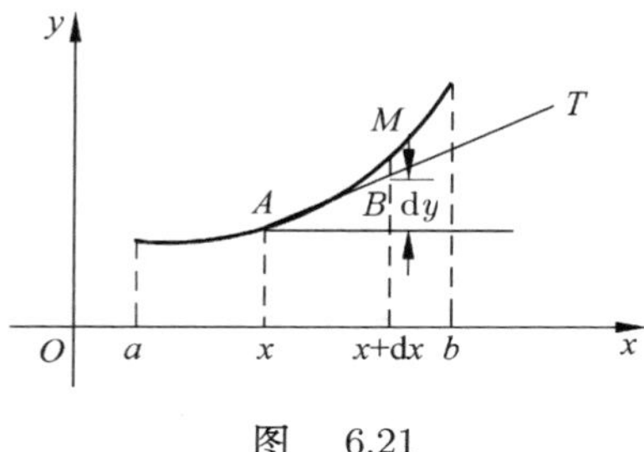

图 6.21

这段弧长与 x 的变化区间 $[a,b]$ 有关，且在 $[a,b]$ 上具有可加性. 任取 $[a,b]$ 上一小区间 $[x,x+\mathrm{d}x]$, 这小区间上对应的弧长 $\Delta s=\widehat{AM}$, 过曲线上点 $A(x,f(x))$ 作曲线的切线 AT, 用在 $[x,x+\mathrm{d}x]$ 上对应的切线长 AB 代替 $\widehat{AM}$, 得弧长元素

$$\mathrm{d}s = \sqrt{(\mathrm{d}x)^2+(\mathrm{d}y)^2} = \sqrt{1+y'^2}\mathrm{d}x.$$

于是得曲线弧长为

$$s = \int_a^b \sqrt{1+y'^2}\mathrm{d}x. \tag{6.7.8}$$

如果曲线由参数方程

$$\begin{cases} x = \varphi(t), \\ y = \psi(t), \end{cases} \quad \alpha \leqslant t \leqslant \beta$$

给出，其中函数 $\varphi(t),\psi(t)$ 在 $[\alpha,\beta]$ 上具有一阶连续导数，则这段曲线弧的长度为

$$s = \int_\alpha^\beta \sqrt{\varphi'^2(t)+\psi'^2(t)}\mathrm{d}t. \tag{6.7.9}$$

事实上，这段曲线弧长与 t 的变化区间 $[\alpha,\beta]$ 有关，在 $[\alpha,\beta]$ 上任取一小区间 $[t,t+\mathrm{d}t]$, 这小区间上对应的弧长的近似值，即弧长元素为

$$\mathrm{d}s = \sqrt{(\mathrm{d}x)^2+(\mathrm{d}y)^2} = \sqrt{\varphi'^2(t)+\psi'^2(t)}\mathrm{d}t,$$

因此有式 (6.7.9) 成立.

如果曲线由极坐标方程

$$r = r(\theta)\ (\alpha \leqslant \theta \leqslant \beta)$$

给出，函数 $r(\theta)$ 在 $[\alpha, \beta]$ 上具有连续导数，则由极坐标与直角坐标之间的关系可得

$$\begin{cases} x = r(\theta)\cos\theta, \\ y = r(\theta)\sin\theta, \end{cases} \quad \alpha \leqslant \theta \leqslant \beta,$$

这就是曲线的参数方程，由式 (6.7.9) 得弧长为

$$s = \int_{\alpha}^{\beta} \sqrt{r^2(\theta) + r'^2(\theta)}\mathrm{d}\theta. \tag{6.7.10}$$

例 6.7.11 求曲线 $y = \dfrac{2}{3}x^{\frac{3}{2}}$ 上相应于 x 从 0 到 8 的一段弧的长度.

解 由式 (6.7.8) 得

$$\begin{aligned} s &= \int_0^8 \sqrt{1 + y'^2}\mathrm{d}x = \int_0^8 \sqrt{1 + x}\mathrm{d}x \\ &= \frac{2}{3}(1 + x)^{\frac{3}{2}}\Big|_0^8 = 17\frac{1}{3}. \end{aligned}$$

例 6.7.12 求星形线 $x = a\cos^3 t,\ y = a\sin^3 t\ (a > 0, 0 \leqslant t \leqslant 2\pi)$ 的全长 (图 6.22)

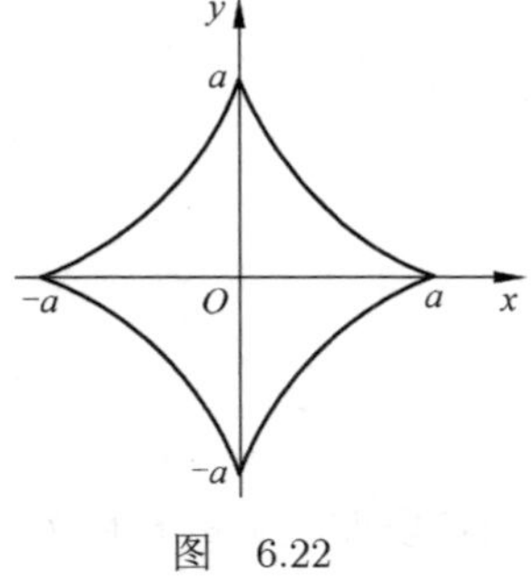

图 6.22

解 由于当 $0 \leqslant t \leqslant \dfrac{\pi}{2}$ 时，有

$$\begin{aligned} \sqrt{x_t'^2 + y_t'^2} &= \sqrt{(-3a\cos^2 t\sin t)^2 + (3a\sin^2 t\cos t)^2} \\ &= \sqrt{9a^2\cos^4 t\sin^2 t + 9a^2\sin^4 t\cos^2 t} \\ &= \sqrt{9a^2\cos^2 t\sin^2 t} \\ &= 3a\cos t\sin t, \end{aligned}$$

由星形线的对称性及式 (6.7.9) 得

$$s = 4\int_0^{\frac{\pi}{2}} 3a\cos t\sin t\mathrm{d}t = 6a.$$

例 6.7.13 求心形线 $r = a(1 + \cos\theta)$ 的全长 (图 6.16).

解 由于 $r = a(1 + \cos\theta), r' = -a\sin\theta$, 当 $0 \leqslant \theta \leqslant \pi$ 时，有

$$\sqrt{r^2 + r'^2} = \sqrt{a^2(1 + \cos\theta)^2 + a^2\sin^2\theta} = \sqrt{2a^2(1 + \cos\theta)}$$

$$= \sqrt{4a^2\cos^2\frac{\theta}{2}} = 2a\cos\frac{\theta}{2},$$

由心形线关于极轴对称及式 (6.7.10) 得

$$s = 2\int_0^{\pi}\sqrt{r^2+r'^2}\mathrm{d}\theta = 4a\int_0^{\pi}\cos\frac{\theta}{2}\mathrm{d}\theta = 8a.$$

习　题　6.7

1. 求下列曲线所围成图形的面积:

(1) $y=\sqrt{x}$ 与 $y=x$;

(2) $x=5y^2$ 与 $x=1+y^2$;

(3) $y=\dfrac{1}{x}$ 与 $y=x, x=2$;

(4) $y=\ln x, x=0, y=\ln a, y=\ln b\ (b>a>0)$;

(5) $x=2\cos t$ 与 $y=4\sin t\ (0\leqslant t\leqslant 2\pi)$;

2. 求抛物线 $y=-x^2+4x-3$ 与它在点 $(0,-3)$ 和 $(3,0)$ 处的切线所围成的图形的面积.

3. 求星形线 $\begin{cases} x=a\cos^3 t, \\ y=a\sin^3 t \end{cases}$ $(0\leqslant t\leqslant 2\pi)$ 所围成图形的面积.

4. 确定正数 k 值，使曲线 $y^2=x$ 与 $y=kx$ 所围成的面积为 $\dfrac{1}{6}$.

5. 曲线 $y=1-x^2$ 与 x 轴、 y 轴在第一象限所围成的图形被曲线 $y=ax^2$ 分为面积相等的两部分，其中 a 为正数，试确定常数 a 的值.

6. 求下列曲线所围成的图形绕指定的轴旋转所成的旋转体的体积:

(1) $x=0, y=\mathrm{e}$, 及 $y=\mathrm{e}^{\frac{x}{2}}$, 绕 y 轴;

(2) $y=x^2, y=x$ 及 $y=2x$, 绕 x 轴;

(3) $y=x^2, x=y^2$, 绕 y 轴;

(4) $y=\sqrt{x}$ 与 $x=1, x=4, y=0$, 绕 x 轴，绕 y 轴.

7. 求半径为 R 的球体中高为 $H(H<R)$ 的球冠的体积.

8. 求曲线 $y=\ln x$ 上相应 $\sqrt{3}\leqslant x\leqslant\sqrt{8}$ 的一段弧的长度.

9. 求曲线 $y=\displaystyle\int_0^x \tan t\mathrm{d}t$ 相应于 $0\leqslant x\leqslant\dfrac{\pi}{4}$ 的一段弧的长度.

6.8 定积分在经济学中的应用

6.8.1 已知边际函数求总函数

前面在学习导数时我们知道, 如果已知一个总函数 (如总成本函数、总收益函数等), 总可以利用微分或求导运算, 求出其边际函数, 反过来, 如已知边际函数, 也可通过积分确定其总函数.

例 6.8.1 设某产品在时刻 t 总产量的变化率 (单位: 单位 /h) 为

$$f(t)=100+12t-0.6t^2,$$

求从 $t=2$ 到 $t=4$ 这两小时的总产量.

解 因为总产量 $p(t)$ 是它的变化率的原函数, 所以从 $t=2$ 到 $t=4$ 这两个小时的总产量为

$$\begin{aligned}\int_2^4 f(t)\mathrm{d}t&=\int_2^4\left(100+12t-0.6t^2\right)\mathrm{d}t\\&=\left(100t+6t^2-0.2t^3\right)\Big|_2^4\\&=100(4-2)+6\left(4^2-2^2\right)-0.2\left(4^3-2^3\right)\\&=260.8.\end{aligned}$$

即这两小时总产量为 260.8 单位.

例 6.8.2 设某种商品每天生产 x 单位时固定成本为 20 元, 边际成本函数为 $C'(x)=0.4x+2$(单位: 元 / 单位), 求总成本函数 $C(x)$. 如果这种商品规定的销售单价为 18 元, 且产品可以全部售出, 求总利润函数 $L(x)$, 并问每天生产多少单位时才能获得最大利润.

解 由已知固定成本设为 $C(0)=20$, 则每天生产 x 单位时总成本为

$$\begin{aligned}C(x)&=\int_0^x(0.4t+2)\,\mathrm{d}t+C(0)\\&=\left(0.2t^2+2t\right)\Big|_0^x+20\\&=0.2x^2+2x+20.\end{aligned}$$

设销售 x 单位得到的总收益为 $R(x)$, 由题意得

$$R(x)=18x,$$

而

$$L(x)=R(x)-C(x)=18x-\left(0.2x^2+2x+20\right)=-0.2x^2+16x-20,$$

由 $L'(x)=-0.4x+16=0$ 得 $x=40$, 而 $L''(40)=-0.4<0$,

$$L(40)=-0.2\times 40^2+16\times 40-20=300.$$

所以每天生产 40 单位时才能获得最大利润，最大利润为 300 元.

例 6.8.3 已知生产某商品 x 单位时，边际收益函数为 $R'(x)=200-\dfrac{x}{50}$(单位：元 / 单位), 试求生产 x 单位时的总收益和平均单位收益. 并求出生产这种商品 2000 单位时的总收益和平均单位收益.

解 因为总收益是边际收益函数在 $[0,x]$ 上的定积分，所以生产 x 单位时的总收益为

$$\begin{aligned}R(x)&=\int_0^x\left(200-\frac{t}{50}\right)\mathrm{d}t=\left(200t-\frac{t^2}{100}\right)\Big|_0^x\\&=200x-\frac{x^2}{100},\\\overline{R}(x)&=\frac{R(x)}{x}=200-\frac{x}{100}.\end{aligned}$$

当 $x=2000$ 时，有

$$\begin{aligned}R(2000)&=400000-\frac{(2000)^2}{100}=360000,\\\overline{R}(2000)&=180.\end{aligned}$$

即生产这种产品 200 单位时的总收益为 3600 元，平均单位收益为 180 元.

例 6.8.4 在某地区当消费者个人收入为 x 时，消费支出 $W(x)$ 的变化率 $W'(x)=\dfrac{15}{\sqrt{x}}$, 当个人收入由 900 增加到 1600 时，消费支出增加多少？

解 $W=\displaystyle\int_{900}^{1600}\frac{15}{\sqrt{x}}\mathrm{d}x=\left[30\sqrt{x}\right]_{900}^{1600}=300.$

6.8.2 求收益流的现值和将来值

先介绍收益流和收益流量的概念. 若某公司的收益是连续获得的，则其收益可被看作是一种随时间连续变化的 **收益流** 函数，而收益流对时间的变化率称为 **收益流量**. 收益流量实际上是一种速率，一般用 $p(t)$ 表示；若时间 t 以年为单位，收益以元为单位，则收益流量的单位为元 / 年，时间 t 一般从现在开始计算，若 $p(t)=b$ 为常数，则称该收益具有常数收益流量.

和单笔款项一样， **收益流的将来值** 定义为将它存入银行并加上利息之后的存款值；而 **收益流的现值** 是这样一笔款项，若把它存入可获息的银行，将来从收益流中获得的总收益与包括利息在内的银行存款值有相同的价值，若以连续利率 r 计息，一笔 P 元人民币从现在起存入银行， t 年后的将来值为

$$B = P\mathrm{e}^{rt}.$$

若 t 年后得到 B 人民币，则现值 (现在需要存入银行的金额) 为

$$P = B\mathrm{e}^{-rt}.$$

若有一笔收益流的收益流量为 $p(t)$(单位：元 / 年)，假设以连续利率 r 计息，下面计算其现值及将来值.

此类问题应可由定积分的元素法得到. 考虑从现在 $(t=0)$ 开始到 T 年后这一时间段，在区间 $[0,T]$ 内任取一小区间 $[t,t+\mathrm{d}t]$，在 $[t,t+\mathrm{d}t]$ 内将 $p(t)$ 近似看作常数，则所应获得的金额 (单位：元) 近似等于 $p(t)\mathrm{d}t$.

从现在 $(t=0)$ 算起，$p(t)\mathrm{d}t$ 这笔金额是在 t 年后的将来获得的，因此在 $[t,t+\mathrm{d}t]$ 内

$$\text{收益的现值} \approx [p(t)\mathrm{d}t]\,\mathrm{e}^{-rt} = p(t)\mathrm{e}^{-rt}\mathrm{d}t,$$

从而

$$\text{总现值} = \int_0^T p(t)\mathrm{e}^{-rt}\mathrm{d}t. \tag{6.8.1}$$

在计算将来值时，收入 $p(t)\mathrm{d}t$ 在以后的 $T-t$ 年期间内获息，故在 $[t,t+\mathrm{d}t]$ 内，

$$\text{收益流的将来值} \approx [p(t)\mathrm{d}t]\,\mathrm{e}^{r(T-t)} = p(t)\mathrm{e}^{r(T-t)}\mathrm{d}t,$$

从而

$$\text{将来值} = \int_0^T p(t)\mathrm{e}^{r(T-t)}\mathrm{d}t. \tag{6.8.2}$$

例 6.8.5 假设以年连续利率 $r=0.1$ 计息.

(1) 求收益流量为 100 元 / 年的收益流在 20 年期间的现值和将来值 (单位：元)；

(2) 将来值和现值的关系如何？解释这一关系.

解 (1) 现值 $= \displaystyle\int_0^{20} 100\mathrm{e}^{-0.1t}\mathrm{d}t = 1000\left(1-\mathrm{e}^{-2}\right) \approx 864.66$,

$$\begin{aligned}\text{将来值} &= \int_0^{20} 100\mathrm{e}^{0.1(20-t)}\mathrm{d}t = \int_0^{20} 100\mathrm{e}^2\mathrm{e}^{-0.1t}\mathrm{d}t\\ &= 1000\mathrm{e}^2\left(1-\mathrm{e}^{-2}\right) \approx 6389.06.\end{aligned}$$

即现值为 864.66 元，将来值为 6389.06 元.

(2) 显然将来值 = 现值 $\times\mathrm{e}^2$.

若在 $t=0$ 时刻以现值 $1000\left(1-\mathrm{e}^{-2}\right)$ 作为一笔款项存入银行，以年连续等利率 $r=0.1$ 计息，则 20 年中这笔单独款项的将来值 (单位：元) 为

$$100\left(1-\mathrm{e}^{-2}\right)\mathrm{e}^{0.1\times 20} = 1000\left(1-\mathrm{e}^{-2}\right)\mathrm{e}^2.$$

而这正好是上述收益在 20 年期间的将来值.

例 6.8.6 设有一项计划在 $t=0$ 需要投入 1000 万元, 在 10 年中每年收益为 200 万元, 若连续利率为 5%, 求收益资本价值 W(单位: 万元, 设购置的设备 10 年后完全失去价值).

解 资本价值 = 收益流的现值 − 投入资金的现值.

$$\begin{aligned} W &= \int_0^{10} 200\mathrm{e}^{-0.05t}\mathrm{d}t - 1000 \\ &= \left[\frac{-200}{0.05}\mathrm{e}^{-0.05t}\right]_0^{10} - 1000 \\ &= 4000\left(1-\mathrm{e}^{-0.5}\right) - 1000 \\ &= 573.88, \end{aligned}$$

即收益资本价值为 573.88 万元.

习 题 6.8

1. 已知边际成本为 $C'(x)=7+\dfrac{25}{\sqrt{x}}$, 固定成本为 1000, 求总成本函数.

2. 某产品的边际成本 $C'(x)=2-x$, 固定成本 $C_0=100$, 边际收益 $R'(x)=20-4x$(单位: 万元 / 台), 求: (1) 总成本函数; (2) 收益函数; (3) 生产量为多少台时, 总利润最大?

3. 求 30000 元的定常收入流经过 15 年时期的现值和将来值, 这里假设利息是以每年 6% 的年利率按连续复利方式支付的.

4. 某公司按利率 10%(连续复利) 贷款 100 万元购买某设备, 该设备使用 10 年后报废, 公司每年可收入 b 元.

(1) b 为何值时公司不会亏本?

(2) 当 $b=20$ 万元时, 求收益的资本价值 (资本价值 = 收益流的现值−投入资金的现值).

6-4 第 6 章小结

总习题 6

A　题

1. 填空题

(1) 设 $f(x)$ 为连续函数，且 $\int_0^{x^3-1} f(t)\mathrm{d}t = x$, 则 $f(7) =$ ____.

(2) 设 $f(x) = \dfrac{1}{1+x^2} + x^3\int_0^1 f(x)\mathrm{d}x$, 则 $\int_0^1 f(x)\mathrm{d}x =$ ____.

(3) 设 $f(x)$ 有一个原函数为 $\dfrac{\sin x}{x}$, 则 $\int_{\frac{\pi}{2}}^{\pi} xf'(x)\mathrm{d}x =$ ____.

(4) $\int_{-2}^{2} \dfrac{x+|x|}{2+x^2}\mathrm{d}x =$ ____.

(5) $\int_1^{+\infty} \dfrac{\mathrm{d}x}{\mathrm{e}^x + \mathrm{e}^{2-x}} =$ ____.

2. 选择题

(1) 函数 $f(x) = \int_0^x \mathrm{e}^{\sqrt{t}}\mathrm{d}t$ 在 $[0,1]$ 上的最大值是 (　　).

(A) e　(B) 1　(C) $\sqrt{\mathrm{e}}$　(D) 2

(2) 设 $f(x)$ 连续，则 $\dfrac{\mathrm{d}}{\mathrm{d}x}\int_0^x tf(x^2-t^2)\mathrm{d}t =$ (　　).

(A) $xf(x^2)$　(B) $-xf(x^2)$　(C) $2xf(x^2)$　(D) $-2xf(x^2)$

(3) 设 $F(x) = \int_{\frac{1}{x}}^{\ln x} f(t)\mathrm{d}t$, 其中 $f(t)$ 连续，则 $F'(x) =$ (　　).

(A) $\dfrac{1}{x}f(\ln x) + \dfrac{1}{x^2}f\left(\dfrac{1}{x}\right)$　(B) $f(\ln x) + f\left(\dfrac{1}{x}\right)$

(C) $\dfrac{1}{x}f(\ln x) - \dfrac{1}{x^2}f\left(\dfrac{1}{x}\right)$　(D) $f(\ln x) - f\left(\dfrac{1}{x}\right)$

(4) 下列广义积分发散的是 (　　).

(A) $\int_0^{+\infty} \dfrac{\mathrm{d}x}{1+x^2}$　(B) $\int_0^1 \dfrac{\mathrm{d}x}{\sqrt{1-x^2}}$

(C) $\int_0^{+\infty} \dfrac{\ln x}{x}\mathrm{d}x$　(D) $\int_0^{+\infty} \mathrm{e}^{-x}\mathrm{d}x$

3. 计算下列定积分：

(1) $\int_0^1 x\arcsin x\mathrm{d}x$;　　(2) $\int_0^{\frac{\pi}{4}} \frac{x}{1+\cos 2x}\mathrm{d}x$;

(3) $\int_0^1 \frac{\ln(1+x)}{(2-x)^2}\mathrm{d}x$;　　(4) $\int_1^4 \frac{\mathrm{d}x}{x(1+\sqrt{x})}$;

(5) 设 $f(x)=\begin{cases}1+x^2, & x\leqslant 0,\\ \mathrm{e}^{-x}, & x>0,\end{cases}$ 求 $\int_1^3 f(x-2)\mathrm{d}x$;

(6) $\int_{-\frac{1}{2}}^{\frac{1}{2}} \frac{x\arcsin x}{\sqrt{1-x^2}}\mathrm{d}x$.

4. 求 $\int_0^1 [\ln(1+x)-x\mathrm{e}^{-x}]\mathrm{d}x$.

5. 已知 $2x\int_0^1 f(x)\mathrm{d}x+f(x)=\ln(1+x^2)$, 求 $\int_0^1 f(x)\mathrm{d}x$.

6. 在曲线 $y=x^2\ (x\geqslant 0)$ 上某点 M 处作切线，使之与曲线以及 x 轴所围成图形的面积为 $\frac{1}{12}$, 试求：

(1) 切点 M 的坐标；

(2) 过切点 M 的切线方程；

(3) 由上述所围成平面图形绕 x 轴旋转一周所成旋转体的体积.

7. 求圆域 $x^2+(y-5)^2\leqslant 16$ 绕 x 轴旋转一周所生成的旋转体的体积.

8. 某商品的边际成本 $C'(x)=x^2-4x+6$, 且固定成本为 2, 求总成本函数；当产品从 2 个单位增加到 4 个单位时，求总成本的增量.

9. 某种债券，保证每年付 $(100+10t)$ 元，共付 10 年，其中 t 表示从现在算起的年数，求这一收入流的现值. 这里假设利率为 5%, 按连续复利方式支付.

10. 讨论下列广义积分的敛散性，若收敛，求其值.

(1) $\int_{-1}^1 \frac{1}{\sqrt{1-x^2}}\mathrm{d}x$;　(2) $\int_2^{+\infty} \frac{1}{x\ln^2 x}\mathrm{d}x$.

11. 设 $f(x)$ 在区间 $[a,b]$ 上连续, 且 $f(x)>0, F(x)=\int_a^x f(t)\mathrm{d}t+\int_b^x \frac{\mathrm{d}t}{f(t)}, x\in[a,b]$. 证明：(1)$F'(x)\geqslant 2$; (2) 方程 $F(x)=0$ 在区间 (a, b) 内有且仅有一个根.

B 题

1. 设 $f(x)$ 为连续函数，求 $\frac{\mathrm{d}}{\mathrm{d}x}\int_{\cos x}^1 (t^2-\mathrm{e}^x)f(t)\mathrm{d}t$.

2. 求 $\int_{-1}^2 |x-1|\mathrm{e}^{|x|}\mathrm{d}x$.

3. 已知 $f(x)$ 在区间 $[0,+\infty)$ 上具有二阶连续导数，$f(1)=1$，$f'(1)=2$，$\int_0^1 x^2 f''(x)\mathrm{d}x=6$，求 $\int_0^1 f(x)\mathrm{d}x$.

4. 设 $f(x)$ 为连续函数，证明：

$$\int_0^x f(t)(x-t)\mathrm{d}t=\int_0^x\left(\int_0^t f(u)\mathrm{d}u\right)\mathrm{d}t.$$

5. 已知 $f(\pi)=2$，$\int_0^{\pi}[f(x)+f''(x)]\sin x\mathrm{d}x=5$，求 $f(0)$.

6. 设 $f(x)$ 在区间 $[a,b]$ 上二阶可导，$f'(x)>0$，$f''(x)>0$，证明：

$$(b-a)f(a)<\int_a^b f(x)\mathrm{d}x<(b-a)\frac{f(a)+f(b)}{2}.$$

当 $f(x)>0$ 时，从几何上说明该结论成立的理由.

7. 设抛物线 $y=ax^2+bx+c$ 通过原点 $(0,0)$，且当 $x\in[0,1]$ 时，$y\geqslant 0$，试确定 a,b,c 的值，使得抛物线 $y=ax^2+bx+c$ 与直线 $x=1,y=0$ 所围成图形的面积为 $\frac{4}{9}$，且使图形绕 x 轴旋转而成的旋转体的体积最小.

8. 已知直线 $y=ax+b$ 过点 $(0,1)$，当直线 $y=ax+b$ 与抛物线 $y=x^2$ 所围图形的面积最小时，a,b 应取何值？

9. 某公司投资 232 万元扩建一个工厂，该厂投产为期 20 年，每年可收益 20 万元，求这笔投资的连续利率 (只需求出应满足的方程).

第 6 章自测题

综合测试题及参考答案

测试题 1

测试题 1 答案

测试题 2

测试题 2 答案

测试题 3

测试题 3 答案

习题参考答案

习　题　1.1

1. (1) $\{x|x>6, x\in\mathbb{R}\}$;　(2) $\{(x,y)|x^2+y^2<16\}$;

(3) $\{(x,y)|y=x^2$且$x-y=0\}$.

2. (1) $\{2,6\}$;　(2) $\{(0,0),(1,1)\}$;

(3) $\{-4,-3,-2,-1,0,1,2,3,4,5,6\}$.

3. (1) $A\bigcup B=\{1,2,3,5\}$;　(2) $A\bigcap B=\{1,3\}$;

(3) $A\bigcup B\bigcup C=\{1,2,3,4,5,6\}$;　(4) $A\bigcap B\bigcap C=\varnothing$;

(5) $A\backslash B=\{2\}$.

4. (1) $A\bigcup B=\{x|x>3\}$;　(2) $A\bigcap B=\{x|4<x<5\}$;

(3) $A\backslash B=\{x|3<x\leqslant 4\}$.

5. (1) $A\bigcap B$, 15个;　(2) $B-A$或$\overline{A}\bigcap B$, 25个;

(3) $A\bigcup B$, 95个;　(4) $\overline{A\bigcup B}$, 5个.

6. (1) $[-5,5]$;　(2) $[1,3]$;　(3) $(a-\varepsilon, a+\varepsilon)$;

(4) $(-\infty,-3]\bigcup[3,+\infty)$;　(5) $(-\infty,-3)\bigcup(1,+\infty)$.

7. (1) $(-5,-1)$;　(2) $(-1,1)\bigcup(3,5)$.

8. (1) $-2<x<3$或$\left|x-\dfrac{1}{2}\right|<\dfrac{5}{2}$;

(2) $-2\leqslant x\leqslant 2$或$|x|\leqslant 2$;

(3) $-5<x<+\infty$.

习　题　1.2

1. (1) $[-2,2]$;　(2) $\left\{x|x\neq\dfrac{1}{2}\text{且}x\neq 0, x\in\mathbb{R}\right\}$;

(3) $\{x|x>-3\}$;　(4) $(-a,a)$;

(5) $-2\leqslant x\leqslant 4$;　(6) $[-2,-1)\bigcup(-1,1)\bigcup(1,+\infty)$;

(7) $(-\infty,0)\bigcup(0,3]$;　(8) $(-2,3]$.

2. (1) 不同;　(2) 相同.

3. (1) 偶;　(2) 非奇非偶;　(3) 偶;　(4) 非奇非偶;

(5) 偶;　(6) 奇;　(7) 奇;　(8) 奇.

4. (1) 在$(-\infty,+\infty)$单增; (2) 在$(-\infty,+\infty)$单增;
(3) 在$(0,+\infty)$单增; (4) 在$(-\infty,0)\bigcup(0,+\infty)$单减.

5. (1) 有界函数; (2) 有界函数; (3) 无界函数.

6. (1) $T=\pi$; (2) $T=2\pi$; (3) $T=\pi$.

习 题 1.3

1. (1) $y=\dfrac{x-1}{2}$; (2) $y=\dfrac{1-x}{1+x}(x\neq -1)$;
(3) $y=-\sqrt{1-x^2},0\leqslant x\leqslant 1$; (4) $y=10^{x-1}-2$;
(5) $y=\mathrm{e}^{x-1}-2$; (6) $y=\begin{cases}x, & x<1,\\ \sqrt{x}, & 1\leqslant x\leqslant 16,\\ \log_2 x, & x>16.\end{cases}$

2. (1) $y=\sin^2 x,\quad y_1=\dfrac{1}{2},\quad y_2=1$;
(2) $y=\mathrm{e}^{x^2},\quad y_1=\mathrm{e},\quad y_2=\mathrm{e}^4$;
(3) $y=\mathrm{e}^{2x},\quad y_1=\mathrm{e}^2,\quad y_2=\mathrm{e}^4$.

3. (1) $y=\sqrt{u},u=3x-1$;
(2) $y=au,u=\sqrt[3]{v},v=1+x$;
(3) $y=u^5,u=1+v,v=\ln x$;
(4) $y=\mathrm{e}^u,u=\mathrm{e}^v,v=-x^2$;
(5) $y=\mathrm{e}^u,u=\tan v,v=\dfrac{x}{2}$;
(6) $y=\arcsin u,u=\ln v,v=2x+1$.

4. $f(x)=x^2-2$.

5. $f[\varphi(x)]=\sin^3 2x-\sin 2x,\varphi[f(x)]=\sin 2(x^3-x)$.

习 题 1.4

1. (1) 初等函数; (2) 非初等函数; (3) 非初等函数;
(4) 非初等函数; (5) 初等函数; (6) 非初等函数.

2.～3. 略.

4. $a=2$, 是，定义域为 $(-\infty,+\infty)$; $a=-2$, 不是.

5. $s=2\left(x+\dfrac{A}{x}\right),\quad D:(0,+\infty)$.

6. $V=\pi h\left(r^2-\dfrac{h^2}{4}\right),\quad D:(0,2r)$.

习 题 1.5

1. $R=-\dfrac{1}{2}x^2+4x$.
2. $Q=10+5\times 2^p$.
3. $y=\begin{cases}130x, & 0\leqslant x\leqslant 700,\\ 130\times 700+130\times 0.9\times(x-700), & 700<x\leqslant 1000.\end{cases}$
4. (1) 略; (2)$12000P-200P^2$.
5. (1) $y=4000t+44000$; (2) 52000.
6. (1) 150; (2) -2500; (3) 175.
7. 次数少于 100 时，选择第二家.
8. (1) $\overline{P}=80, D(\overline{P})=S(\overline{P})=70$; (2) 略;
   (3) $P=10$,价格低于 10 时，无人愿供货.

总 习 题 1

A 题

1. (1) $\{0,\pm1,\pm2,\pm3,\pm4\}$; (2) $\{2,3\}$;
   (3) $\left\{(x,y)|\dfrac{x^2}{4}+\dfrac{y^2}{9}<1\right\}$.
2. (1) $(-3,1)\bigcup(1,5)$; (2) $(-\infty,-1]\bigcup[2,+\infty)$.
3. $f(-2)=-1$; $f(-1)=0$; $f(0)=1$; $f(1)=2$; $f(2)=4$.
4. (1) 同一函数; (2) 不是同一函数; (3) 不是同一函数.
5. (1) $-1\leqslant x<1$; (2) $-\dfrac{1}{3}\leqslant x\leqslant 1$.
6. (1) 奇函数; (2) 偶函数; (3) 非奇非偶函数; (4) 非奇非偶函数.
7. (1) $T=2$; (2) $T=2$; (3) $T=\pi$; (4) 不是.
8. (1) $y=\sin u, u=\ln v, v=x^2+1$;
   (2) $y=2^u, u=v^2, v=\tan w, w=\dfrac{1}{x}$.
9. (1) $[-1,1]$; (2) $[a,1-a]$ $\left(0<a\leqslant\dfrac{1}{2}\right)$.
10. $g[f(x)]=\begin{cases}-1, & x>0,\\ 0, & x=0,\\ 1, & x<0;\end{cases}$ $f[g(x)]=\begin{cases}\dfrac{1}{\mathrm{e}}, & |x|>1,\\ 1, & |x|=1,\\ \mathrm{e}, & |x|<1.\end{cases}$
11. $f_n(x)=\dfrac{x}{\sqrt{1+nx^2}}$.
12. $f[f(x)]=1$.

13. (1) $P=\begin{cases}90, & 0\leqslant x\leqslant 100,\\ 90-(x-100)\times 0.01, & 100<x<1600,\\ 75, & x\geqslant 1600;\end{cases}$

(2) $L=(P-60)x=\begin{cases}30x, & 0\leqslant x\leqslant 100,\\ 31x-0.01x^2, & 100<x<1600,\\ 15x, & x\geqslant 1600;\end{cases}$

(3) $L=21000$元.

14. $y=(50-x)(120+5x)-10(50-x)$.

当月租金 190 元时，最大利润 6480 元，闲房 14 间.

B 题

1. (1) $(0,10)$;　(2) $\left(\dfrac{1}{2},1\right)\bigcup(1,2]$.
2. $(0,+\infty)$.
3. $f(x)=-\dfrac{4m}{(b-a)^2}(x-a)(x-b)$.
4. $f(x-2)=2^{x^2-4x}-x+4$.
5. 略.
6. $\varphi(x)=\ln(x^2-2)$,　$x\in(-\infty,-\sqrt{2})\bigcup(\sqrt{2},+\infty)$.
7. (1) $y=\dfrac{1}{2}(3x+x^3)$;　(2) $y=\begin{cases}x, & x<1,\\ \sqrt[3]{x}, & 1\leqslant x\leqslant 8,\\ \log_3 x, & x>9.\end{cases}$
8. $f(x)=\dfrac{a\mathrm{e}^x-b\mathrm{e}^{\frac{1}{x}}}{a^2-b^2}$.
9. 奇函数.
10.~12. 略.
13. $y=45000\left(\dfrac{2}{3}\right)^t$.
14. 至少销售 18000 本杂志可保本，销售量达到 28000 本时可获利 1000 元.

习　题　2.1

1. (1) 1;　(2) 0;　(3) 1;　(4) 不存在.
2.~4. 略.

习 题 2.2

1. (1) 无极限; (2) 无极限; (3) $-\dfrac{\pi}{2}$;
   (4) 无极限; (5) 无极限; (6) 0.

2.~6. 略.

习 题 2.3

1. (1) $\dfrac{1}{3}$; (2) $\dfrac{1}{2}$; (3) 1; (4) 1; (5) $\dfrac{1}{2}$; (6) 1.

2. (1) 1; (2) $\dfrac{1}{2}$; (3) 1; (4) 10;
   (5) 5; (6) $\left(\dfrac{3}{2}\right)^{30}$; (7) $\dfrac{1}{2}$; (8) $-\dfrac{1}{2}$.

3. $a=2$.

4. (1) $\cos 1$; (2) $\ln 3$; (3) $\dfrac{\pi}{6}$; (4) $\dfrac{\sqrt{6}}{6}$.

5. $\lim\limits_{x\to 1} f(x)=-1$, $f(x)=x^2-2x$.

6. 略.

习 题 2.4

1. (1) $\dfrac{3}{5}$; (2) $\dfrac{1}{2}$; (3) 2; (4) 2; (5) x; (6) $\sqrt{2}$.

2. (1) e^{-1}; (2) $\dfrac{1}{\mathrm{e}}$; (3) e^{-2}; (4) 1; (5) 1; (6) e^{-k}.

3. 略.

4. -2.

5. $k=\ln 2$.

6. 极限值为 3.

7. $\lim\limits_{n\to\infty} x_n=1$.

8. $1000\mathrm{e}^{-0.65}$ 元.

习 题 2.5

1.~2. 略.

3. (1) 1; (2) 0; (3) 0; (4) $\begin{cases}0, & m>n,\\ 1, & m=n,\\ \infty, & m<n;\end{cases}$
   (5) $\dfrac{2}{3}$; (6) $-\dfrac{2}{5}$; (7) $\dfrac{1}{2}$; (8) 2.

4. 略.

5. $x\sin x$ 是比 x^2-2x 高阶的无穷小 (当 $x\to 0$).

6. 略.

7. $1-x$ 与 $1-x^3$ 同阶，与 $\dfrac{1}{2}(1-x^2)$ 等价.

习　题　2.6

1. 略.

2. $a=2,\quad b=-\dfrac{3}{2}$.

3. (1) $x=-1$ 是可去间断点，补充 $x=-1$，$y=\dfrac{2}{3}$；$x=2$ 是第二类间断点.

(2) $x=0$ 为可去间断点，补充 $x=0$，$y=1$; $x=n\pi\ (n\neq 0)$ 为第二类间断点 (无穷).

(3) $x=0$ 是第二类间断点 (振荡).

(4) $x=1$ 为第一类跳跃间断点.

4. (1) $x=2$, 第二类间断点;　(2) $x=n\pi+\dfrac{\pi}{2}$, n是整数，第二类间断点;

(3) $x=0$, 第二类间断点;　(4) $x=0$, 第二类间断点;

(5) $x=0$, 第一类跳跃间断点;　(6) $x=\pm 2$, 第二类间断点;

(7) $x=0$, 第一类跳跃间断点;　(8) 无间断点;

(9) $f(x)=\begin{cases}0, & 0\leqslant x<1,\\ \dfrac{1}{2}, & x=1,\\ 1, & x>1,\end{cases}$　$x=1$是第一类跳跃间断点.

习　题　2.7

1. $(-\infty,1)\bigcup(2,+\infty)$.

2. 连续区间 $(-\infty,-3)$，$(-3,2)$，$(2,+\infty)$.

$$\lim_{x\to 0}f(x)=\frac{1}{2},\quad \lim_{x\to -3}f(x)=-\frac{8}{5},\quad \lim_{x\to 2}f(x)=\infty.$$

3. (1) $\sqrt{3}$;　(2) 0;　(3) 1;　(4) $\cos\ln 3$;　(5) 1;　(6) 0.

4. (1) 在 $(-\infty,1)\bigcup(1,+\infty)$ 内连续，$x=1$ 是第二类间断点;

(2) 在 $(-\infty,+\infty)$ 上连续.

5. $a=1$.

6. $a=b$.

习　题　2.8

1.~6. 略.

总习题 2

A 题

1. (1) 3; (2) 10; (3) $(-\infty,+\infty)$; (4) 二，无穷，一，跳跃.

2. (1) (B); (2) (B); (3) (B); (4) (C); (5) (C).

3. (1) $\dfrac{1}{2}$; (2) $-\dfrac{1}{2}$; (3) $\dfrac{3}{5}$; (4) e^{-2};

(5) $\ln 2$; (6) $\dfrac{1-\mathrm{e}^{-2}}{2}$; (7) $\dfrac{1}{a}$; (8) e^{a}.

4. $a=1$, $b=4$.

5.~6. 略.

7. (1) $x=0$, 可去间断点，补充 $f(0)=0$;

(2) $x=0$, 可去间断点，补充 $f(0)=0$;

(3) $x=1$, 第一类跳跃间断点;

(4) $x=0$, 第二类间断点， $x=1$, 可去间断点，补充 $f(1)=-\dfrac{\pi}{2}$;

(5) $x=0$, 第一类跳跃间断点;

(6) $x=-1$, 第一类跳跃间断点.

8. 略.

9. 当 $q=0$, $p=-5$ 时， $f(x)$ 为无穷小量；当 $q\neq 0$, p 为任意常数时， $f(x)$ 为无穷大量.

10. $a\mathrm{e}^{0.012t}$.

11. 4927.75 元， 4878.84 元.

B 题

1. $\dfrac{1-b}{1-a}$.

2. 略.

3. c.

4. $\sqrt[3]{abc}$.

5. 略.

6. $f(x)=\begin{cases} x, & |x|<1, \\ 0, & |x|=1, \\ -x, & |x|>1, \end{cases}$ $x=\pm 1$ 是函数 $f(x)$ 的第一类跳跃间断点.

7. $x=0$ 是 $f(x)$ 的第一类间断点 (可去的).

8. 略.

9. 提示：由 $f(2x)=f(x)$ 知

$$f(x)=f\left(\frac{1}{2}x\right)=f\left(\frac{1}{2^2}x\right)=\cdots=f\left(\frac{1}{2^n}x\right).$$

因此，$\lim\limits_{n\to\infty}f\left(\frac{1}{2^n}x\right)=f(x)$. 又 $f(x)$ 在 $x=0$ 点连续，所以

$$f(x)=\lim_{n\to\infty}f\left(\frac{1}{2^n}x\right)=f(0).$$

即 $f(x)$ 为常数.

习 题 3.1

1. (1) 考虑曲线 $y=\sqrt[3]{x}$;
   (2) 可以证明：$f'_-(x_0)$与$f'_+(x_0)$都存在时, $f(x)$在x_0点一定连续;
   (3) 不一定;
   (4) 不一定.
2. (1) $-f'(x_0)$; (2) $-f'(x_0)$; (3) $3f'(x_0)$; (4) $f'(0)$.
3. 10.
4. $y-3x+2=0$, $3y+x-4=0$.
5. $-\sqrt[3]{\dfrac{1}{6}}$.
6. 略.
7. (1) 连续可导; (2) 在 $x=0$ 处连续但不可导;
   (3) 在 $x=1$ 处不连续，不可导.
8. $a=2, b=-1$.
9. $f'(1)=2$.
10. 略.

习 题 3.2

1. 略.
2. (1) $x+1$; (2) $3x^2+3^x\ln 3$; (3) $-\dfrac{3}{2}x^{-\frac{5}{2}}+2x^{-3}$;
   (4) $\dfrac{7}{8}x^{-\frac{1}{8}}$; (5) $\dfrac{2}{(x+1)^2}$; (6) $-x\sin x$;
   (7) $-\dfrac{2}{x(1+\ln x)^2}$; (8) $(x+2)(x+3)+(x+1)(x+3)+(x+1)(x+2)$;
   (9) $2^x\ln 2\cos x\ln x-2^x\sin x\ln x+\dfrac{2^x\cos x}{x}$;
   (10) $(\theta+1)\mathrm{e}^\theta\cot\theta-\theta\mathrm{e}^\theta\csc^2\theta$.

3. (1) $f'(2)=11$;

(2) $S'\left(\frac{\pi}{4}\right)=\frac{\sqrt{2}}{4}\left(1+\frac{\pi}{2}\right)$;

(3) $f'(0)=1, f'(2)=5$.

4. (1) $-20(1-2x)^9$; (2) $\csc x$;

(3) $\frac{x}{\sqrt{(1-x^2)^3}}$; (4) $-\frac{1}{x^2}\mathrm{e}^{\sin\frac{1}{x}}\cos\frac{1}{x}$;

(5) $\frac{1}{x\ln x\ln(\ln x)}$; (6) $\frac{2\arcsin\frac{x}{2}}{\sqrt{4-x^2}}$;

(7) $-\frac{8\cos x}{\sin^3 x}$; (8) $\frac{1+\sqrt{\ln x}}{2x\sqrt{\ln x}}$;

(9) $2\mathrm{e}^x\sqrt{1-\mathrm{e}^{2x}}$; (10) $\sin x\ln\tan x$.

5. (1) $\frac{2f'(2x)}{f(2x)}$; (2) $2\mathrm{e}^x f(\mathrm{e}^x)f'(\mathrm{e}^x)$.

习 题 3.3

1. (1) $\frac{2(1-x^2)}{(1+x^2)^2}$; (2) $\mathrm{e}^{\sin x}(\cos^2 x-\sin x)$;

(3) $2\arctan x+\frac{2x}{1+x^2}$; (4) $2x\mathrm{e}^{x^2}(3+2x^2)$;

(5) $\frac{6\ln x-5}{x^4}$; (6) $-\left(2\cos 2x\ln x+\frac{2\sin 2x}{x}+\frac{\cos^2 x}{x^2}\right)$;

(7) $\frac{-x}{\sqrt{(1+x^2)^3}}$; (8) $\frac{4}{(1+x)^3}$.

2. (1) 24000; (2) 10e; (3) $\frac{1}{4}\mathrm{e}^2$.

3. (1) $2f'(x^2)+4x^2f''(x^2)$; (2) $\frac{2}{x^3}f'\left(\frac{1}{x}\right)+\frac{1}{x^4}f''\left(\frac{1}{x}\right)$;

(3) $\frac{f''(x)f(x)-[f'(x)]^2}{[f(x)]^2}$; (4) $\mathrm{e}^{-f(x)}\left[[f'(x)]^2-f''(x)\right]$.

4. 略.

5. (1) $a^n\mathrm{e}^{ax}$; (2) $(-1)^n\frac{(n-2)!}{x^{n-1}}(n\geqslant 2)$; (3) $(x+n)\mathrm{e}^x$.

6. $-4\mathrm{e}^x\cos x$.

习 题 3.4

1. (1) $\dfrac{y-2x}{2y-x}$; (2) $\dfrac{\sin(x-y)+y\cos x}{\sin(x-y)-\sin x}$; (3) $\dfrac{y}{y-1}$;

(4) $\dfrac{\tan y}{\mathrm{e}^y - x\sec^2 y}$; (5) $\dfrac{\mathrm{e}^{x+y}-y}{x-\mathrm{e}^{x+y}}$; (6) $\dfrac{\ln y - \dfrac{y}{x}}{\ln x - \dfrac{x}{y}}$.

2. 1.

3. (1) $-\dfrac{4}{y^3}$; (2) $\dfrac{\sin(x+y)}{[\cos(x+y)-1]^3}$; (3) $\dfrac{(3-y)\mathrm{e}^{2y}}{(2-y)^3}$.

4. (1) $\left(1+\dfrac{1}{x}\right)^x\left[\ln\left(1+\dfrac{1}{x}\right)-\dfrac{1}{x+1}\right]$;

(2) $(x^2+1)^3(x+2)^2x^6\left(\dfrac{6x}{x^2+1}+\dfrac{2}{x+2}+\dfrac{6}{x}\right)$;

(3) $\dfrac{1}{2}\sqrt{\dfrac{(x-1)(x-2)}{(x-3)(x-4)}}\left(\dfrac{1}{x-1}+\dfrac{1}{x-2}-\dfrac{1}{x-3}-\dfrac{1}{x-4}\right)$;

(4) $\dfrac{(3-x)^4\sqrt{2+x}}{(x+1)^5}\left(-\dfrac{4}{3-x}+\dfrac{1}{2(2+x)}-\dfrac{5}{x+1}\right)$;

(5) $x^{x^x}x^x\left(\dfrac{1}{x}+\ln x+\ln^2 x\right)$;

(6) $-(1+\cos x)^{\frac{1}{x}}\dfrac{x\tan\dfrac{x}{2}+\ln(1+\cos x)}{x^2}$.

5. 2, 10.

6. (1) 切线方程：$2x+y-2\sqrt{2}=0$,
法线方程：$2x-4y+3\sqrt{2}=0$;

(2) 切线方程：$6\sqrt{2}x+8y-5\sqrt{2}a=0$,
法线方程：$8x-6\sqrt{2}y-a=0$.

7. (1) $-\cot t, -\csc^3 t$; (2) $1-\dfrac{1}{3t^2}, -\dfrac{2}{9t^5}$;

(3) $-\dfrac{2}{3}\mathrm{e}^{2t}, \dfrac{4}{9}\mathrm{e}^{3t}$; (4) $\dfrac{3bt}{2a}, \dfrac{3b}{4a^2t}$;

(5) $\dfrac{t}{2}, \dfrac{1+t^2}{4t}$; (6) $-\dfrac{1}{t}, \dfrac{1}{t^3}$.

习 题 3.5

1. 略.

2. (1) $\Delta y = 1.161, \mathrm{d}y = 1, 1$; (2) $\Delta y = 0.110601, \mathrm{d}y = 0.11$.

3. (1) $\mathrm{d}y=\dfrac{x}{\sqrt{1+x^2}}\mathrm{d}x$; (2) $\mathrm{d}y=(\cos 2x-2x\sin 2x)\mathrm{d}x$;

(3) $\mathrm{d}y=\dfrac{2\mathrm{e}^{2x}}{\mathrm{e}^{2x}-1}\mathrm{d}x$; (4) $\mathrm{d}y=2x(x+1)\mathrm{e}^{2x}\mathrm{d}x$;

(5) $\mathrm{d}y=(1+x^2)^{-\frac{3}{2}}\mathrm{d}x$; (6) $\mathrm{d}y=\csc x\mathrm{d}x$;

(7) $\mathrm{d}y=\mathrm{e}^{-x}\left[\sin(3-x)-\cos(3-x)\right]\mathrm{d}x$;

(8) $\mathrm{d}y=\left[\dfrac{1}{\sqrt{x^2+1}}+\dfrac{2}{x^2+4}\right]\mathrm{d}x$.

4. (1) $5x$; (2) $\dfrac{5}{2}x^2$; (3) $-\dfrac{1}{3}\cos 3x$;

(4) $-\dfrac{1}{3}\mathrm{e}^{-3x}$; (5) $\ln(1+x)$; (6) $2\sqrt{x}$;

(7) $\dfrac{1}{2}\tan 2x$; (8) $-\dfrac{1}{4}\cot 4x$.

5. $\mathrm{d}y|_{(0,0)}=\mathrm{d}x$.

6. (1) 0.5076; (2) 9.987; (3) -0.002; (4) 0.7954.

7.～8. 略.

习 题 3.6

1. (1) $\mathrm{e}^{-x}(2x-x^2), 2-x$;

(2) $\dfrac{\mathrm{e}^x}{x}\left(1-\dfrac{1}{x}\right), x-1$;

(3) $x^{a-1}\mathrm{e}^{-b(x+c)}(a-bx), a-bx$.

2. (1) $104-0.8Q$; (2) 64; (3) $\dfrac{3}{8}$.

3. 略.

4. (1) $-\dfrac{Q}{b}\ln\dfrac{Q}{a},-\dfrac{1}{b}\ln\dfrac{Q}{a},-\dfrac{1}{b}\left(\ln\dfrac{Q}{a}+1\right)$;

(2) bP.

总 习 题 3

A 题

1. (1) $2y-x-2=0, y+2x-1=0$; (2) -1;

(3) $(2t+1)\mathrm{e}^{2t}$; (4) $\dfrac{1}{x(1+\ln y)}$;

(5) $\mathrm{e}^{f(x)}\left[\dfrac{1}{x}f'(\ln x)+f'(x)f(\ln x)\right]\mathrm{d}x$.

2. (1) (D); (2) (C); (3) (B); (4) (C).

3. (1) 不可导，因为$f'_-(a) \neq f'_+(a)$;

(2) 可导.

4. 略.

5. 在 $x=0$ 处不可导.

6. 略.

7. (1) $(2,4)$; (2) $\left(-\dfrac{3}{2},\dfrac{9}{4}\right)$; (3) $(-1,1),\left(\dfrac{1}{4},\dfrac{1}{16}\right)$.

8. (1) $\dfrac{x\cos x-\sin x}{x^2}$; (2) $\sin x\ln x+x\cos x\ln x+\sin x$;

(3) $a^x x^a\ln a+a^{x+1}x^{a-1}$; (4) $\dfrac{2}{(1-t)^2}$;

(5) $2^x\left[x\sin x\ln 2+(x+\ln 2)\cos x\right]$;

(6) $(-x^5+5x^4-2x+2)\mathrm{e}^{-x}$;

(7) $\lg x+\dfrac{1}{\ln 10}$.

9. (1) $\dfrac{3}{x}\sec^3(\ln x)\tan(\ln x)$; (2) $\mathrm{e}^x\left[1+\mathrm{e}^{\mathrm{e}^x}(1+\mathrm{e}^{\mathrm{e}^{\mathrm{e}^x}})\right]$;

(3) $\dfrac{\mathrm{e}^x}{\sqrt{1+\mathrm{e}^{2x}}}$; (4) $4x^3f(x^2)f'(x^2)+2x[f(x^2)]^2$.

10. (1) $\dfrac{y-x^2}{y^2-x}$; (2) $\dfrac{\ln\sin y+y\tan x}{\ln\cos x-x\cot y}$.

11. 切线方程 $y-x=\dfrac{\sqrt{2}}{2}$, 法线方程为 $x+y=0$.

12. 100!, 101!.

B 题

1. $f(x)$ 在 $x=0$ 处连续. 当 $\alpha>1$ 时可导；当 $0<\alpha\leqslant 1$ 时不可导.

2.~3. 略.

4. $f'(1)=0$, $f''(1)=0$.

5. (1) $\arcsin\dfrac{x}{3}\mathrm{d}x$; (2) $-2\mathrm{e}^{-2x}\sec^2\left(\mathrm{e}^{-2x}+1\right)$;

(3) $\dfrac{2(1+x\tan x)\ln(x\sec x)}{x}\mathrm{d}x$; (4) $(\cos x)^{\sin x}\left[\cos x\ln\cos x-\tan x\sin x\right]$;

(5) $\dfrac{\sqrt{x+2}(2-x)^3}{(1-x)^5}\left[\dfrac{1}{2(x+2)}-\dfrac{3}{2-x}+\dfrac{5}{1-x}\right]$;

(6) $\csc^2 x\ln(1+\sin x)+1$.

6. (1) $\dfrac{f(x)f'(x)+g(x)g'(x)}{\sqrt{1+f^2(x)+g^2(x)}}$;

(2) $2\mathrm{e}^{f^2(x)}f(x)f'(x)f(\mathrm{e}^{x^2})+2x\mathrm{e}^{f^2(x)+x^2}f'(\mathrm{e}^{x^2})$.

7. $\dfrac{\mathrm{d}u}{\mathrm{d}x}=f'(\varphi(x)+y^2)\left(\varphi'(x)+\dfrac{2y}{1+\mathrm{e}^y}\right)$.

8. $\dfrac{\mathrm{e}}{2}$.

9. $\dfrac{\mathrm{d}^3y}{\mathrm{d}x^3}=\dfrac{t^4-1}{8t^3}$.

10. 略.

11. 切点 $(1,\mathrm{e})$, 切线方程 $\mathrm{e}x-y=0$.

12. 1.9953.

13. $f'(x)=2+\dfrac{1}{x^2}$.

14. $\sqrt{2}$.

15. (1) $5+4x, 200+2x, 195-2x$; (2) 145.

16. (1) -24, 说明当价格为 6 时，再提高 (下降) 一个单位价格，需求将减少 (增加)24 个单位商品量;

(2) $\eta(6)=1.85$, 价格上升 (下降)1%, 则需求减少 (增加)1.85%;

(3) 当 $p=6$ 时，若价格下降 2%, 总收益增加 1.692%.

习 题 4.1

1.～9. 略.

习 题 4.2

1. (1) 1; (2) 2; (3) $-\sin a$; (4) $\dfrac{a}{b}$; (5) $-\dfrac{1}{8}$; (6) $\dfrac{7}{3}a^4$;

(7) 1; (8) ∞; (9) $\dfrac{1}{2}$; (10) 1; (11) $\dfrac{1}{2}$; (12) e^a.

2. 略.

3. $a=1, b=-\dfrac{5}{2}$.

4. $\mathrm{e}^{f'(0)}$.

习 题 4.3

1. $P_3(x)=3+\dfrac{1}{6}(x-9)-\dfrac{1}{216}(x-9)^2+\dfrac{1}{3888}(x-9)^3.$

2. $\tan x=x+\dfrac{1+2\sin^2(\theta x)}{3\cos^4(\theta x)}x^3\quad(0<\theta<1).$

3. $x\mathrm{e}^x=x+x^2+\dfrac{x^3}{2!}+\cdots+\dfrac{x^n}{(n-1)!}+R_n(x),$

$R_n(x)=o(x^n)(x\to 0)$ 或 $R_n(x)=\dfrac{(n+1+\theta x)\mathrm{e}^{\theta x}}{(n+1)!}x^{n+1}(0<\theta<1).$

4. (1) $\dfrac{1}{4!}$. (2) $\dfrac{1}{180}$.

习 题 4.4

1. (1) 在 $(-\infty,+\infty)$ 内单调减少;
   (2) 在 $(-\infty,+\infty)$ 内单调增加;
   (3) 在 $(-\infty,-2)$ 和 $(0,+\infty)$ 内单调增加，在 $(-2,0)$ 内单调减少;
   (4) 在 $(-\infty,+\infty)$ 内单调增加;
   (5) 在 $\left(0,\dfrac{1}{2}\right]$ 内单调减少；在 $\left[\dfrac{1}{2},+\infty\right)$ 内单调增加;
   (6) 在 $(-\infty,-1],[1,+\infty)$ 内单调减少，在 $[-1,1]$ 内单调增加;
   (7) 在 $[2,+\infty)$ 内单调增加，在 $(0,2]$ 内单调减少;
   (8) 在 $\left(0,\dfrac{\sqrt{2}}{2}\right]$ 内单调减少,在 $\left[\dfrac{\sqrt{2}}{2},+\infty\right)$ 内单调增加,定义域 $(0,+\infty)$.

2.~4. 略.

5. (1) 极大值 $y|_{x=0}=7$, 极小值 $y|_{x=2}=3$;
   (2) 极小值 $y|_{x=-1}=-1$, 极大值 $y|_{x=1}=1$;
   (3) 极大值 $y|_{x=\frac{1}{2}}=\dfrac{3}{2}$;
   (4) 极大值 $y|_{x=2}=4\mathrm{e}^{-2}$, 极小值 $y|_{x=0}=0$;
   (5) 极大值 $y\left(\dfrac{12}{5}\right)=\dfrac{1}{10}\sqrt{205}$;
   (6) 极小值 $y(0)=0$;
   (7) 极大值 $y(1)=2$;
   (8) 极大值 $y(\mathrm{e})=\mathrm{e}^{\frac{1}{\mathrm{e}}}$.

6. (1) 极大值 $y|_{x=-1}=0$, 极小值 $y|_{x=3}=-32$;
   (2) 极大值 $y|_{x=\frac{7}{3}}=\dfrac{4}{27}$, 极小值 $y|_{x=3}=0$;
   (3) 极小值 $y|_{x=1}=2-4\ln 2$;

(4) 极小值 $y|_{x=-\frac{1}{2}\ln 2}=2\sqrt{2}$.

7. $a=2, f\left(\dfrac{\pi}{3}\right)=\sqrt{3}$ 为极大值.

习 题 4.5

1. (1) 在 $(0,+\infty)$ 为下凸曲线;

(2) 拐点 $(2,-10)$, 在 $(-\infty,2)$ 为上凸曲线, 在 $(2,+\infty)$ 为下凸曲线;

(3) 在 $(-\infty,+\infty)$ 内为上凸曲线, 无拐点;

(4) 在 $\left(-\infty,-\dfrac{1}{5}\right)$ 为上凸曲线, 在 $\left(-\dfrac{1}{5},+\infty\right)$ 为下凸曲线, 拐点 $\left(-\dfrac{1}{5},-\dfrac{6}{5}\left(\dfrac{1}{5}\right)^{\frac{2}{3}}\right)$.

2. $a=-\dfrac{3}{2}$, $b=\dfrac{9}{2}$.

3. $a=1$, $b=-3$, $c=-24$, $d=16$.

4. 略.

5. 拐点 $(1,4)$ 及 $(1,-4)$.

6. 略.

7. $R=\pm\dfrac{\sqrt{2}}{8}$.

习 题 4.6

1. (1) 最小值 $y|_{x=\pm 1}=4$, 最大值 $y|_{x=\pm 2}=13$;

(2) 最小值 $y|_{x=0}=0$, 最大值 $y|_{x=2}=\ln 5$;

(3) 最小值 $y|_{x=0}=0$, 最大值 $y|_{x=-\frac{1}{2}}=y|_{x=1}=\dfrac{1}{2}$;

(4) 最小值 $y|_{x=0}=0$, 最大值 $y|_{x=4}=6$.

2. (1) 最大值 $y\left(\dfrac{1}{5}\right)=\dfrac{1}{5}$, 没有最小值;

(2) 最小值 $y(-3)=27$, 没有最大值.

3. 底边长 6m, 高 3m.

4. $76a$.

5. 2 小时.

6. $P=101$, 最大利润 167080.

7. 250.

8. (1) $R(20)=120$, $R(30)=120$, $\overline{R}(20)=6$, $\overline{R}(30)=4$, $R'(20)=2$, $R'(30)=-2$;

(2) 25.

9. 每件商品征收货物税为 25(货币单位).

10. $x=100$.

总 习 题 4

A 题

1. (1) $x=-\dfrac{1}{\ln 2}$; (2) $\left(-\dfrac{\sqrt{2}}{2},\dfrac{\sqrt{2}}{2}\right)$; (3) $(10,20]$; (4) $-\dfrac{\alpha}{\beta}$.

2. (1) (B); (2) (C); (3) (B); (4) (A).

3. (1) 1; (2) $-\dfrac{\mathrm{e}}{2}$; (3) $\mathrm{e}^{-\frac{4}{\pi}}$; (4) 100!.

4.~5. 略.

6. $a=-1,\quad b=0,\quad c=3,\quad y=-x^3+3x$.

7.~8. 略.

9. 分三批购进.

10. (1) $Q'(4)=-8,\ \eta(4)\approx 0.54$;

 (2) 增加 0.46%;

 (3) 减少 0.85%;

 (4) $P=5$ 时，总收益最大.

B 题

1. (1) e^{-1}; (2) $\sqrt[3]{abc}$; (3) $\dfrac{1}{2}$; (4) $\mathrm{e}^{-\frac{1}{3}}$.

2. $a=-2$.

3.~6. 略.

7. (1) 极大值 $f(0)=2$, 极小值 $f\left(\dfrac{1}{\mathrm{e}}\right)=\mathrm{e}^{-\frac{3}{\mathrm{e}}}$;

 (2) 极小值 $f(0)=0$; 极大值 $f(1)=\mathrm{e}^{-1}$.

8. $f(x)=\ln x=\ln 2+\dfrac{x-2}{2}-\dfrac{1}{2}\left(\dfrac{x-2}{2}\right)^2+\cdots+\dfrac{(-1)^{n-1}}{n}\left(\dfrac{x-2}{2}\right)^n+R_n(x)$.

9. 略.

10. (1) 当 $a>\dfrac{1}{\mathrm{e}}$ 时，方程 $\ln x=ax$ 没有实根;

 (2) 当 $a=\dfrac{1}{\mathrm{e}}$ 时，方程 $\ln x=ax$ 有一个实根;

(3) 当 $a<\dfrac{1}{\mathrm{e}}$ 时，方程 $\ln x=ax$ 有两个实根.

11.～12. 略.

13. 提示：利润函数 $L(x)=A(x-xy(x))-\dfrac{A}{3}xy(x)$, 得驻点为 $x=89.4$, 取 $x=89$(经讨论).

习　题　5.1

1. (1) $-\dfrac{2}{3}x^{-\frac{3}{2}}+C$;　(2) $\dfrac{1}{4}x^4+x^3+\dfrac{3}{2}x^2+x+C$;

(3) $\dfrac{4}{5}x^{\frac{5}{4}}-\dfrac{24}{17}x^{\frac{17}{12}}+\dfrac{4}{3}x^{\frac{3}{4}}+C$;　(4) $x^3+\arctan x+C$;

(5) $\dfrac{1}{3}x^3+\dfrac{2}{5}x^{\frac{5}{2}}+C$;　(6) $t+2\ln|t|-\dfrac{1}{t}+C$;

(7) $\dfrac{8}{15}x^{\frac{15}{8}}+C$;　(8) $\sqrt{2h}+C$;

(9) $x-\arctan x+C$;　(10) $x^3+2\arctan x+C$;

(11) $x-\cos x+C$;　(12) $\dfrac{1}{2}\tan x+C$;

(13) $\sin x-\cos x+C$;　(14) $\dfrac{3^x}{\ln 3}+3\ln|x|+C$;

(15) $\dfrac{3^x\mathrm{e}^{2x}}{2+\ln 3}+C$;　(16) $\mathrm{e}^{x-2}+C$;

(17) $2x-\dfrac{5}{\ln 2-\ln 3}\left(\dfrac{2}{3}\right)^x+C$;　(18) $a\arctan x-b\arcsin x+C$;

(19) $3\tan x+2\cot x+C$;　(20) $\tan x-\sec x+C$.

2. $y=\ln|x|$.

3. $s=t^4$, $t=5\mathrm{s}$.

习　题　5.2

1. (1) $\dfrac{1}{22}(2x-3)^{11}+C$;　(2) $\dfrac{1}{2}\ln(2x+5)+C$;

(3) $-\dfrac{1}{2}(2-3x)^{\frac{2}{3}}+C$;　(4) $\dfrac{1}{3}\mathrm{e}^{3x}+C$;

(5) $-\dfrac{3}{2}\mathrm{e}^{-2x}+C$;　(6) $-\dfrac{1}{a}\cos ax+C$;

(7) $\dfrac{1}{4}\sin x^4+C$;　(8) $\dfrac{1}{6}\sin^6 x+C$;

(9) $-\dfrac{1}{2}\mathrm{e}^{-x^2}+C$;　(10) $2\mathrm{e}^{\sqrt{x}}+C$;

(11) $\cos\frac{1}{x}+C$;　(12) $\sin e^{x}+C$;

(13) $\frac{1}{11}\tan^{11}x+C$;　(14) $\frac{1}{2}x+\frac{1}{12}\sin 6x+C$;

(15) $\frac{1}{4}\ln^{4}x+C$;　(16) $\frac{1}{3}(x^{2}+1)^{\frac{3}{2}}+C$;

(17) $-\frac{3}{4}\ln|1-x^{4}|+C$;　(18) $\frac{2}{3}\sqrt{x^{3}+1}+C$;

(19) $\ln|\ln x|+C$;　(20) $\frac{1}{2}(\arctan x)^{2}+C$;

(21) $\frac{1}{2}\arctan x^{2}+C$;　(22) $\frac{1}{3}\arcsin x^{3}+C$;

(23) $\frac{3}{2}\sqrt[3]{(\sin x-\cos x)^{2}}+C$;　(24) $\ln(1+e^{x})+C$;

(25) $-2\sqrt{1-x^{2}}-\arcsin x+C$;　(26) $\frac{1}{2}\arcsin\frac{2x}{3}+\frac{1}{4}\sqrt{9-4x^{2}}+C$;

(27) $\frac{1}{3}\ln\left|\frac{x-2}{x+1}\right|+C$;　(28) $-x-2\ln|1-x|+C$;

(29) $\frac{1}{2}(1-x)^{2}+\ln|1+x|+C$;　(30) $\arctan(x+1)+C$;

(31) $\frac{1}{2}\ln(2x+\sqrt{4x^{2}+9})+C$;　(32) $\arcsin\frac{2x-1}{\sqrt{5}}+C$;

(33) $\sin x-\frac{\sin^{3}x}{3}+C$;　(34) $2\ln(\sqrt{1+e^{x}}-1)-x+C$;

(35) $\frac{1}{2}\cos x-\frac{1}{10}\cos 5x+C$;　(36) $\frac{1}{3}\sin\frac{3x}{2}+\sin\frac{x}{2}+C$;

(37) $\frac{1}{2}(\arcsin x-x\sqrt{1-x^{2}})+C$;　(38) $\arccos\frac{1}{|x|}+C$;

(39) $\frac{x}{4\sqrt{4+x^{2}}}+C(x=2\tan t)$;　(40) $-\frac{\sqrt{a^{2}-x^{2}}}{a^{2}x}+C$ (令$x=a\sin t$).

2. (1) 令 $\sqrt[3]{x+1}=t$,　$3\left[\frac{1}{2}\sqrt[3]{(x+1)^{2}}-\sqrt[3]{x+1}+\ln|1+\sqrt[3]{x+1}|\right]+C$;

(2) 令 $\sqrt[6]{x}=t$,　$6\left(\frac{1}{7}\sqrt[6]{x^{7}}-\frac{1}{5}\sqrt[6]{x^{5}}+\frac{1}{3}\sqrt{x}-\sqrt[6]{x}+\arctan\sqrt[6]{x}\right)+C$.

习　题　5.3

1. (1) $-x\cos x+\sin x+C$;　(2) $-e^{-x}(x+1)+C$;

(3) $x\arctan x-\frac{1}{2}\ln(1+x^{2})+C$;　(4) $x(\ln x-1)+C$;

(5) $x\arccos x-\sqrt{1-x^{2}}+C$;

(6) $\frac{1}{3}x^{3}\arctan x-\frac{1}{6}x^{2}+\frac{1}{6}\ln(1+x^{2})+C$;

(7) $-\frac{2x^2-1}{4}\cos 2x+\frac{x}{2}\sin 2x+C$; (8) $x(\ln x)^2-2x\ln x+2x+C$;

(9) $\frac{1}{\ln a}\left(xa^x-\frac{a^x}{\ln a}\right)+C$; (10) $\frac{1}{3}x^3\ln x-\frac{1}{9}x^3+C$;

(11) $\frac{1}{5}\mathrm{e}^{2x}(2\sin x-\cos x)+C$;

(12) $-\frac{1}{2}x^2+x\tan x+\ln|\cos x|+C$ $(\tan^2 x=\sec^2 x-1)$;

(13) $\frac{1}{2}x^2\ln(x+1)-\frac{1}{4}x^2+\frac{1}{2}x-\frac{1}{2}\ln(x+1)+C$;

(14) $2(\sqrt{x}-1)\mathrm{e}^{\sqrt{x}}+C$;

(15) $\frac{1}{2}(x^2+1)(\arctan x)^2-x\arctan x+\frac{1}{2}\ln(1+x^2)+C$;

(16) $x(\arcsin x)^2+2\sqrt{1-x^2}\arcsin x-2x+C$;

(17) $-\sqrt{1-x^2}\arcsin x+x+C$;

(18) $2(\sin\sqrt{x}-\sqrt{x}\cos\sqrt{x})+C$;

(19) $\frac{1}{4}x^4\ln x-\frac{1}{16}x^4+C$;

(20) $-\frac{1}{x}\ln^2 x-\frac{2}{x}\ln x-\frac{2}{x}+C$.

2. $x\cos x\ln x+\sin x-(1+\sin x)\ln x+C$.

3. $f(x)=x\ln x+C$.

习 题 5.4

1. (1) $\frac{1}{3}x^3-x^2+4x-8\ln|x+2|+C$;

(2) $\ln|x-2|+2\ln|x+5|+C$;

(3) $\ln|x+1|-\frac{1}{2}\ln\left|x^2+1\right|+C$;

(4) $\frac{1}{x+1}+\frac{1}{2}\ln\left|x^2-1\right|+C$;

(5) $\frac{1}{3}\ln\left|\frac{3+\tan\frac{x}{2}}{3-\tan\frac{x}{2}}\right|+C$;

(6) $\frac{1}{4}\tan^2\frac{x}{2}+\tan\frac{x}{2}+\frac{1}{2}\ln\left|\tan\frac{x}{2}\right|+C$;

(7) $\frac{2}{\sqrt{3}}\arctan\frac{2\tan\frac{x}{2}+1}{\sqrt{3}}+C$;

(8) $\frac{1}{3\cos^3 x}-\frac{1}{\cos x}+C$.

总习题 5

A 题

1. (1) (D); (2) (C); (3) (C); (4) (D).

2. (1) $\frac{1}{a}e^{ax}+C$; (2) $-\frac{1}{8}(3-2x)^4+C$;

(3) $\frac{1}{2}x+\frac{1}{4}\sin 2x+C$; (4) $2e^{\sqrt{x}}+C$;

(5) $\frac{1}{3}(\arctan x)^3+C$; (6) $\frac{1}{3}\sec^3 x-\sec x+C$;

(7) $x-\ln|e^x-1|+C$; (8) $-\ln|\cos\sqrt{1+x^2}|+C$;

(9) $\frac{1}{\sqrt{5}}\arctan\frac{\tan x}{\sqrt{5}}+C$; (10) $\arctan(\sin^2 x)+C$;

(11) $\frac{x}{\sqrt{1+x^2}}+C$; (12) $\arcsin x+\frac{\sqrt{1-x^2}-1}{x}+C$;

(13) $x\ln(1+x^2)-2x+2\arctan x+C$;

(14) $3e^{\sqrt[3]{x}}(\sqrt[3]{x^2}-2\sqrt[3]{x}+2)+C$.

3. $(x^2-6)\cos x-4x\sin x+C$.

4. $\frac{x}{\sqrt{1+x^2}}-\ln(x+\sqrt{1+x^2})+C$.

5. $2\ln|x-1|+x+C$.

6. $P(t)=\frac{a}{2}t^2+bt$.

7. $\eta=-P\ln 3$.

B 题

1. (1) $\arcsin x+\ln(x+\sqrt{1+x^2})+C$;

(2) $\frac{1}{2}e^{2x}-e^x+x+C$;

(3) $\tan x-\frac{1}{2}x+C$;

(4) $2\left(\tan\frac{x}{2}-\cot\frac{x}{2}\right)+C$;

(5) $\frac{1}{5}(4-x^2)^{\frac{5}{2}}-\frac{4}{3}(4-x^2)^{\frac{3}{2}}+C$;

(6) $\frac{1}{2}\ln(e^{2x}+2e^x+3)-\frac{1}{\sqrt{2}}\arctan\frac{e^x+1}{\sqrt{2}}+C$;

(7) $\frac{1}{2\sqrt{2}}\ln\left|\frac{\sqrt{2}+\sqrt{1-x^2}}{\sqrt{2}-\sqrt{1-x^2}}\right|+C$;

(8) $x+\frac{6}{5}x^{\frac{5}{6}}+\frac{3}{2}x^{\frac{3}{2}}+2x^{\frac{1}{2}}+3x^{\frac{1}{3}}+6x^{\frac{1}{6}}+6\ln\left|x^{\frac{1}{6}}-1\right|+C$;

(9) $\frac{\ln x}{1-x}-\ln|x|+\ln|1-x|+C$;

(10) $2\sin x\mathrm{e}^{\sin x}-2\mathrm{e}^{\sin x}+C$.

2. (1) $\frac{1}{4}[f(x)]^4+C$; (2) $\arctan[f(x)]+C$;

(3) $\ln|f(x)|+C$; (4) $\mathrm{e}^{f(x)}+C$.

3. (1) $\frac{1}{2}[\ln(\ln x)]^2+C$; (2) $\frac{1}{2}[\ln(\tan x)]^2+C$;

(3) $\sqrt{2x}-\ln(1+\sqrt{2x})+C$; (4) $\ln(\mathrm{e}^x+\sqrt{1+\mathrm{e}^{2x}})+C$.

习 题 6.1

1. (1) 6; (2) $\mathrm{e}-1$.

2. (1) $\int_0^1 x^2\mathrm{d}x+\int_1^{\frac{4}{3}}(4-3x)\mathrm{d}x$; (2) $\int_0^3(4+t^2)\mathrm{d}t$.

3. (1) 1; (2) $\frac{\pi}{4}a^2$.

4. (1) $\sin 1$; (2) $\ln 2$.

习 题 6.2

1. (1) $\int_0^1 x^2\mathrm{d}x\geqslant\int_0^1 x^3\mathrm{d}x$; (2) $\int_1^2 x^2\mathrm{d}x\leqslant\int_1^2 x^3\mathrm{d}x$;

(3) $\int_3^4\ln x\mathrm{d}x\leqslant\int_3^4\ln^2 x\mathrm{d}x$; (4) $\int_0^1\mathrm{e}^{-x}\mathrm{d}x\leqslant\int_0^1\mathrm{e}^{-x^2}\mathrm{d}x$.

2. (1) $6\leqslant\int_1^4(x^2+1)\mathrm{d}x\leqslant 51$; (2) $\pi\leqslant\int_{\frac{\pi}{4}}^{\frac{5}{4}\pi}(1+\sin^2 x)\mathrm{d}x\leqslant 2\pi$;

(3) $\frac{\pi}{9}\leqslant\int_{\frac{1}{\sqrt{3}}}^{\sqrt{3}}x\arctan x\mathrm{d}x\leqslant\frac{2}{3}\pi$; (4) $3\mathrm{e}^{-4}\leqslant\int_{-1}^2\mathrm{e}^{-x^2}\mathrm{d}x\leqslant 3$.

3.~4. 略.

习 题 6.3

1. (1) $-x^2\sin 3x$; (2) $\int_1^{x^2}f(t)\mathrm{d}t+2x^2f(x^2)$;

(3) $2xf(x^4)$; (4) $\cos x\sin(\sin^2 x)+\sin x\sin(\cos^2 x)$.

2. (1) $\frac{1}{2}$; (2) 12; (3) 0; (4) $\frac{1}{3}$.

3. (1) $a\left(a^2-\frac{a}{2}+1\right)$; (2) $2\frac{5}{8}$; (3) $45\frac{1}{6}$;

(4) $\frac{\pi}{6}$; (5) $\frac{\pi}{3}$; (6) $\frac{\pi}{3a}$;

(7) $\frac{\pi}{6}$; (8) $\frac{\pi}{4}+1$; (9) -1;

(10) $1-\frac{\pi}{4}$; (11) 4; (12) $\frac{8}{3}$.

4. $f'(0)=0$, $f'\left(\frac{\pi}{4}\right)=\frac{\sqrt{2}}{2}$.

5. $-\frac{\cos x}{\mathrm{e}^y}$.

6. 极小值 $f(0)=0$.

习 题 6.4

1. (1) $\frac{\pi}{4}a^2$; (2) $\frac{22}{3}$; (3) $\frac{1}{3}$;

(4) $\frac{51}{512}$; (5) $1-\frac{\pi}{4}$; (6) $\frac{a^4}{16}\pi$;

(7) $\sqrt{2}-\frac{2}{3}\sqrt{3}$; (8) $\frac{1}{2}(1-\mathrm{e}^{-1})$; (9) $1-2\ln 2$;

(10) $\frac{\pi}{4}$; (11) $2(\sqrt{1+\ln 2}-1)$; (12) $3\mathrm{e}-13$.

2. (1) $\frac{\pi^3}{324}$. (2) 0.

3.~6. 略.

习 题 6.5

1. (1) $2\mathrm{e}^3$; (2) $2\ln 2-1$; (3) -2π;

(4) $-\frac{2\pi}{w^2}$; (5) $\frac{\sqrt{3}}{3}\pi-\ln 2$; (6) $\frac{4}{3}\pi-\sqrt{3}$;

(7) $\frac{3}{2}\mathrm{e}^{\frac{5}{2}}$; (8) $\frac{\pi}{4}-\frac{1}{2}$; (9) $2-\frac{3}{4\ln 2}$;

(10) 2π; (11) $\frac{1}{5}(\mathrm{e}^{\pi}-2)$;

(12) $\begin{cases}\dfrac{1\times 3\times 5\times\cdots\times m}{2\times 4\times 6\times\cdots\times(m+1)}\cdot\dfrac{\pi}{2}, & m\text{为奇数},\\ \dfrac{2\times 4\times 6\times\cdots\times m}{1\times 3\times 5\times\cdots\times(m+1)}, & m\text{为偶数}.\end{cases}$

2. 2.

习　题　6.6

1. (1) $\dfrac{1}{a}$;　(2) 发散;　(3) $\dfrac{1}{4}$;　(4) $\dfrac{1}{2}$;

　(5) $\dfrac{w}{p^2+w^2}$;　(6) $\dfrac{1}{4}\ln 5$;　(7) -1;　(8) 2.

2. 当 $k>1$ 时收敛于 $\dfrac{1}{(k-1)(\ln 2)^{k-1}}$;

　当 $k\leqslant 1$ 时发散;

　当 $k=1-\dfrac{1}{\ln\ln 2}$ 时取得最小值.

3. $c=\dfrac{5}{2}$.

4. (1) $\Gamma\left(\dfrac{3}{2}\right)=\dfrac{\sqrt{\pi}}{2}$;　(2) $\Gamma(m+1)=m!$.

习　题　6.7

1. (1) $\dfrac{1}{6}$;　(2) $\dfrac{2}{3}$;　(3) $\dfrac{3}{2}-\ln 2$;　(4) $b-a$;　(5) 8π.

2. $\dfrac{9}{4}$.

3. $\dfrac{3}{8}\pi a^2$.

4. $k=1$.

5. $a=3$.

6. (1) $4\pi(\mathrm{e}-2)$;　(2) $\dfrac{62}{15}\pi$;　(3) $\dfrac{3}{10}\pi$;　(4) $\dfrac{15}{2}\pi$, $24\dfrac{4}{5}\pi$.

7. $\pi H^2\left(R-\dfrac{H}{3}\right)$.

8. $1+\dfrac{1}{2}\ln\dfrac{3}{2}$.

9. $\ln(1+\sqrt{2})$.

习　题　6.8

1. $C(x)=1000+7x+50\sqrt{x}$.

2. (1) $C(x)=-\dfrac{x^2}{2}+2x+100$; (2) $R(x)=20x-x^2$; (3) $x=6$.

3. 现值为 $5\times 10^5(1-\mathrm{e}^{-0.9})$;　将来值为 $5\times 10^5(\mathrm{e}^{0.9}-1)$.

4. (1) $\dfrac{10}{1-\mathrm{e}^{-1}}$;　(2) $100-200\mathrm{e}^{-1}$.

总习题 6

A 题

1. (1) $\frac{1}{12}$; (2) $\frac{\pi}{3}$; (3) $\frac{4}{\pi}-1$; (4) $\ln 3$; (5) $\frac{\pi}{4\mathrm{e}}$.

2. (1) (D); (2) (A); (3) (A); (4) (C).

3. (1) $\frac{\pi}{8}$; (2) $\frac{\pi}{8}-\frac{1}{4}\ln 2$; (3) $\frac{1}{3}\ln 2$;

(4) $2\ln\frac{4}{3}$; (5) $\frac{7}{3}-\frac{1}{\mathrm{e}}$; (6) $1-\frac{\sqrt{3}}{6}\pi$.

4. $2(\ln 2+\mathrm{e}^{-1}-1)$.

5. $\frac{\ln 2}{2}-1+\frac{\pi}{4}$.

6. (1) $(1,1)$; (2) $y=2x-1$; (3) $\frac{\pi}{30}$.

7. $160\pi^2$.

8. $\frac{1}{3}x^3-2x^2+6x+2$; $\frac{20}{3}$.

9. $2000\left(3-4\mathrm{e}^{-0.5}\right)$.

10. (1) π; (2) $\frac{1}{\ln 2}$.

11. 略.

B 题

1. $\sin x\cos^2 xf(\cos x)-\sin x\mathrm{e}^x f(\cos x)-\mathrm{e}^x\int_{\cos x}^{1} f(t)\mathrm{d}t$.

2. $3\mathrm{e}-2$.

3. $\int_0^1 f(x)\mathrm{d}x=3$.

4. 略.

5. 3.

6. 略.

7. $a=-\frac{5}{3}$, $b=2$, $c=0$.

8. $a=0$, $b=1$.

9. $16.6r=1-\mathrm{e}^{-20r}$, 其中 r 为连续利率.

参考文献

[1]孙毅, 赵建华. 微积分 (下册)[M]. 北京: 清华大学出版社,2006.

[2]高文森, 李忠范. 高等数学 (上册)[M]. 长春: 长春出版社,1995.

[3]高文森, 李忠范. 高等数学 (下册)[M]. 长春: 长春出版社,1995.

[4]李辉来, 张魁元. 微积分 (上册)[M]. 北京: 高等教育出版社,2004.

[5]李辉来, 张魁元. 微积分 (下册)[M]. 北京: 高等教育出版社,2004.

[6]朱来义. 微积分 [M].2 版. 北京: 高等教育出版社,2004.

[7]吴传生. 微积分 [M]. 北京: 高等教育出版社,2003.

[8]欧维义, 陈维钧. 高等数学 (第一册)[M]. 修订版. 长春: 吉林大学出版社, 2000.

[9]欧维义, 陈维钧. 高等数学 (第二册)[M]. 修订版. 长春: 吉林大学出版社,2000.

[10]欧维义, 陈维钧. 高等数学 (第三册)[M]. 修订版. 长春: 吉林大学出版社,2000.

[11]董加礼, 孙丽华. 工科数学基础 (上册)[M]. 北京: 高等教育出版社,2001.

[12]董加礼, 孙丽华. 工科数学基础 (下册)[M]. 北京: 高等教育出版社,2001.

[13]吉林大学数学系. 数学分析 (上册)[M]. 北京: 人民教育出版社,1978.

[14]吉林大学数学系. 数学分析 (中册)[M]. 北京: 人民教育出版社,1978.

[15]吉林大学数学系. 数学分析 (下册)[M]. 北京: 人民教育出版社,1978.

[16]马知恩, 王绵森. 工科数学分析基础 (上册)[M]. 北京: 高等教育出版社,1998.

[17]马知恩, 王绵森. 工科数学分析基础 (下册)[M]. 北京: 高等教育出版社,1998.

[18]同济大学应用数学系. 微积分 (上册)[M]. 北京: 高等教育出版社,1999.

[19]同济大学应用数学系. 微积分 (下册)[M]. 北京: 高等教育出版社,1999.

[20]周钦德, 李勇. 常微分方程讲义 [M]. 长春: 吉林大学出版社,1995.

[21]陈传璋, 金福临, 朱学炎, 等. 数学分析 (上册)[M].2 版. 北京: 高等教育出版社,1983.

[22]陈传璋, 金福临, 朱学炎, 等. 数学分析 (下册)[M].2 版. 北京: 高等教育出版社,1983.

[23]武汉大学数学系. 数学分析 (上册)[M]. 北京: 人民教育出版社,1978.

[24]武汉大学数学系. 数学分析 (下册)[M]. 北京: 人民教育出版社,1978.